U0155101

# 真菌和细菌活性鉴别与溯源

## Viability Test and Traceability of Fungi and Bacteria

章桂明　主编

中国农业出版社
农村设物出版社
北　京

**图书在版编目（CIP）数据**

真菌和细菌活性鉴别与溯源 / 章桂明主编．—北京：中国农业出版社，2023.1
ISBN 978-7-109-30350-8

Ⅰ.①真…　Ⅱ.①章…　Ⅲ.①真菌—生物活性—研究②细菌—生物活性—研究　Ⅳ.①Q949.32②Q939.1

中国国家版本馆 CIP 数据核字（2023）第 005218 号

**真菌和细菌活性鉴别与溯源**
**ZHENJUN HE XIJUN HUOXING JIANBIE YU SUYUAN**

中国农业出版社出版
地址：北京市朝阳区麦子店街 18 号楼
邮编：100125
责任编辑：张丽四　　文字编辑：苏倩倩
版式设计：杨　婧　　责任校对：刘丽香
印刷：北京通州皇家印刷厂
版次：2023 年 1 月第 1 版
印次：2023 年 1 月北京第 1 次印刷
发行：新华书店北京发行所
开本：889mm×1194mm　1/16
印张：16　　插页：2
字数：490 千字
定价：120.00 元

## 编 写 人 员

**主　　编**　章桂明

**副 主 编**　高瑞芳　李　娜　周冬根

**参　　编**　（按姓氏笔画排序）

王　颖　区宛翩　代京莎　冯建军　朱子钦

向才玉　许晓丽　张丹丹　罗来鑫　姜子德

黄河清　黄跃才　程颖慧

# 前言

QIANYAN

随着我国对外开放的不断深入，人员与货物的跨境流动在迅猛增加，与此同时，外来病原菌入侵风险也在不断加大，其中就包括不少危险性真菌与细菌。这些危险性病原菌在威胁着我国农林业生产安全、人民生命安全的同时，也威胁着我国生态环境安全。如何持续加强对危险性病原菌的检疫已经成为当前乃至以后很长时间检疫部门最重要的任务之一。

长期以来，国内外对危险性病原菌的检测研究主要聚焦于目标物种是否为检疫性病原菌，而对于这些病原菌是死是活的鉴定以及来自何方的溯源分析，均甚少研究。从检疫的角度来说，鉴别危险性病原菌的死活意义十分重大，它既是决定是否要对携疫货物进行检疫除害处理的关键依据，又是是否要让携疫货物快速通关放行的关键依据。只有活的危险性病原菌才是我们真正关注的风险因子，死的即使再怎么危险，也没有任何检疫意义。再从植物保护的角度来说，鉴别危险性病原菌的死活对病原菌生物学特性、流行规律以及防治等研究也均有重要意义。同样，对危险性病原菌的溯源涉及携疫货物的疫情防控、贸易争端的解决，甚至还会影响到是否要将该危险性病原菌列为检疫性有害生物，其重要意义也不言而喻。

自2006年以来，我们在国家“十一五”和“十三五”科技项目的支持下，一直致力于植物病原真菌与细菌活性研究，近几年又开展了植物检疫性真菌、细菌溯源以及食源性致病细菌活性及溯源的研究。通过研究，系统建立了十余种真菌和细菌活性检测方法，包括单细胞微量分析系统活性检测方法、荧光染色活性检测方法、EMA/PMA-qPCR活性检测方法、PMA-qRAA活性检测方法以及TOMA-qRAA活性检测方法等，研究涉及的目标真菌及细菌包括美澳型核果褐腐病菌、苜蓿黄萎病菌、十字花科蔬菜黑胫病菌、苹果牛眼果腐病菌、北美大豆猝死综合征病菌、大豆北方茎溃疡病菌、大豆疫霉病菌、栎树猝死病菌、瓜类果斑病菌、豌豆细菌性疫病菌、十字花科蔬菜细菌性黑斑病菌、玉米细菌性枯萎病菌、金黄色葡萄球菌、肺炎克雷伯菌、沙门氏菌、大肠杆菌O157：H7等。在溯源方面，我们探索建立了5种真菌和细菌的溯源方法，包括MLST溯源方法和wgSNP溯源方法等，涉及的目标真菌及细菌有苜蓿黄萎病菌、大豆疫霉病菌、美澳型核果褐腐病菌、柑橘溃疡病菌和瓜类果斑病菌等。

本研究得到了专家的较好评价，其中国家“十三五”重点研发计划课题“高频跨境真菌和细菌活性鉴别和溯源技术研究”研究成果获得验收专家意见“首次建立了高频跨境真菌和细菌活性与溯源技术体系”。

值得特别说明的是，在此期间共有5名在读硕士研究生参与了本研究。贵州大学黄跃才针对大豆猝死综合征病菌北美种、华南农业大学代京莎针对大豆疫霉病菌和大豆猝死综合征病菌北美种、华南农业大学朱子钦针对美澳型核果褐腐病菌、中国农业大学张丹丹针对豌豆细菌性疫病菌及十字花科蔬菜细菌性黑斑病菌进行了活性检测方法的研究，中国农业大学许晓丽针对柑橘溃疡病菌进行了溯源方法研究。

本研究得到华南农业大学姜子德教授、中国农业大学罗来鑫教授长期以来的大力支持，他们安排了多名硕士研究生来到深圳海关动植物检验检疫技术中心（原深圳出入境检验检疫局动植物检验检疫技术中心）从事该植物病原真菌或细菌活性与溯源科学研究工作，在此特别感谢！本研究也得到了“十三五”国家重点研发计划课题“高频跨境真菌和细菌活性鉴别和溯源技术研究”（2016YFF0203204）和“十一五”国家科技支撑子课题“潜在入侵检疫性有害生物活性检测技术研究”（2006BAD08A13-02）的支持，在此致以感谢！

本书是国内外首部专门论述有关真菌与细菌死活鉴定及溯源的著作。本书可供植物保护、植物病理、植物检疫等相关领域的工作人员、老师、学生参考使用。

由于作者的水平及时间有限，书中难免存在不足之处，望读者批评指正。

编　者

2022年2月

# 目录

前言

## 上篇　真菌和细菌活性检测技术研究

## 下篇　真菌和细菌溯源方法研究

# 上篇　真菌和细菌活性检测技术研究

# 1 真菌和细菌活性检测技术

在《现代汉语词典》中“活”是指生存，有生命力的，“性”是指事物的性质、性能、范围或方式，“活性 ”是指具有生命力能够顽强活跃下去的一种活动性质。“微生物活性”在传统意义上指的是微生物在含有一定营养物质的培养基上培养，能够进行细胞增殖并且形成菌落的能力（Roth，1997）。由于有活力但不可培养（viable but non－cultural，VBNC）状态的微生物的发现导致这一传统定义遭到了质疑，目前国际上认可的微生物“活性”认定标准主要包括四种特性，即可培养性（culturability）、可转录性（transcript ability）、可代谢性（metabolic ability）以及细胞膜完整性（membrane integrity）。其中可培养性与“活性”这一传统概念一致，指的是微生物在培养基上培养并可形成菌落的能力；可转录性指的是微生物产生信使 RNA（mRNA）的能力，有活性的菌可将 DNA 转录为 RNA，从而进行一系列蛋白质的合成，用于维持生命活动；可代谢性指的是微生物表现出与新陈代谢相关的生命现象，比如氧化还原能力、呼吸、具有活性酶以及基质摄取能力等；细胞膜完整性是指微生物的细胞膜没有受到破坏（仝铁铮，2010）。针对以上四种特性评判标准，衍生出了不同的活性检测技术，如分离培养法（含孢子萌发法）、ATP 生物发光法、染料法、比色法、分子生物学法等检测方法。目前活性检测主要用于药学、生物学、临床医学等领域，但在植物检疫及人致病菌学研究领域报道却很少。本研究通过研究不同的活性检测技术，建立重要危险性病原真菌与细菌的快速、准确、可靠的活性鉴定技术，为检疫除害处理、风险评估、检疫监测以及生物学研究、传播规律研究等提供参考。

## 1.1 培养法

培养法（culture－based method）是目前应用最为广泛的病原菌检测方法，该方法利用了病原菌能够在特定的培养基上基于合适温度条件下能够繁殖生长这一特性对病原菌进行活性检测。它是以微生物的繁殖生长为基础的，由于繁殖生长需要一定的时间，使用该方法检测细菌一般需要 1～2d，检测真菌一般需要 3～7d。如章正等（1996）通过筛选烟草霜霉病菌孢子萌发最佳培养基、最适的萌发条件和最佳接种方法来检测烟草霜霉病菌的活性。培养法虽然是经典方法，但存在明显的不足，即工作量大、检测周期长，因此在实际检疫过程中，很难满足口岸快速检测的要求（Burman et al.，1997），并且，处于 VBNC 状态或休眠期的真菌和细菌，使用该方法也难以测定活性（Nocker et al.，2006）。

## 1.2 ATP 生物发光法

ATP（三磷酸腺苷）生物发光法是指在荧光素酶、镁离子和氧分子存在的条件下，ATP 和荧光素发生一系列反应形成激发态的荧光素-腺苷二磷酸复合体，当该复合体从激发态回到基态时会产生荧光。对于处于一定生理时期内活体微生物，其体内的 ATP 含量可以保持较稳定水平，使得 ATP 浓度与活体微生物含量之间呈现线性关系（易琳，2019）。ATP 的这些特点，使 ATP 生物发光法成为较好的检测微生物活性的方法，ATP 依赖性的萤火虫发光素酶（firefly luoiferase）发生催化萤火虫发光素（firefly luciferin）氧化发光反应可作为活菌的标志。该反应对 ATP 呈特异性，当固定发光试剂于饱和量下，发光强度与样品 ATP 含量成正比线性关系，由此可得出样品中活菌数（Holm－Hansen，1970）。唐倩倩（2008）等使用 ATP 生物发光法和培养法检测大肠杆菌 O157：H7，得到大肠杆菌 O157：H7 在纯菌液中的检测限为 $10^3$CFU/mL，且 ATP 生物发光法检测大肠杆菌的检测结果与培养法的结果也呈较好的线性关系；毛映丹（2009）使用 ATP 生物发光法检测水中细菌，通过测定待测水体样品的发光强度，根据得到的每个细菌 ATP 含量、ATP 生物发光强度与平板计数之间的方程式，推算出细菌含量，从而达到快速测定水体中细菌数的目的。使用 ATP 生物发光法对微生物进行活性检测所需设备和试剂简单、方法快速，可以在较短时间内得出具体活菌数范围，相比传统的分离培养法更方便、快捷。对于难培养或不可培养的微生物，ATP 生物发光法也能检测出活菌数范围。但是，ATP 生物发光技术也存在一些不足，比如，ATP 生物发光法检测灵敏度偏低，最低检测范围大致为 $1\times10^4$CFU/mL 活菌数（Drobniewski et al.，2007）；ATP 生物发光法也不具有特异性，只能检测到活菌的总数目，无法特异性检测目标菌的活菌数目。这些缺点在一定程度上限制了生物发光法的普及应用。

## 1.3 染色法

染色法是采用细胞膜完整性作为活菌的判断标准。该方法的关键是利用特殊的核酸染料，这种核酸染料可以通过荧光显微镜、流式细胞仪或者分子生物学来加以检测，从而实现对活菌的选择性检测。核酸染料的作用机理主要分两类。一类是核酸染料能够穿透正在死亡或者已经死亡菌破损的细胞膜进入其细胞体内，但不能够进入具有完整细胞膜的活菌细胞内。如碘化丙啶（propidium iodide，PI）能够穿透细胞膜受损的细胞，进入核 DNA 并与之结合发生红色荧光，因此死菌或者凋亡细胞可以被检测到红色荧光，Hsueh（2017）利用 PI 染色实验来检测芽孢杆菌的活性。溴化乙锭（ethidium bromide，EB）也能够穿透细胞膜受损的细胞，进入核 DNA 并与之结合发出橘红色荧光，因此死菌或者凋亡细胞可以被检测到橘红色荧光，Odinsen 等（1986）利用 EB 检测分枝杆菌的存活率。台盼蓝能够穿透细胞膜受损的细胞，并与解体 DNA 结合使其着色发出蓝色荧光，因此死菌或者凋亡细胞可以被检测到蓝色荧光，Kwizera 等（2017）将其用于检测隐球酵母菌的死活。另一类核酸染料可通过细胞代谢留在活菌内，因此活菌可以被检测到荧光信号，如果细胞膜受到损伤，则荧光素会流失，因而死菌检测不到荧光信号，如双醋酸荧光素（flourescein diacetate，FDA），Sun（2017）利用 FDA 染色实验来确定原生质体活性，实验结果表明 FDA 能够使有活性的孢子发出绿色荧光，无活力孢子不发荧光。目前染色法研究对象多数是动物或者植物细胞的原生质体，而对真菌或细菌研究较少。适合动植物细胞的活性检测方法不一定能够用于准确判断真菌孢子的活性。黄林等（2014）做冻猪肉优势腐败菌染色检测，得出 FDA 工作浓度 0.5mg/mL，染色时间 15～60min；曾爱松等（2014）做结球甘蓝小孢子胚胎染色检测得出 FDA 工作浓度为 5mg/mL。对于不同的实验对象，染色条件存在不同的差异，说明染料的作用效果和实验对象本身存在较大的关系。近年来，越来越多的荧光素被开发出来，灵敏度高、毒性低、荧光染料的使用更为科学、安全。染色法虽然直观准确，但也有弊端，它需要借助流式细胞仪、荧光显微镜或激光共聚焦显微镜等仪器进行分析检测，实验成本较高。

### 1.3.1 流式细胞分析方法

流式细胞术（flow cytometry，FCM）是应用流式细胞仪对处于快速直线流动状态的单个细胞或单个生物粒子进行定量分析或分选的一种技术。该技术集电子技术、计算机技术、激光技术、流式理论于一体，能高速分析上万个细胞，并能同时测量细胞的物理或化学性质（Sriencf，1999）。近年来，FCM 常与核酸染料相联用，用于鉴别细胞活性。方曙光等（2006）建立了流式细胞仪检测重组巴斯德毕赤酵母细胞活性的方法，该方法可以准确检测发酵过程中酵母细胞的活性；Thompson 等（2016）提出一种新的流式细胞术方法，通过不同物种激发颜色的不同，以确定浮游植物复杂组合，并且认为流式细胞仪具有精确和高通量的特质；孔晓雪等（2018）将 FCM 与核酸荧光染料碘化丙啶和 SYBR Green Ⅰ相结合，对经过超高压处理过的大肠杆菌 O157：H7 进行活性检测，结果表明 FCM 与核酸荧光染料联合使用，可以对不同生理状态的大肠杆菌 O157：H7 进行活性分析和分选。FCM 检测方法可以在较短时间分析出病原菌存活状态，可得出活菌与死菌的数量，但是 FCM 活菌检测方法不具有特异性，无法鉴定或识别某一菌种，而且流式细胞仪昂贵，体积庞大，需要专门技术人员操作。

### 1.3.2　激光扫描共聚焦显微镜分析方法

激光扫描共聚焦显微镜（LSCM）是在普通光学显微镜的基础上对成像原理做了改进，加装了激光扫描装置，同时结合计算机的图像处理技术，把光学成像的分辨率提高了 30%～40%，是光学显微镜发展历史上的重大突破。与传统的光学显微镜相比，它能产生真正具有三维清晰度的图像，在医学和生物学等研究领域中都有广泛的应用前景（Sandison et al.，1995）。Schulz 等（1992）运用 LSCM 观察针叶树的筛网细胞，可以很清楚地看到整个分化期间细胞变化情况；Meyer 等（2003）利用 LSCM 测定小麦叶子中的阿魏酸发出的蓝绿色荧光和叶绿素荧光，从而鉴别小麦的叶龄。LSCM 可以对两种甚至多种不同的荧光染料分别进行标记，可以同时获得不同的信息，进行更可靠的定量分析。除了以上优点外，LSCM 能随时采集、记录并保存检测信号，并可观察细胞内各种内含物的动态变化。LSCM 是对活菌进行检测，不会损坏样品，能很好地再现样品真实情况，结果精准、可靠、重复性好，但 LSCM 也存在不足，其价格昂贵，制约了其推广应用。

### 1.3.3　单细胞分析系统检测法

单细胞分析系统是一种无鞘液毛细管细胞分析仪，它利用微毛细管取代传统的流式细胞部分，对微量细胞进行绝对计数、细胞周期、细胞增殖和细胞示踪等分析，可对荧光染色后的细胞逐个收集信号，进行多参数分析（毛建平，2006）。黄跃才等（2009）首次应用该技术建立了北美大豆猝死综合征病菌的活性检测技术，这一技术具有快速、准确、重复性好等优点，可在 20min 内完成从制样到检测的全过程，收集到的荧光散射值具有统计学意义，测量的活性检测值与孢子萌发率呈正相关。该技术不需要大量人工，操作更简便灵活，消耗低，检测结果重复性好，不足之处在于所需菌量最低为 1 000～2 000 个孢子，无法对单个孢子的活性进行分析。

## 1.4　比色法

### 1.4.1　MTT 比色法

MTT［3-（4,5-二甲基噻唑-2）-2,5-二苯基四氮唑溴盐］是一种能够接受氢原子的染料（结构式见图 1-1），而活菌线粒体中的琥珀酸脱氢酶可以将外观为淡黄色的 MTT 还原成蓝紫色结晶甲臜，形成量与活菌数呈正相关，再使用 DMSO（二甲基亚砜）溶解甲臜，用酶标仪或分光光度计测定 570nm 波长处的吸光值，即可以反映细胞活性（Abe，2000）。近几十年来，MTT 比色法应用较为广泛，如周肇蕙等（1996）采用 MTT 染色对大豆疫霉菌卵孢子进行活性测定，将大豆种皮中的卵孢子进行染色，其中被染为红色的为休眠卵孢子，蓝色的为已打破休眠的卵孢子，黑色的或未染上颜色的为已死亡的卵孢子；赵云等（2006）将 MTT 比色法应用于绿僵菌孢子活性的快速检测。使用 MTT 比色法对细胞进行活性检测时，操作步骤简单，实验结果准确，但该方法不足之处在于整个实验不可中途停止，如果实验中途出了错误，需

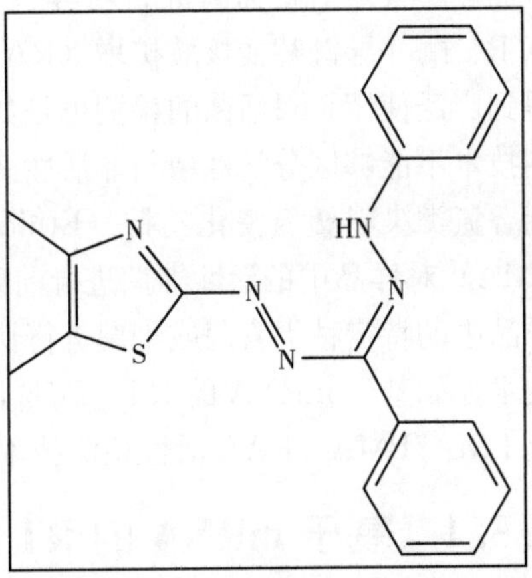

图 1-1　MTT 结构式

要重新开始，并且MTT染液的孵育时间需要进行控制，因为孵育时间会影响到信号强度。实验中使用的试剂DMSO等对实验人员有一定的毒副作用。

### 1.4.2 磺酰罗丹明B比色法

磺酰罗丹明B（sulforhodamine B，SRB）是一种粉红色阴离子染料（结构式见图1-2），易溶于水，在酸性条件下可特异性地与细胞内组成蛋白质的碱性氨基酸结合，使用酶标仪或分光光度计测定540nm波长处的吸光值，吸光值与活菌数量成线性正相关，故可用此方法做细胞的活性检测（Skehan et al.，1990）。SRB可以固定细胞，且被染色的细胞不易褪色，所以可以测定在不同时间段被染色的细胞。SRB法相较于MTT法，操作更为烦琐，但是所需的时间短，且更加灵活，更适合高通量筛选。该方法在肿瘤研究领域得到了较广泛应用，在植物检疫领域，该方法也有应用前景（吕兵峰等，2015）。Zhang等（2006）在做从竹子提取皂苷化合物的专利实验中，利用SRB测定提取物的生理和药理活性；周思朗等（2005）和吕冰峰等（2015）详细比较了SRB和MTT的各方面优劣势。总体而言，MTT法检测范围比SRB小，稳定性也比SRB差。SRB法在7d之内，信号都非常稳定，并且该方法并不需要使用DMSO这一对人体有毒副作用的试剂，相对而言更安全。

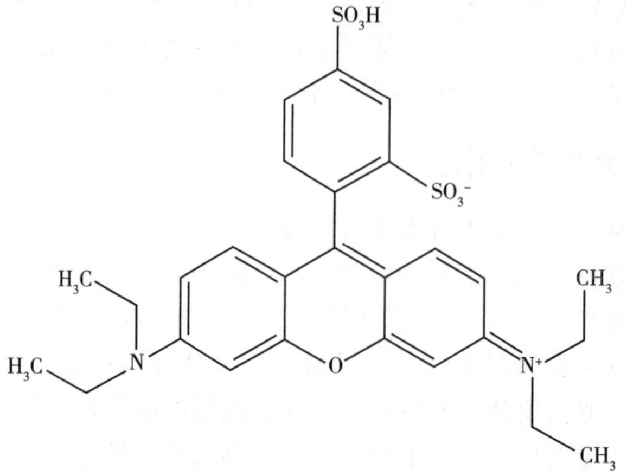

图1-2 SRB结构式

## 1.5 分子生物学检测法

分子生物学检测技术是针对特异性基因片段进行PCR扩增或者采用特异性的核酸探针进行检测，从而能够实现对目标菌进行特异性检测。随着分子生物学技术的快速发展，PCR、实时荧光定量PCR、酶介导链替换核酸扩增（RAA）等技术因其检测速度快、特异性强、灵敏度高，在各个领域得到广泛使用，对活菌的检测也是如此。由于DNA在死菌中能保留较长时间，传统的分子生物学检测技术不能够区分活性菌与非活性菌，于是人们开始探索使用易降解的RNA代替稳定的DNA或使用叠氮类染料叠氮溴化乙锭（Ethidium monoazide，EMA）、叠氮溴化丙锭（Propidium monoazide，PMA）对样品中的活性细菌进行前处理，在分子生物学检测过程中去排除死菌的DNA，从而实现对样品中的特定种类真菌或细菌进行快速活性检测。近年来国内外衍生出许多基于核酸扩增的活性检测技术，如基于mRNA的RT-PCR活性检测技术、基于DNA的EMA/PMA-PCR活性检测技术以及EMA/PMA-RAA活性检测技术等。

### 1.5.1 基于mRNA的RT-PCR检测方法

基于DNA的传统分子生物学检测由于缺乏区别活菌与死菌的方法，因而极大地限制了DNA检测在病原菌的应用，要做到快速、特异性，且还能区分活菌和死菌，最常用的策略是检测容易快速降解的RNA来代替检测稳定的DNA。与DNA相比，细菌中的mRNA在死菌中会很快降解，由于原核生物的mRNA有较短的半衰期（2～3min），mRNA的存在通常是基因连续转录的标志，可作为细菌活力和代谢活性的理想分子标记物（陈盟等，2018）。基于mRNA的RT-PCR检测技术，是指以mRNA作为模板，先合成cDNA，再对其进行PCR扩增（代洪亮等，2013）。近年来，该技术被广泛应用于大肠杆菌O157：H7、单增李斯特菌、沙门氏菌和霍乱弧菌等食源性致病菌的定量检测。段弘扬等（2004）使用基于mRNA的RT-PCR技术定量检测消毒水中的大肠杆菌O157：H7，检测限为$3.6\times10^3$CFU/mL，采用该技术检测大肠杆菌O157：H7的实验结果与平板培养法相一致；闫冰等（2008）将该技术用于牛奶中活的单增李斯特菌的定量检测，结果表明：经6h增菌，单增李斯特菌在牛奶中的检测限为17CFU/mL。Milner等（2001）通过临床观察发现细菌灭活后mRNA并非全部降解，而在一段时间内显示平台效应。mRNA在用于病原菌活菌检测时仍存在一定的局限性，其mRNA稳定性较差、拷贝数少、容易被污染，且mRNA在检测时敏感性差，很难进行定量检测，这一缺点很大程度上限制了该方法的普及应用。

## 1.5.2　基于DNA扩增的活性检测方法

由于传统的分子生物学检测技术不能够区分活菌与死菌，于是人们在不断寻求新的方法，当发现用叠氮类染料对样品中细菌进行前处理，可以去除非活菌的DNA，实现对样品中特定种类的活菌进行选择性快速检测（Nocker et al.，2007），从而建立了基于DNA扩增的活性检测方法。目前应用较广的叠氮染料有叠氮溴化乙锭（Ethidium monoazide，EMA）和叠氮溴化丙锭（Propidium monoazide，PMA），该方法的原理是：叠氮类染料是一种DNA染料，能够穿过非活性菌（死菌）受损的细胞膜进入其细胞内，进而嵌入非活性菌的DNA中。由于活菌具有完整的细胞膜，叠氮类染料被阻隔在活菌的细胞之外。嵌入死菌DNA内的叠氮类染料能够在强光诱导下通过叠氮基团与DNA形成牢固的共价结合。一旦DNA与叠氮类染料形成共价结合，便不能够在后续的反应中进行DNA扩增，这样便在反应中消除了死菌DNA对检测结果的影响（Nocker et al.，2007）。目前该方法多用于细菌活性的检测，尚未见在真菌上的应用报道，可能是因为细菌是原核生物，染料进入菌体细胞之后，就能够与DNA结合，而真菌是真核生物，DNA存在于细胞核中，有核膜保护，即使细胞膜结构破坏，也难以使染料与真菌的DNA在胞内结合。

### 1.5.2.1　EMA/PMA-PCR活性检测方法

EMA/PMA-PCR活性检测技术是利用EMA/PMA排除死菌对活菌的干扰，结合DNA扩增技术，如PCR技术、实时荧光定量PCR技术，实现准确定量检测病菌活性目的。熊书等（2013）利用EMA与实时荧光定量PCR技术相结合，建立一种能有效区分青枯菌死活菌的检测方法；周大祥等（2017）利用EMA-qPCR技术建立了猕猴桃溃疡病菌活菌的快速检测方法。该方法不足之处在于：当EMA处理浓度过高时也会造成活菌基因组DNA的损失，并且会穿透活菌细胞膜与DNA产生共价结合，导致其不能参与PCR扩增，继而影响检测准确性，产生假阴性结果，故有人提出以PMA代替EMA结合荧光定量PCR的活性检测技术，如Wang等（2020）利用PMA-qPCR技术成功检出草莓黄单胞菌（*Xanthomonas fragariae*），检出限为$10^3$CFU/mL；于璇等（2021）利用PMA与实时荧光PCR技术相结合（PMA-qPCR），对PMA质量浓度、暗孵育和曝光时间等因素进行优化，建立了检测十字花科细菌性黑斑病菌活菌的方法，且通过对比qPCR和PMA-qPCR的灵敏度可知，两者灵敏度差异不大，最低检出限均为$10^3$CFU/mL，通过对十字花科细菌性黑斑病菌阳性的油菜籽样品检测，结果显示该方法能准确反映实际样品的带活菌的情况。EMA/PMA-PCR活菌检测技术有许多优点，不仅可以特异性地区别目标菌与近似种，还可以有效区分死菌与活菌，且快速、灵敏度高、定量。EMA/PMA-PCR技术是目前应用较广泛的活菌检测技术。

#### 1.5.2.2 EMA/PMA-RAA 活性检测方法

重组酶介导链替换核酸扩增技术（RAA 技术），是一种在恒温下核酸快速扩增技术，利用细菌或真菌获得重组酶。在常温下，该重组酶可与引物 DNA 紧密结合，形成酶和引物的聚合体，当引物在模板 DNA 上搜索到与之完全匹配的互补序列时，在单链 DNA 结合蛋白的帮助下，打开模板 DNA 的双链结构，并在 DNA 聚合酶的作用下，形成新的 DNA 互补链，扩增产物即以指数级增长。利用荧光探针的标记，可以实现定时定量的结果分析，通常可在 39℃条件下 20～40min 内完成整个核酸扩增过程（吕蓓等，2010）。利用 EMA/PMA 排除死菌对活菌的干扰，结合 RAA 技术，可以实现准确定量检测病菌活性目的。赵国婧（2020）研究建立了 PMA-RAA 方法检测牛奶中的沙门氏菌的方法，该方法在纯培养液中沙门氏菌的检测限为 $2.8 \times 10^{3}$ CFU/mL，检测时间为 40min。PMA-RAA 活菌检测技术具有与 EMA/PMA-PCR 活菌检测技术同样的优点，即：可以特异性地区别目标菌与近似种，并且可以进一步区分菌的死活，且快速、灵敏度高、定量。PMA-RAA 技术也是目前应用较广泛的活菌检测技术。

# 2　美澳型核果褐腐病菌活性检测方法

## 2.1　概况

### 2.1.1　基本信息

中文名：美澳型核果褐腐病菌。英文名：pathogen of American brown rot of stone fruit。学名：*Monilinia fructicola*（Winter）Honey。

### 2.1.2　分类地位

柔膜菌目 Helotiales，核盘菌科 Sclerotiniaceae，链核盘菌属 *Monilinia*。被我国列为检疫性有害生物。

### 2.1.3　地理分布

美国、澳大利亚、意大利、土耳其、保加利亚、德国、法国、波兰、捷克、希腊、匈牙利、日本、西班牙、印度、斯洛伐克、阿根廷、伊朗、新西兰、葡萄牙、罗马尼亚、俄罗斯、塞尔维亚、加拿大、智利、以色列、立陶宛、墨西哥、斯洛文尼亚、南非、瑞士、奥地利、比利时、克罗地亚、韩国、乌克兰、阿尔巴尼亚、阿尔及利亚、不丹、巴西、塞浦路斯、埃及、摩洛哥、挪威、瑞典、爱尔兰、黎巴嫩、摩尔多瓦、巴基斯坦、突尼斯、阿塞拜疆、荷兰、叙利亚、乌兹别克斯坦、阿富汗、玻利维亚、哈萨克斯坦、秘鲁、津巴布韦、亚美尼亚、哥伦比亚、丹麦、厄瓜多尔、约旦、尼泊尔、也门、白俄罗斯、波斯尼亚和黑塞哥维那、爱沙尼亚、伊拉克、吉尔吉斯斯坦、拉脱维亚、北马其顿、留尼汪岛、危地马拉、肯尼亚、马耳他、巴拉圭、芬兰、卢森堡、马达加斯加、土库曼斯坦、乌拉圭、喀麦隆、埃塞俄比亚、黑山、塔吉克斯坦、坦桑尼亚、科索沃、菲律宾、哥斯达黎加、洪都拉斯、印度尼西亚、尼日利亚、朝鲜、越南、古巴、中国等国家和地区。

## 2.2　材料与方法

### 2.2.1　供试菌株

供试菌株 12470、127255 均来自深圳海关动植物检验检疫技术中心菌种保藏室。

### 2.2.2　试剂

#### 2.2.2.1　荧光染料

共用 10 种荧光染料（表 2－1）对孢子进行活性检测。

**表 2－1　供试荧光染料**

| 染料名称 | 激发波长/nm | 发射波长/nm | 荧光颜色 | 来源 |
| --- | --- | --- | --- | --- |
| PI | 534 | 617 | 红色 | Sigma 公司 |
| FDA | 488 | 530 | 绿色 | Sigma 公司 |
| AO | 488 | 530 | 绿色 | Sigma 公司 |

（续）

| 染料名称 | 激发波长/nm | 发射波长/nm | 荧光颜色 | 来源 |
|---|---|---|---|---|
| JC-1 | 488 | 530 | 绿色 | Sigma 公司 |
| 钙黄绿素 | 488 | 530 | 绿色 | Sigma 公司 |
| DAPI | 340 | 488 | 蓝色 | Sigma 公司 |
| Hoechst33258 | 340 | 460 | 蓝色 | 北京诺博莱德 |
| Hoechst33342 | 340 | 460 | 蓝色 | 北京诺博莱德 |
| Alamar Blue | 340 | 488 | 蓝色 | 上海翊圣 |
| 台盼蓝 | 340 | 488 | 蓝色 | 北京诺博莱德 |

#### 2.2.2.2 其他主要化学试剂

二甲基亚砜（DMSO）、甲醇、丙酮、无水乙醇。

#### 2.2.2.3 主要培养基

PDA：200g 新鲜马铃薯于无菌水中煮沸约 20min 之后，用 4 层洁净纱布过滤，滤液加入 17～20g 琼脂粉和 20g 葡萄糖，充分混匀之后定容到 1 000mL，分装，121℃高压蒸汽灭菌 20min，备用。

改良 PDA：200g 新鲜马铃薯于无菌水中煮沸约 20min 之后，用 4 层洁净纱布过滤，滤液加入 17～20g 琼脂粉和 7.5g 葡萄糖，充分混匀之后定容到 1 000mL，分装，121℃高压蒸汽灭菌 20min，备用。

### 2.2.3 主要仪器设备

激光共聚焦扫描显微镜、显微镜、高压灭菌锅、离心机、恒温混匀仪。

### 2.2.4 实验方法

#### 2.2.4.1 菌株培养

挑取美澳型核果褐腐病菌培养物（菌株 12470 和 127255）接种于改良 PDA 培养基平板上，用 Parafilm 封口膜密封培养皿，于 22℃条件下光暗交替（12h/12h）培养 5～7d，观察产孢情况。

#### 2.2.4.2 孢子悬浮液配制

用灭菌去离子水冲洗美澳型核果褐腐病菌培养物表面孢子堆，收集于干净的 10mL 离心管中，充分振荡 3min 左右，将绝大多数孢子从菌丝中分离出来，用无菌枪头将菌丝吸出，得到孢子悬浮液，在显微镜下计算孢子数目，最后加入适量灭菌去离子水配制成 $10^5$～$10^6$个/mL 孢子悬浮液 4～5mL。

#### 2.2.4.3 激光共聚焦显微镜扫描

吸取 1μL 活性染料处理之后的样品制备玻片，封片，倒置于激光共聚焦扫描显微镜载物台上，调到可视档，在荧光显微镜低倍镜下找到孢子，转到 20 倍镜下观察，调制视野清晰度，然后调到 LCM 档，根据所用的荧光染料选择激发合适波长的激光器（氩离子激光器等），设置荧光通道的激发波长（340nm、488nm、534nm），收集荧光信号的发射波长（488nm、530nm、617nm），并且需要设置一个明场作为对照。先选择粗略扫描模式（xy：512×512），重复扫描次数 1 次，扫描速度 9，根据成像效果调整探测针孔、光电倍增管增益、激光扫描强度等，将图像调整至质量较好的效果。然后根据信噪比调整扫描模式，继续用精确扫描方式（xy：2 048×2 048），重复扫描次数 2 次，扫描速度 6，获得最终清晰图像。

#### 2.2.4.4 活性染料初筛

以美澳型核果褐腐病菌菌株 12470 为实验材料。配制新鲜孢子悬浮液 4～5mL，每个处理取 200μL 置于 1.5mL 离心管中，分为两组：一组经金属浴 100℃处理 15min 为死孢子，作为实验组，一组不经过处理为活孢子，作为对照组。分别用 10 种染料进行单染，制片，LSCM 检测，保存图片，筛选出能够明显区分死活孢子的荧光染料，每种染料至少进行 3 个不同浓度和 3 个不同时间共计 9 组的正交筛选实验。染料初始筛选条件和使用方法如表 2-2 所示。

**表 2-2　染料初始条件和使用方法**

| 染料名称 | 初始浓度 | 初始染色时间 |
|---|---|---|
| PI | 10mg/mL in $ddH_2O$，1mg/mL in $ddH_2O$，0.1mg/mL in $ddH_2O$ | 10min，15min，30min |
| FDA | 10mg/mL in acetone，1mg/mL in acetone，0.2mg/mL in acetone | 10min，20min，30min |
| Alamar Blue | 0.1mL/mL in PD，1mL/mL in PD，3mL/mL in PD | 30min，60min，90min |
| Hoechst 33258 | 500μg/mL in $ddH_2O$，100μg/mL in $ddH_2O$，10μg/mL in $ddH_2O$ | 10min，30min，45min |
| Hoechst 33342 | 500μg/mL in $ddH_2O$，100μg/mL in $ddH_2O$，10μg/mL in $ddH_2O$ | 10min，30min，45min |
| DAPI | 1mg/mL in $ddH_2O$，0.2mg/mL in $ddH_2O$，0.05mg/mL in $ddH_2O$ | 5min，10min，15min |
| JC-1 | 1.67mg/mL in DMSO，0.5mg/mL in DMSO，0.16mg/mL in DMSO | 10min，20min，30min |
| AO | 10mg/mL in $ddH_2O$，2mg/mL in $ddH_2O$，0.2mg/mL in $ddH_2O$ | 10min，20min，30min |
| 台盼蓝 | 20%染色液，4%染色液，0.4%染色液 | 5min，15min，25min |
| 钙黄绿素 | 20mg/mL in $ddH_2O$，10mg/mL in $ddH_2O$，1mg/mL in $ddH_2O$ | 15min，30min，45min |

使用方法：取 1μL 染料加入 199μL 孢子悬浮液中，振荡混匀，室温下避光染色，到时间之后，立即 14 000r/min 离心 1min，去除上清液，加入 200μL 无菌去离子水，振荡混匀，14 000r/min 离心 1min，去除上清液，加入 20μL 灭菌去离子水，混匀，避光放置。

#### 2.2.4.5　染料浓度和染色时间的优化

以美澳型核果褐腐病菌菌株 12470 为实验材料，以 FDA 染料为例，对染料浓度和时间进行进一步的筛选。配制新鲜孢子悬浮液 4～5mL，共分成三组，一组为经过加热致死处理的死孢子组，一组为活孢子组，一组以不经过染色的孢子悬浮液作为空白对照组。设计 5 种染色浓度（原液、2 倍稀释液、10 倍稀释液、20 倍稀释液、50 倍稀释液）与 5 种染色时间（4min、8min、12min、16min、20min），共计 25 组的组合实验，吸取 1μL 的染料与配制好的孢子悬浮液进行染色实验，室温避光染色。染色后，对死孢子组进行 LSCM 扫描分析，获取图片，对活孢子组分成两组，一组做扫描分析获取图片，另一组用琼脂载玻片法进行孢子萌发实验，计算萌发率。

#### 2.2.4.6　病原菌活性检测

以美澳型核果褐腐病菌菌株 12470 为实验材料，单染以 FDA 染料为例，分别进行 5 种不同处理温度（40℃、45℃、50℃、55℃、60℃）和 5 种不同处理时间（1min、5min、10min、20min、30min）处理，共计 25 个处理组，将所有处理组的孢子分成两组进行实验：一组用 FDA 染料染色，统计染色情况；一组进行孢子萌发实验，统计萌发率。

复染以 FDA-PI 为例，将 199μL 孢子悬浮液滴加 1μL FDA 染料 20 倍稀释液，避光染色 16min，然后 14 000r/min 离心 1min，去除上清液，加入 199μL 无菌去离子水，滴加 1μL PI 20 倍稀释液，振荡混匀，避光染色 4min，再次 14 000r/min 离心 1min，去除上清液，加无菌去离子水 20μL，重悬。染色完成之后制片：一组 LSCM 扫描作图，通过孢子染色率来对孢子活性进行判断；另一组通过琼脂载玻片法测定孢子萌发率，进行统计学分析。

#### 2.2.4.7　孢子萌发实验

对孢子萌发的定义是：孢子萌发长出萌发管，且其长度大于或等于分生孢子一倍长度。

以美澳型核果褐腐病菌菌株 12470 为实验材料，配制新鲜的孢子悬浮液，混匀，将 PDA 培养基放入微波炉中熔化，用移液枪吸取 100μL 的 PDA，分成三份滴加在灭菌过的载玻片上，待其凝固后，吸取 1μL 左右的孢子悬浮液滴加在 PDA 上，置于灭菌培养皿中，用 Parafilm 封口膜封好，培养 6h 左右进行观察，每份 PDA 观察 100 个孢子，共计 300 个，重复 3 次。以芽管长度大于或等于孢子本身长度作为萌发判定标准。统计孢子萌发率，进行统计学分析。

## 2.3 结果与分析

### 2.3.1 活性染料初筛

#### 2.3.1.1 FDA 对美澳型核果褐腐病菌孢子染色结果

图 2-1 表示 FDA 对美澳型核果褐腐病菌活孢子（A、B）和死孢子（C、D）染色结果。A 显示出活孢子染色后有明亮的绿色荧光，C 显示出死孢子没有发出荧光，比较 A 与 C 可以看出，在浓度为 0.2mg/mL、染色时间为 15min 条件下，FDA 能够明显区分美澳型核果褐腐病菌活孢子和死孢子。

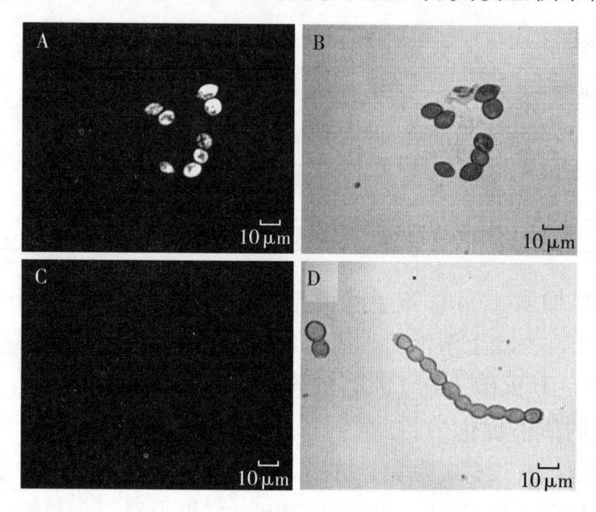


图 2-1　FDA 对美澳型核果褐腐病菌孢子染色结果

注：FDA 浓度为 0.2mg/mL，染色时间为 15min；A、B 均为活孢子染色结果，A 为荧光通道，B 为明场；C、D 均为死孢子染色结果，C 为荧光通道，D 为明场

#### 2.3.1.2 AO 对美澳型核果褐腐病菌孢子染色结果

图 2-2 表示 AO 对美澳型核果褐腐病菌活孢子（A、B）和死孢子（C、D）染色结果，A 显示出活孢子染色后有明亮的绿色荧光，C 显示出死孢子也能够发出明亮的绿色荧光，比较 A 与 C 可以看出在浓度为 10mg/mL、染色时间为 20min 条件下，AO 不能区分美澳型核果褐腐病菌活孢子和死孢子，并且其他处理组结果也无法区分。

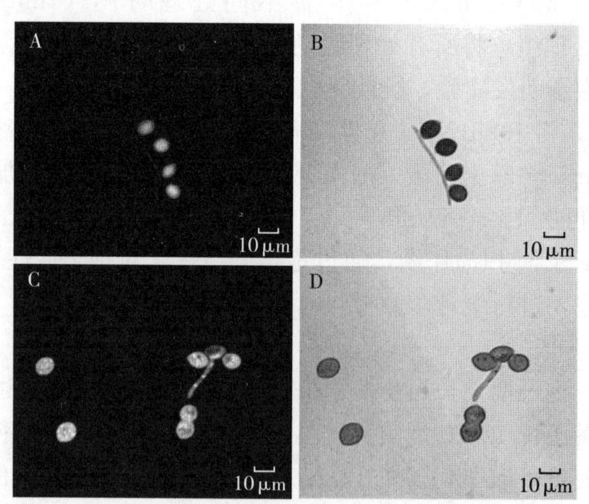


图 2-2　AO 对美澳型核果褐腐病菌孢子染色结果

注：AO 浓度为 10mg/mL，染色时间为 20min；A、B 均为活孢子染色结果，A 为荧光通道，B 为明场；C、D 均为死孢子染色结果，C 为荧光通道，D 为明场

#### 2.3.1.3　DAPI 对美澳型核果褐腐病菌孢子染色结果

图 2-3 表示 DAPI 对美澳型核果褐腐病菌活孢子（A、B）和死孢子（C、D）染色结果，A 显示出活孢子染色后有明显的蓝色荧光，C 显示出死孢子依然发出蓝色荧光，比较 A 与 C 可以看出，在浓度 0.2mg/mL、染色时间为 10min 条件下，DAPI 不能够区分美澳型核果褐腐病菌活孢子和死孢子，并且其他处理也无法明显区分。

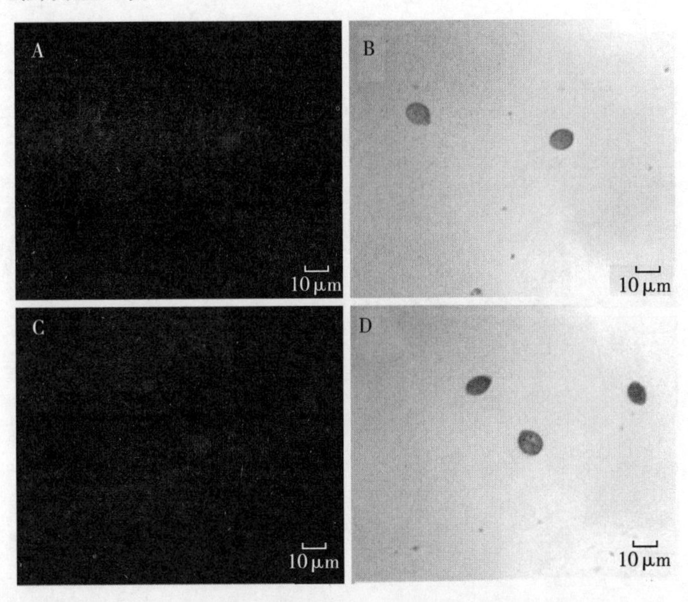


图 2-3　DAPI 对美澳型核果褐腐病菌孢子染色结果

注：DAPI 浓度为 0.2mg/mL，染色时间为 10min；A、B 均为活孢子染色结果，A 为荧光通道，B 为明场；C、D 均为死孢子染色结果，C 为荧光通道，D 为明场

#### 2.3.1.4　PI 对美澳型核果褐腐病菌孢子染色结果

图 2-4 表示 PI 对美澳型核果褐腐病菌死孢子（A、B）和活孢子（C、D）染色结果，A 显示出死孢子染色后有明显的红色荧光，C 显示出活孢子没有发出荧光，比较 A 与 C 可以看出，在浓度为 0.1mg/mL、染色时间为 10min 条件下，PI 能够区分美澳型核果褐腐病菌活孢子和死孢子。

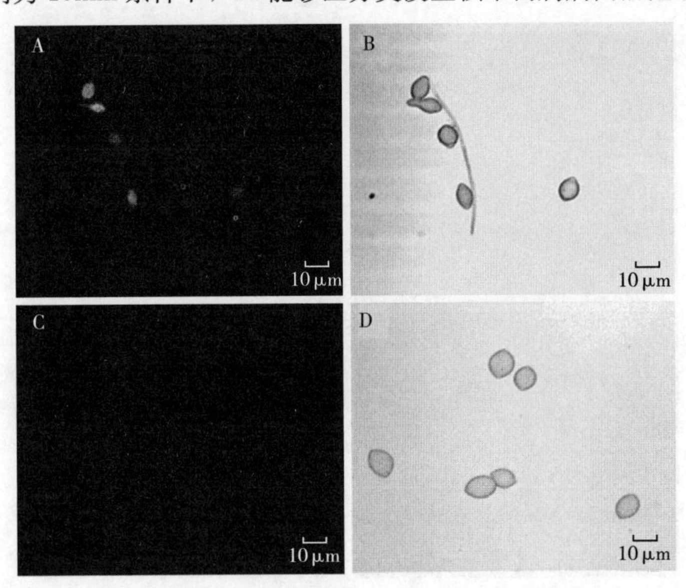


图 2-4　PI 对美澳型核果褐腐病菌孢子染色结果

注：PI 浓度为 0.1mg/mL，染色时间为 10min；A、B 均为死孢子染色结果，A 为荧光通道，B 为明场；C、D 均为活孢子染色结果，C 为荧光通道，D 为明场

#### 2.3.1.5 JC-1对美澳型核果褐腐病菌孢子染色结果

图2-5表示JC-1对美澳型核果褐腐病菌活孢子（A、B）和死孢子（C、D）染色结果，A显示出活孢子染色后有微弱的绿色荧光，C显示出死孢子能够发出明亮的绿色荧光，比较A与C可以看出，在浓度为0.5mg/mL、染色30min条件下，JC-1对美澳型核果褐腐病菌活孢子和死孢子有一定区别，但区别不明显，其他处理不能很清晰区分死孢子和活孢子。

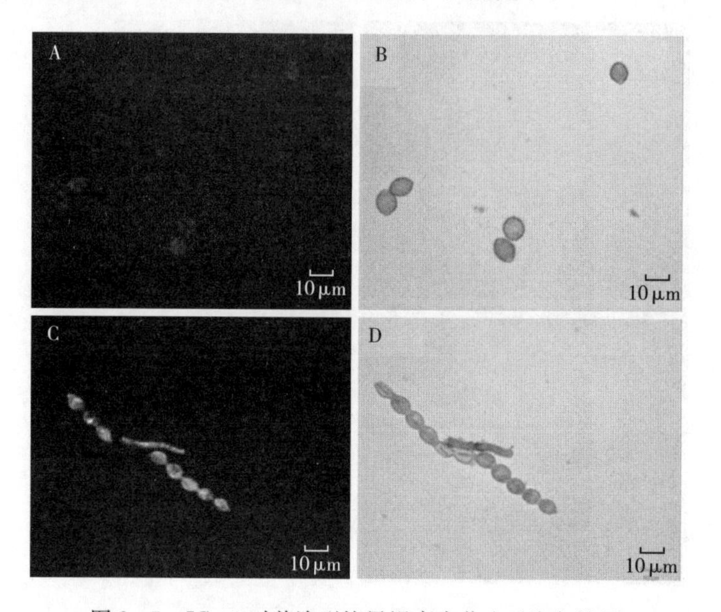


图2-5 JC-1对美澳型核果褐腐病菌孢子染色结果

注：JC-1浓度为0.5mg/mL，染色时间为30min；A、B均为活孢子染色结果，A为荧光通道，B为明场；C、D均为死孢子染色结果，C为荧光通道，D为明场

#### 2.3.1.6 台盼蓝对美澳型核果褐腐病菌孢子染色结果

图2-6表示台盼蓝对美澳型核果褐腐病菌死孢子（A，B）和活孢子（C，D）染色结果，A显示出死孢子染色后有微弱的红色荧光，C显示出活孢子不能够发出荧光，比较A与C可以看出，在浓度为0.4%染色液、染色15min条件下，台盼蓝能够较明显区分美澳型核果褐腐病菌活孢子和死孢子。

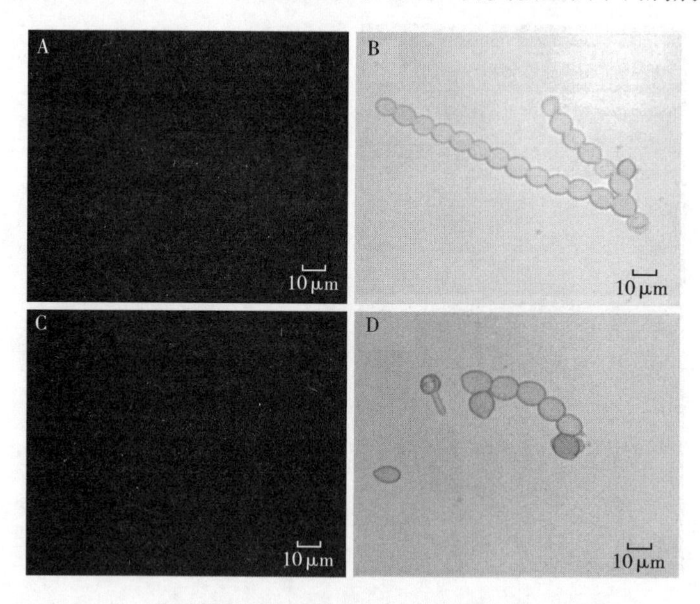


图2-6 台盼蓝对美澳型核果褐腐病菌孢子染色效果

注：台盼蓝浓度为0.4%，染色15min；A、B均为活孢子染色结果，A为荧光通道，B为明场；C、D均为死孢子染色结果，C为荧光通道，D为明场

综上所述，包括 FDA、AO、DAPI、PI、JC－1 与台盼蓝在内的 6 种荧光染料均能使美澳型核果褐腐病菌有活力的孢子呈现不同的着色，而 Hoechst 33258、Hoechst 33342、Alamar Blue 与钙黄绿素 4 种荧光染料均不能使该病原菌有活力的孢子着色（未列出图片）。鉴于荧光染料 FDA 与 PI 可分别着色美澳型核果褐腐病菌活孢子与死孢子的特点，且染色结果可相互印证，因此被选为进一步研究对象。

## 2.3.2　最佳染色条件进一步筛选

### 2.3.2.1　FDA 染料最佳处理条件筛选

以美澳型核果褐腐病菌菌株 12470 为实验材料，配制新鲜的孢子悬浮液，对染色浓度和染色时间进行进一步筛选。设置 5 种不同染色时间（4min、8min、12min、16min、20min）和 5 种不同浓度稀释液（原液、5 倍稀释液、10 倍稀释液、20 倍稀释液、50 倍稀释液）的组合实验，共计 25 个组。统计孢子在不同染色条件下处理后的染色和萌发情况。

从表 2－3 可以看出，空白对照的孢子萌发率为 99.67%，接近 100%，由 FDA 原液染色之后的孢子萌发率分别为 94.67%（处理 4min）、92.33%（处理 8min）、89.33%（处理 12min）、86.76%（处理 16min）、84.33%（处理 20min）；其他浓度稀释液处理对孢子萌发影响不大。结果表明，经 FDA 原液染色，染色时间越长，孢子活性所受影响越大；同一时间下，染色浓度增大，孢子活性受到的影响则随之增大。

表 2－3　不同染料浓度-时间处理后孢子萌发率

单位：%

| 处理条件/min | 萌发率 | | | | | 空白对照 |
|---|---|---|---|---|---|---|
| | 原液 | 5 倍稀释液 | 10 倍稀释液 | 20 倍稀释液 | 50 倍稀释液 | |
| 4 | 94.67 | 98.00 | 98.00 | 99.00 | 100.00 | |
| 8 | 92.33 | 97.67 | 97.67 | 100.00 | 100.00 | |
| 12 | 89.33 | 97.33 | 97.33 | 99.33 | 100.00 | 99.67 |
| 16 | 86.67 | 96.00 | 96.00 | 100.00 | 99.67 | |
| 20 | 84.33 | 93.33 | 93.33 | 97.33 | 99.33 | |

从图 2－7 可以看出，FDA 20 倍稀释液染色 16min 处理孢子之后，能够很明显地分辨出死孢子和活孢子，活孢子能够发出明亮的绿色荧光，死孢子不能发出荧光。

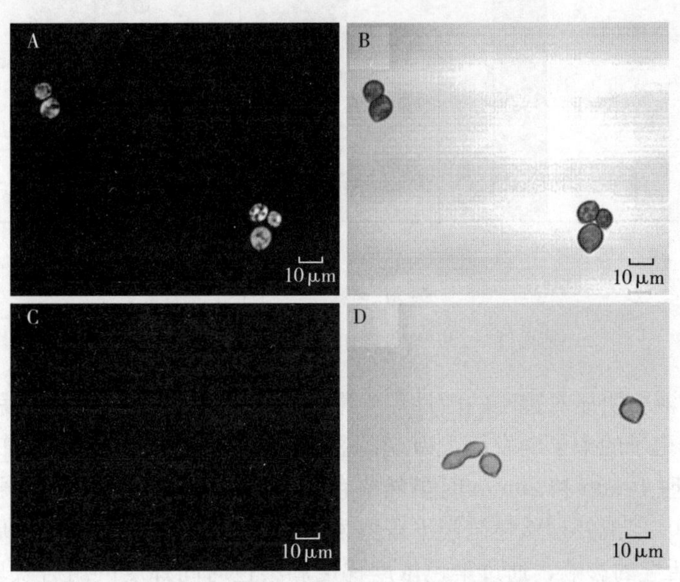


图 2－7　FDA 20 倍稀释液染色 16min 结果

注：A、B 均为活孢子染色结果，A 为荧光通道，B 为明场；C、D 均为死孢子染色结果，C 为荧光通道，D 为明场

图 2-8 为 FDA 原液染色 20min 的结果，可以看出虽然活孢子能够发出很明显的荧光，但死孢子也能够发出绿色荧光，故原液染色 20min 不能明确区分死孢子和活孢子。

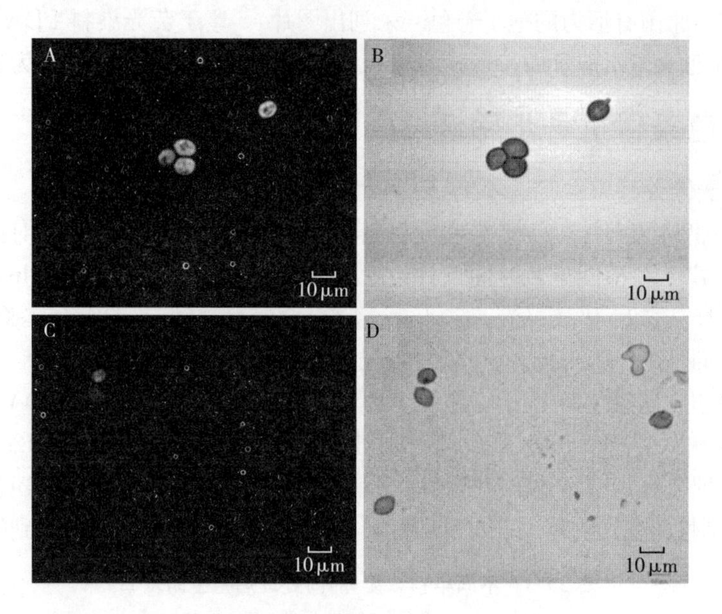


图 2-8　FDA 原液染色 20min 结果

注：A、B 均为活孢子染色结果，A 为荧光通道，B 为明场；C、D 均为死孢子染色结果，C 为荧光通道，D 为明场

图 2-9 显示，FDA 20 倍稀释液均处理孢子 4min、8min、12min，在同等染色时间下，20 倍稀释液的染色率均明显高于 50 倍稀释液。

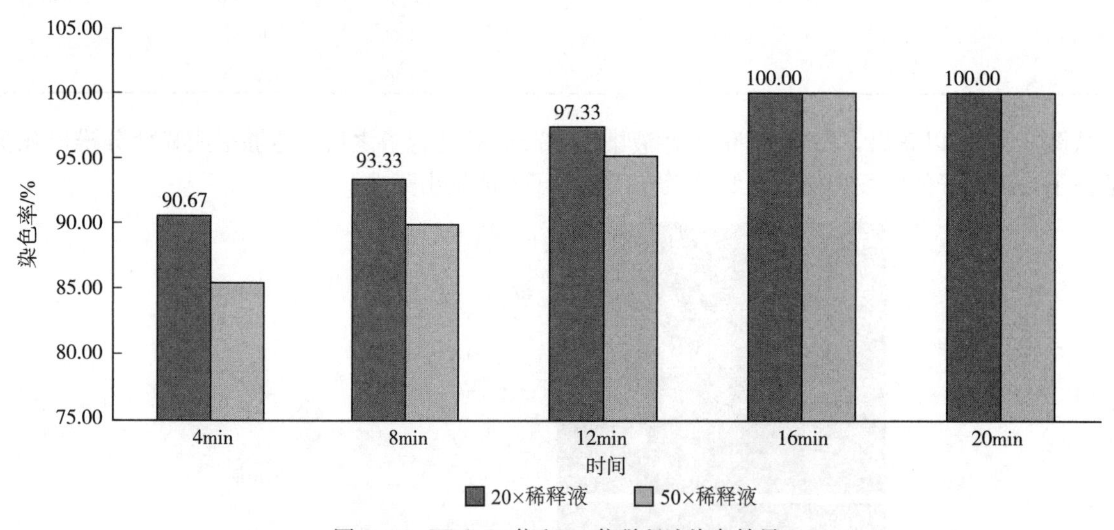


图 2-9　FDA 20 倍和 50 倍稀释液染色结果

表 2-3 显示，原液会明显对孢子的活性产生影响，染色 4min 时，萌发率就降低为 94.67%，20 倍液和 50 倍液处理活孢子的孢子萌发就没有受到影响，都非常接近 100%。通过 LSCM 所得到的图像分析，50 倍液在处理 16min 和 20min 时虽然染色率为 100%，但是其荧光强度不及其他同等时间下的染色液浓度，而 10 倍液处理从显微镜下观察发现，背景会有明显泛绿，所得图片效果不佳。综合成像效果和对孢子活性的影响，通过染色浓度梯度和染色时间梯度的组合实验，确定 FDA 最佳染色条件是 20 倍稀释液（工作浓度为 0.5mg/mL），染色时间为 16min。

### 2.3.2.2　PI 染料最佳处理条件筛选

以美澳型核果褐腐病菌菌株 12470 为实验材料，配制新鲜的孢子悬浮液，对染色浓度和染色时间进行进一步筛选。设置了 5 种不同染色时间（4min、8min、12min、16min、20min）和 5 种不同浓度 PI 稀释液（5 倍浓缩液、原液、2 倍稀释液、10 倍稀释液、20 倍稀释液）的组合实验，共计 25 个组。统计孢子在不同染色条件下的染色和萌发情况。

从表 2－4 可以看出，空白对照的孢子萌发率 99.67%，由 PI 5 倍稀释液染色 4min、8min、12min、16min、20min 后，孢子萌发率分别为 13.33%、13.33%、12.33%、10.00%、4.67%；由 PI 2 倍稀释液染色后的萌发率分别为 99.33%、100.00%、99.33%、99.00%、99.67%。萌发结果表明，5 倍稀释液能够对孢子的活性造成影响，处理 20min 的孢子萌发率不足 5%，而 2 倍稀释液和更低浓度的稀释液对孢子萌发几乎没有影响。

**表 2－4　不同染料浓度-时间处理后孢子萌发率**

单位：%

| 处理条件/min | 萌发率 | | | | | 空白对照 |
|---|---|---|---|---|---|---|
| | 5 倍稀释液 | 原液 | 2 倍稀释液 | 10 倍稀释液 | 20 倍稀释液 | |
| 4 | 13.33 | 60.33 | 99.33 | 99.33 | 99.33 | |
| 8 | 13.33 | 55.00 | 100.00 | 99.33 | 100.00 | |
| 12 | 12.33 | 52.33 | 99.33 | 99.67 | 99.67 | 99.67 |
| 16 | 10.00 | 39.67 | 99.00 | 99.00 | 100.00 | |
| 20 | 4.67 | 27.33 | 99.67 | 99.67 | 99.67 | |

图 2－10 为 PI 染料 20 倍稀释液对死活孢子染色 4min 的结果，其中 A 表示该染色条件下对死孢子的染色结果，荧光通道能够收集到红色荧光信号；C 表示该条件下对活孢子的染色结果，荧光通道不能收集红色荧光信号，比较 A 和 C 可明显看出，该处理条件下能够区分死孢子和活孢子。

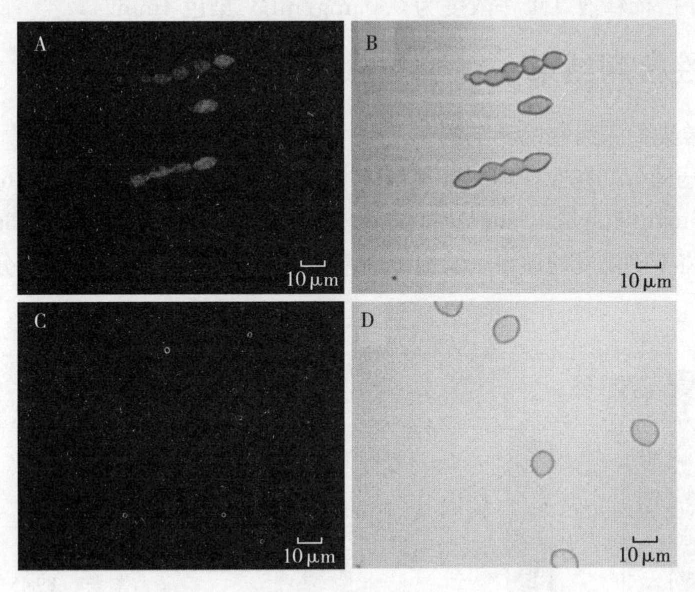


图 2－10　PI 20 倍稀释液染色 4min 结果

注：A、B 均为死孢子染色结果，A 为荧光通道，B 为明场；C、D 均为活孢子染色结果，C 为荧光通道，D 为明场

图 2－11 中 A 为 PI 染料 5 倍稀释液染色 4min 活孢子的结果，可以看到，活孢子能够发出明显的红色荧光。C 为死孢子染色结果，除了能够发出明亮的红色荧光之外，部分孢子因为荧光强度太强导致所得到的照片过饱和，本实验说明该处理不能区分死孢子和活孢子。

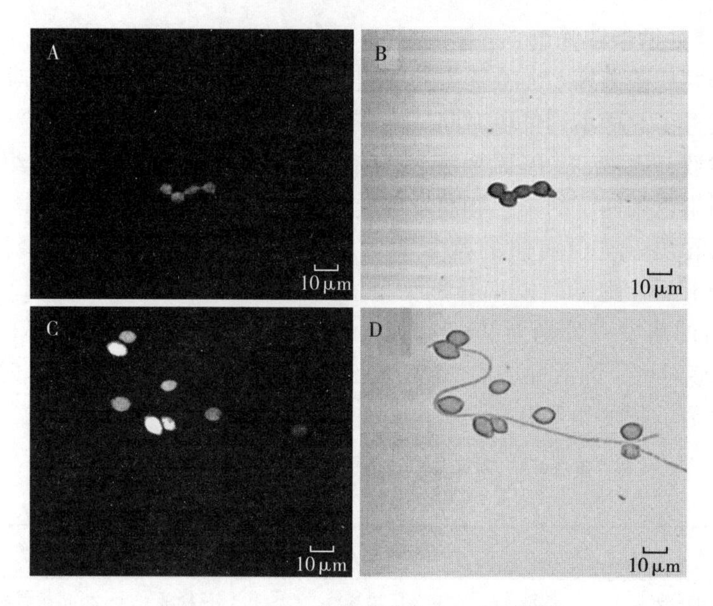


图 2-11　PI 5 倍稀释液染色 4min 结果

注：A、B 均为活孢子染色结果，A 为荧光通道，B 为明场；C、D 均为死孢子染色结果，C 为荧光通道，D 为明场

通过对表 2-4 的孢子萌发结果分析，PI 5 倍稀释液染色活孢子之后导致孢子萌发率大幅下降，而 2 倍稀释液和更低浓度的稀释液对活孢子萌发影响不大，可能是因为染料浓度过高影响了孢子活性。通过 LSCM 分析，PI 5 倍稀释液染色 4min 之后，也会出现个别死孢子荧光过于饱和影响观察，导致成像结果不佳，10 倍稀释液染色结果和 20 倍稀释液染色结果没有太大差异，而同样浓度下的不同时间处理，荧光强度没有发生明显变化。综合染料对孢子活性的影响和成像结果，结果确定 PI 染料最佳染色条件为 20 倍稀释液（工作浓度为 0.05mg/mL）染色 4min。

## 2.3.3　孢子活性检测结果

### 2.3.3.1　FDA 染料单染孢子活性检测结果

美澳型核果褐腐病菌分别在 5 种不同处理温度（40℃、45℃、50℃、55℃、60℃）下各进行 5 种不同时间处理（1min、5min、10min、20min、30min），用 FDA 20 倍稀释液染色 16min，制片，显微镜下观察，作图，并同时将不同温度处理之后的孢子进行萌发实验，统计萌发率。部分结果如图 2-12。

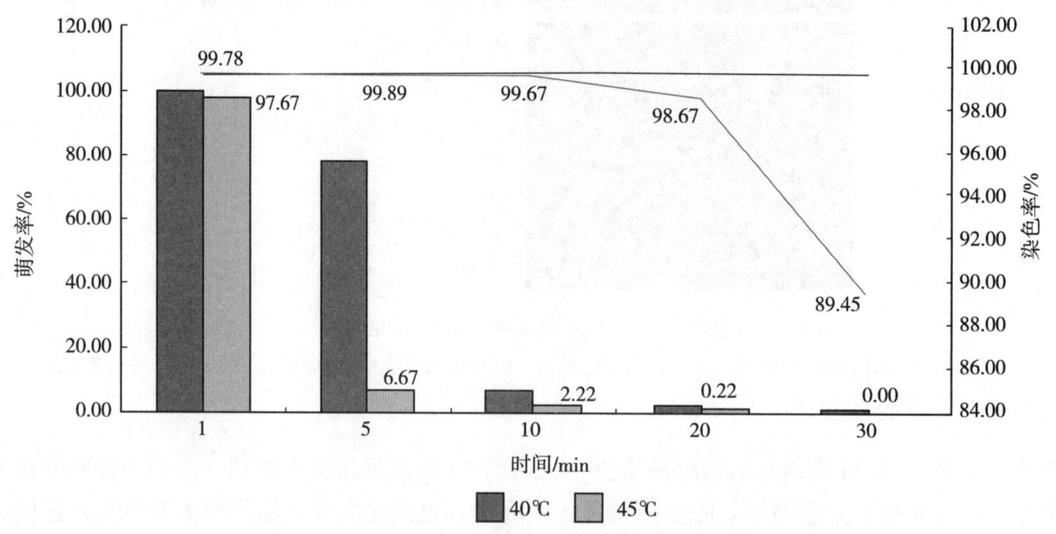


图 2-12　相同处理下孢子萌发结果和 FDA 染色结果比较

**表 2-5　相同处理下孢子萌发结果和 FDA 染色结果比较**

单位：%

| 处理条件/min | 萌发率 | | | | | 染色率 | | | | |
|---|---|---|---|---|---|---|---|---|---|---|
| | 40℃ | 45℃ | 50℃ | 55℃ | 60℃ | 40℃ | 45℃ | 50℃ | 55℃ | 60℃ |
| 1 | 99.44 | 97.67 | 93.44 | 76.78 | 0.56 | 99.78 | 99.78 | 99.22 | 99.11 | 99.56 |
| 5 | 78.11 | 6.67 | 0.11 | 0.00 | 0.00 | 99.67 | 99.89 | 97.44 | 94.78 | 86.67 |
| 10 | 6.89 | 2.22 | 0.00 | 0.00 | 0.00 | 99.89 | 99.67 | 92.11 | 91.44 | 47.56 |
| 20 | 2.44 | 0.22 | 0.00 | 0.00 | 0.00 | 99.89 | 98.67 | 84.89 | 77.78 | 9.89 |
| 30 | 0.44 | 0.00 | 0.00 | 0.00 | 0.00 | 99.78 | 89.45 | 79.00 | 70.00 | 0.00 |

从图 2-12 和表 2-5 可以看出孢子萌发和 FDA 染色结果存在着一定差异，40℃处理的孢子，五组实验（处理 1min、5min、10min、20min、30min）孢子萌发率分别为 99.44%、78.11%、6.89%、2.44%和 0.44%，而在相同的处理条件下，孢子的染色率一直稳定在 99%以上。45℃处理孢子的五组实验中，从 1min 开始，孢子萌发率就已经开始受到影响，由接近 100%的萌发率降低为 97.67%；处理 5min 之后，萌发率就下降到只有 6.67%，相对应的 FDA 染色结果依旧是 99.89%；直到 45℃处理 30min，FDA 染色率才明显下降，降至 89.45%。孢子处理时间为 1min 的情况下，加大处理温度（40℃、45℃、50℃、55℃、60℃），萌发率依次为 99.44%，97.67%，93.44%，76.78%，0.56%，相对应的 FDA 染色结果几乎没有变化，稳定在 99%以上。从完整数据来看，共计 25 组实验，只有 3 组实验孢子萌发率在 90%以上，2 组在 10%～90%，4 组在 1%～10%，4 组在 1%以内，其他 12 组萌发率均为 0；反观 FDA 染色结果，99%以上的有 11 组，90%～99%的有 5 组，70%～90%的有 6 组，2 组高于 0 低于 70%，仅仅只有一组（60℃处理 30min）染色率为 0。从以上结果来看，在某些处理条件下，孢子萌发和染色实验得到的结果并不完全一致，染色结果显示孢子依旧还有活力，而相同条件下的孢子萌发实验却显示有的孢子没有萌发。

图 2-13 为 40℃处理 30min 之后的孢子染色结果图，此图视野中共计 11 个孢子全部能够发出明显的绿色荧光。

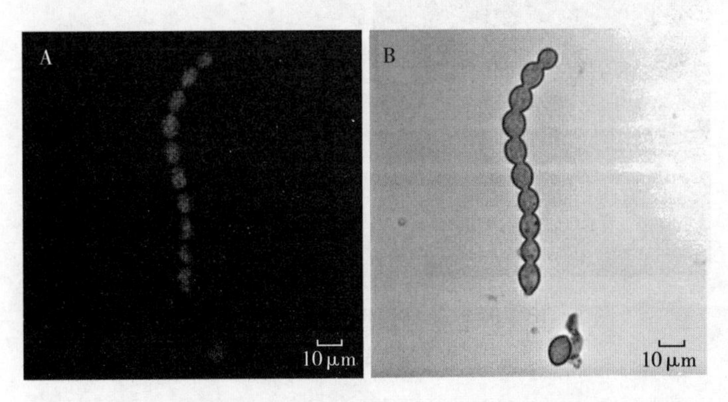


图 2-13　孢子 40℃处理 30min FDA 染色结果

注：A 为荧光通道，B 为明场

图 2-14 为孢子 60℃处理 20min 之后的染色结果，图中可以看出视野共计 7 个孢子，其中仅有 1 个孢子能够发出微弱的荧光。

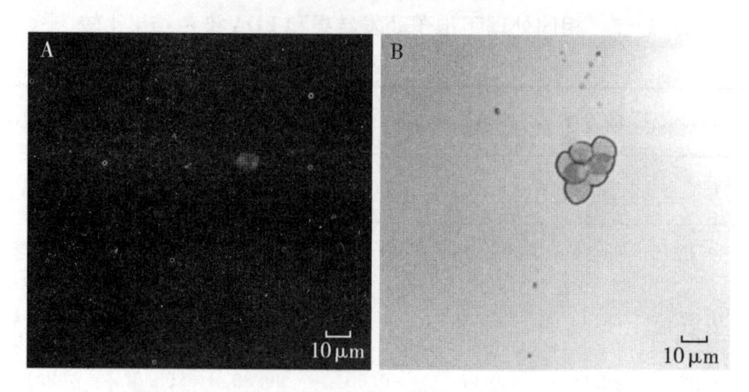


图 2-14　孢子 60℃处理 20min FDA 染色结果

注：A 为荧光通道，B 为明场

图 2-15 为孢子 60℃处理 10min 之后的染色结果，图中可以看出视野共计 12 个孢子，其中 5 个孢子能够发出明亮的荧光。

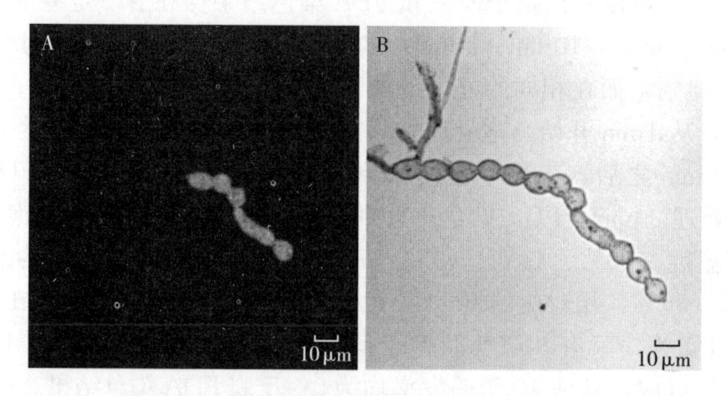


图 2-15　孢子 60℃处理 10min FDA 染色结果

注：A 为荧光通道，B 为明场

图 2-16 为孢子 55℃处理 20min 之后的染色结果，图中视野中共计 4 个孢子，其中 3 个孢子能够发出微弱的荧光。

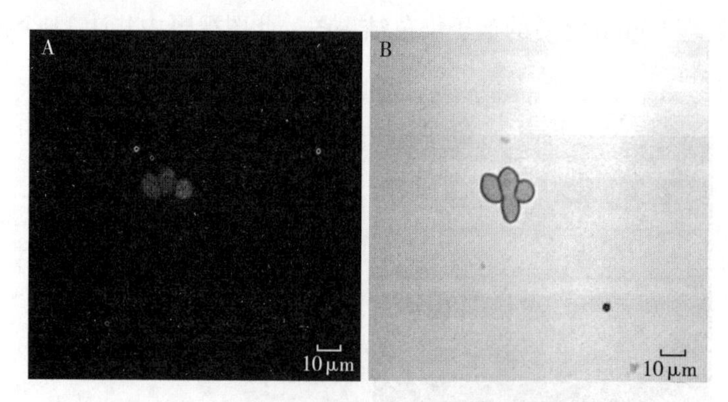


图 2-16　孢子 55℃处理 20min FDA 染色结果

注：A 为荧光通道，B 为明场

为了验证孢子在受到不同条件的处理之后是否会在几个小时之内丧失活性，设计了一组实验：对 60℃的处理组，选取 3 个处理组（5min、10min、20min），将这 3 个处理进行 4 次重复，放置在 22℃左右的室温条件下，每隔 24h 进行 FDA 染色观察，以没处理过的孢子作为对照，对照组做染色的同时，也做孢子萌发实验。每个处理观察 3 组，每组观察 100 个孢子，每个处理共计观察 300 个孢子，第一次记为 0d，以此类推。得到结果如图 2-17。

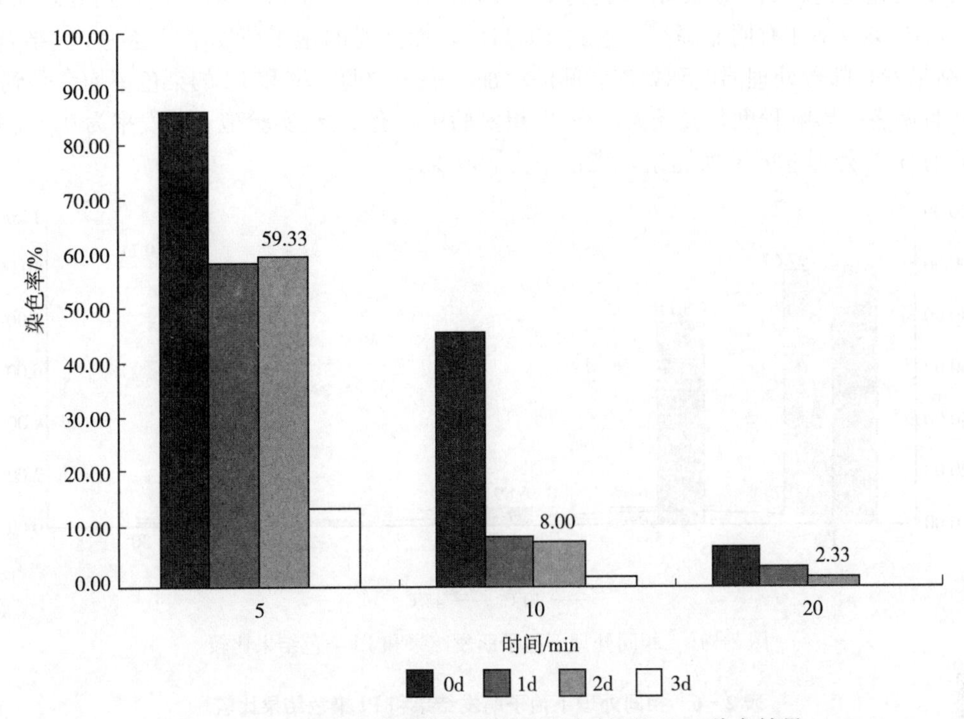


图 2-17　60℃处理之后的孢子放置不同时间的 FDA 染色结果

从图 2-17 可以看出，在孢子被处理之后放置 24h，会有一部分孢子活性受到影响，60℃处理 5min 的处理组，孢子染色率由 86.00%下降到 15.00%左右，10min 处理组由 46.00%下降到 2.00%，20min 处理组由 7.33%下降为 2.33%。

从图 2-18 可以看出，A 有 17 个孢子，其中 7 个孢子能够发出明亮的荧光，2 个孢子发出非常微弱的荧光；B 有 3 个孢子，其中 1 个能够发出明亮荧光，另 1 个发出微弱的荧光；C 有 6 个孢子，其中 1 个孢子能够发出明亮的绿色荧光。

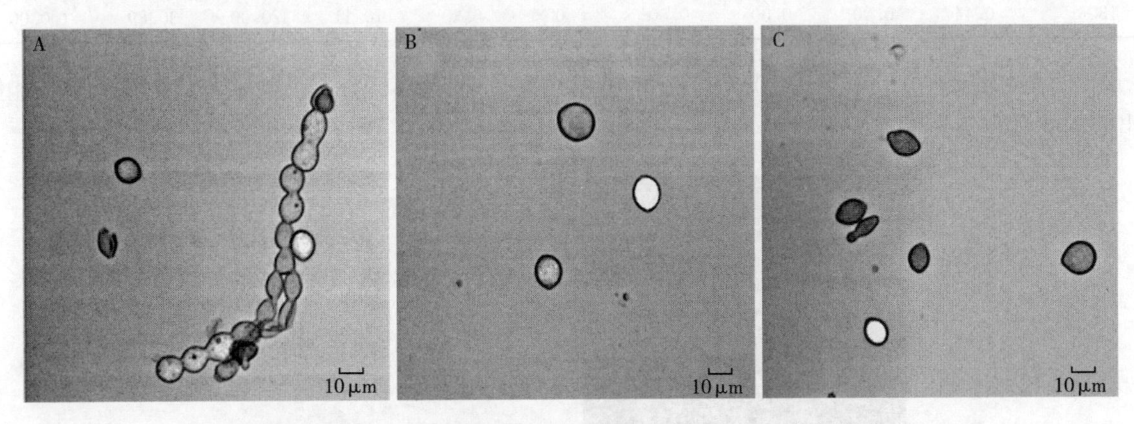


图 2-18　孢子 60℃处理 5min 放置不同时间 FDA 染色结果

注：A 为处理 24h 之后染色结果，B 为处理 48h 之后染色结果，C 为处理 72h 之后染色结果

#### 2.3.3.2　PI 染料单染病原菌活性检测结果

美澳型核果褐腐病菌分别在 5 种不同温度（40℃、45℃、50℃、55℃、60℃）下各进行 5 种不同时间处理（1min、5min、10min、20min、30min），用 PI 20 倍稀释液染色 4min，制片，显微镜下观察，作图，同时将各温度处理之后的孢子进行萌发实验，计算萌发率。

从图 2-19 看出，孢子萌发结果和 PI 染色结果仍然存在差异，孢子处理条件为 40℃持续 5min

时，孢子萌发明显受到影响，萌发率降低到78.11%，此时染色率为0.44%，直到处理条件为45℃持续30min，PI染色率才有明显提高，达到10.11%，而此时的孢子萌发率已经为0。结合图2-19和表2-6结果看，随着处理温度和处理时间的增加，孢子的萌发率和PI的染色率均会受到不同程度的影响，并且两者受影响程度差异较大，在25组实验中，有12组实验孢子萌发率为0，而PI染色结果显示，只有60℃处理30min实验组，染色率为100%。

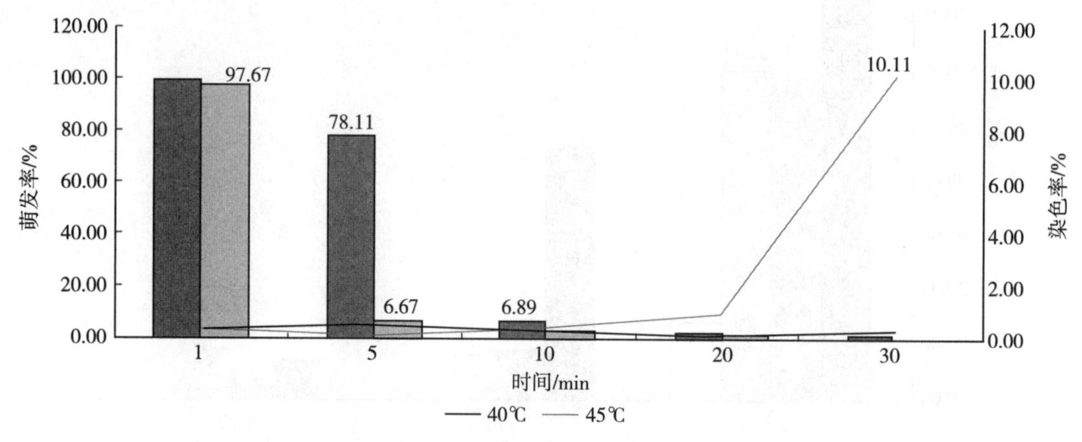


图2-19　相同处理下孢子萌发结果和PI染色结果比较

**表2-6　相同处理下孢子萌发结果和PI染色结果比较**

单位：%

| 处理条件/min | 萌发率 | | | | | 染色率 | | | | |
|---|---|---|---|---|---|---|---|---|---|---|
| | 40℃ | 45℃ | 50℃ | 55℃ | 60℃ | 40℃ | 45℃ | 50℃ | 55℃ | 60℃ |
| 1 | 99.44 | 97.67 | 93.44 | 76.78 | 0.56 | 0.33 | 0.33 | 0.56 | 1.11 | 0.44 |
| 5 | 78.11 | 6.67 | 0.11 | 0.00 | 0.00 | 0.44 | 0.11 | 3.00 | 4.67 | 12.33 |
| 10 | 6.89 | 2.22 | 0.00 | 0.00 | 0.00 | 0.22 | 0.33 | 7.67 | 8.11 | 52.78 |
| 20 | 2.44 | 0.22 | 0.00 | 0.00 | 0.00 | 0.11 | 0.89 | 14.11 | 21.11 | 89.22 |
| 30 | 0.44 | 0.00 | 0.00 | 0.00 | 0.00 | 0.33 | 10.11 | 20.00 | 30.89 | 100.00 |

图2-20为孢子在45℃处理30min之后的染色结果，视野中共计15个孢子，其中2个孢子能够发出微弱的红色荧光。

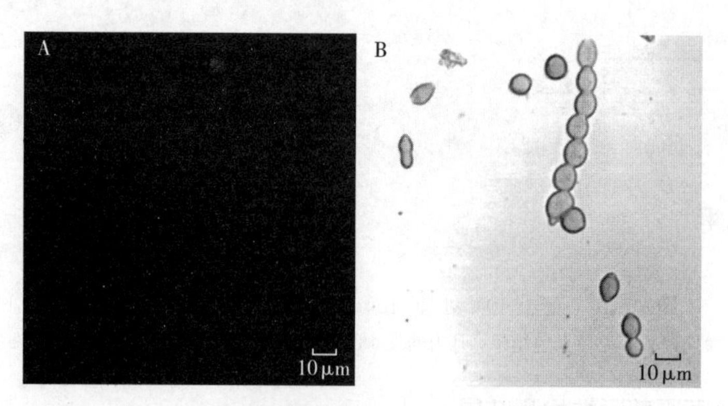


图2-20　孢子在45℃处理30min PI染色结果

注：A为荧光通道，B为明场

图2-21为孢子在55℃处理30min之后的染色结果，视野中共计18个孢子，其中7个孢子能够发出微弱的红色荧光。

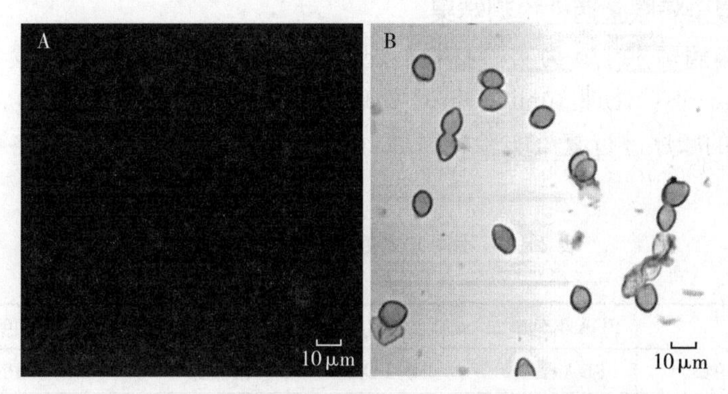


图 2-21　孢子在 55℃处理 30min PI 染色结果

注：A 为荧光通道，B 为明场

图 2-22 为孢子在 60℃处理 10min 之后的染色结果，视野中共计 6 个孢子，其中 3 个孢子能够发出微弱的红色荧光。

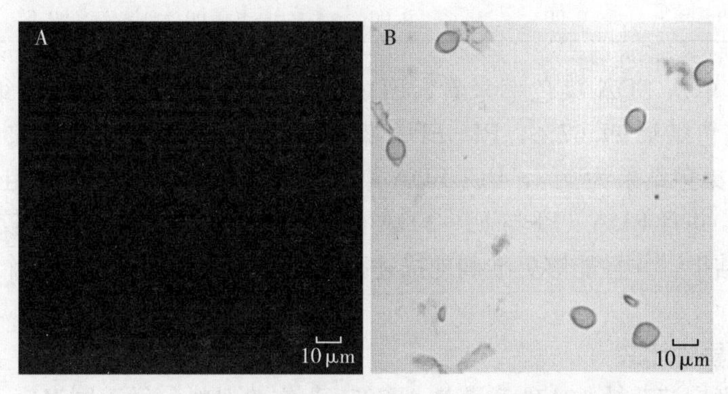


图 2-22　孢子 60℃处理 10min PI 染色结果

注：A 为荧光通道，B 为明场

从图 2-23 中可以看出，孢子在相同的处理条件下，FDA 和 PI 染色结果能够以一种互补的方式来共同判断孢子活性。孢子在相同处理条件下，FDA 和 PI 的染色率之和如果接近 100%，就能说明两个染料对孢子活性有着相近的判断标准。例如：孢子在 50℃处理 10min，FDA 染色率为 92.11%，PI 染色率为 7.67%；孢子在 55℃处理 20min，FDA 染色率为 77.78%，PI 染色率为 21.11%。孢子在 50℃处理 30min，FDA 染色率为 79%，PI 染色率为 20%，孢子在 45℃处理 30min，FDA 染色率为 89.45%，PI 染色率为 10.11%，共计 25 个实验组，每组的 FDA 和 PI 的染色结果之和都非常接近 100%。

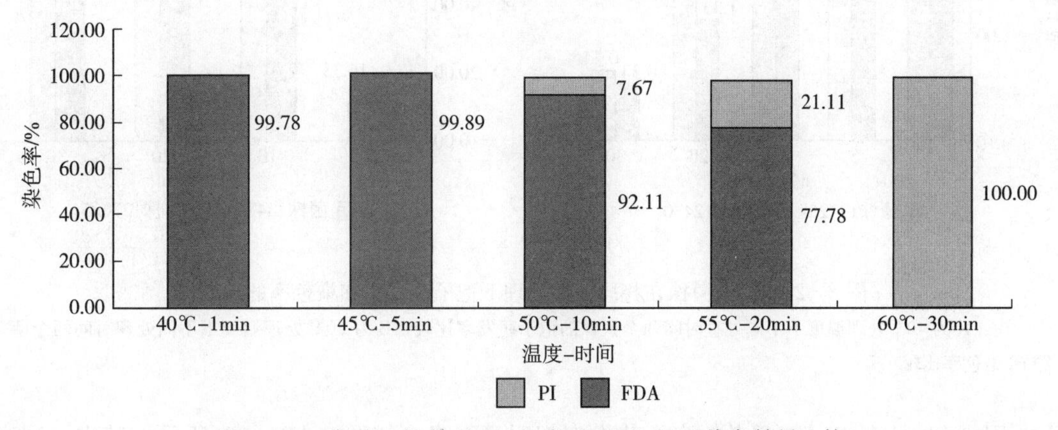


图 2-23　孢子 60℃处理 10min 之后 FDA 和 PI 染色结果比较

#### 2.3.3.3 FDA和PI复染病原菌活性检测结果

以美澳型核果褐腐病菌12470为实验材料，配制新鲜的孢子悬浮液，设置5组处理（40℃处理1min、45℃处理5min、50℃处理10min、55℃处理20min、60℃处理30min），重复3次，分别用FDA-PI，PI-FDA的顺序进行复染实验，FDA（PI）单染作为对照，记录各个染料的染色率，结果如表2-7。

**表2-7 不同方式处理孢子染色率比较**

单位：%

| 处理条件 | FDA染色率 | | | PI染色率 | | |
|---|---|---|---|---|---|---|
| | FDA单染 | FDA-PI | PI-FDA | PI单染 | FDA-PI | PI-FDA |
| 40℃/1min | 99.78 | 99.67 | 99.67 | 0.33 | 0.00 | 0.33 |
| 45℃/5min | 99.89 | 99.67 | 99.67 | 0.11 | 0.00 | 0.33 |
| 50℃/10min | 92.11 | 90.67 | 90.00 | 7.67 | 9.33 | 9.67 |
| 55℃/20min | 77.78 | 78.00 | 76.67 | 21.11 | 22.00 | 22.67 |
| 60℃/30min | 0.00 | 0.00 | 0.00 | 100.00 | 99.67 | 100.00 |

从表2-7得出，单从FDA染色率来看，FDA在40℃处理1min的处理组中，FDA单染结果99.78%，FDA-PI染色结果99.67%，PI-FDA染色结果为99.67%；从PI染色率来看，PI单染结果0.33%，FDA-PI染色结果为0%，PI-FDA染色结果为0.33%。其他4组温度处理的复染和单染结果都有同样规律，并且FDA-PI与PI-FDA两个复染实验的结果也没有较大差异，说明复染能够得到和单染一样的结果，并且能够更准确地描述孢子状态，从结果来看，两个染料复染顺序并不会影响最终结果。

#### 2.3.3.4 不同菌株差异性比较

以美澳型核果褐腐病菌菌株12470和菌株127255为实验材料，做不同温度（40℃、45℃、50℃、55℃、60℃）和不同时间（1min、5min、10min、15min、20min、30min）处理的组合实验，共计25组。取新鲜孢子悬浮液，通过不同处理，一部分做染色实验，一部分做孢子萌发实验，不经过处理的孢子作为对照。部分结果如图2-24所示。

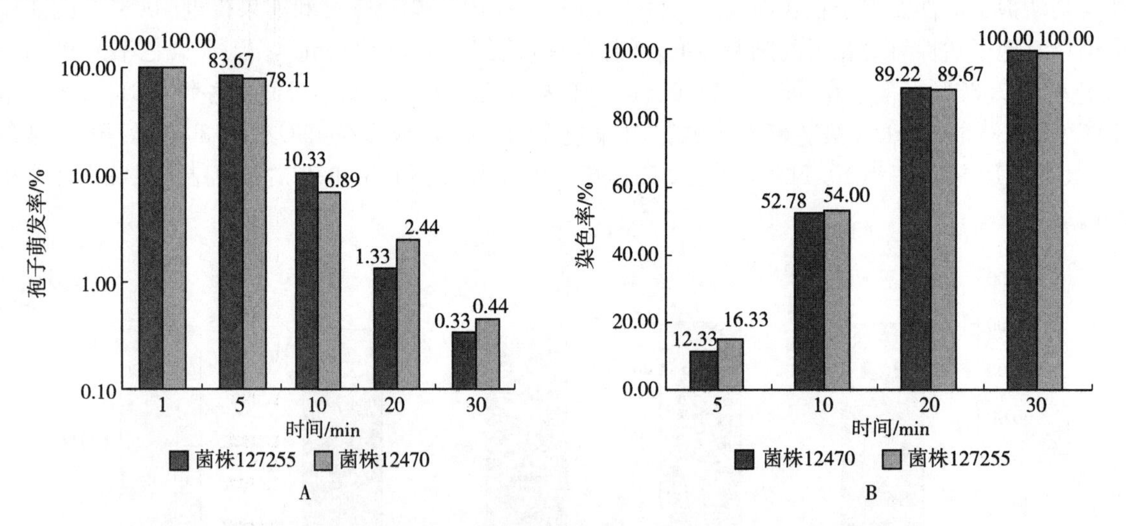


图2-24 两个菌株在相同条件处理下孢子萌发率和染色率的比较

注：A为40℃处理温度下不同处理时间两个菌株的孢子萌发率比较；B为60℃处理温度下不同处理时间两个菌株PI染色率比较

经过不同条件处理之后，两者的孢子萌发率都明显下降，如图2-24-A所示。其中，同样温度处理下，处理时间越长，孢子萌发率越低。例如在40℃处理10min的菌株12470孢子萌发率降低为6.89%，菌株127255萌发率降低为10.33%；处理20min之后，菌株12470萌发率为2.44%，菌株127255萌发率为1.33%。从整个结果来看，25个处理组中，菌株12470和菌株127255均有3个组孢子萌发率在90%以上，与菌株127255处理孢子的萌发率相同；菌株12470和菌株127255都有2个处理组孢子萌发率在70%～90%；两个菌株都有12个处理组孢子萌发率为0。如图2-24-B所示，随着处理时间的增加，两个菌株的孢子的PI染色率也随之增加。在60℃处理5min，菌株12470染色率是12.33%，菌株127255染色率为16.33%；处理10min，菌株12470染色率为52.78%，菌株127255染色率为54.00%；处理20min，菌株12470染色率为89.22%，菌株127255染色率为89.67%。从整个结果来看，菌株12470和菌株127255在5个不同温度下，处理1min，PI染色率均接近0%，直到50℃处理10min，两个菌株的孢子染色率才开始提升，菌株12470提升到3%，菌株127255同样提升到3%。随着处理时间和处理温度的上升，两个菌株的孢子染色率也在同步上升。在处理时间为30min时，45℃处理组，菌株12470染色率为10.11%，菌株127255染色率为17%；50℃处理组，菌株12470染色率为20%，菌株127255为25%；55℃处理组，菌株12470染色率为30.89%，菌株127255染色率为61%。综合染色结果和孢子萌发结果，两个菌株在相同处理条件下，两方面的结果都存在一定的差距，两个菌株都存在孢子不能萌发，但FDA染色能够染色（PI染色不能染上）的情况。

从图2-25看出，两个菌株在60℃处理30min之后的染色结果相同，都为100%，菌株12470在视野中共计17个孢子，其中13个孢子能够发出明亮荧光，4个孢子能够发出微弱荧光；菌株127255在视野中有7个孢子，都能发出明亮的红色荧光。

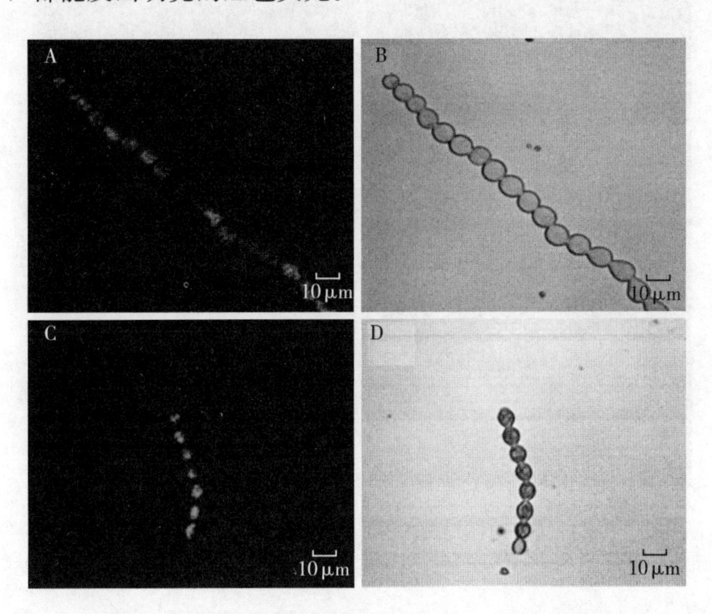


图2-25　不同菌株在60℃处理30min PI染色结果

注：A、B均为菌株12470染色结果，A为荧光通道，B为明场；C、D均为菌株127255染色结果，C为荧光通道，D为明场

从图2-26看出，两个菌株在50℃处理30min之后的染色结果略有差异，菌株12470在视野中4个孢子，其中1个能够发出微弱荧光；菌株127255在视野中有48个孢子，其中9个能发出明显荧光，2个发出微弱的红色荧光。

从图2-27看出，两个菌株在45℃处理30min之后的染色结果略有差异，菌株12470在视野中有42个孢子，其中4个孢子能够发出明亮的红色荧光，2个孢子能够发出微弱的荧光；菌株127255在视野中有6个孢子，其中1个发出微弱的红色荧光。

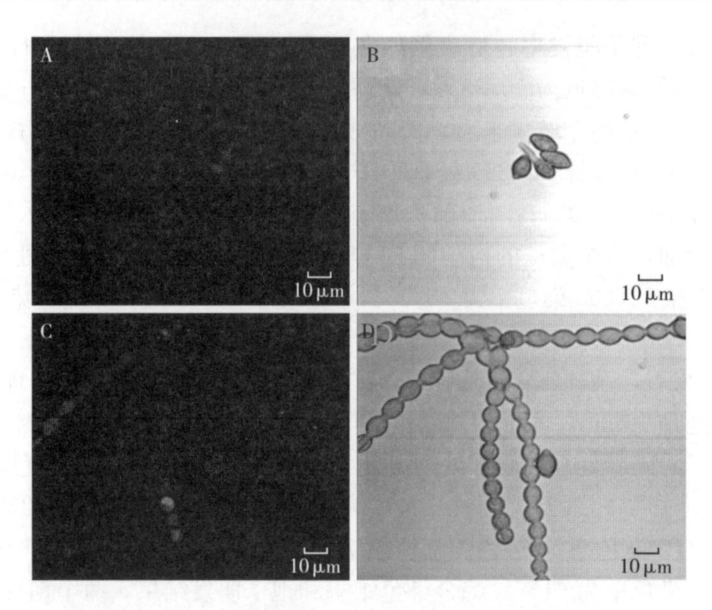


图 2-26　不同菌株 50℃处理 30min PI 染色结果

注：A、B 均为菌株 12470 染色结果，A 为荧光通道，B 为明场；C、D 均为菌株 127255 染色结果，C 为荧光通道，D 为明场

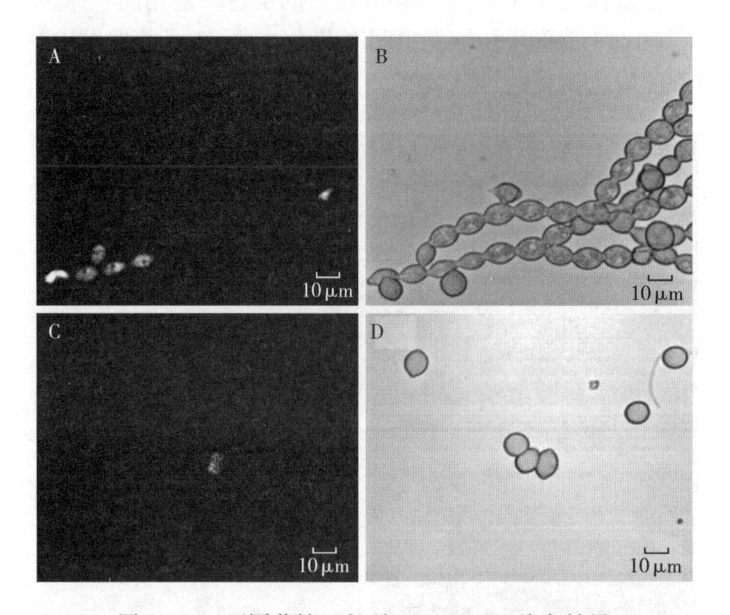


图 2-27　不同菌株 45℃处理 30min PI 染色结果

注：A、B 均为菌株 12470 染色结果，A 为荧光通道，B 为明场；C、D 均为菌株 127255 染色结果，C 为荧光通道，D 为明场

从图 2-28 看出，两个菌株在 55℃处理 30min 后染色结果有较大差异，菌株 12470 在视野中有 26 个孢子，其中 9 个孢子能够发出明显荧光，5 个孢子能够发出微弱的绿色荧光；菌株 127255 在视野中有 9 个孢子，其中 3 个能发出明显绿色荧光。

从图 2-29 可以看出，两个菌株在 55℃处理 10min 之后的染色结果相近。菌株 12470 在视野中有 9 个孢子，其中 8 个孢子能够发出明显绿色荧光；菌株 127255 在视野中有 14 个孢子，其中 13 个能发出绿色荧光。

从图 2-30 可以看出，两个菌株在 50℃处理 20min 之后的染色结果相近。菌株 12470 在视野中有 19 个孢子，其中 16 个孢子能够发出绿色荧光；菌株 127255 在视野中有 13 个孢子，其中 9 个能发出明显绿色荧光，1 个孢子能够发出微弱绿色荧光。

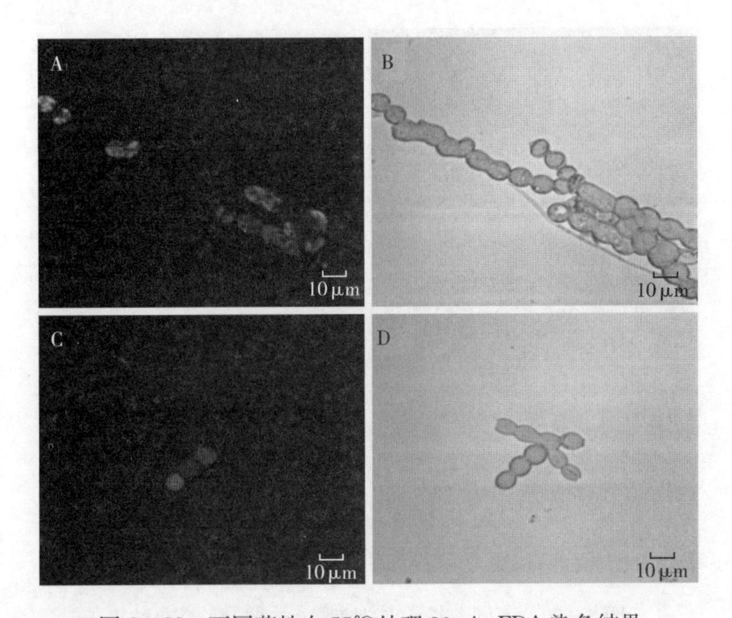


图 2-28 不同菌株在 55℃处理 30min FDA 染色结果

注：A、B 均为菌株 12470 染色结果，A 为荧光通道，B 为明场；C、D 均为菌株 127255 染色结果，C 为荧光通道，D 为明场

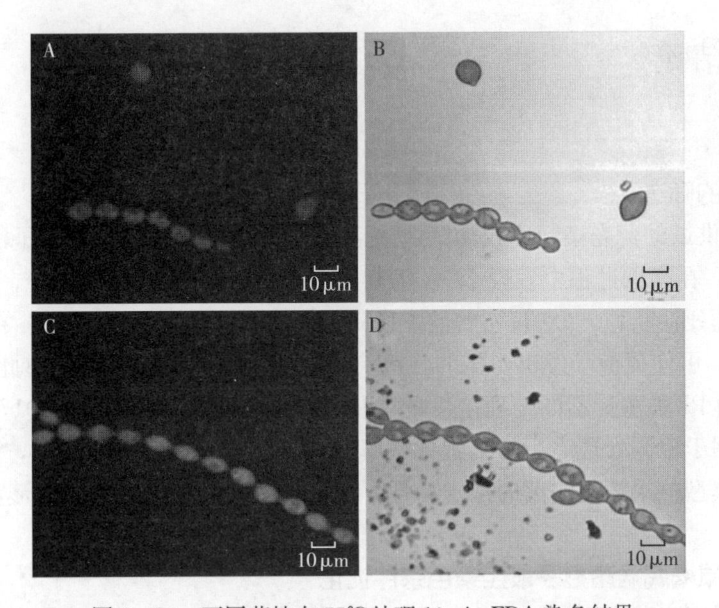


图 2-29 不同菌株在 55℃处理 10min FDA 染色结果

注：A、B 均为菌株 12470 染色结果，A 为荧光通道，B 为明场；C、D 均为菌株 127255 染色结果，C 为荧光通道，D 为明场

## 2.3.4 病原菌活性检测方法的建立

根据本实验，本研究建立了美澳型核果褐腐病菌活性检测方法。先配制新鲜的孢子悬浮液，再用 PI 染色，取 20 倍稀释液（原液浓度为 1mg/mL）染料 1μL 滴加到 199μL 的孢子悬浮液中，混匀，室温避光染色 4min，染色完成之后，立即离心终止染色，除去上清液，加无菌去离子水 199μL 重悬；然后用 FDA 染色，取 20 倍稀释液（原液 10mg/mL），染料 1μL 滴加到 199μL 的孢子悬浮液中，混匀，室温避光染色 16min，完成之后，立即离心终止染色，除去上清液，加无菌去离子水 200μL 洗涤，离心，除去上清液，最后加 20μL 无菌去离子水重悬，制片，LSCM 观察，记录。

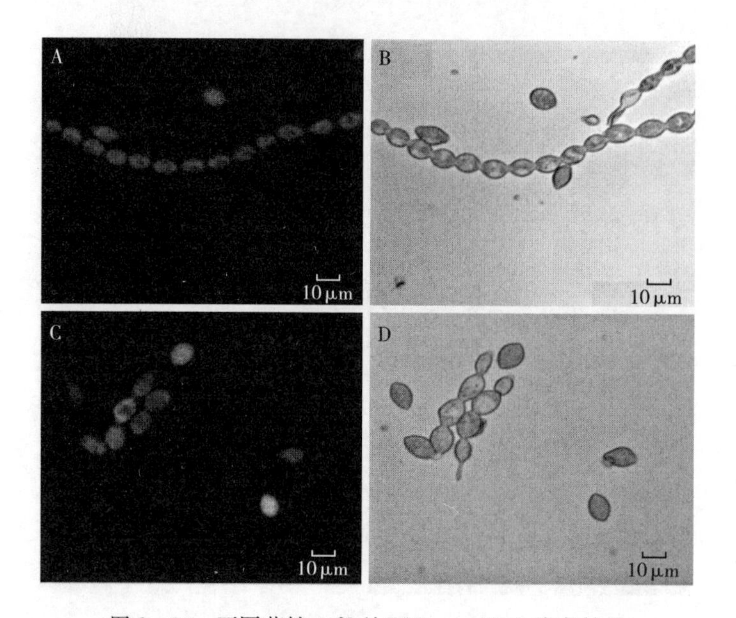


图 2-30 不同菌株 50℃处理 20min FDA 染色结果

注：A、B 均为菌株 12470 染色结果，A 为荧光通道，B 为明场；C、D 均为菌株 127255 染色结果，C 为荧光通道，D 为明场

# 2.4 讨论与结论

## 2.4.1 讨论

### 2.4.1.1 活性染料的筛选

本研究从 10 种供试的荧光染料中成功筛选出适合美澳型核果褐腐病菌孢子活性检测研究的染料 2 种——FDA 和 PI，在筛选过程中发现 FDA 染料能够使活孢子发出绿色荧光，而死孢子不发荧光，由此能够区分孢子的死活。Liu（2017）曾将 FDA 用于检测原生质体的活性。在筛选过程中也发现 PI 对活孢子染色后，可使死孢子发出明亮的红色荧光，而活孢子不发荧光，由此能够区分孢子死活。Hsueh（2017）利用 PI 检测受不同处理之后的两株芽孢杆菌的活性，Hu（2017）也利用 PI 能够区分死活孢子的性质用于检测处理之后的细胞死亡率。本研究通过筛选得到结论，PI 染料和 FDA 染料能够用于检测出美澳型核果褐腐病菌的孢子活性，而其他 8 种染料无法判断美澳型核果褐腐病菌孢子活性。

### 2.4.1.2 美澳型核果褐腐病菌孢子最佳染色条件优化

以美澳型核果褐腐病菌为材料，对 FDA 进行染料浓度梯度和染色时间梯度筛选，同时设置孢子萌发实验作为对照。从实验结果来看，随着染色时间和染色浓度的增加，染色效果越好，但与之同时，孢子萌发率却随之下降，说明过高的浓度或者过长的染色时间都会使 FDA 影响孢子萌发。通过显微镜观察，FDA 20 倍液染色 16min，活孢子能够发出很明亮的绿色荧光，死孢子不能发出荧光，10 倍液的处理会发现显微镜视野背景泛绿，而 50 倍液活孢子发出的绿色荧光不及 20 倍液，影响结果判定。对于 PI 染料，进行染料浓度梯度和染色时间梯度筛选，同时设置孢子萌发实验作为对照。PI 10 倍稀释液染色后的结果是，用 LSCM 中扫描成像所得的图片过饱和，导致图片效果不够好。从染料对孢子活性的影响、成像结果、死活孢子对比效果等方面综合分析，得出 FDA 最佳染色条件为 20 倍稀释液（浓度为 0.5mg/mL）染色 16min；PI 最佳染色条件为 20 倍稀释液（浓度为 0.05mg/mL）染色 4min。本研究得出 FDA 最佳染色条件与黄林等（2014）做染色检测得出的结论（FDA 工作浓度 0.5mg/mL，染色时间 15～60min）差别不大；与曾爱松等（2014）做染色检测得出的结论

（FDA 工作浓度为 5mg/mL）有一定差异。

本次实验所建立的美澳型核果褐腐病菌活性检测方法直观、快速，相较于传统的孢子萌发实验，具有更高的可信度和准确度。本实验通过观察孢子染色后所发出的荧光就可以判定孢子活性状态，检测时间不到 30min，相较于传统的孢子萌发实验，检测时间大大减少，且该方法能够精确到每个孢子的活性，灵敏度高。该方法在实际检疫过程中具有应用价值。在实际检疫过程中，往往只能获取到少量孢子，有可能仅仅获取几个或者一个孢子，过去对于这些孢子的检测只能通过孢子萌发实验，不仅耗时长，而且在孢子处于休眠状态时，还会得出不准确的结果，而现在应用该方法直接进行活性检测，不仅可大幅降低检测时间，也能够对孢子进行更准确的活性判断。

### 2.4.2　结论

（1）本研究从 10 种活性染料中成功筛选到 2 种活性染料（FDA 和 PI）能够用于美澳型核果褐腐病菌活性检测研究，并且发现美澳型核果褐腐病菌孢子在高温逆境环境中可能存在假死或者是休眠状态。

（2）本研究针对美澳型核果褐腐病菌孢子，确定了其 PI 最佳染色条件为工作浓度 0.05mg/mL，室温避光染色 4min；FDA 最佳染色条件为工作浓度 0.5mg/mL，室温避光染色 16min。

（3）本研究将 FDA 和 PI 两个染料结合到一起，建立了美澳型核果褐腐病菌基于 PI－FDA 复染法和基于激光共聚焦显微镜的活性检测方法。

# 3 苜蓿黄萎病菌活性检测方法

## 3.1 概况

### 3.1.1 基本信息

中文名：苜蓿黄萎病菌。英文名：verticillium wilt of cotton。学名：*Verticillium albo - atrum* Reinke & Berthold。

### 3.1.2 分类地位

丝孢目 Hyphomycetales，丛梗孢科 Moniliaceae，轮枝孢属 *Verticillium*。被我国列为检疫性有害生物。

### 3.1.3 地理分布

美国、意大利、澳大利亚、加拿大、法国、印度、西班牙、比利时、波兰、土耳其、希腊、伊朗、俄罗斯、巴西、保加利亚、日本、匈牙利、墨西哥、新西兰、罗马尼亚、突尼斯、阿根廷、德国、巴基斯坦、葡萄牙、南非、韩国、瑞士、奥地利、智利、捷克、以色列、荷兰、瑞典、津巴布韦、埃及、摩洛哥、哥伦比亚、塞浦路斯、挪威、阿尔巴尼亚、伊拉克、肯尼亚、立陶宛、秘鲁、塞尔维亚、斯洛伐克、乌克兰、丹麦、斯洛文尼亚、芬兰、爱尔兰、叙利亚、克罗地亚、爱沙尼亚、印度尼西亚、吉尔吉斯斯坦、毛里求斯 、菲律宾、阿塞拜疆、不丹、古巴、埃塞俄比亚、黎巴嫩、马达加斯加、波多黎各、沙特阿拉伯、乌兹别克斯坦、委内瑞拉、阿尔及利亚 、危地马拉 、约旦 、哈萨克斯坦 、孟加拉国、哥斯达黎加、厄瓜多尔、洪都拉斯、玻利维亚、牙买加、拉脱维亚、马耳他、尼泊尔、尼日利亚、斯里兰卡、特立尼达和多巴哥、越南、多米尼加、塔吉克斯坦、坦桑尼亚、土库曼斯坦、喀麦隆、瓜德罗普岛、冰岛、马提尼克、摩尔多瓦、中国等国家和地区。

## 3.2 材料与方法

### 3.2.1 供试菌株

供试菌株 121306 来自深圳海关动植物检验检疫技术中心菌种保藏室。

### 3.2.2 试剂

#### 3.2.2.1 荧光染料

共用 3 种荧光染料（表 3 - 1）对孢子进行活性检测。

**表 3 - 1 供试荧光染料**

| 染料名称 | 激发波长/nm | 发射波长/nm | 荧光颜色 | 来源 |
|---|---|---|---|---|
| PI | 536 | 617 | 红色 | 默克（Molecular Probes） |
| FDA | 488 | 530 | 绿色 | 广州美津生物公司 |
| DAPI | 340 | 488 | 蓝色 | 广州美津生物公司 |

#### 3.2.2.2 其他主要化学试剂

丙酮、无水乙醇。

#### 3.2.2.3　主要培养基

PDA：200g 新鲜马铃薯于 1 000mL 水中煮沸约 20min 后，用双层纱布过滤，滤液定容到 1 000mL 后加入 20g 琼脂粉并加热溶解，再加入 20g 葡萄糖，121℃高压蒸汽灭菌 20min，备用。

### 3.2.3　主要仪器设备

激光共聚焦扫描显微镜、显微镜、高压灭菌锅、离心机、恒温混匀仪。

### 3.2.4　实验方法

#### 3.2.4.1　菌株培养

挑取苜蓿黄萎病菌培养物接种于 PDA 培养基平板上，用 Parafilm 膜密封培养皿，置于室温 25℃条件下光照培养 5d，观察产孢情况。

#### 3.2.4.2　孢子悬浮液配制

用灭菌去离子水冲洗苜蓿黄萎病菌培养物表面孢子堆，收集于干净的 10mL 离心管中，充分振荡 3min 左右，将绝大多数孢子从菌丝中分离出来，用无菌枪头将菌丝吸出，得到孢子悬浮液，在显微镜下计算孢子的数目，最后加入适量灭菌去离子水配制成 $10^5$～$10^6$ 个/mL 孢子悬浮液 4～5mL。

#### 3.2.4.3　激光共聚焦显微镜扫描

吸取 1μL 活性染料处理之后的样品制备玻片，封片，倒置于激光共聚焦扫描显微镜载物台上，调到可视档，在荧光显微镜低倍镜下找到孢子，转到 20 倍镜下观察，调制视野清晰度，然后调到 LCM 档，根据所用的荧光染料选择激发合适波长的激光器（氩离子激光器等），设置荧光通道的激发波长（340nm、488nm、534nm），收集荧光信号的发射波长（488nm、530nm、617nm），并且需要设置一个明场作为对照。先选择粗略扫描模式（xy：512×512），重复扫描次数 1 次，扫描速度 9，根据成像效果调整探测针孔、光电倍增管增益、激光扫描强度等，将图像调整至质量较好的效果。然后根据信噪比调整扫描模式，继续用精确扫描方式（xy：2 048×2 048），重复扫描次数 2 次，扫描速度 6，获得最终清晰图像。

#### 3.2.4.4　荧光染料溶液配制

PI：称取 0.01g PI 粉末，加入 10mL 无菌水，配制成浓度为 1mg/mL 的母液，置于棕色瓶 4℃避光保存，使用前配制所需浓度。

FDA：称取 0.05g FDA 粉末，加入 10mL 丙酮，配制成浓度为 5mg/mL 的母液，置于棕色瓶 4℃避光保存，使用前配制所需浓度。

DAPI：称取 0.002g DAPI 粉末，加入 10mL 无菌水，配制成浓度为 0.2mg/mL 的母液，置于棕色瓶 4℃避光保存，使用前配制所需浓度。

#### 3.2.4.5　孢子萌发实验

进行孢子致死温度范围初步筛选。配制苜蓿黄萎病菌孢子悬浮液（浓度为 $1.0\times10^2$～$2\times10^2$ 个/μL），混匀，取约 200μL，分别置于 45℃、50℃、55℃、60℃、65℃、70℃、75℃和 80℃恒温条件下各进行水浴处理 4min、6min、8min 和 10min（预热 1min）。然后将孢子悬浮液加于 PDA 平板上，加入 40μL 灭菌去离子水后均匀涂布，用 Parafilm 封口，置于室温培养 3d，根据病菌生长与否确定致死温度范围。

用琼脂载玻片检测孢子活性。配制苜蓿黄萎病菌孢子悬浮液（浓度为 $1.0\times10^2$～$2.0\times10^2$ 个/μL），混匀，取约 200μL 的孢子悬浮液，分别置于 50℃、52℃、54℃、56℃和 58℃恒温各处理 2min、4min、6min、8min 和 10min（预热 1min）。取灭菌后洁净的载玻片，在载玻片上滴加 50μL 熔化并冷至 50℃左右的 PDA，待凝成薄层后，再取 1μL 的菌悬液轻轻滴加在平面上，封口膜封口后置于室温培养 6～24h，根据病菌生长与否确定致死温度范围，重复实验随机抽取一定数目（至少 200 个）的孢子，检查萌发孢子数，求出萌发百分率。

#### 3.2.4.6　活性染料初筛

以苜蓿黄萎病菌作为实验材料，配制新鲜的孢子悬浮液，分装为两组：一组未经水浴处理，为活孢子；另一组经 100℃水浴处理 10min，为死孢子。分别用 FDA、DAPI、PI 染料进行单一荧光染料染色，制备玻片，于荧光显微镜下观察取图，筛选出可以明显区分活孢子和死孢子的荧光染料。

#### 3.2.4.7 染料浓度和染色时间优化

对染料浓度和染色时间进行筛选。配制新鲜孢子悬浮液，分成两组，一组为未经水浴处理，一组为经过水浴处理。设计 4 种染料浓度（原液、10 倍稀释液、40 倍稀释液、100 倍稀释液）与 4 种染色时间（3min、5min、10min、15min）的组合实验，即取 1μL 染料溶液分别与未经水浴处理组和经过水浴处理组的 200μL 孢子悬浮液混匀，在室温下避光染色，再将染色后的水浴处理组样品置于荧光显微镜下观察分析。

#### 3.2.4.8 孢子活性检测

结合孢子萌发实验的结果和染色条件筛选结果，做孢子活性检测实验。配制新鲜孢子悬浮液，经过不同温度（50℃、52℃、54℃、56℃ 、58℃、60℃）和不同时间（2min、6min、10min、14min、18min、22min、26min、30min）水浴处理。取最佳染色浓度与染色时间，即取 1μL 染料分别与经过水浴处理的 200μL 孢子悬浮液混匀，在室温下避光染色，再将染色后的水浴处理组样品置于荧光显微镜下观察分析，计算孢子染色率，并与孢子萌发实验结果作比较。

## 3.3 结果与分析

### 3.3.1 孢子致死温度范围初步筛选

通过解剖镜和显微镜观察，5h 后未处理组和 45℃处理组的孢子均能看到较为明显的萌发，芽管伸长；24h 芽管逐渐伸长，48h 出现分枝且形成交错的团。50℃处理组在 24h 后观察，有 10～20 个孢子萌发，芽管伸长，但 48h 再观察芽管不再伸长，对 60～80℃处理组的孢子就 5h、1d、2d、7d 这 4 个时间点观察，均未发现孢子有芽管。

### 3.3.2 孢子萌发率统计

随机取 200 个孢子，检查萌发数，统计萌发率。数据见表 3-2。

结果显示 50℃处理 10min 仍有孢子萌发现象。从表 3-2 中可以明显看出，50～60℃处理 2～10min 孢子萌发率大幅度下降。58℃处理 6～10min 孢子萌发率为 1.33%和 0.00%。孢子在 50℃以上各温度高于 14min 之后孢子均不萌发。

**表 3-2 孢子萌发率统计**

| 处理条件/min | 萌发率/% | | | | | |
|---|---|---|---|---|---|---|
| | 50℃ | 52℃ | 54℃ | 56℃ | 58℃ | 60℃ |
| 2 | 87.67 | 54.50 | 84.00 | 61.33 | 60.67 | 0.67 |
| 6 | 16.00 | 22.50 | 10.67 | 2.33 | 1.33 | 0.00 |
| 10 | 11.33 | 23.75 | 0.00 | 0.00 | 0.00 | 0.00 |
| 14 | 0.00 | 0.00 | 0.00 | 0.00 | 0.00 | 0.00 |
| 18 | 0.00 | 0.00 | 0.00 | 0.00 | 0.00 | 0.00 |
| 22 | 0.00 | 0.00 | 0.00 | 0.00 | 0.00 | 0.00 |
| 26 | 0.00 | 0.00 | 0.00 | 0.00 | 0.00 | 0.00 |
| 30 | 0.00 | 0.00 | 0.00 | 0.00 | 0.00 | 0.00 |

### 3.3.3 荧光染料初筛

#### 3.3.3.1 荧光染料 DAPI 对苜蓿黄萎病菌孢子染色结果

以 DAPI 作为染料进行浓度梯度（原液、10 倍稀释液、40 倍稀释液、100 倍稀释液、200 倍稀释液）和时间梯度（2min、5min、10min、15min）的组合实验。通过荧光显微镜观察，使用原液、10 倍稀释液、

40 倍稀释液、100 倍稀释液染色时，均未能找到发出荧光的孢子，因而尝试调整其他染料浓度与染色时间，但仍未能够找到发出荧光的孢子，由此判断该染料不能用于区分苜蓿黄萎病菌活孢子与死孢子（图 3-1）。

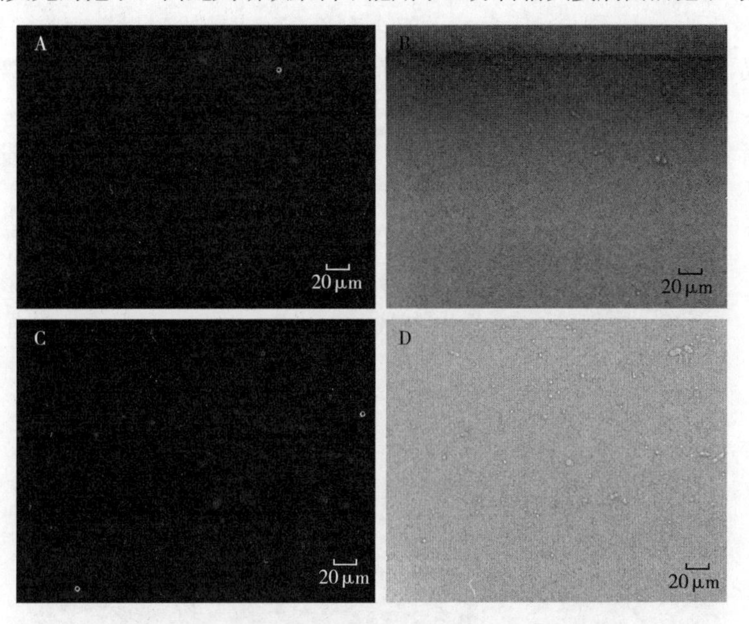


图 3-1　DAPI 对苜蓿黄萎病菌孢子染色结果

（染色浓度 1mg/mL，染色 5min）

注：DAPI 浓度为 1mg/mL，染色时间为 5min；A、B 均为活孢子染色结果，A 为荧光通道，B 为明场；C、D 均为死孢子染色结果，C 为荧光通道，D 为明场

#### 3.3.3.2　荧光染料 FDA 对苜蓿黄萎病菌孢子染色结果

以 FDA 作为染料进行浓度梯度（原液、10 倍稀释液、40 倍稀释液、100 倍稀释液、200 倍稀释液）和时间梯度（5min、10min、15min）的组合实验。通过荧光显微镜观察，使用原液、10 倍稀释液、40 倍稀释液、100 倍稀释液染色时，均能找到发出绿色荧光的活孢子，该方法对加热处理后的孢子也能发出绿色荧光（图 3-2）。

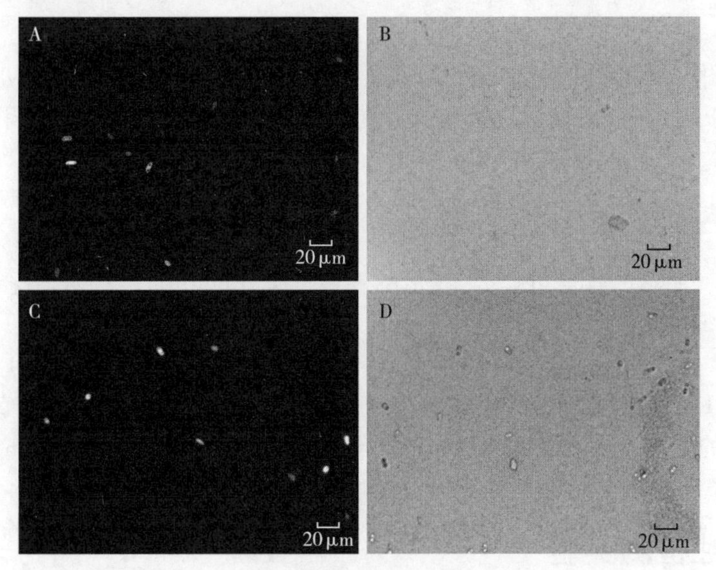


图 3-2　FDA 对苜蓿黄萎病菌孢子染色结果

（原液稀释 40 倍，染色 10min）

注：FDA 浓度为原液稀释 40 倍，染色时间为 10min；A、B 均为活孢子染色结果，A 为荧光通道，B 为明场；C、D 均为死孢子染色结果，C 为荧光通道，D 为明场

#### 3.3.3.3 荧光染料PI对苜蓿黄萎病菌孢子染色结果

以PI作为染料进行浓度梯度（原液、10倍稀释液、20倍稀释液、40倍稀释液、100倍稀释液）和时间梯度（2min、5min、10min、15min）的组合实验。通过荧光显微镜观察，使用原液、10倍稀释液染色，结果显示出活孢子、死孢子染色后均有红色荧光；使用100倍稀释液染色，活孢子、死孢子均没有红色荧光，该浓度也均未能区分死孢子、活孢子。

使用PI 40倍稀释液对活孢子和死孢子染色5min，结果显示出活孢子染色后没有荧光，死孢子染色后呈红色荧光，该处理能够明显区分苜蓿黄萎病菌活孢子与死孢子（图3-3）。

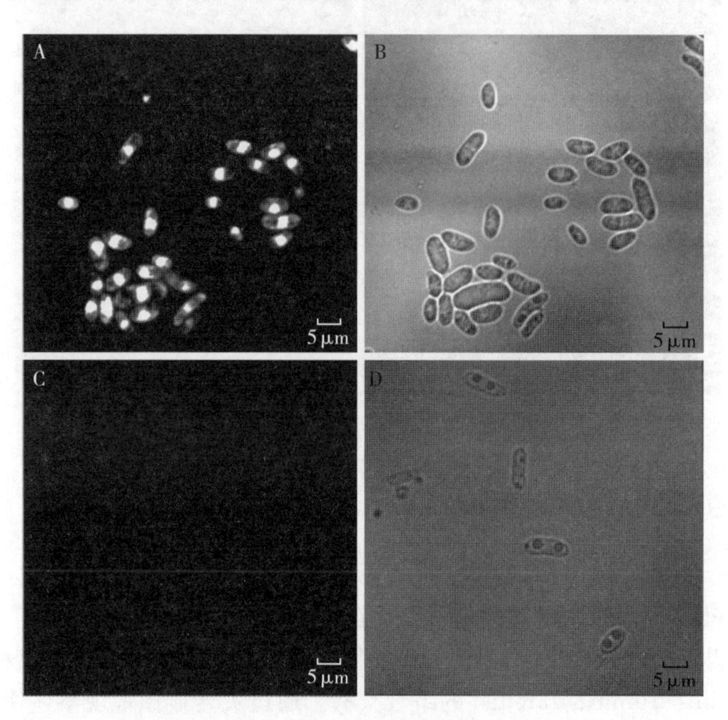


图3-3 PI对苜蓿黄萎病菌孢子染色结果

注：PI浓度为40倍稀释液，染色时间为5min；A、B均为死孢子染色结果，C为荧光通道，B为明场；C、D均为活孢子染色结果，C为荧光通道，D为明场

以苜蓿黄萎病菌作为实验材料，配制相应的死孢子、活孢子悬浮液。经初步实验，使用染料DAPI和FDA染色均不能区分活孢子与死孢子，使用PI染色能够在合适的浓度和时间区分活孢子与死孢子。

### 3.3.4 最佳染色条件进一步筛选

用浓度梯度稀释[原液（1mg/mL）、10倍稀释液（0.1mg/mL）、20倍稀释液（0.05mg/mL）、40倍稀释液（0.025mg/mL）]和时间梯度（3min、5min、10min）的组合实验。用活孢子染色作为对照组。

表3-3显示，PI染色效果最好的浓度为0.05mg/mL和0.025mg/mL，染色时间为10min。而浓度为0.05mg/mL的处理组从显微镜观察，所发出的荧光要强于浓度为0.025mg/mL的处理组，所以确定PI最佳染色条件为浓度为0.05mg/mL，染色10min。

### 3.3.5 孢子活性检测实验

菌株分别在6种不同温度（50℃、52℃、54℃、56℃、58℃、60℃）下各进行8种不同时间处理（2min、6min、10min、14min、18min、22min、26min、30min），用PI 0.05mg/mL染色10min，制片，显微镜下观察，统计孢子染色及孢子萌发结果（表3-4、表3-5）。

表 3-3　不同浓度的 PI 对苜蓿黄萎病菌孢子染色率统计

| 染色条件/min | 染色率/% | | | | |
|---|---|---|---|---|---|
| | 原液 | 10 倍稀释液 | 20 倍稀释液 | 40 倍稀释液 | 100 倍稀释液 |
| 3 | 93.50 | 94.00 | 91.00 | 93.50 | — |
| 5 | 91.00 | 88.50 | 90.00 | 94.50 | — |
| 10 | 95.50 | 93.00 | 93.50 | 94.50 | — |

注：0.01mg/mL（100 倍稀释液）荧光微弱，未统计。

表 3-4　不同处理条件下孢子染色率

| 处理条件/min | 染色率/% | | | | | |
|---|---|---|---|---|---|---|
| | 50℃ | 52℃ | 54℃ | 56℃ | 58℃ | 60℃ |
| 2 | 3.00 | 2.33 | 1.67 | 2.33 | 6.67 | 6.67 |
| 6 | 4.33 | 4.67 | 4.33 | 5.67 | 12.00 | 10.67 |
| 10 | 7.00 | 12.33 | 12.67 | 12.67 | 34.00 | 34.67 |
| 14 | 10.00 | 13.33 | 14.00 | 27.67 | 35.33 | 32.67 |
| 18 | 10.33 | 15.67 | 17.33 | 32.33 | 44.67 | 35.67 |
| 22 | 11.33 | 23.00 | 24.67 | 37.67 | 45.33 | 81.00 |
| 26 | 14.00 | 25.33 | 30.67 | 40.22 | 91.33 | 100.00 |
| 30 | 20.67 | 34.67 | 38.33 | 40.00 | 96.67 | 100.00 |

表 3-5　不同处理条件下孢子萌发率

| 处理条件/min | 萌发率/% | | | | | |
|---|---|---|---|---|---|---|
| | 50℃ | 52℃ | 54℃ | 56℃ | 58℃ | 60℃ |
| 2 | 87.67 | 54.50 | 84.00 | 61.33 | 60.67 | 0.67 |
| 6 | 16.00 | 22.50 | 10.67 | 2.33 | 1.33 | 0.00 |
| 10 | 11.33 | 23.75 | 0.00 | 0.00 | 0.00 | 0.00 |
| 14 | 0.00 | 0.00 | 0.00 | 0.00 | 0.00 | 0.00 |
| 18 | 0.00 | 0.00 | 0.00 | 0.00 | 0.00 | 0.00 |
| 22 | 0.00 | 0.00 | 0.00 | 0.00 | 0.00 | 0.00 |
| 26 | 0.00 | 0.00 | 0.00 | 0.00 | 0.00 | 0.00 |
| 30 | 0.00 | 0.00 | 0.00 | 0.00 | 0.00 | 0.00 |

从表 3-4 可以看出，处理温度从 50℃开始，染色率逐渐增长。从表 3-5 可以看出，60℃处理 26min 的孢子没有萌发，与染色实验结果符合。但使用 PI 染色实验检测得到的孢子死亡率低于孢子萌发法检测得到的孢子死亡率。

### 3.3.6　病原菌活性检测方法的建立

根据以上实验结果，本研究建立了苜蓿黄萎病菌活性检测方法，即先配制新鲜的孢子悬浮液，用 PI 染色，使用 20 倍稀释液 1μL 滴加到 199μL 孢子悬浮液中，混匀，室温避光染色 4min，去除上清液，加无菌去离子水 200μL 洗涤，离心，去除上清液，加 20μL 无菌去离子水重悬，制片，LSCM 观察，记录。

## 3.4 讨论与结论

### 3.4.1 讨论

本研究从10种荧光染料中筛选出适合苜蓿黄萎病菌孢子活性检测染料1种——PI。该染料可使死孢子发出明亮红色荧光，活孢子不发荧光。通过对染色条件进一步筛选得到其最佳染色浓度为0.05mg/mL，染色时间为10min。李金萍等（2013）针对十字花科蔬菜根肿病菌筛选出PI最佳染色浓度为5μg/mL；燕路（2015）在做粉红单端孢子（*Trichothecium raseum*）抑制实验时，筛选PI染料的最终浓度为0.01mg/mL。以上虽然都是用同种染料进行实验，但是针对不同的对象，染色浓度存在一定差异，说明染料的作用效果和实验对象存在较大关系。

通过对苜蓿黄萎病菌孢子在6种不同温度下进行8种不同时间处理，同时平行做活性染色和孢子萌发实验，统计活性检测结果和萌发结果，进行比较。从活性检测结果来看，孢子萌发实验和染色实验结果有相似的对应关系。PI染料不能穿透活孢子完整的细胞膜，活孢子不发荧光；在死孢子失去活性细胞膜受到破坏时，PI进入孢子细胞核内与核酸进行结合，发出红色荧光。结合孢子萌发实验，我们可以推测孢子受到不同温度处理可能有一部分孢子受到刺激之后处于钝化状态（细胞膜还是完整的），孢子不能够萌发，但是也不能够被PI染色。

### 3.4.2 结论

（1）本研究从3种活性染料中成功筛选到1种活性染料PI，能够用于苜蓿黄萎病菌活性检测，并且发现苜蓿黄萎病菌孢子在高温逆境环境中可能存在假死或休眠的状态。

（2）本研究针对苜蓿黄萎病菌孢子，确定了PI最佳染色条件为0.05mg/mL，室温避光染色10min。

# 4 十字花科蔬菜黑胫病菌活性检测方法

## 4.1 概况

### 4.1.1 基本信息

中文名：十字花科蔬菜黑胫病菌（油菜茎基溃疡病菌）。英文名：crucifers stem canker。学名：*Leptosphaeria maculans*（Fuckel）Ces. et De Not。

### 4.1.2 分类地位

格孢腔菌目 Pleosporales，小球腔菌科 Leptosphaeriaceae，小球腔菌属 *Leptosphaeria*。被我国列为检疫性有害生物。

### 4.1.3 地理分布

巴拿马、哥斯达黎加、瓜德罗普、加拿大、美国、墨西哥、萨尔瓦多、澳大利亚、巴布亚新几内亚、新喀里多尼亚、新西兰、埃及、埃塞俄比亚、津巴布韦、肯尼亚、莫桑比克、尼日利亚、赞比亚、阿根廷、巴西、波多黎各、爱尔兰、爱沙尼亚、奥地利、白俄罗斯、保加利亚、比利时、波兰、丹麦、德国、俄罗斯、法国、芬兰、荷兰、捷克、拉脱维亚、立陶宛、罗马尼亚、马耳他、挪威、葡萄牙、瑞典、瑞士、斯洛伐克、苏格兰、乌克兰、西班牙、意大利、英国、土耳其、巴基斯坦、朝鲜、菲律宾、格鲁吉亚、哈萨克斯坦、韩国、吉尔吉斯斯坦、马来西亚、日本、泰国、亚美尼亚、伊朗、以色列、印度、中国等国家和地区。

## 4.2 材料与方法

### 4.2.1 供试菌株

供试菌株 sh5、JC－1 均来自深圳海关动植物检验检疫技术中心菌种保藏室。

### 4.2.2 试剂

#### 4.2.2.1 荧光染料

共用 10 种荧光染料对孢子进行活性检测实验，如表 4－1 所示。

**表 4－1 供试荧光染料**

| 染料名称 | 激发波长/nm | 发射波长/nm | 荧光颜色 | 来源 |
| --- | --- | --- | --- | --- |
| PI | 534 | 617 | 红色 | Sigma 公司 |
| FDA | 488 | 530 | 绿色 | Sigma 公司 |
| JC－1 | 488 | 530 | 绿色 | Sigma 公司 |
| 钙黄绿素 | 488 | 530 | 绿色 | Sigma 公司 |
| DAPI | 340 | 488 | 蓝色 | Sigma 公司 |

（续）

| 染料名称 | 激发波长/nm | 发射波长/nm | 荧光颜色 | 来源 |
| --- | --- | --- | --- | --- |
| Hoechst33258 | 340 | 460 | 蓝色 | 北京诺博莱德 |
| Hoechst33342 | 340 | 460 | 蓝色 | 北京诺博莱德 |
| 台盼蓝 | 340 | 488 | 蓝色 | 北京诺博莱德 |
| AO | 488 | 530 | 绿色 | Sigma 公司 |
| Alamar Blue | 340 | 488 | 蓝色 | 上海翊圣 |

#### 4.2.2.2 其他化学试剂

二甲基亚砜（DMOS）、甲醇、丙酮、无水乙醇。

#### 4.2.2.3 主要培养基

V8 培养基：V8 果汁 200mL、碳酸钙 3g、琼脂 20g、蒸馏水 800mL，搅拌溶解后将溶液定容至 1 000mL，分装到三角瓶中，121℃ 高压蒸汽灭菌 20min。

马铃薯葡萄糖琼脂培养基（PDA）：200g 去皮新鲜马铃薯切成小方块，加入 1 000mL 自来水，煮沸 15min，四层纱布过滤得到滤液，滤液中加入 18g 葡萄糖、18g 琼脂粉，加热溶解后将溶液定容至 1 000mL，分装到三角瓶中，121℃ 高压蒸汽灭菌 20min。

### 4.2.3 主要仪器设备

显微镜、高压灭菌锅、离心机、恒温混匀仪。

### 4.2.4 实验方法

#### 4.2.4.1 菌株培养

从保存斜面中挑取菌丝接种于 V8 培养基平板上，用封口膜密封培养皿，于培养箱中 25℃光照条件下培养 15～30d，观察产孢情况。

#### 4.2.4.2 分生孢子悬浮液配制

用挑针将分生孢子器挑到干净培养皿管中，戳破碾碎，将分生孢子器中的孢子分散开来，收集于干净的 10mL 离心管中，充分振荡均匀，可以将绝大多数孢子从分生孢子器中分离出来，用纱布将杂质过滤掉，得到孢子悬浮液，显微镜下计算孢子的数目，最后加入适量灭菌去离子水配制成 $10^5$～$10^6$个/mL的孢子悬浮液。

#### 4.2.4.3 普通荧光显微镜观察

吸取 5μL 被染料溶液处理之后的样品，制备玻片，封片，放置于普通荧光显微镜载物台上，低倍镜下找到孢子，转到 100 倍油镜下观察，微调至视野内图像清晰。

PI 荧光检测：打开荧光光路，设置荧光通道的激发波长，收集荧光信号的发射波长，微调至视野内图像清晰，拍照记录。

#### 4.2.4.4 活性染料初筛

以十字花科蔬菜黑胫病菌 sh5 为实验材料。配制新鲜孢子悬浮液 10mL，每个处理取 200μL 左右置于 1.5mL 离心管中，分为两组：一组经金属浴 100℃处理 15min，为死孢子，作为实验组；另一组不经过处理为活孢子，作为对照组。分别用 10 种染料进行单染，制片，荧光显微镜检测，保存图片，筛选出能够明显区分死孢子和活孢子的荧光染料，每个染料至少进行 3 个不同浓度和 3 个不同时间共计 9 组的单因素组合实验。染料初始筛选条件和使用方法见表 4-2。

表 4-2　染料初始筛选条件和使用方法

| 染料名称 | 初始浓度/mg/mL | 初始染色时间/min | 溶剂 |
| --- | --- | --- | --- |
| PI | 10、1、0.1 | 10、15、30 | $ddH_2O$ |
| FDA | 10、1、0.2 | 10、15、30 | 丙酮 |
| AB | 3、1、0.1 | 10、15、30 | PD |
| Hoechst33258 | 原液 | 10、30、45 | $ddH_2O$ |
| Hoechst33342 | 原液 | 10、30、45 | $ddH_2O$ |
| DAPI | 1、0.2、0.05 | 10、15、30 | $ddH_2O$ |
| JC-1 | 1.67、0.5、0.16 | 10、15、30 | DMSO |
| AO | 10、2、0.2 | 10、15、30 | $ddH_2O$ |
| 台盼蓝 | 20%原液、4%原液 0.4%原液 | 10、15、30 | — |
| 钙黄绿素 | 20、10、1 | 10、30、45 | $ddH_2O$ |

染色方法：取 1μL 染料加入 199μL 孢子悬浮液中，振荡混匀，室温下避光染色，到时间之后，立即 14 000r/min 离心 1min，去除上清液，加入 200μL 无菌去离子水，振荡混匀，14 000r/min 离心 1min，去除上清液，加入 20μL 灭菌去离子水，混匀，避光放置。

#### 4.2.4.5　染料浓度和染色时间优化

以十字花科蔬菜黑胫病菌菌株 sh5 为实验材料，对染料浓度和染色时间进行进一步筛选。配制新鲜孢子悬浮液，分成两组，一组未经水浴处理，另一组经过水浴处理。设计 5 种染料浓度（原液、5 倍稀释液、20 倍稀释液、50 倍稀释液、100 倍稀释液）和 5 种染色时间（4min、8min、12min、16min、20min）的组合实验，即取 1μL 染料溶液分别与未经水浴处理组和经过水浴处理组的 199μL 孢子悬浮液混匀，在室温下避光染色，染色后，死孢子组进行荧光显微镜下观察，获取图片。活孢子组又分成两组，一组做扫描分析获取图片，另一组用琼脂载玻片法进行孢子萌发实验，计算萌发率。

#### 4.2.4.6　病原菌活性检测

以十字花科蔬菜黑胫病菌菌株 sh5 为实验材料，以 PI 染料为例，分别在 5 种温度处理下（40℃、45℃、50℃、55℃、60℃）各进行 5 种不同时间（1min、5min、10min、20min、30min）处理，共计 25 个处理组。将所有处理组的孢子分成两组进行实验：一组用 PI 染料 100 倍稀释液避光染色 4min，立即 14 000r/min 离心 1min，去除上清液，加入 200μL 无菌去离子水，振荡混匀，再14 000r/min离心 1min，去除上清液，加无菌去离子水 20μL，重悬。染色完成之后制片，又分成两组，一组测定孢子活性；另一组通过琼脂载玻片法测定孢子萌发率，进行统计学分析。

#### 4.2.4.7　孢子萌发实验

以十字花科蔬菜黑胫病菌为实验材料，配制新鲜的孢子悬浮液，混匀，将 PDA 培养基放入微波炉中熔化，用移液枪吸取 100μL 的 PDA，分成三份滴加在灭菌过的载玻片上，待其凝固后，吸取 1μL 左右的孢子悬浮液滴加在 PDA 上，置于灭菌培养皿中，用封口膜封好，放置在 24℃光照下培养 9h 左右进行观察，每份 PDA 观察 100 个孢子，共计 300 个，重复 3 次。以芽管长度等于或大于孢子本身长度作为萌发判定标准，计算孢子萌发率，进行统计学分析。

## 4.3　结果与分析

### 4.3.1　活性染料初筛

#### 4.3.1.1　JC-1 对十字花科蔬菜黑胫病菌孢子染色结果

图 4-1 表示 JC-1 染料对活孢子（A、B）和死孢子（C、D）染色结果。A 显示出活孢子染色后有明亮的绿色荧光，C 显示出死孢子也有明亮荧光，比较 A 与 C 可以看出，在染料浓度为 0.5mg/mL、

染色时间为 10min 条件下，JC-1 不能区分十字花科蔬菜黑胫病菌活孢子和死孢子。

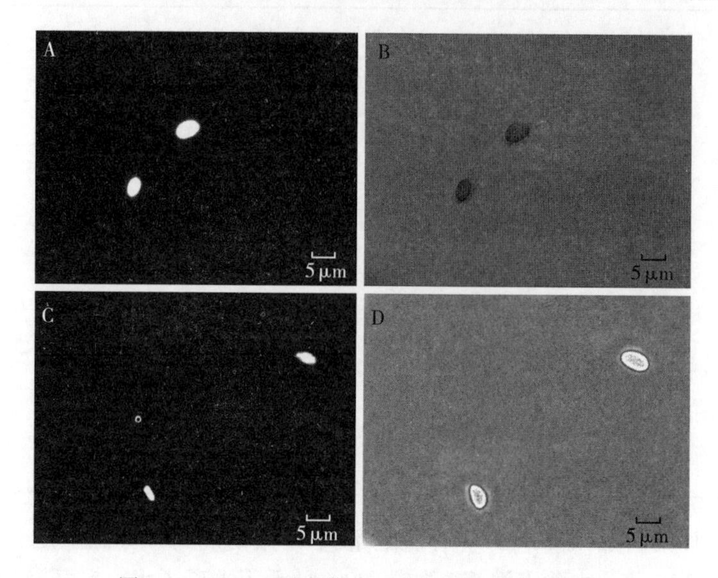


图 4-1　JC-1 对油菜茎基溃疡病孢子染色结果

注：JC-1 浓度为 0.5mg/mL，染色时间为 10min；A、B 均为活孢子染色结果，A 为荧光通道，B 为明场；C、D 均为死孢子染色结果，C 为荧光通道，D 为明场

#### 4.3.1.2　DAPI 对十字花科蔬菜黑胫病菌孢子染色结果

图 4-2 表示 DAPI 染料对活孢子（A、B）和死孢子（C、D）染色结果。A 显示出活孢子染色后有明亮的蓝色荧光，C 显示出死孢子也有明亮的蓝色荧光，比较 A 与 C 可以看出，在染料浓度为 0.2mg/mL、染色时间为 10min 条件下，DAPI 不能区分十字花科蔬菜黑胫病菌活孢子和死孢子。

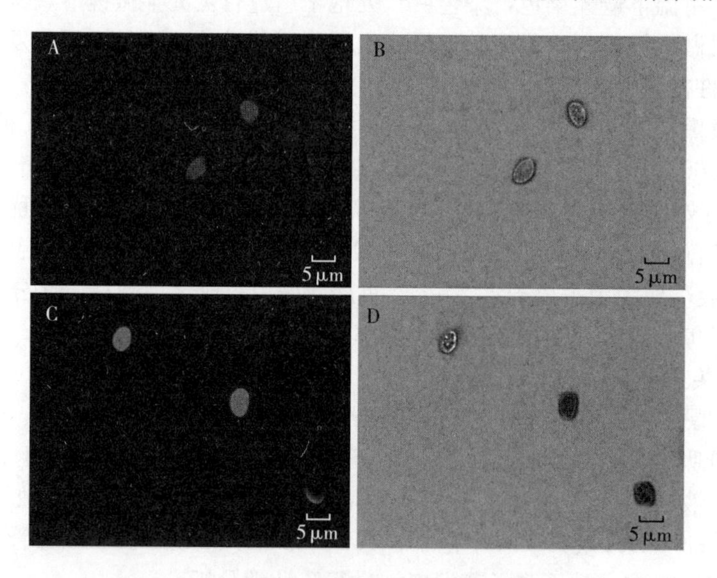


图 4-2　DAPI 对油菜茎基溃疡病孢子染色结果

注：DAPI 浓度为 0.2mg/mL，染色时间为 10min；A、B 均为活孢子染色结果，A 为荧光通道，B 为明场 C、D 均为死孢子染色结果，C 为荧光通道，D 为明场

#### 4.3.1.3　AO 对十字花科蔬菜黑胫病菌孢子染色结果

图 4-3 表示 AO 染料对活孢子（A、B）和死孢子（C、D）染色结果。A 显示出活孢子染色后有绿色荧光，C 显示出死孢子也有绿色荧光，比较 A 与 C 可以看出在染料浓度为 2mg/mL、染色时间为 15min 条件下，AO 不能区分十字花科蔬菜黑胫病菌活孢子和死孢子。

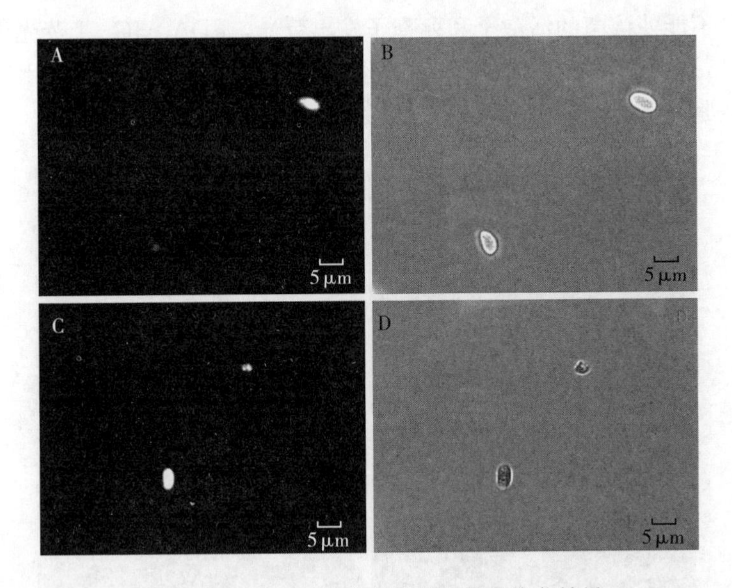


图 4-3　AO 对油菜茎基溃疡病孢子染色结果

注：AO 浓度为 2mg/mL，染色时间为 15min；A、B 均为活孢子染色结果，A 为荧光通道，B 为明场；C、D 均为死孢子染色结果，C 为荧光通道，D 为明场

#### 4.3.1.4　PI 对十字花科蔬菜黑胫病菌孢子染色结果

图 4-4 表示 PI 对活孢子（A、B）和死孢子（C，D）染色结果。A 显示出活孢子染色后无荧光，C 显示出死孢子也有明显红色荧光，比较 A 与 C 可以看出在染料浓度为 1mg/mL、染色时间为 10min 条件下，PI 染料能区分十字花科蔬菜黑胫病菌活孢子和死孢子。

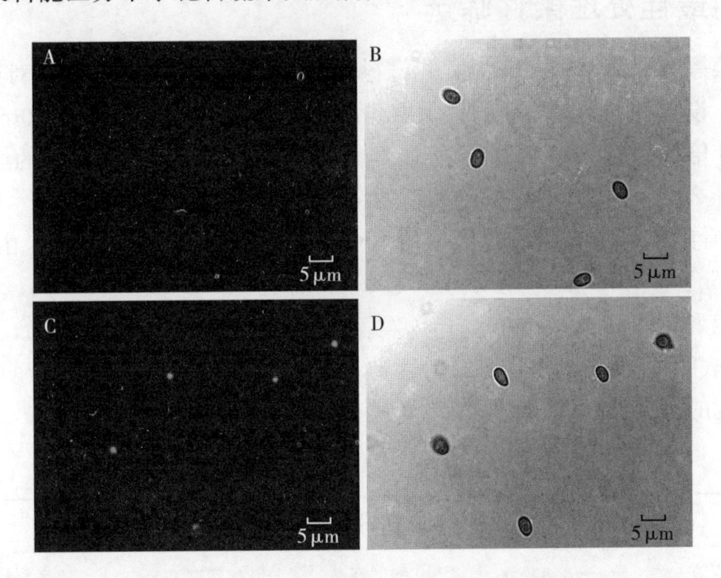


图 4-4　PI 对油菜茎基溃疡病孢子染色结果

注：PI 浓度为 1mg/mL，染色时间为 10min；A、B 均为活孢子染色结果，A 为荧光通道，B 为明场；C、D 均为死孢子染色结果，C 为荧光通道，D 为明场

#### 4.3.1.5　FDA 对十字花科蔬菜黑胫病菌孢子染色结果

图 4-5 表示 FDA 对活孢子（A、B）和死孢子（C、D）染色结果。A 显示出活孢子染色后有绿色荧光，C 显示出死孢子也有绿色荧光，比较 A 与 C 可以看出在染料浓度为 1mg/mL、染色时间为 20min 条件下，FDA 不能区分十字花科蔬菜黑胫病菌活孢子和死孢子。

此外，通过实验本研究还发现，Hoechst33258、Hoechst33342、Alamar Blue、钙黄绿素、台盼

蓝 5 种荧光染料也均不能使该菌的活孢子和死孢子发出荧光，FDA、JC－1 荧光染料可使该菌的活孢子和死孢子发出荧光，鉴于本研究筛选的 PI 荧光染料可以使该菌的死孢子发出红色荧光，而活孢子不发荧光，因此本实验筛选出染料 PI 作为研究对象，做进一步研究。

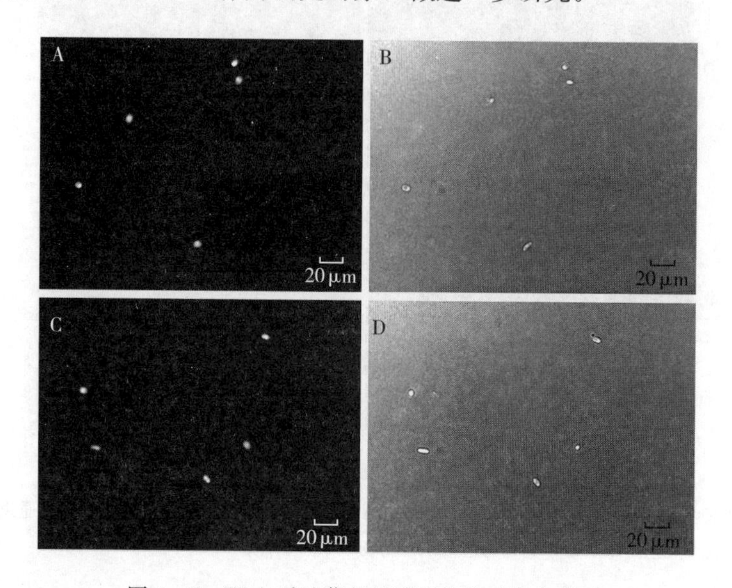


图 4－5　FDA 对油菜茎基溃疡病孢子染色结果

注：FDA 浓度为 1mg/mL，染色时间为 20min；A、B 均为活孢子染色结果，A 为荧光通道，B 为明场；C、D 均为死孢子染色结果，C 为荧光通道，D 为明场

## 4.3.2　PI 染料最佳处理条件筛选

以十字花科蔬菜黑胫病菌菌株 sh5 为实验材料，配制新鲜的孢子悬浮液，对染色浓度和染色时间进行进一步的筛选。设置 5 种不同染色时间（4min、8min、12min、16min、20min）和 5 种不同浓度 PI 稀释液（原液、5 倍稀释液、20 倍稀释液、50 倍稀释液、100 倍稀释液）的组合实验（原液浓度为 10mg/mL），共计 25 组，统计孢子染色和萌发情况。

从表 4－3 可以看出，空白对照组的孢子萌发率为 99.67%，接近 100%，由 PI 原液染色 4min、8min、12min、16min、20min 后，孢子萌发率分别为 66.3%、56.33%、44.33%、41.33%、35.00%；由 PI 5 倍稀释液染色后的孢子萌发率分别为 99.67%、99.34%、99.67%、99.34%、98.34%。萌发结果表明，原液会对孢子的活性造成影响，处理 20min 的孢子萌发率为 35%，而 20 倍稀释液和更低浓度的稀释液对孢子萌发几乎没有影响。

**表 4－3　孢子在不同染色条件下的孢子萌发率**

| 染色条件/min | 萌发率/% | | | | | 空白对照 |
|---|---|---|---|---|---|---|
| | 原液 | 5 倍稀释液 | 20 倍稀释液 | 50 倍稀释液 | 100 倍稀释液 | |
| 4 | 66.3 | 99.67 | 99.67 | 99.67 | 99.67 | |
| 8 | 56.33 | 99.34 | 99.34 | 99.34 | 99.34 | |
| 12 | 44.33 | 99.67 | 99.67 | 99.67 | 99.67 | 99.67 |
| 16 | 41.33 | 99.34 | 100.00 | 99.34 | 100.00 | |
| 20 | 35.00 | 98.34 | 99.34 | 98.34 | 99.34 | |

图 4－6 为 PI 染料 100 倍稀释液（0.1mg/mL）对死活孢子染色 4min 的结果，其中 C 为该染色条件下对死孢子的染色，荧光通道能够收集到红色荧光信号；A 表示该条件下对活孢子的染色，荧

光通道收集不到红色荧光信号；比较 A 和 C 能看出，该处理条件能够区分死孢子和活孢子。

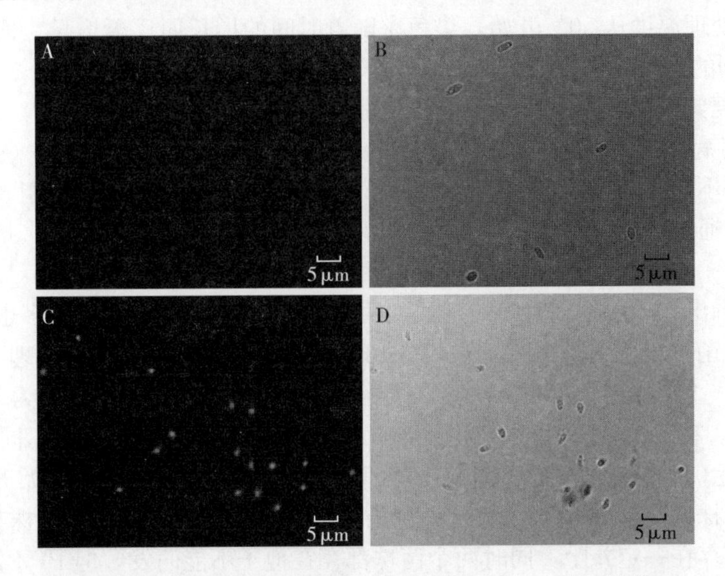


图 4－6　PI 100 倍稀释液（0.1mg/mL）4min 染色结果

注：A、B 均为死孢子染色结果，A 为荧光通道，B 为明场；C、D 均为死孢子染色结果，C 为荧光通道，D 为明场

## 4.3.3　病原菌活性检测结果

### 4.3.3.1　PI 染料对孢子活性检测

菌株 sh5 分别在 5 种不同温度（40℃、45℃、50℃、55℃、60℃）下各进行 5 种不同时间处理（1min、5min、10min、20min、30min），用 PI 100 倍稀释液（0.1mg/mL）染色 4min，制片，显微镜下观察，统计孢子染色及孢子萌发结果（表 4－4、表 4－5）。

**表 4－4　不同处理条件下孢子萌发率**

| 处理条件/min | 萌发率/% | | | | |
|---|---|---|---|---|---|
| | 40℃ | 45℃ | 50℃ | 55℃ | 60℃ |
| 1 | 98.44 | 95.67 | 94.34 | 78.78 | 0.69 |
| 5 | 78.11 | 6.97 | 0.35 | 15.25 | 0.00 |
| 10 | 17.33 | 2.72 | 0.45 | 0.00 | 0.00 |
| 20 | 2.74 | 0.42 | 0.00 | 0.00 | 0.00 |
| 30 | 0.74 | 0.00 | 0.00 | 0.00 | 0.00 |

**表 4－5　不同处理条件下 PI 染色率**

| 处理条件/min | 染色率/% | | | | |
|---|---|---|---|---|---|
| | 40℃ | 45℃ | 50℃ | 55℃ | 60℃ |
| 1 | 0.63 | 0.43 | 0.66 | 1.21 | 0.74 |
| 5 | 0.47 | 0.21 | 3.40 | 4.77 | 14.33 |
| 10 | 0.42 | 0.63 | 7.97 | 8.21 | 54.78 |
| 20 | 0.31 | 0.79 | 16.11 | 21.21 | 89.32 |
| 30 | 0.43 | 10.91 | 21.00 | 30.79 | 96.45 |

从表4－4可以看出，50℃处理10min后的孢子几乎没有萌发，该结果与染色结果大致相符合。从表4－5可以看出处理温度从50℃开始，染色率随着时间的增长而逐渐增长。值得注意的是，使用PI染色实验检测得到的孢子死亡率低于孢子萌发法检测得到的孢子死亡率。

#### 4.3.3.2 不同菌株差异性比较

以油菜茎基溃疡病sh5和菌株JC－1为实验材料，开展5种不同温度（40℃、45℃、50℃、55℃、60℃）和5种不同时间（1min、5min、10min、20min、30min）处理的组合实验，共计25组。取新鲜孢子悬浮液，通过不同处理，一组做染色实验，另一组做孢子萌发实验，把不经过处理的孢子作为对照。

从表4－6可以看出，随着处理时间的延长，两个菌株的孢子PI染色率大多也随之增长。例如在60℃处理5min，sh5菌株染色率是12.33%，JC－1菌株染色率为14.33%；处理10min，sh5菌株染色率为54.78%，JC－1菌株染色率为54.67%；处理20min，sh5菌株染色率为89.32%，JC－1菌株染色率为87.33%。在25个处理组中，孢子sh5菌株和JC－1菌株在5个不同温度处理下，处理1min，PI染色率接近0，直到50℃处理5min，两个菌株的孢子的染色率才开始升高，sh5菌株升高到3.40%，JC－1菌株升高到3.67%。综合染色结果和孢子萌发结果，两个菌株在相同处理条件下，萌发和染色实验结果存在一定差距，同时两个菌株都存在孢子不能萌发，但PI不能染色的情况。

**表4－6 不同处理条件下孢子染色率**

| 处理条件/min | 染色率/% | | | | | | | | | |
|---|---|---|---|---|---|---|---|---|---|---|
| | sh5菌株 | | | | | JC－1菌株 | | | | |
| | 40℃ | 45℃ | 50℃ | 55℃ | 60℃ | 40℃ | 45℃ | 50℃ | 55℃ | 60℃ |
| 1 | 0.63 | 0.43 | 0.66 | 1.21 | 0.74 | 0.55 | 0.63 | 0.76 | 1.27 | 0.77 |
| 5 | 0.47 | 0.21 | 3.40 | 4.77 | 12.33 | 0.77 | 0.6 | 3.67 | 4.67 | 14.33 |
| 10 | 0.42 | 0.63 | 7.97 | 8.21 | 54.78 | 0.52 | 0.72 | 7.67 | 8.33 | 54.67 |
| 20 | 0.31 | 0.79 | 16.11 | 21.21 | 89.32 | 0.43 | 0.89 | 15.33 | 21.33 | 87.33 |
| 30 | 0.43 | 10.91 | 21.00 | 30.79 | 96.45 | 0.95 | 13.95 | 21.33 | 30.77 | 95.55 |

从表4－7可以看出，经过不同条件处理之后，随着处理时间延长和温度升高，两个菌株的孢子萌发率都逐渐下降。同样温度处理下，处理时间越长，孢子萌发率越低。例如在40℃处理10min之后，sh5菌株孢子萌发率降低为17.33%，JC－1菌株萌发率降低为16.89%；处理20min之后sh5菌株萌发率为2.74%，JC－1菌株萌发率为6.74%。在全部25个处理组中，sh5菌株和JC－1菌株均仅有3个处理组孢子萌发率高于90%；sh5菌株和JC－1菌株均有2个处理组孢子萌发率在70%～90%；sh5菌株有10个处理组孢子萌发率为0，而JC－1菌株有8个处理组孢子萌发率为0。

**表4－7 不同处理条件下孢子萌发率**

| 处理条件/min | 萌发率/% | | | | | | | | | |
|---|---|---|---|---|---|---|---|---|---|---|
| | sh5菌株 | | | | | JC－1菌株 | | | | |
| | 40℃ | 45℃ | 50℃ | 55℃ | 60℃ | 40℃ | 45℃ | 50℃ | 55℃ | 60℃ |
| 1 | 98.44 | 95.67 | 94.34 | 78.78 | 0.69 | 97.34 | 96.67 | 97.34 | 76.58 | 1.67 |
| 5 | 78.11 | 6.97 | 0.35 | 15.25 | 0.00 | 76.15 | 8.95 | 0.65 | 17.45 | 0.50 |
| 10 | 17.33 | 2.72 | 0.45 | 0.00 | 0.00 | 16.89 | 4.72 | 0.65 | 0.00 | 0.00 |
| 20 | 2.74 | 0.42 | 0.00 | 0.00 | 0.00 | 6.74 | 1.55 | 0.00 | 0.00 | 0.00 |
| 30 | 0.74 | 0.00 | 0.00 | 0.00 | 0.00 | 3.43 | 0.60 | 0.00 | 0.00 | 0.00 |

### 4.3.4 活性检测方法的建立

根据以上实验结果，本研究建立对十字花科蔬菜黑胫病菌孢子活性检测方法，即：先配制新鲜孢子悬浮液，用PI染色。取0.1mg/mL染料1μL滴加到199μL的孢子悬浮液中，混匀，室温避光染色4min，立即离心终止染色，去除上清液，加无菌去离子水199μL洗涤，离心，去除上清液，最后加20μL无菌去离子水重悬，制片，荧光显微镜观察，拍照，记录。

## 4.4　讨论与结论

### 4.4.1　讨论

本研究从10种荧光染料中筛选出适合十字花科蔬菜黑胫病菌孢子活性检测染料PI，该染料对孢子染色之后，可使活孢子不发出荧光，而死孢子能够发出红色荧光。

通过对十字花科蔬菜黑胫病菌孢子在5种不同温度下进行5种不同时间处理，筛选出最佳处理条件，即PI浓度为0.1mg/mL、染色4min。在该条件下同时平行做染色和孢子萌发实验，进行比较，从活性检测结果来看，孢子萌发实验和染色实验结果总体有相似的对应关系。

PI染料不能穿透活孢子完整的细胞膜，在死孢子的细胞膜受到破坏时，PI进入孢子细胞核内与核酸进行结合，发出红色荧光，而活孢子不发荧光。结合孢子萌发实验，我们推测孢子在受到不同温度处理，可能有一部分受到刺激之后处于钝化状态（细胞膜还是完整的），孢子不能够萌发，但也不能够被PI染色。

本研究所建立的十字花科蔬菜黑胫病菌活性检测方法直观、快速，相较于传统的孢子萌发实验，具有更高的可信度和准确度。本研究通过观察孢子染色后所发出的荧光就可以直接判定孢子死活，检测时间不到30min，相较于传统的孢子萌发实验，检测时间大大减少，且该方法能够精确到每个孢子的死活，灵敏度高。

### 4.4.2　结论

（1）本研究从10种活性染料中成功筛选到1种活性染料PI用于十字花科蔬菜黑胫病菌活性检测，并且发现病菌孢子在高温的逆境中可能存在假死或者休眠状态。

（2）本研究针对十字花科蔬菜黑胫病菌孢子，确定了PI最佳染色条件为0.1mg/mL，室温避光染色4min。

# 5 苹果牛眼果腐病菌的活性检测方法

## 5.1 概况

### 5.1.1 基本信息

苹果牛眼果腐病菌共有 4 个种，分别是：腐皮明孢盘菌 *Neofabraea malicorticis*（Cordley）H. S. Jacks.；多年生明孢盘菌 *Neofabraea perennans* Kienholz；白明孢盘菌 *Neofabraea vagabunda*（Desm.）Rossman；金氏明孢盘菌 *Neofabraea kienholzii*（Seifert，Spotts &. Levesque）Spotts，Levesque &. Seifert。本章主要对多年生明孢盘菌、白明孢盘菌 2 个种进行活性检测方法研究。

### 5.1.2 分类地位

柔膜菌目 Helotiales，皮盘菌科 Dermataceae，明孢盘菌属 *Neofabraea*。

### 5.1.3 地理分布

#### 5.1.3.1 *Neofabraea perennans*

荷兰、德国、英国、丹麦、捷克、澳大利亚等国家和地区。

#### 5.1.3.2 *Neofabraea vagabunda*

英国、塞尔维亚、波兰、瑞士、丹麦、捷克、瑞典、挪威、德国、意大利、立陶宛、法国、澳大利亚、新西兰、智利、南非等国家和地区。

## 5.2 材料与方法

### 5.2.1 供试菌株

供试菌株 8804、9487、8836、FA01 均来自深圳海关动植物检验检疫技术中心菌种保藏室。

### 5.2.2 试剂

#### 5.2.2.1 荧光染料

共用 10 种荧光染料对孢子进行活性检测实验，如表 5－1 所示。

**表 5－1 供试荧光染料**

| 染料名称 | 激发波长/nm | 发射波长/nm | 荧光颜色 | 来源 |
|---|---|---|---|---|
| PI | 534 | 617 | 红色 | Sigma 公司 |
| FDA | 488 | 530 | 绿色 | Sigma 公司 |
| AO | 488 | 530 | 绿色 | Sigma 公司 |
| JC－1 | 488 | 530 | 绿色 | Sigma 公司 |
| 钙黄绿素 | 488 | 530 | 绿色 | Sigma 公司 |
| DAPI | 340 | 488 | 蓝色 | Sigma 公司 |
| Hoechst33258 | 340 | 460 | 蓝色 | 北京诺博莱德 |

（续）

| 染料名称 | 激发波长/nm | 发射波长/nm | 荧光颜色 | 来源 |
|---|---|---|---|---|
| Hoechst33342 | 340 | 460 | 蓝色 | 北京诺博莱德 |
| Alamar Blue | 340 | 488 | 蓝色 | 上海翊圣 |
| 台盼蓝 | 340 | 488 | 蓝色 | 北京诺博莱德 |

#### 5.2.2.2　其他主要的化学试剂

二甲基亚砜（DMSO）、甲醇、丙酮、无水乙醇。

#### 5.2.2.3　主要培养基

PDA：200g新鲜马铃薯于去离子水中煮沸约20min之后，用4层洁净纱布过滤，滤液加入17～20g琼脂粉和20g葡萄糖，充分搅拌溶解之后定容到1 000mL，分装到三角瓶中，121℃高压蒸汽灭菌20min，备用。

### 5.2.3　主要仪器设备

显微镜、高压灭菌锅、离心机、恒温混匀仪。

### 5.2.4　实验方法

#### 5.2.4.1　菌株培养

从保存的菌株斜面中挑取菌株8804、9487、8836、FA01接种于PDA培养基平板上，用封口膜密封培养皿，于20℃条件下培养4～8d，观察其产孢情况。

#### 5.2.4.2　分生孢子悬浮液配制

用灭菌去离子水冲洗菌丝表面孢子堆，收集于干净的10mL离心管中，充分振荡均匀，将绝大多数孢子从菌丝中分离出来，再用无菌枪头将菌丝挑出，得到孢子悬浮液，在显微镜下计算孢子的数目，最后加入适量灭菌去离子水配制成$10^5$～$10^6$个/mL的孢子悬浮液5mL。

#### 5.2.4.3　活性染料初筛

以*N. perenanes* 8836菌株和*N. vagabunda* FA01菌株为实验材料。配制新鲜孢子悬浮液5mL，每个处理取200μL左右置于1.5mL离心管中，分成两组：一组经金属浴100℃处理10min成为死孢子，作为实验组；另一组不经过处理，为活孢子，作为对照组。分别用10种染料进行染色，制片，荧光显微镜检测，保存图片，筛选出能够区分孢子死活的荧光染料，每种染料至少进行3个不同浓度和3个不同时间共计9组的单因素正交筛选实验。染料初始筛选条件和使用方法见表5-2所示。

表5-2　染料初始筛选条件和使用方法

| 染料名称 | 初始浓度/(mg/mL) | 初始染色时间/min | 溶剂 |
|---|---|---|---|
| PI | 10、1、0.1 | 10、15、30 | $ddH_2O$ |
| FDA | 10、1、0.2 | 10、15、30 | 丙酮 |
| AB | 3、1、0.1 | 10、15、30 | PD |
| Hoechst33258 | 原液 | 10、30、45 | — |
| Hoechst33342 | 原液 | 10、30、45 | — |
| DAPI | 1、0.2、0.05 | 10、15、30 | $ddH_2O$ |
| JC-1 | 1.67、0.5、0.16 | 10、15、30 | DMSO |
| AO | 10、2、0.2 | 10、15、30 | $ddH_2O$ |
| 台盼蓝 | 20%原液、4%原液、0.4%原液 | 10、15、30 | — |
| 钙黄绿素 | 20、10、1 | 10、30、45 | $ddH_2O$ |

#### 5.2.4.4 染色方法

取 1μL 染料加入 199μL 孢子悬浮液，振荡混匀，室温下避光染色，到时间之后，立即 9 000r/min 离心 1min，去除上清液，加入 199μL 无菌去离子水，振荡混匀，9 000r/min 离心 1min，去除上清液，加入 20μL 无菌去离子水，混匀，避光放置。

#### 5.2.4.5 染料条件优化

以 *N. perenanes* 8836 菌株和 *N. vagabunda* FA01 菌株为实验材料，以 FDA 染料为例，对染料浓度和时间进行进一步的筛选。配制新鲜孢子悬浮液 10mL，共分成三组，一组为经过加热致死处理的死孢子组，一组为活孢子组，一组以不经过染色实验的孢子悬浮液作为空白对照组。设计 5 种染色浓度（原液、2 倍稀释液、10 倍稀释液、20 倍稀释液、50 倍稀释液）和 5 种染色时间（4min、8min、12min、16min、20min），共计 25 组的组合实验，吸取 1μL 染料与死孢子组、活孢子组孢子悬浮液配制成 200μL 的反应体系进行染色实验，室温避光染色，染色完成后，死孢子组进行荧光显微镜观察获取图片。活孢子组分成两组，一组用荧光显微镜拍照获取图片，另一组分用琼脂载玻片法进行孢子萌发实验，计算萌发率。

#### 5.2.4.6 病原菌活性检测

以 *N. perenanes* 8836 菌株和 *N. vagabunda* FA01 菌株为实验材料，以 PI 染料进行单染为例，分别进行 5 种不同温度（40℃、45℃、50℃、55℃、60℃）和 5 种不同时间（1min、5min、10min、20min、30min）处理，共计 25 个处理组，将所有处理组的孢子分成两组进行实验：一组用 PI 染料 200 倍稀释液避光处理 4min，再次 9 000r/min 离心 1min，去除上清液，加无菌去离子水 20μL，重悬。染色完成之后制片，拍照，通过孢子染色率对孢子活性进行判断；另一组通过琼脂载玻片法测定孢子萌发率，进行统计学分析。

#### 5.2.4.7 孢子萌发实验

以 *N. perenanes* 8836 菌株和 *N. vagabunda* FA01 菌株为实验材料，配制新鲜孢子悬浮液，混匀，将 PDA 培养基放入微波炉中熔化，用移液枪吸取 100μL 的 PDA，分成三份滴加在灭菌过的载玻片上，待其凝固后，吸取 1μL 孢子悬浮液滴加在 PDA 上，置于灭菌的培养皿中，用封口膜封好，置于 24℃光照条件下培养 9h 左右进行观察，每份 PDA 观察 100 个孢子，共计 300 个，重复 3 次。以芽管长度大于或等于孢子本身长度作为萌发判定标准，统计孢子萌发率，进行统计学分析。

## 5.3 结果与分析

### 5.3.1 活性染料初筛

通过实验发现，FDA、AO、DAPI、JC-1 4 种荧光染料均能使 *N. perenanes* 8836 菌株活孢子和死孢子发出荧光，Hoechst33258、Hoechst33342、Alamar Blue、钙黄绿素、台盼蓝 5 种荧光染料均不能使 *N. perenanes* 8836 菌株活孢子和死孢子发出荧光，PI 荧光染料可使 *N. perenanes* 8836 菌株死孢子呈红色荧光，而活孢子不发荧光，可区别孢子死活，因此本实验选荧光染料 PI 为研究对象，做进一步研究。

通过实验发现，AO、DAPI、JC-1 3 种荧光染料均能使 *N. vagabunda* FA01 菌株活孢子和死孢子发出荧光，Hoechst33258、Hoechst33342、Alamar Blue、钙黄绿素、台盼蓝 5 种荧光染料均不能使 *N. vagabunda* FA01 菌株活孢子和死孢子发出荧光，而荧光染料 PI 和 FDA 可分别使 *N. vagabunda* FA01 菌株死孢子发出红色荧光、活孢子发出绿色荧光，因此本实验选荧光染料 PI 和 FDA 为研究对象，做进一步研究。

### 5.3.2 染料最佳处理条件筛选

以 *N. perenanes* 8836 菌株和 *N. vagabunda* FA01 菌株为实验材料，配制新鲜的孢子悬浮液，对染色浓度和染色时间进行进一步的筛选。设置5种不同染色时间（4min、8min、12min、16min、20min）和5种不同浓度PI和FDA稀释液（原液、10倍稀释液、20倍稀释液、100倍稀释液、200倍稀释液）的组合实验（原液浓度为10mg/mL），共计25组，统计孢子染色和萌发情况。孢子在不同PI染色条件下的孢子萌发率见表5-3、表5-4、表5-5。由图5-1可以看出PI 200倍稀释（0.05mg/mL）染色4min处理孢子之后，都能够区分*N. perenanes*孢子死活，死孢子能够发出红色荧光，活孢子不发荧光。由图5-2可以看出PI 100倍稀释（0.1mg/mL）染色4min孢子之后，能够区分*N. vagabunda*孢子死活，死孢子能够发出红色荧光，活孢子不发荧光；由图5-3可以看出FDA 20倍稀释（0.5mg/mL）染色16min孢子，能够区分*N. vagabunda*孢子死活，活孢子发出绿色荧光，死孢子不发荧光（图5-3）。

**表5-3　*N. perenanes*孢子在PI不同染色条件下的孢子萌发率**

| 染色条件/min | 萌发率/% | | | | | 空白对照 |
|---|---|---|---|---|---|---|
| | 原液 | 10倍稀释液 | 20倍稀释液 | 100倍稀释液 | 200倍稀释液 | |
| 4 | 20.67 | 79.67 | 98.67 | 99.67 | 99.33 | |
| 8 | 18.33 | 68.67 | 97.67 | 99.33 | 99.67 | |
| 12 | 18.33 | 67.33 | 97.33 | 99.67 | 99.33 | 99.33 |
| 16 | 14.33 | 55.33 | 95.33 | 99.33 | 99.67 | |
| 20 | 10.33 | 45.67 | 93.67 | 99.67 | 99.33 | |

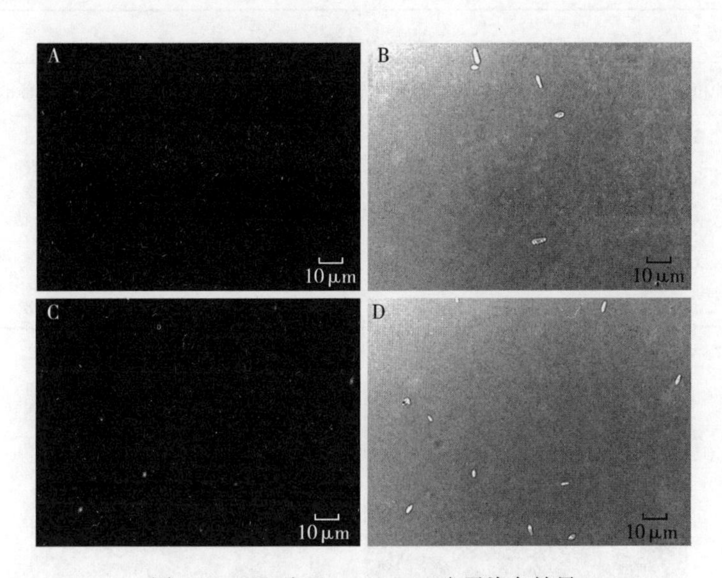


图5-1　PI对*N. perenanes*孢子染色结果

注：PI浓度为0.05mg/mL，染色时间为4min；A、B均为活孢子染色结果，A为荧光通道，B为明场；C、D均为死孢子染色结果，C为荧光通道，D为明场

**表5-4　*N. vagabunda*孢子在PI不同染色条件下的孢子萌发率**

| 染色条件/min | 萌发率/% | | | | | 空白对照 |
|---|---|---|---|---|---|---|
| | 原液 | 10倍稀释液 | 20倍稀释液 | 100倍稀释液 | 200倍稀释液 | |
| 4 | 19.67 | 77.67 | 98.67 | 99.67 | 99.33 | |
| 8 | 17.33 | 70.67 | 97.67 | 99.33 | 99.67 | |
| 12 | 5.33 | 65.33 | 97.33 | 99.67 | 99.33 | 99.33 |
| 16 | 11.33 | 54.33 | 96.33 | 99.33 | 99.67 | |
| 20 | 6.33 | 40.67 | 95.67 | 99.67 | 99.33 | |

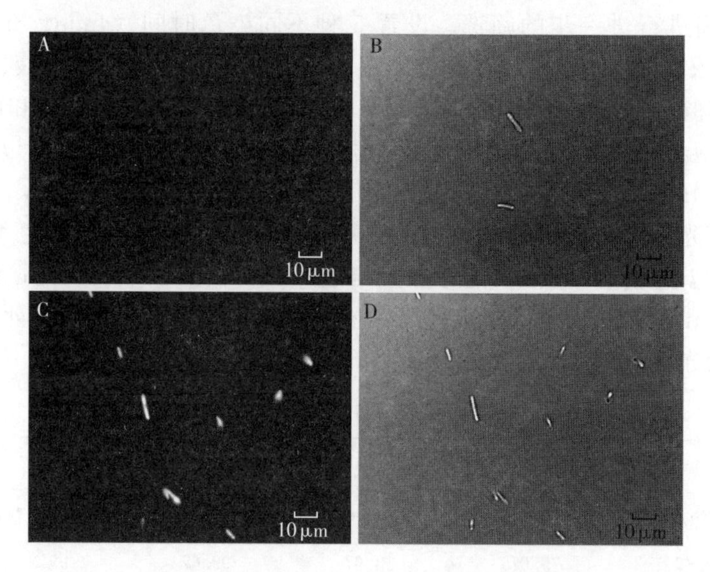


图 5-2　PI 对 *N. vagabunda* 孢子染色结果

注：PI 浓度为 0.1mg/mL，染色时间为 4min；A、B 均为活孢子染色结果，A 为荧光通道，B 为明场；C、D 均为死孢子染色结果，C 为荧光通道，D 为明场

**表 5-5　*N. vagabunda* 孢子在 FDA 不同染色条件下的孢子萌发率**

| 染色条件/min | 萌发率/% | | | | | 空白对照 |
|---|---|---|---|---|---|---|
| | 原液 | 5 倍稀释液 | 10 倍稀释液 | 20 倍稀释液 | 50 倍稀释液 | |
| 4 | 93.67 | 97.67 | 98.67 | 99.67 | 99.33 | |
| 8 | 90.33 | 94.67 | 97.67 | 99.33 | 99.67 | |
| 12 | 90.33 | 93.33 | 97.33 | 99.67 | 99.33 | 99.33 |
| 16 | 88.33 | 92.33 | 96.33 | 99.67 | 99.67 | |
| 20 | 86.33 | 90.67 | 95.67 | 99.67 | 99.33 | |

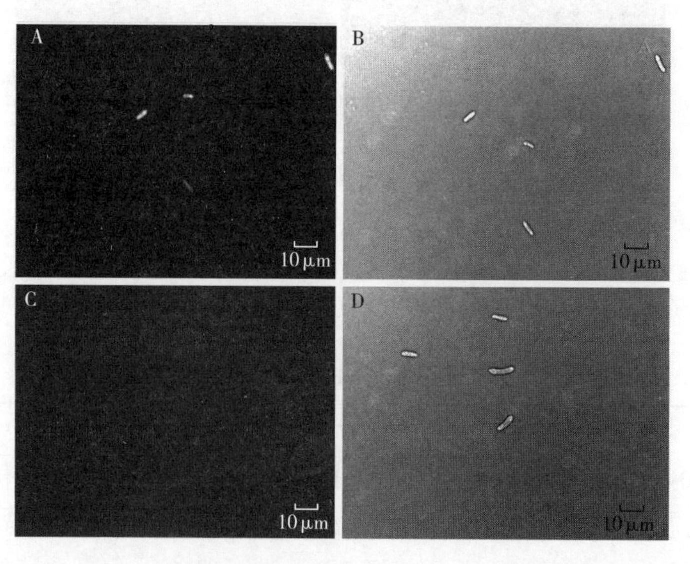


图 5-3　FDA 对 *N. vagabunda* 活孢子染色结果

注：FDA 浓度为 0.5mg/mL，染色时间为 16min；A、B 均为活孢子染色结果，A 为荧光通道，B 为明场；C、D 均为死孢子染色结果，C 为荧光通道，D 为明场

## 5.3.3　病原菌活性检测

### 5.3.3.1　*N. Perenanes* 活性检测

以 *N. perenanes* 8836 菌株为实验材料，分别在 5 种不同温度（40℃、45℃、50℃、55℃、60℃）下各进行 5 种不同时间处理（1min、5min、10min、20min、30min），用 PI 200 倍稀释液（0.05mg/mL）染色 4min，制片，显微镜下观察，统计染色及孢子萌发结果。

从表 5－6 和表 5－7 可以看出，孢子的萌发率和 PI 的染色率存在一定差异，孢子在处理 40℃持续 1min 时，活性受到影响，不萌发率为 14.63%，而此时的 PI 染色率为 8.03%，到 45℃持续 10min 时孢子不萌发率为 99.33%，而此时染色率为 21.97%。在 25 组实验中，有 13 组孢子萌发率为 0，而 PI 的染色结果显示只有 7 组染色率为 100%。

**表 5－6　*N. perenanes* 8836 菌株不同处理条件下孢子萌发率**

| 处理条件/min | 萌发率/% | | | | |
| --- | --- | --- | --- | --- | --- |
| | 40℃ | 45℃ | 50℃ | 55℃ | 60℃ |
| 1 | 85.37 | 66.39 | 76.97 | 0.00 | 0.00 |
| 5 | 88.89 | 34.35 | 0.33 | 0.00 | 0.00 |
| 10 | 85.00 | 0.67 | 0.00 | 0.00 | 0.00 |
| 20 | 76.37 | 0.67 | 0.00 | 0.00 | 0.00 |
| 30 | 62.05 | 0.67 | 0.00 | 0.00 | 0.00 |

**表 5－7　*N. perenanes* 8836 菌株不同处理条件下孢子染色率**

| 处理条件/min | 染色率/% | | | | |
| --- | --- | --- | --- | --- | --- |
| | 40℃ | 45℃ | 50℃ | 55℃ | 60℃ |
| 1 | 8.03 | 10.53 | 9.98 | 13.93 | 24.13 |
| 5 | 11.60 | 10.41 | 15.61 | 43.14 | 58.33 |
| 10 | 12.50 | 21.97 | 58.33 | 100.00 | 100.00 |
| 20 | 17.58 | 17.30 | 85.88 | 100.00 | 100.00 |
| 30 | 17.86 | 35.13 | 100.00 | 100.00 | 100.00 |

### 5.3.3.2　*N. vagabunda* 病原菌活性检测

（1）PI 染色结果。

以 *N. vagabunda* FA01 菌株为实验材料，分别在 5 种不同温度（40℃、45℃、50℃、55℃、60℃）下各进行 5 种不同时间处理（1min、5min、10min、20min、30min），统计孢子萌发及染色结果。

从表 5－8 和表 5－9 可以看出，孢子的萌发率和 PI 的染色率存在一定差异，孢子在处理 40℃持续 1min 时，孢子活性受到影响，萌发率为 89.67%，而此时的 PI 染色率为 6.33%，到 45℃持续处理 10min 时孢子萌发率为 0，而此时染色率为 34.33%。在 25 组实验中，有 16 组孢子萌发率为 0，而 PI 的染色率只有 8 组为 100%。

**表 5－8　*N. vagabunda* FA01 菌株不同处理条件下孢子萌发率**

| 处理条件/min | 萌发率/% | | | | |
| --- | --- | --- | --- | --- | --- |
| | 40℃ | 45℃ | 50℃ | 55℃ | 60℃ |
| 1 | 89.67 | 64.33 | 44.33 | 0.00 | 0.00 |
| 5 | 87.82 | 24.33 | 0.67 | 0.00 | 0.00 |

（续）

| 处理条件/min | 萌发率/% | | | | |
|---|---|---|---|---|---|
| | 40℃ | 45℃ | 50℃ | 55℃ | 60℃ |
| 10 | 82.33 | 0.00 | 0.00 | 0.00 | 0.00 |
| 20 | 79.67 | 0.00 | 0.00 | 0.00 | 0.00 |
| 30 | 64.33 | 0.00 | 0.00 | 0.00 | 0.00 |

**表 5-9　*N. vagabunda* FA01 不同处理条件下 PI 染色率**

| 处理条件/min | 染色率/% | | | | |
|---|---|---|---|---|---|
| | 40℃ | 45℃ | 50℃ | 55℃ | 60℃ |
| 1 | 6.33 | 6.67 | 5.67 | 9.33 | 15.67 |
| 5 | 7.67 | 9.83 | 44.00 | 64.43 | 76.33 |
| 10 | 13.65 | 34.33 | 71.67 | 100.00 | 100.00 |
| 20 | 15.33 | 40.83 | 100.00 | 100.00 | 100.00 |
| 30 | 27.33 | 43.67 | 100.00 | 100.00 | 100.00 |

（2）FDA 染色结果。

以 *N. vagabunda* FA01 菌株为实验材料，分别在 5 种不同温度（40℃、45℃、50℃、55℃、60℃）下各进行 5 种不同时间处理（1min、5min、10min、20min、30min），用 FDA 20 倍稀释液（0.5mg/mL）染色 15min，制片，显微镜下观察，拍照，统计染色结果及萌发结果。

从表 5-10 和表 5-11 可以看出，孢子的萌发率和 FDA 的染色率存在一定差异，孢子在处理 40℃持续 1min 时，孢子活性受到一定影响，萌发率为 93.66%，而此时的 FDA 染色率为 99.67%，到 45℃持续处理 10min 时孢子萌发率为 0，而此时染色率为 65.33%。在 25 组实验中，有 16 组孢子萌发率为 0，而 FDA 的染色结果只有 8 组为 0。

**表 5-10　*N. vagabunda* 不同处理条件下 FDA 染色率**

| 处理条件/min | 染色率/% | | | | |
|---|---|---|---|---|---|
| | 40℃ | 45℃ | 50℃ | 55℃ | 60℃ |
| 1 | 93.66 | 93.23 | 94.32 | 90.33 | 84.29 |
| 5 | 93.23 | 90.12 | 65.77 | 45.55 | 23.65 |
| 10 | 85.77 | 65.33 | 28.23 | 0.00 | 0.00 |
| 20 | 84.63 | 58.77 | 0.00 | 0.00 | 0.00 |
| 30 | 72.33 | 56.32 | 0.00 | 0.00 | 0.00 |

**表 5-11　*N. vagabunda* 不同处理条件下孢子萌发率**

| 处理条件/min | 萌发率/% | | | | |
|---|---|---|---|---|---|
| | 40℃ | 45℃ | 50℃ | 55℃ | 60℃ |
| 1 | 99.67 | 64.33 | 44.33 | 0.00 | 0.00 |
| 5 | 87.82 | 24.33 | 2.67 | 0.00 | 0.00 |
| 10 | 82.33 | 0.00 | 0.00 | 0.00 | 0.00 |
| 20 | 79.67 | 0.00 | 0.00 | 0.00 | 0.00 |
| 30 | 64.33 | 0.00 | 0.00 | 0.00 | 0.00 |

#### 5.3.3.3　*N. perenanes* 不同菌株差异性比较

以 8836 菌株、9487 菌株、8804 菌株为实验材料，分别在 5 种不同温度（40℃、45℃、50℃、55℃、60℃）下各进行 5 种不同时间处理（1min、5min、10min、20min、30min），用 PI 200 倍稀释液（0.05mg/mL）染色 4min，制片，显微镜下观察，拍照，记录。

从表 5－12 和表 5－13 可以看出，经过不同条件处理之后，两个菌株的孢子不萌发率和 PI 染色率都明显升高，其中，同样温度处理下，处理时间越长，孢子不萌发率越高。从整体情况来看，不萌发率始终比 PI 染色率高。

**表 5－12　不同处理条件下孢子萌发率**

| 处理条件/min | 萌发率/% | | | | | | | | | |
|---|---|---|---|---|---|---|---|---|---|---|
| | 9487 菌株 | | | | | 8804 菌株 | | | | |
| | 40℃ | 45℃ | 50℃ | 55℃ | 60℃ | 40℃ | 45℃ | 50℃ | 55℃ | 60℃ |
| 1 | 87.82 | 89.50 | 84.03 | 0.00 | 0.00 | 80.16 | 69.94 | 60.91 | 0.00 | 0.00 |
| 5 | 93.42 | 17.26 | 0.33 | 0.00 | 0.00 | 73.76 | 12.73 | 0.67 | 0.00 | 0.00 |
| 10 | 90.00 | 0.67 | 0.00 | 0.00 | 0.00 | 72.63 | 0.67 | 0.00 | 0.00 | 0.00 |
| 20 | 84.66 | 0.67 | 0.00 | 0.00 | 0.00 | 72.25 | 0.67 | 0.00 | 0.00 | 0.00 |
| 30 | 89.64 | 0.67 | 0.00 | 0.00 | 0.00 | 63.79 | 0.67 | 0.00 | 0.00 | 0.00 |

**表 5－13　不同处理条件下孢子染色率**

| 处理条件/min | 染色率/% | | | | | | | | | |
|---|---|---|---|---|---|---|---|---|---|---|
| | 9487 菌株 | | | | | 8804 菌株 | | | | |
| | 40℃ | 45℃ | 50℃ | 55℃ | 60℃ | 40℃ | 45℃ | 50℃ | 55℃ | 60℃ |
| 1 | 9.52 | 6.20 | 5.40 | 8.99 | 14.02 | 6.78 | 6.00 | 6.12 | 17.32 | 33.14 |
| 5 | 4.37 | 11.02 | 6.83 | 21.70 | 89.59 | 7.89 | 9.83 | 8.89 | 27.35 | 70.26 |
| 10 | 5.69 | 32.14 | 88.56 | 100.00 | 100.00 | 17.64 | 34.02 | 82.33 | 100.00 | 100.00 |
| 20 | 8.25 | 31.75 | 85.88 | 100.00 | 100.00 | 25.29 | 45.83 | 100.00 | 100.00 | 100.00 |
| 30 | 13.38 | 35.16 | 100.00 | 100.00 | 100.00 | 29.35 | 45.90 | 100.00 | 100.00 | 100.00 |

#### 5.3.3.4　PI 和 FDA 复染病原菌活性检测

以 *N. vagabunda* 菌株为实验材料，5 种不同温度处理（40℃、45℃、50℃、55℃、60℃）下各进行 5 种不同时间（1min、5min、10min、20min、30min）处理，重复 3 次，用 PI－FDA 的顺序为 PI 0.1mg/mL 处理 5min，FDA 0.5mg/mL 处理 15min（图 5－4、图 5－5）。

### 5.3.4　病原菌活性检测方法的建立

根据本实验，建立对苹果牛眼果腐病 *N. perenanes* 孢子活性检测方法，即先配制新鲜的孢子悬浮液，用 PI 染色，取 200 倍稀释液（0.05mg/mL，原液浓度为 10mg/mL）染料 1μL 滴加到 199μL 的孢子悬浮液中，混匀，室温避光染色 4min，染色完成之后，立即离心终止染色，去除上清液，加无菌去离子水 199μL 离心，去除上清液，最后加入 20μL 无菌去离子水重悬，制片，显微镜观察，拍照，记录。

根据本实验，建立对苹果牛眼果腐病 *N. vagabunda* 孢子活性检测方法，即先配制新鲜的孢子悬浮液，先用 PI 染色，使用 100 倍稀释液（0.1mg/mL，原液浓度为 10mg/mL）染料 1μL 滴加到 199μL 的孢子悬浮液中，混匀，室温避光染色 4min，染色完成之后，立即离心终止染色，去除上清液，加无菌去离子水 199μL 洗涤，离心，去除上清液；然后用 FDA 染色，使用 20 倍稀释液（0.5mg/mL，原液 10mg/mL）染料 1μL 滴加到 199μL 的孢子悬浮液中，混匀，室温避光染色

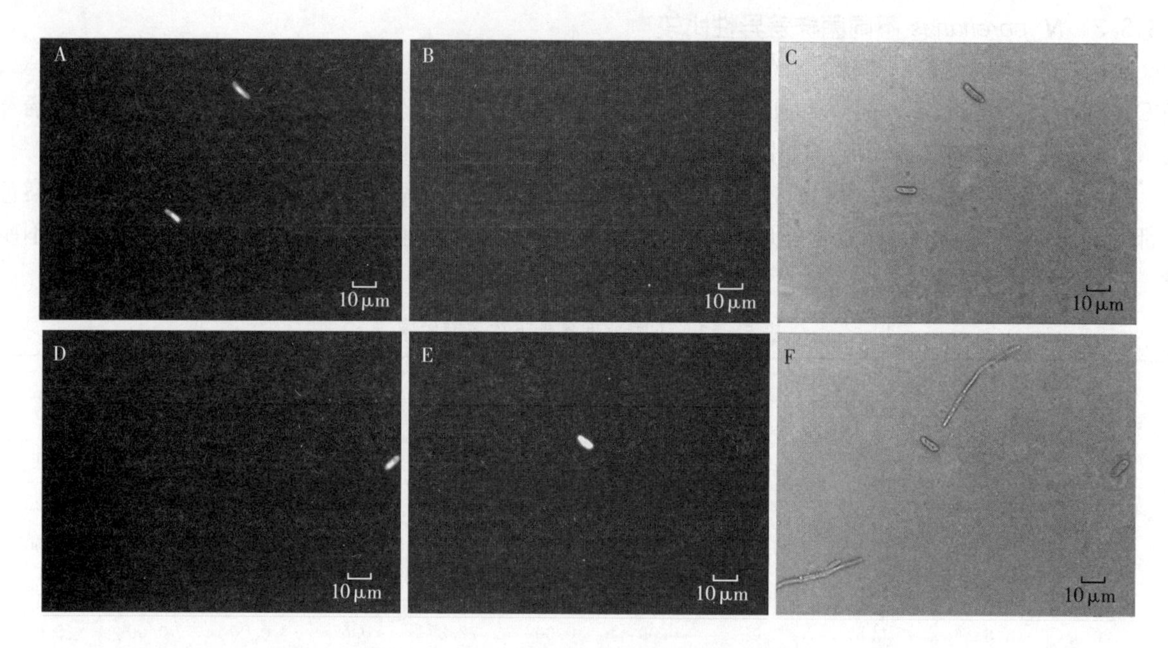


图 5-4　PI 60℃条件下处理 5min 染色结果

注：PI 浓度为 0.1mg/mL，A、D 均为活孢子染色结果，B、E 均为死孢子染色结果；C、F 为明场；A、B、D、E 为荧光通道

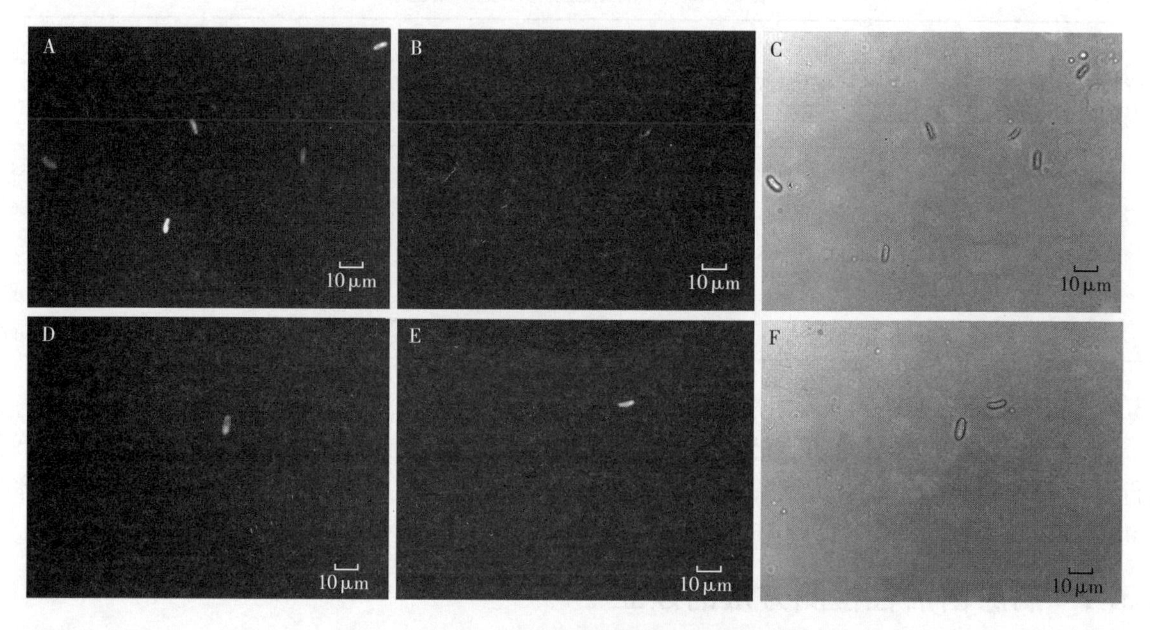


图 5-5　PDA 50℃条件下处理 15min 染色结果

注：FDA 浓度为 0.5mg/mL，A、D 均为活孢子染色结果，C、E 均为死孢子染色结果；C、F 为明场；A、B、D、E 为荧光通道

16min，完成之后，立即离心终止染色，去除上清液，加无菌去离子水 200mL 洗涤，离心，去除上清液，最后加入 20μL 无菌去离子水重悬，制片，显微镜观察，拍照，记录。

## 5.4　讨论与结论

### 5.4.1　讨论

本研究从 10 种荧光染料中筛选出适合苹果牛眼果腐病菌 *N. perenanes* 孢子活性检测的染料 PI，对孢子染色之后，活孢子不发荧光，死孢子能够发出红色荧光。从 10 种荧光染料中筛选出适合苹果

牛眼果腐病 *N. vagabunda* 孢子活性检测的染料 PI 与 FDA。其中，PI 对孢子染色后，活孢子不发荧光，死孢子发出红色荧光；而 FDA 对孢子染色后，活孢子发出绿色荧光，死孢子不发荧光。

本研究得到苹果牛眼果腐病 *N. perenanes* 的最佳染色条件：PI 染色浓度为 0.05mg/mL，染色 4min。苹果牛眼果腐病 *N. vagabunda* 最佳染色条件：FDA 浓度 0.5mg/mL，染色 16min；PI 浓度 0.1mg/mL，染色 4min。李金萍等（2013）针对十字花科蔬菜根肿病菌筛选出 PI 最佳染色浓度为 5μg/mL，4℃避光染色 10min；黄林等（2014）做猪肉优势腐败菌染色检测得出 FDA 工作浓度 0.5mg/mL，染色时间 15～60min。从报道的文献来看，对于不同的实验对象，虽然都用同种染料进行实验，但研究对象不同，结果也有差异，说明染料的作用效果和实验对象有较大关系。

## 5.4.2　结论

（1）本研究从 10 种荧光染料中筛选出适合 *N. perenanes* 孢子活性检测染料 PI；适合 *N. vagabunda* 孢子活性检测的染料 2 种，即 PI 和 FDA。

（2）本研究针对 *N. perenanes* 孢子，确定了 PI 最佳染色条件为 0.05mg/mL，室温避光染色 4min。针对 *N. vagabunda* 孢子，确定了 FDA 最佳染色条件为 0.5mg/mL，室温避光染色 16min；PI 最佳染色条件为 0.1mg/mL，室温避光染色 4min。

（3）本研究将 FDA 和 PI 两个染料结合到一起，建立了 *N. vagabunda* 基于 PI－FDA 复染法和荧光显微镜的活性检测方法。

# 6 北美大豆猝死综合征病菌活性检测方法

## 6.1 概况

### 6.1.1 基本信息

中文名：北美大豆猝死综合征病菌。英文名：sudden death syndrome of soybean (SDS)。学名：*Fusarium virguliforme* O'Donnell et T. Aok。

### 6.1.2 分类地位

肉座菌目 Hypocreales，丛赤壳科 Nectriaceae，镰孢霉属 *Fusarium*。被我国列为检疫性有害生物。

### 6.1.3 地理分布

美国、加拿大、阿根廷、巴西、南非、马来西亚、日本、哥斯达黎加、圭亚那、危地马拉、印度、波多黎各、委内瑞拉、阿尔巴尼亚、澳大利亚、奥地利、阿塞拜疆、孟加拉国、比利时、贝宁、不丹、玻利维亚、保加利亚、布基纳法索、布隆迪、柬埔寨、喀麦隆、智利、哥伦比亚、克罗地亚、古巴、捷克、刚果（金）、厄瓜多尔、埃及、萨尔瓦多、爱沙尼亚、埃塞俄比亚、法国、加蓬、德国、加纳、希腊、洪都拉斯、匈牙利、印度尼西亚、伊朗、伊拉克、意大利、科特迪瓦、约旦、哈萨克斯坦、肯尼亚、吉尔吉斯斯坦、拉脱维亚、利比里亚、立陶宛、马达加斯加、马里、墨西哥、摩尔多瓦、摩洛哥、缅甸、尼泊尔、新西兰、尼加拉瓜、尼日利亚、挪威、巴基斯坦、巴拿马、巴拉圭、秘鲁、菲律宾、波兰、罗马尼亚、俄罗斯、卢旺达、塞内加尔、塞尔维亚、斯洛伐克、斯洛文尼亚、韩国、西班牙、斯里兰卡、苏里南、瑞典、瑞士、叙利亚、塔吉克斯坦、坦桑尼亚、土耳其、乌干达、乌克兰、英国等国家和地区。

## 6.2 材料与方法

### 6.2.1 供试菌株

供试 8 个菌株均来自深圳海关动植物检验检疫技术中心菌种保藏室，见表 6-1。

**表 6-1 大豆猝死综合征北美种的 8 个菌株**

| 菌株编号 | 来源 | 寄主 |
|---|---|---|
| 171 | 美国，阿肯色州 | 大豆 *Glycine max* |
| ARG1.1 | 阿根廷 | 大豆 *G. max* |
| ARG1.7 | 阿根廷 | 菜豆 *Phaseolus vulgaris* |
| 1-1-2 | 美国，阿肯色州 | 大豆 *G. max* |
| 2-1 | 美国，阿肯色州 | 大豆 *G. max* |
| MONI | 美国，伊利诺伊州 | 大豆 *G. max* |
| 22825 | 美国，印第安纳州 | 大豆 *G. max* |
| 22490 | 美国 | 大豆 *G. max* |

## 6.2.2　试剂

### 6.2.2.1　荧光染料

Viacount 标准颗粒、Viacount 标准颗粒稀释液、Viacount 荧光染料溶液 、绿色活细胞核酸染料 SYTO、碘化丙啶、琼脂粉、葡萄糖。

Viacount 标准颗粒溶液：10μL Viacount 标准颗粒加入 190μL Viacount 标准颗粒稀释液中，混匀。

### 6.2.2.2　主要培养基

PDA：200g 新鲜马铃薯于无菌水中煮沸约 20min 之后，用 4 层洁净纱布过滤，滤液加入 17～20g 琼脂粉和 20g 葡萄糖，充分混匀之后定容到 1 000mL，分装于三角瓶中，121℃高压蒸汽灭菌 20min，备用。

## 6.2.3　主要仪器设备

Guava Easycyte Mini 单细胞微量分析系统、高压灭菌锅、SC－R 型生物安全柜、Spectrafuge 24D 型台式离心机、DK－S28 型电热恒温水浴锅、STANDARD20 型显微镜、MLR－350HT 生化培养箱、KK2421Ⅱ型冰箱。

## 6.2.4　实验方法

### 6.2.4.1　大豆猝死综合征北美种 *F. virguliforme* 的培养

挑取 *F. virguliforme* 培养物接种于 PDA 培养基平板上，于 24℃条件下光照培养 5～7d，观察其产孢情况。

### 6.2.4.2　孢子的获取及孢子悬浮液的配制

用灭菌的去离子水冲洗培养物的表面，收集冲洗液于 1.5mL 离心管中，10 000r/min 离心 2min，弃上清；再次加入 1mL 无菌去离子水洗涤孢子，10 000r/min 离心 2min，弃上清；加入 1mL 无菌去离子水重悬孢子，4℃保存备用。

### 6.2.4.3　孢子萌发培养时间的筛选

以菌株 2－1 进行筛选。配制新鲜孢子悬浮液，取少量均匀涂布于固体 PDA 平板上，在 24℃条件下光照培养 10h、18h、24h、48h 后在显微镜下检查萌发情况，筛选最佳培养时间。

### 6.2.4.4　样品孢子致死温度的筛选

配制新鲜的孢子悬浮液，用灭菌的去离子水稀释 10 倍后，分别在水浴温度 35℃、40℃、45℃、50℃、55℃、60℃、65℃（温度误差在±0.3℃）下处理 1min、2min、3min、4min、5min。处理后的孢子悬浮液，取少量均匀涂布于固体 PDA 平板上，于 24℃条件下光照培养 6.2.4.3 步骤中筛选出的最佳培养时间后，在显微镜下观察萌发情况。

### 6.2.4.5　染料适用性筛选

#### 6.2.4.5.1　SYTO、PI 处理方法

（1）单染浓度的筛选。

①SYTO 单染用量的筛选：用菌株 2－1 新鲜配制的孢子悬浮液，涂 PDA 平板做萌发实验，检测萌发率。对 SYTO 用灭菌的去离子水分别稀释 5 倍、10 倍、50 倍、100 倍后，分别取 0.1μL 加入 200μL 孢子悬浮液中进行单染，在黑暗中染色处理 15～20min，上机检测，筛选 SYTO 最佳单染浓度。

②PI 单染用量的筛选：用菌株 2－1 新鲜配制的孢子悬浮液，涂 PDA 平板做萌发检测实验，统计萌发率，对 PI 用灭菌的去离子水分别稀释 2 倍、4 倍、8 倍、16 倍，分别取 0.1μL 加入 200μL 孢子悬浮液中进行单染，在黑暗中染色处理 15～20min，上机检测，筛选 PI 最佳单染浓度。

(2) 死孢子、活孢子悬浮液不同比例混合。

以菌株2-1新鲜配制的孢子悬浮液作为对照。将孢子悬浮液于50℃水浴处理3min，得到死孢子悬浮液，死孢子悬浮液与相同浓度的活孢子悬浮液以不同比例混合，然后按6.2.4.5.1中筛选的最佳染料用量进行样品处理，上机检测，同时按6.2.4.3中的方法进行萌发实验。

#### 6.2.4.5.2 ViaCount处理方法

(1) 染料用量的筛选。

用菌株2-1新鲜配制的孢子悬浮液，涂PDA平板做萌发实验检测萌发率，取20μL用Viacount荧光染料溶液稀释孢子悬浮液稀释2倍、10倍、100倍，混匀后，在黑暗中放置5min，进行染色处理，对染料的用量进行筛选。

(2) 死孢子、活孢子悬浮液不同比例混合。

用新鲜配制的孢子悬浮液作为对照。将孢子悬浮液于50℃水浴处理3min，得到死孢子悬浮液，死孢子悬浮液与相同浓度的活孢子悬浮液以不同比例混合，然后按6.2.4.5.2 (1) 中筛选的最佳染料用量进行样品处理，上机检测，同时按6.2.4.3中的方法进行萌发实验。

#### 6.2.4.6 染色时间的筛选

染料采用按6.2.4.5.1中筛选的最佳用量，样品加入染料混匀后黑暗中染色处理1min、5min、10min、15min、20min后，上机检测样品活性，对染色时间进行筛选。

#### 6.2.4.7 不同温度-时间处理后的活性检测

配制 *F. virguliforme* 8个菌株的孢子悬浮液，各取30μL进行如下处理：分别在43℃、44℃、45℃、46℃、47℃ 5个温度梯度下水浴处理1min、2min、3min、4min、5min，加入荧光染料溶液的体积按筛选的最佳用量加入，按筛选的最佳时间黑暗中染色处理后，上机检测活性，同时取孢子悬浮液10μL按6.2.4.3中的方法进行萌发实验。

#### 6.2.4.8 单细胞微量分析系统参数的调整及样品检测

调整前向散射增益FSC（提高对荧光信号的识别）、前向散射阈值线SSC（消除检测中孢子悬浮液中的碎片等的影响）、活性检测值标记线ViaCount marker（准确定位死、活孢子区域），上机检测6.2.4.7中处理的样品。

#### 6.2.4.9 激光扫描共聚焦显微镜扫描设置

对北美大豆猝死综合征病菌孢子激光扫描共聚焦显微镜扫描设置如下：物镜为63倍油镜，激光管为氩离子激光器，荧光信号激发波长为488nm，荧光信号发射波长为560nm，设置一个明场通道作为对照，探测针孔为1 AU，1 Airy Units=0.8μm，光电倍增管增益为560，激光扫描强度为5%，扫描模式为line，重复扫描次数为2，扫描速度为6，精确扫描方式xy为2 048×2 048。本实验中，确保同一组扫描参数对所有样品进行扫描，观察明场通道下所得孢子图像是否清晰，并测定单个孢子的荧光强度值，每个样品随机测量30个孢子的荧光强度值。

#### 6.2.4.10 萌发实验

在样品孢子悬浮液加入荧光染料溶液稀释染色前，根据活性检测时获得的孢子浓度，取出约含200个孢子的孢子悬浮液，加于PDA平板上，加入40μL无菌去离子水后均匀涂布，按6.2.4.3中筛选出的最佳培养时间于24℃条件下光照培养后，显微镜下观察孢子的萌发情况，计算其萌发率。

## 6.3 结果与分析

### 6.3.1 孢子萌发培养时间的筛选

新鲜配制的孢子悬浮液均匀涂布PDA平板，24℃条件下光照培养10h后，镜检观察只有极少量孢子产生芽管，在培养18h后则所有孢子都产生芽管，继续培养至24h和48h后则有大量菌丝生成，不利于孢子的计数。因此孢子培养时间太短，得出的萌发率是不准确的，而培养时间过长时，会有大量菌丝产生，缠连在一起，无法对孢子准确计数。研究表明，培养18h最有利于孢子的计数和萌发率的准确计算。

## 6.3.2　样品孢子致死温度的筛选

经过水浴温度-时间梯度处理后孢子按萌发方法进行培养，检查萌发情况，结果如下：50℃以上的处理温度各时间梯度均无孢子萌发，45℃处理条件下从处理3min后无孢子萌发，而40℃、35℃处理的各时间梯度均有孢子萌发。综合考虑，处理时间过长可能会破坏孢子，不利于计数；处理时间过短又可能会出现假阴性等因素。最终确定50℃处理3min为杀死孢子的适宜处理条件。

## 6.3.3　染料的适用性筛选结果

### 6.3.3.1　SYTO/PI单染用量的筛选

染料浓度偏高则荧光信号趋于饱和，染料浓度偏低则荧光信号太弱，都不利于活性的准确检测。本研究筛选出最佳的染料稀释倍数为SYTO稀释10倍，PI稀释4倍，检测结果如图6-1所示。

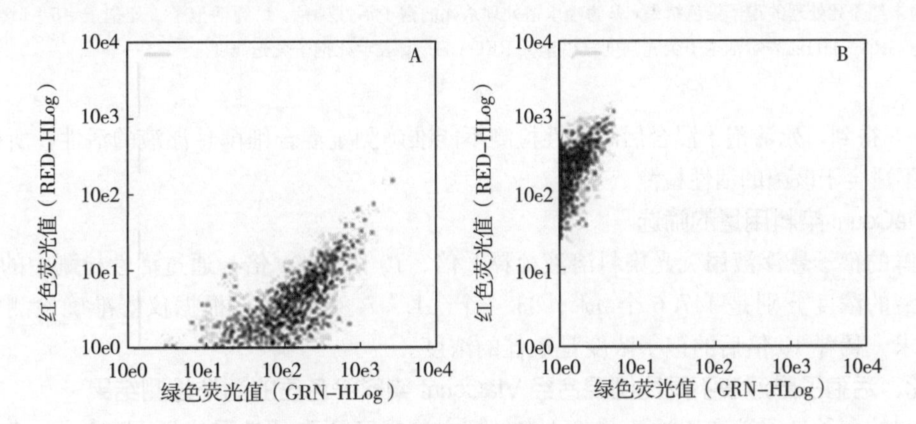


图6-1　SYTO/PI单染用量的筛选结果

注：A为SYTO单染用量的筛选结果，B为PI单染用量的筛选结果，横坐标GRN-HLog表示活孢子荧光强度，纵坐标RED-HLog表示死孢子荧光强度

### 6.3.3.2　死、活孢子悬浮液不同比例混合经SYTO/PI染料染色后的活性检测结果

新鲜配制的孢子悬浮液和通过6.2.4.4中处理方法得到死孢子悬浮液经SYTO/PI染料溶液染色后，经单细胞微量分析系统检测其活性值，结果如6-2所示。

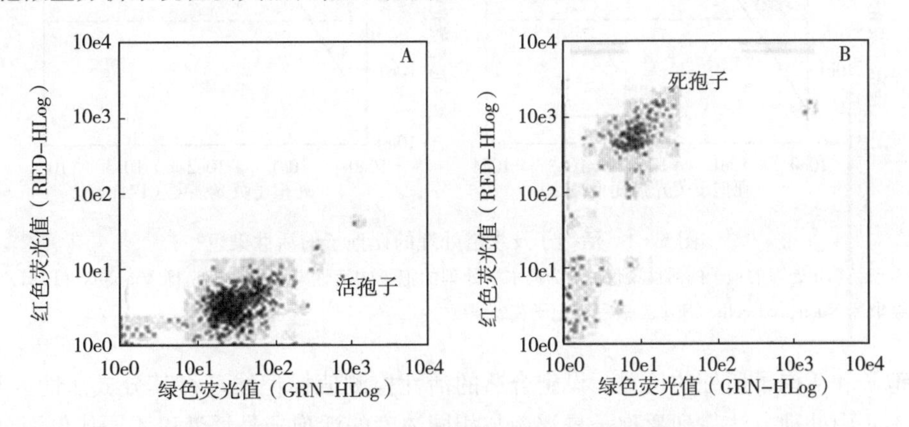


图6-2　活孢子及水浴处理的死孢子的活性染色

注：A为未经杀死处理的孢子的活性染色结果，B为经水浴处理的孢子的活性染色结果，横坐标GRN-HLog表示活孢子荧光强度，纵坐标RED-HLog表示死孢子荧光强度

根据死孢子和活孢子所处的位置，确定活性区与非活性区。将通过 6.2.4.4 中处理方法得到死孢子悬浮液与相同浓度的活孢子悬浮液以不同比例混合，经单细胞微量分析系统检测其活力值，结果如图 6-3 所示。

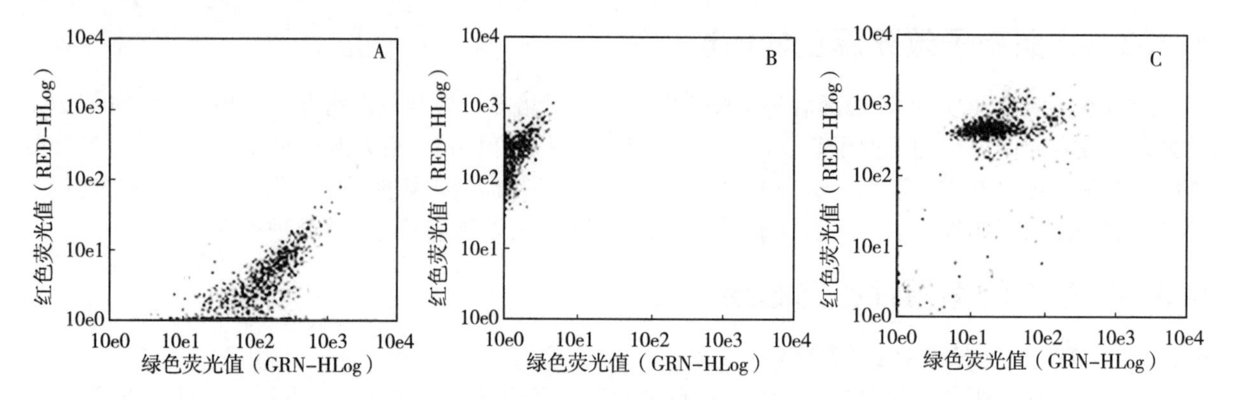


图 6-3 活孢子及水浴处理的死孢子按不同比例混合得到的活性染色

注：A 为未经杀死处理的孢子染色结果，B 为经水浴处理杀死的孢子活性染色，C 为活孢子：死孢子=5：5 混合后的染色结果，横坐标 GRN-HLog 表示活孢子荧光强度，纵坐标 RED-HLog 表示死孢子荧光强度

由图 6-3 得到，死活孢子混合后的活性检测不能准确测定混合细菌悬浮液的活性，所以 SYTO/PI 双染的方法不适合于该菌的活性检测。

#### 6.3.3.3 ViaCount 染料用量的筛选

配制新鲜的孢子悬浮液用荧光染料溶液稀释 2 倍、10 倍、100 倍，通过活性检测中的细胞计数得到孢子悬浮液的浓度分别是 447.6 个/μL、83.4 个/μL、7.8 个/μL。根据仪器准确检测对孢子悬浮液浓度的要求，稀释 10 倍后的孢子浓度是最佳的浓度。

#### 6.3.3.4 死、活孢子悬浮液不同比例混合经 ViaCount 染料染色后的活性检测结果

新鲜配制的孢子悬浮液和通过 6.2.4.4 中处理方法得到死孢子悬浮液经 ViaCount 染料溶液染色后，经单细胞微量分析系统检测其活性值，结果如图 6-4 所示。

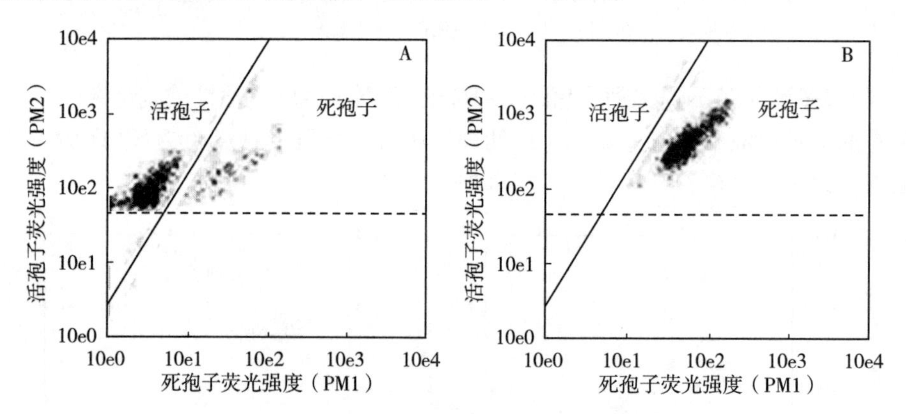


图 6-4 活孢子及水浴处理的死孢子的活性染色

注：A 为未经杀死处理的孢子的活性染色，B 为经水浴处理的孢子的活性染色图，横坐标 Viability（PM1）表示死孢子荧光强度，纵坐标 Nucleated cells（PM2）表示活孢子荧光强度

根据死孢子和活孢子所处的位置，设定合适的活性检测值标记线，将其分成活性区与非活性区。将通过 6.2.4.4 中处理方法得到死孢子悬浮液与相同浓度的活孢子悬浮液以不同比例混合，经单细胞微量分析系统检测其活力值，结果如图 6-5 所示。

同时将混合孢子悬浮液用灭菌的去离子水稀释 10 倍后，取 2～3μL 按 6.2.4.4 的萌发方法检测

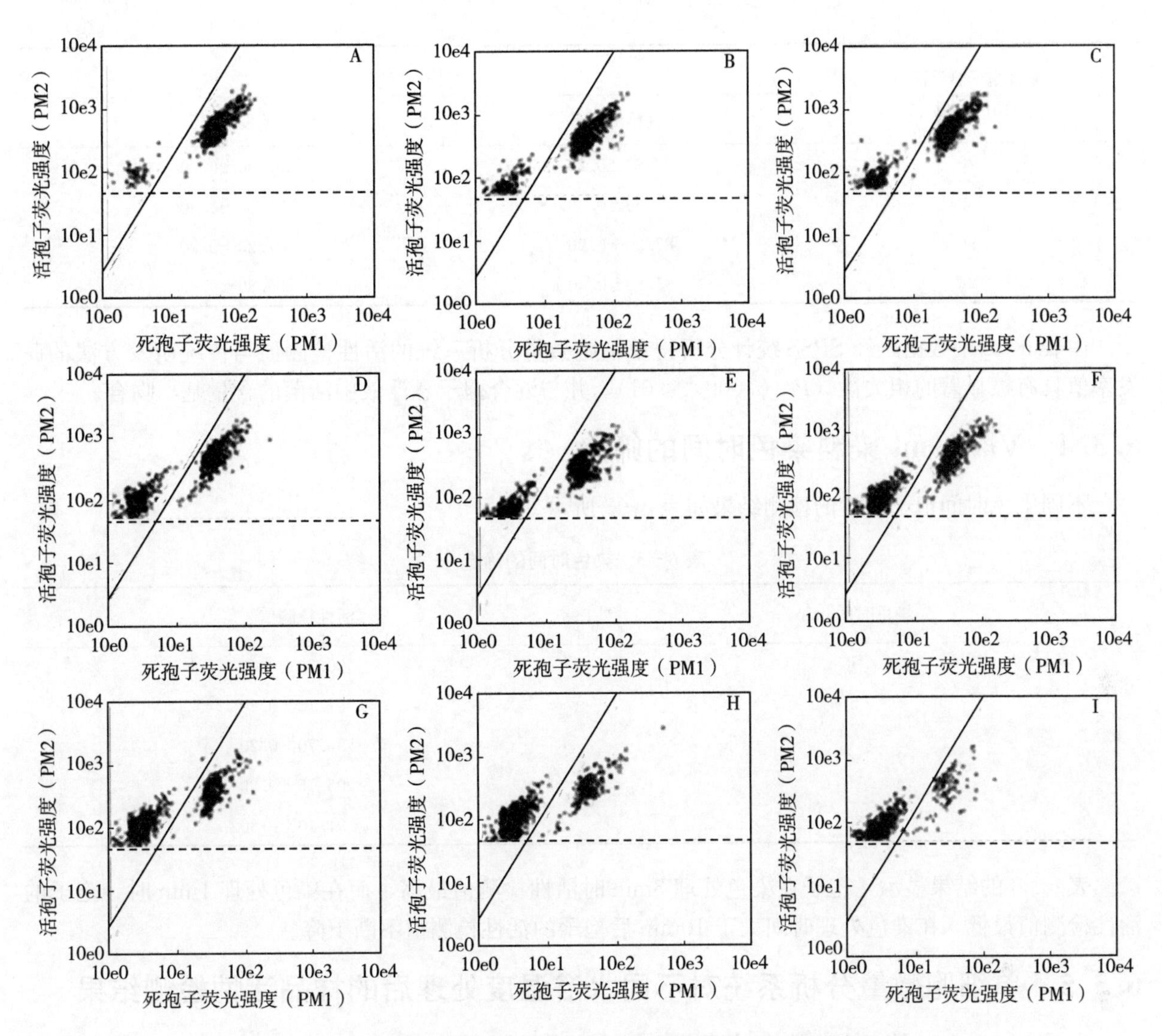


图 6-5　活孢子及水浴处理的死孢子按不同比例混合得到的活性染色

注：A. 活孢子：死孢子=1：9，B. 活孢子：死孢子=2：8，C. 活孢子：死孢子=3：7，D. 活孢子：死孢子=4：6，E. 活孢子：死孢子=5：5，F. 活孢子：死孢子=6：4，G. 活孢子：死孢子=7：3，H. 活孢子：死孢子=8：2，I. 活孢子：死孢子=9：1，横坐标 Viability（PM1）表示死孢子荧光强度，纵坐标 Nucleated cells（PM2）表示活孢子荧光强度

其萌发率，与图 6-4、图 6-5 的检测结果相比较，结果如表 6-2 所示。

**表 6-2　样品活性检测结果**

| 混合孢子悬浮液中活菌的含量/% | 孢子活性 | |
|---|---|---|
| | 活性检测值/% | 萌发率/% |
| 0 | 0.00 | 0.00 |
| 10 | 6.50±0.20 | 6.50±0.20 |
| 20 | 16.30±0.10 | 16.30±0.10 |
| 30 | 26.50±0.20 | 26.50±0.20 |
| 40 | 34.30±0.30 | 34.30±0.30 |
| 50 | 45.30±0.30 | 45.30±0.30 |
| 60 | 53.20±0.30 | 53.20±0.30 |

（续）

| 混合孢子悬浮液中活菌的含量/% | 孢子活性 | |
|---|---|---|
| | 活性检测值/% | 萌发率/% |
| 70 | 67.30±0.20 | 67.30±0.20 |
| 80 | 75.50±0.30 | 75.50±0.30 |
| 90 | 87.20+0.20 | 87.20+0.20 |
| 100 | 95.80±0.30 | 95.80±0.30 |

由表 6-2 中数据，经 SPSS 统计分析得单细胞微量分析系统的活性检测值与传统萌发方法的萌发率值具有极显著的相关性（$P=0.000<0.01$），并与混合孢子悬浮液中活菌的含量基本吻合。

### 6.3.4 ViaCount 染料染色时间的筛选

不同染色时间孢子活性的检测结果如表 6-3 所示。

**表 6-3 染色时间的筛选**

| 染色时间/min | 活性检测值/% |
|---|---|
| 1 | 90.70±0.40 |
| 5 | 97.70±0.20 |
| 10 | 96.70±0.20 |
| 15 | 96.15±0.20 |
| 20 | 91.10±0.30 |

表 6-3 的结果显示，孢子在染色处理 5min 时活性检测值最高，而在染色处理 1min 时，孢子的活性检测值最低，在染色处理时间大于 10min 后孢子的活性检测值不断下降。

### 6.3.5 单细胞微量分析系统对不同水浴温度处理后的样品活性检测结果

*F. virguliforme* 的 8 个菌株在不同水浴温度-时间梯度处理后的活性检测值及萌发率结果见表 6-4。根据表 6-4 中的数据，应用统计分析软件 SPSS，采用多元线性回归分析，使用的回归模型为：$y=b_0+b_1x_1+b_2x_2$，分析结果如表 6-5、表 6-6、表 6-7 所示。

**表 6-4 活性检测值与处理温度-处理时间之间的回归分析**

| 菌株 | $F$ 检验值 | $P$ 值 | $b_0$ | $b_1$ | $t$ 检验值 | $P$ 值 | $b_2$ | $t$ 检验值 | $P$ 值 |
|---|---|---|---|---|---|---|---|---|---|
| 171 | 62.299 | 0.000 | 621.81 | −12.726 | −9.567 | 0.000 | −10.819 | −5.751 | 0.000 |
| ARG1.1 | 75.542 | 0.000 | 830.25 | −17.205 | −11.307 | 0.000 | −10.374 | −4.821 | 0.000 |
| ARG1.7 | 83.410 | 0.000 | 845.62 | −17.551 | −12.089 | 0.000 | −9.336 | −4.547 | 0.000 |
| 1-1-2 | 86.187 | 0.000 | 594.81 | −11.980 | −10.791 | 0.000 | −11.741 | −7.478 | 0.000 |
| 2-1 | 28.600 | 0.000 | 573.85 | −12.234 | −7.278 | 0.000 | −4.886 | −2.055 | 0.048 |
| MONT | 65.758 | 0.000 | 754.38 | −15.429 | −10.223 | 0.000 | −11.094 | −5.197 | 0.000 |
| 22825 | 20.781 | 0.000 | 565.96 | −11.894 | −5.985 | 0.000 | −5.985 | −2.397 | 0.023 |
| 22490 | 71.476 | 0.000 | 763.09 | −15.538 | −10.489 | 0.000 | −12.022 | −5.739 | 0.000 |

注：回归方程为 $y=b_0+b_1x_1+b_2x_2$，$y$ 为活性检测值（%），$x_1$ 为处理温度（℃），$x_2$ 为处理时间（min），$P$ 值为显著性概率。

**表 6-5　大豆猝死综合征北美种八个菌株的萌发率及活性检测值**

| 温度/℃ | 时间/min | 活性检测值/% | | | | | | | | 萌发率/% | | | | | | | |
|---|---|---|---|---|---|---|---|---|---|---|---|---|---|---|---|---|---|
| | | 171 | ARG1.1 | ARG1.7 | 1-1-2 | 2-1 | MONT | 22825 | 22490 | 171 | ARG1.1 | ARG1.7 | 1-1-2 | 2-1 | MONT | 22825 | 22490 |
| 43 | 1 | 72.75 | 93.40 | 94.00 | 86.70 | 33.90 | 93.95 | 58.75 | 95.10 | 96.83 | 97.16 | 96.42 | 96.64 | 98.41 | 97.77 | 98.39 | 97.18 |
| | 2 | 39.30 | 76.60 | 70.70 | 51.05 | 10.70 | 64.60 | 11.15 | 86.60 | 92.62 | 95.85 | 95.37 | 96.17 | 92.47 | 96.77 | 97.06 | 96.42 |
| | 3 | 18.15 | 55.85 | 60.45 | 35.40 | 0.60 | 39.00 | 5.05 | 58.90 | 75.47 | 95.374 | 94.48 | 95.75 | 22.82 | 95.95 | 96.22 | 95.71 |
| | 4 | 9.80 | 39.85 | 44.30 | 24.05 | 0.20 | 32.65 | 3.95 | 43.35 | 74.55 | 94.71 | 94.08 | 94.32 | 2.89 | 94.84 | 93.55 | 94.81 |
| | 5 | 6.20 | 24.85 | 36.35 | 20.00 | 0.10 | 24.35 | 3.35 | 29.30 | 61.26 | 94.30 | 93.10 | 94.08 | 0.00 | 94.05 | 87.08 | 94.35 |
| 44 | 1 | 70.10 | 89.30 | 82.60 | 78.80 | 14.10 | 82.70 | 38.25 | 79.05 | 96.43 | 96.80 | 96.13 | 96.00 | 97.70 | 97.57 | 98.21 | 96.77 |
| | 2 | 26.50 | 41.30 | 46.75 | 32.55 | 2.10 | 26.60 | 3.35 | 42.70 | 92.09 | 95.96 | 89.63 | 95.40 | 46.02 | 95.08 | 93.01 | 95.71 |
| | 3 | 5.25 | 2.20 | 19.30 | 13.35 | 0.20 | 8.85 | 1.15 | 12.40 | 61.54 | 80.73 | 80.56 | 93.10 | 0.00 | 90.64 | 82.42 | 92.31 |
| | 4 | 3.40 | 0.10 | 5.40 | 6.70 | 0.50 | 2.05 | 0.25 | 4.15 | 31.75 | 64.38 | 50.98 | 86.25 | 0.00 | 81.48 | 50.29 | 82.05 |
| | 5 | 2.05 | 0.10 | 0.30 | 3.55 | 0.10 | 0.80 | 0.50 | 2.65 | 13.59 | 41.28 | 15.71 | 72.62 | 0.00 | 60.76 | 22.36 | 63.16 |
| 45 | 1 | 61.90 | 75.05 | 67.50 | 67.25 | 12.50 | 67.20 | 19.65 | 68.00 | 95.79 | 96.17 | 95.48 | 95.36 | 96.93 | 96.53 | 96.68 | 96.27 |
| | 2 | 12.35 | 9.35 | 23.00 | 12.80 | 0.10 | 17.10 | 1.15 | 6.05 | 78.84 | 79.25 | 75.18 | 90.80 | 11.30 | 90.96 | 88.31 | 83.33 |
| | 3 | 3.10 | 0.15 | 3.65 | 3.75 | 0.20 | 4.55 | 0.50 | 2.90 | 25.71 | 42.16 | 40.00 | 63.53 | 0.00 | 56.20 | 46.53 | 53.98 |
| | 4 | 0.70 | 0.10 | 0.05 | 0.10 | 0.00 | 2.25 | 0.40 | 1.50 | 1.74 | 17.22 | 15.86 | 25.00 | 0.00 | 19.23 | 18.12 | 25.20 |
| | 5 | 0.60 | 0.00 | 0.10 | 0.15 | 0.10 | 0.70 | 0.15 | 0.75 | 0.00 | 7.44 | 6.58 | 11.98 | 0.00 | 8.33 | 0.00 | 12.30 |
| 46 | 1 | 22.30 | 36.10 | 45.70 | 44.90 | 8.10 | 48.00 | 11.30 | 55.85 | 92.42 | 94.17 | 93.94 | 94.92 | 44.17 | 95.93 | 95.89 | 93.96 |
| | 2 | 0.20 | 0.15 | 0.25 | 4.70 | 1.05 | 16.90 | 11.25 | 3.75 | 4.11 | 19.38 | 24.54 | 89.04 | 0.00 | 88.89 | 85.71 | 77.46 |
| | 3 | 0.05 | 0.10 | 0.10 | 1.40 | 0.90 | 1.60 | 1.35 | 0.20 | 0.00 | 0.00 | 0.00 | 51.54 | 0.00 | 50.88 | 44.30 | 48.63 |
| | 4 | 0.00 | 0.15 | 0.35 | 0.10 | 0.95 | 1.35 | 0.20 | 0.25 | 0.00 | 0.00 | 0.00 | 20.71 | 0.00 | 18.94 | 15.82 | 7.75 |
| | 5 | 0.00 | 0.10 | 0.00 | 0.05 | 0.90 | 0.05 | 0.25 | 0.00 | 0.00 | 0.00 | 0.00 | 8.90 | 0.00 | 7.44 | 0.00 | 0.66 |
| 47 | 1 | 0.45 | 14.25 | 23.05 | 0.10 | 1.75 | 47.20 | 5.50 | 53.30 | 11.54 | 87.29 | 22.09 | 94.64 | 0.00 | 94.44 | 87.92 | 93.18 |
| | 2 | 0.05 | 0.10 | 0.15 | 0.00 | 0.60 | 1.10 | 2.20 | 1.10 | 0.00 | 9.09 | 1.24 | 73.13 | 0.00 | 79.10 | 2.48 | 33.83 |
| | 3 | 0.00 | 0.05 | 0.20 | 0.15 | 0.75 | 0.10 | 0.60 | 0.15 | 0.00 | 0.00 | 0.00 | 17.95 | 0.00 | 7.83 | 0.00 | 0.00 |
| | 4 | 0.00 | 0.05 | 0.05 | 0.15 | 0.50 | 0.00 | 0.35 | 0.00 | 0.00 | 0.00 | 0.00 | 0.00 | 0.00 | 0.00 | 0.00 | 0.00 |
| | 5 | 0.00 | 0.00 | 0.00 | 0.00 | 0.00 | 0.00 | 0.25 | 0.00 | 0.00 | 0.00 | 0.00 | 0.00 | 0.00 | 0.00 | 0.00 | 0.00 |

**表 6-6　萌发率与处理温度-处理时间之间的回归分析**

| 菌株 | $F$ 检验值 | $P$ 值 | $b_0$ | $b_1$ | $t$ 检验值 | $P$ 值 | $b_2$ | $t$ 检验值 | $P$ 值 |
|---|---|---|---|---|---|---|---|---|---|
| 171 | 65.316 | 0.000 | 831.79 | −16.826 | −10.233 | 0.000 | −11.841 | −5.092 | 0.000 |
| ARG1.1 | 45.734 | 0.000 | 782.21 | −15.520 | −8.503 | 0.000 | −11.300 | −4.378 | 0.000 |
| ARG1.7 | 60.173 | 0.000 | 840.24 | −16.999 | −10.099 | 0.000 | −10.200 | −4.285 | 0.000 |
| 1-1-2 | 33.608 | 0.000 | 601.88 | −11.179 | −6.629 | 0.000 | −11.505 | −4.824 | 0.000 |
| 2-1 | 42.507 | 0.000 | 853.89 | −17.612 | −8.289 | 0.000 | −12.133 | −4.038 | 0.000 |
| MONT | 34.107 | 0.000 | 613.49 | −11.407 | −6.542 | 0.000 | −12.429 | −5.041 | 0.000 |
| 22825 | 43.762 | 0.000 | 713.89 | −13.766 | −7.714 | 0.000 | −13.357 | −5.293 | 0.000 |
| 22490 | 40.454 | 0.000 | 676.55 | −12.962 | −7.622 | 0.000 | −11.489 | −4.777 | 0.000 |

注：回归方程为 $y=b_0+b_1x_1+b_2x_2$，$y$ 为萌发率（%），$x_1$ 为处理温度（℃），$x_2$ 为处理时间（min），$P$ 值为显著性概率。

表 6-7　活性检测值与萌发率之间的回归分析

| 菌株 | $F$ 检验值 | $P$ 值 | $b_0$ | $b_1$ | $t$ 检验值 | $P$ 值 |
| --- | --- | --- | --- | --- | --- | --- |
| 171 | 58.535 | 0.000 | −6.085 | 0.635 | 7.651 | 0.000 |
| ARG1.1 | 57.809 | 0.000 | −10.881 | 0.810 | 7.603 | 0.000 |
| ARG1.7 | 113.157 | 0.000 | −8.101 | 0.867 | 10.638 | 0.000 |
| 1-1-2 | 24.336 | 0.000 | −14.014 | 0.616 | 4.933 | 0.000 |
| 2-1 | 48.030 | 0.000 | −1.708 | 0.532 | 6.930 | 0.000 |
| MONT | 32.983 | 0.000 | −15.858 | 0.782 | 5.743 | 0.000 |
| 22825 | 10.611 | 0.003 | −6.918 | 0.431 | 6.258 | 0.003 |
| 22490 | 44.094 | 0.000 | −15.471 | 0.820 | 6.640 | 0.000 |

注：回归方程为 $y=b_0+b_1$，$x$，$y$ 为萌发率（%），$x$ 为活性检测值（%），$P$ 值为显著性概率。

由表 6-5 得到：方差分析（$F$ 检验）的显著性概率 $P=0.000<0.01$，说明本组数据具有统计学意义，活性检测值 $y$ 与处理温度 $x_1$、处理时间 $x_2$的综合线性影响极显著。同时对偏回归系数 $b_1$（处理温度）、$b_2$（处理时间）进行 $t$ 检验，结果表明处理温度对所有菌株活性检测值的影响都为极显著，处理时间对菌株 2-1 和菌株 22825 活性检测值的影响显著，对其他菌株活性检测值的影响都为极显著。$t$ 检验的结果显示该分析所建立的回归方程是最优方程。分析结果同时显示活性检测值与处理温度、处理时间是负相关性的，随着处理温度、处理时间的增加而递减。

由表 6-6 得到：方差分析（$F$ 检验）的显著性概率 $P=0.000<0.01$，说明本组数据具有统计学意义的，萌发率 $y$ 与处理温度 $x_1$、处理时间 $x_2$的综合线性影响极显著。同时对偏回归系数 $b_1$（处理温度）、$b_2$（处理时间）进行 $t$ 检验，其显著性概率 $P<0.01$，说明处理温度和处理时间对萌发率的影响极显著。$t$ 检验的结果显示该分析所建立的回归方程是最优方程。分析结果同时显示萌发率与处理温度、处理时间是负相关性的，随着处理温度、处理时间的增加而递减。

表 6-7 的方差分析结果显示 $P=0.000<0.01$，表明该组数据是具有统计学意义的，活性检测值 $y$ 与萌发率 $x$ 的线性关系极显著。同时对偏回归系数 $b_1$（萌发率）进行 $t$ 检验，其显著性概率 $P<0.01$，说明萌发率与活性检测值之间具有极显著相关性。$t$ 检验的结果显示该分析所建立的回归方程是最优方程。分析结果表明活性检测值与萌发率是正相关的，活性检测值随着的萌发率的增加而增加。

## 6.3.6　建立的 SDS 病菌北美种单细胞微量分析系统活性检测方法

本研究建立的 SDS 病菌北美种单细胞微量分析系统活性检测方法所使用的孢子悬浮液的浓度在 10～500 个/$\mu$L，所使用的荧光染料为 ViaCount 荧光染料溶液，染料溶液与孢子悬浮液的体积比为 9∶1，处理条件为黑暗中染色处理 5min。

## 6.3.7　激光扫描共聚焦显微镜系统下的活性检测

### 6.3.7.1　活性染料初筛

本研究筛选出 PI 为最佳染料，能够明显区分北美大豆猝死综合征病菌活孢子和死孢子，如图 6-6 所示，其他染料不能区分该菌的死活孢子。

图 6-6 表示 PI 分别对北美大豆猝死综合征病菌活孢子（A，B）和死孢子（C，D）染色结果。A 显示出活孢子染色后没有荧光，C 显示出死孢子染色后呈红色荧光，比较 A 与 C 可以看出 PI 染色对病菌孢子死活区分效果较好。

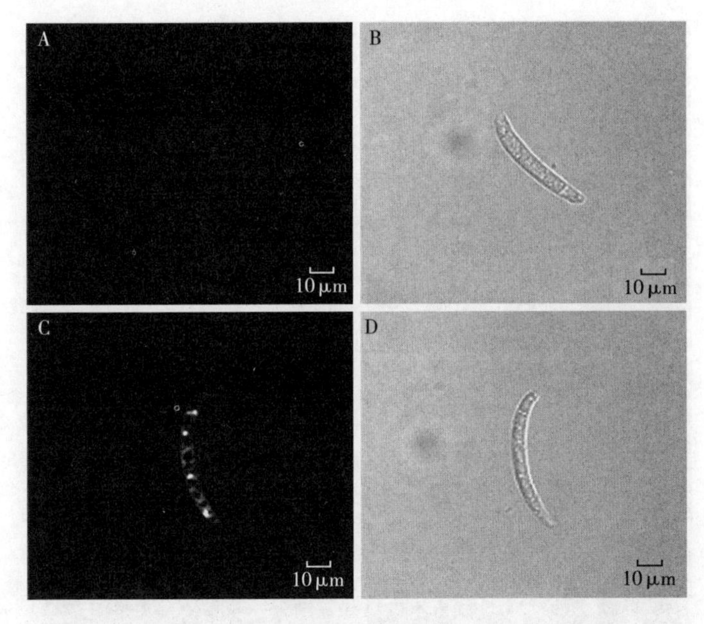


图 6-6　PI 对北美大豆猝死综合征病菌孢子染色结果复合视野

注：A、B 均为活孢子染色结果，A 为荧光通道，B 为明场；C、D 均为死孢子染色结果，C 为荧光通道，D 为明场

### 6.3.7.2　染料浓度和染色时间筛选

实验结果显示 PI 40 倍稀释液、染色 15min 染色效果较好，如图 6-7 所示，并且该条件下不会影响孢子活性，萌发率为 100%。

表 6-8 显示染料浓度和染色时间筛选的萌发实验对照。其中，空白对照中不经染色处理的孢子萌发率为 100%。经 PI 原液或 10 倍稀释液染色，染料浓度越高，孢子萌发率越低；同一浓度下，染色时间越长，孢子萌发率越低。经 PI 40 倍和 100 倍染色后萌发率均为 100%。

**表 6-8　不同的染料浓度-染色时间处理后的萌发率**

| 处理条件/min | 染料浓度/% | | | | 空白对照 |
|---|---|---|---|---|---|
| | 原液 | 10 倍稀释液 | 40 倍稀释液 | 100 倍稀释液 | |
| 15 | 27.82 | 87.18 | 100.00 | 100.00 | 100.00 |
| 20 | 20.91 | 74.00 | 100.00 | 100.00 | |
| 25 | 14.99 | 71.67 | 100.00 | 100.00 | |
| 30 | 10.15 | 68.33 | 100.00 | 100.00 | |

图 6-7 为 PI 40 倍稀释液对活孢子和死孢子染色 15min 的结果，其中 A 为活孢子染色情况，荧光通道未收集到荧光信号；C 为死孢子染色情况，荧光通道收集到红色荧光信号，比较 A 与 C 可以看出 PI 40 倍稀释液对孢子染色 15min 后可明显区分活孢子与死孢子。PI 40 倍稀释液染色 20min、25min、30min 后，死孢子红色荧光过饱和，染色效果不佳；PI 100 倍稀释液对孢子染色 15min、20min、25min、30min 后，活孢子均没有红色荧光，死孢子仅发出微弱的红色荧光，不能区分活孢子与死孢子。

### 6.3.7.3　活性检测结果

北美大豆猝死综合征病菌 8 个菌株进行活性检测所得荧光值强度和萌发率结果详见表 6-9 所示。

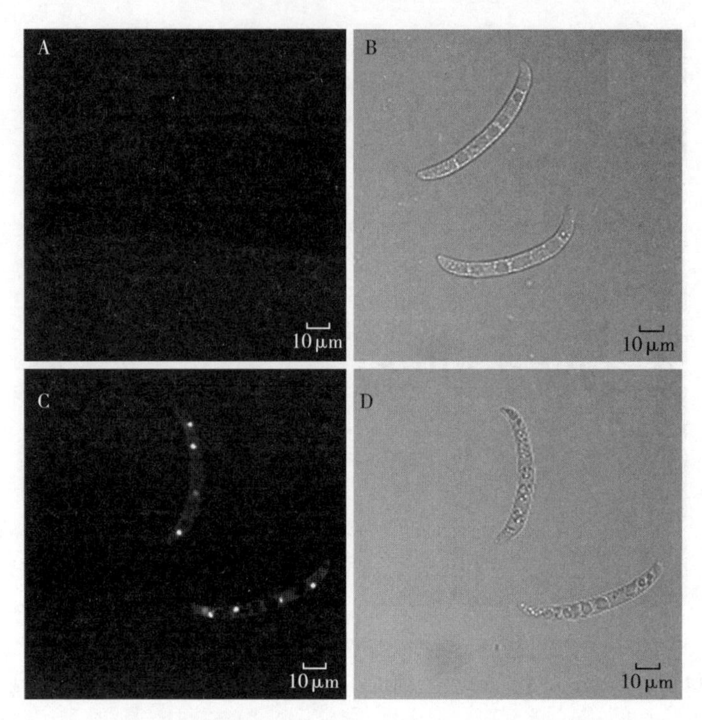


图 6-7 PI 40 倍稀释液染色 15min 结果复合视野

注：A、B 均为活孢子染色结果，A 为荧光通道，B 为明场；C、D 均为死孢子染色结果，C 为荧光通道，D 为明场

**表 6-9 北美大豆猝死综合征病菌 8 个菌株的荧光强度值及萌发率**

| 温度/℃ | 时间/min | 荧光强度值（pixel） | | | | | | | | 萌发率/% | | | | | | | |
|---|---|---|---|---|---|---|---|---|---|---|---|---|---|---|---|---|---|
| | | 171 | ARG1.1 | ARG1.7 | 1-1-2 | 2-1 | MONT | 22825 | 22490 | 171 | ARG1.1 | ARG1.7 | 1-1-2 | 2-1 | MONT | 22825 | 22490 |
| 42 | 1 | 258.41 | 350.42 | 292.18 | 284.14 | 288.25 | 263.24 | 253.51 | 471.76 | 100.00 | 100.00 | 100.00 | 98.67 | 100.00 | 100.00 | 99.00 | 99.67 |
| | 2 | 276.55 | 387.26 | 272.70 | 331.68 | 366.46 | 307.55 | 262.02 | 448.23 | 100.00 | 100.00 | 100.00 | 98.67 | 99.67 | 100.00 | 95.67 | 99.33 |
| | 3 | 311.80 | 388.70 | 309.78 | 338.09 | 365.16 | 278.70 | 267.89 | 345.17 | 97.67 | 100.00 | 99.33 | 97.67 | 98.33 | 99.00 | 99.00 | 98.33 |
| | 4 | 290.45 | 413.31 | 321.82 | 282.37 | 472.67 | 287.61 | 279.57 | 573.28 | 95.67 | 98.00 | 98.33 | 96.00 | 83.67 | 99.33 | 89.67 | 97.67 |
| | 5 | 285.96 | 434.93 | 284.45 | 323.05 | 423.4 | 323.76 | 333.87 | 597.30 | 86.33 | 74.00 | 95.67 | 94.33 | 60.33 | 99.33 | 83.67 | 97.33 |
| 44 | 1 | 259.47 | 320.32 | 278.39 | 322.16 | 383.97 | 286.93 | 245.42 | 417.39 | 100.00 | 100.00 | 100.00 | 98.33 | 99.67 | 99.33 | 88.33 | 98.00 |
| | 2 | 325.83 | 533.9 | 308.55 | 357.86 | 369.29 | 463.96 | 276.81 | 569.24 | 95.33 | 87.00 | 99.33 | 87.00 | 53.67 | 98.67 | 41.00 | 93.33 |
| | 3 | 299.04 | 576.95 | 353.25 | 275.24 | 376.74 | 341.19 | 274.86 | 759.51 | 27.33 | 32.00 | 97.33 | 46.67 | 20.33 | 94.33 | 21.00 | 76.67 |
| | 4 | 317.39 | 680.99 | 322.34 | 290.16 | 490.65 | 429.46 | 283.12 | 614.10 | 15.00 | 1.00 | 62.00 | 1.67 | 9.33 | 35.67 | 6.67 | 24.00 |
| | 5 | 326.00 | 547.57 | 331.99 | 325.68 | 545.33 | 365.5 | 321.03 | 601.10 | 6.33 | 0.00 | 42.00 | 0.00 | 0.00 | 21.67 | 1.33 | 16.00 |
| 46 | 1 | 301.74 | 286.23 | 313.84 | 432.27 | 422.51 | 369.72 | 270.15 | 501.59 | 100.00 | 99.00 | 81.50 | 96.33 | 97.33 | 98.00 | 96.33 | 97.67 |
| | 2 | 290.09 | 482.71 | 297.27 | 386.98 | 462.3 | 356.15 | 344.02 | 711.05 | 29.33 | 23.00 | 51.00 | 41.33 | 72.00 | 53.33 | 31.33 | 33.00 |
| | 3 | 508.28 | 432.26 | 335.29 | 506.25 | 463.57 | 435.72 | 340.92 | 767.12 | 1.33 | 1.00 | 33.00 | 24.00 | 29.67 | 6.33 | 0.33 | 2.33 |
| | 4 | 358.69 | 433.33 | 352.41 | 463.48 | 634.08 | 593.70 | 334.16 | 1056.96 | 0.00 | 0.30 | 20.00 | 6.67 | 0.00 | 0.00 | 0.00 | 0.00 |
| | 5 | 329.00 | 477.10 | 381.66 | 641.97 | 639.87 | 472.36 | 377.92 | 723.92 | 0.00 | 0.00 | 4.67 | 1.33 | 0.00 | 0.00 | 0.00 | 0.00 |
| 48 | 1 | 303.33 | 337.26 | 461.76 | 386.36 | 339.28 | 379.92 | 344.46 | 419.11 | 97.00 | 95.00 | 0.00 | 3.00 | 100.00 | 75.67 | 69.67 | 0.70 |
| | 2 | 472.69 | 480.72 | 430.43 | 427.72 | 364.80 | 393.35 | 569.73 | 809.03 | 0 | 1.00 | 0.00 | 0.00 | 4.00 | 1.00 | 0.33 | 52.67 |
| | 3 | 375.19 | 552.70 | 521.02 | 530.06 | 402.79 | 491.16 | 499.09 | 914.56 | 0.00 | 0.30 | 0.00 | 0.00 | 0.00 | 0.00 | 0.00 | 4.00 |
| | 4 | 476.16 | 593.31 | 593.79 | 573.72 | 420.77 | 379.37 | 564.36 | 857.82 | 0.00 | 0.00 | 0.00 | 0.00 | 0.00 | 0.00 | 0.00 | 0.00 |
| | 5 | 420.45 | 605.32 | 587.56 | 626.94 | 474.46 | 587.49 | 537.83 | 1015.58 | 0.00 | 0.00 | 0.00 | 0.00 | 0.00 | 0.00 | 0.00 | 0.00 |

（续）

| 温度/℃ | 时间/min | 荧光强度值（pixel） | | | | | | | | 萌发率/% | | | | | | | |
|---|---|---|---|---|---|---|---|---|---|---|---|---|---|---|---|---|---|
| | | 171 | ARG1.1 | ARG1.7 | 1-1-2 | 2-1 | MONT | 22825 | 22490 | 171 | ARG1.1 | ARG1.7 | 1-1-2 | 2-1 | MONT | 22825 | 22490 |
| 50 | 1 | 317.51 | 393.00 | 546.45 | 435.01 | 610.93 | 321.12 | 363.32 | 367.72 | 32.67 | 4.70 | 0.00 | 0.00 | 92.67 | 47.00 | 7.67 | 78.67 |
| | 2 | 379.11 | 480.83 | 498.78 | 434.06 | 617.6 | 486.99 | 485.08 | 573.23 | 0.00 | 2.00 | 0.00 | 0.00 | 0.33 | 0.00 | 0.00 | 0.33 |
| | 3 | 390.93 | 553.14 | 612.03 | 449.16 | 752.1 | 533.40 | 503.38 | 735.60 | 0.00 | 0.00 | 0.00 | 0.00 | 0.00 | 0.00 | 0.00 | 0.33 |
| | 4 | 416.82 | 613.86 | 690.20 | 509.50 | 896.01 | 628.20 | 525.29 | 846.25 | 0.00 | 0.00 | 0.00 | 0.00 | 0.00 | 0.00 | 0.00 | 0.00 |
| | 5 | 500.68 | 637.68 | 686.65 | 617.50 | 1050.51 | 538.26 | 564.59 | 1105.18 | 0.00 | 0.00 | 0.00 | 0.00 | 0.00 | 0.00 | 0.00 | 0.00 |

根据表 6-10 中的数据，应用 SPSS 13.0 统计分析软件，采用多元线性回归分析，使用的线性回归模型为：$y=b_0+b_1x_1+b_2x_2$，统计分析结果见表 6-10、表 6-11、表 6-12 所示。

**表 6-10 荧光强度值与处理温度-处理时间之间的回归分析**

| 菌株 | $F$ 检验值 | $P$ 值 | $b_0$ | $b_1$ | $t$ 检验值 | $P$ 值 | $b_2$ | $t$ 检验值 | $P$ 值 |
|---|---|---|---|---|---|---|---|---|---|
| ARG1.1 | 13.196 | 0.000 | −270.241 | 13.174 | 2.472 | 0.022 | 48.002 | 4.503 | 0.000 |
| MONT | 19.043 | 0.000 | −807.687 | 24.384 | 5.118 | 0.000 | 32.865 | 3.449 | 0.002 |
| 2-1 | 15.875 | 0.000 | −1 444.253 | 38.585 | 4.498 | 0.000 | 58.220 | 3.394 | 0.003 |
| 22490 | 15.682 | 0.000 | −1 184.095 | 34.392 | 3.368 | 0.003 | 91.373 | 4.474 | 0.000 |
| 22825 | 36.252 | 0.000 | −1 178.813 | 32.039 | 7.833 | 0.000 | 27.312 | 3.339 | 0.003 |
| ARG1.7 | 52.297 | 0.000 | −1 547.497 | 41.064 | 9.796 | 0.000 | 24.645 | 2.940 | 0.008 |
| 1-1-2 | 19.486 | 0.000 | −932.759 | 27.455 | 5.452 | 0.000 | 30.627 | 3.041 | 0.006 |
| 171 | 13.377 | 0.000 | −480.405 | 16.838 | 4.495 | 0.000 | 19.170 | 2.559 | 0.018 |

注：回归方程为 $y=b_0+b_1x_1+b_2x_2$，$y$ 为荧光强度值，$x_1$ 为处理温度（℃），$x_2$ 为处理时间（min），$P$ 值为显著性概率。

**表 6-11 萌发率与处理温度-处理时间之间的回归分析**

| 菌株 | $F$ 检验值 | $P$ 值 | $b_0$ | $b_1$ | $t$ 检验值 | $P$ 值 | $b_2$ | $t$ 检验值 | $P$ 值 |
|---|---|---|---|---|---|---|---|---|---|
| ARG1.1 | 24.122 | 0.000 | 5.675 | −0.105 | −5.627 | 0.000 | −0.153 | −4.072 | 0.001 |
| MONT | 36.469 | 0.000 | 6.283 | −0.117 | −7.292 | 0.000 | −0.143 | −4.446 | 0.000 |
| 2-1 | 24.856 | 0.000 | 4.580 | −0.078 | −4.339 | 0.000 | −0.199 | −5.558 | 0.000 |
| 22490 | 29.865 | 0.000 | 5.580 | −0.101 | −5.999 | 0.000 | −0.164 | −4.873 | 0.000 |
| 22825 | 23.304 | 0.000 | 5.339 | −0.101 | −5.803 | 0.000 | −0.125 | −3.596 | 0.002 |
| ARG1.7 | 69.741 | 0.000 | 7.024 | −0.139 | −11.455 | 0.000 | −0.070 | −2.876 | 0.009 |
| 1-1-2 | 31.482 | 0.000 | 6.197 | −0.120 | −7.273 | 0.000 | −0.105 | −3.172 | 0.004 |
| 171 | 25.407 | 0.000 | 5.655 | −0.104 | −5.684 | 0.000 | −0.158 | −4.302 | 0.000 |

注：回归方程为 $y=b_0+b_1x_1+b_2x_2$，$y$ 为萌发率（%），$x_1$ 为处理温度（℃），$x_2$ 为处理时间（min），$P$ 值为显著性概率。

**表 6-12 荧光强度值与萌发率之间的回归分析**

| 菌株 | $F$ 检验值 | $P$ 值 | $b_0$ | $b_1$ | $t$ 检验值 | $P$ 值 |
|---|---|---|---|---|---|---|
| ARG1.1 | 22.743 | 0.000 | 1.800 | −0.003 | −4.769 | 0.000 |
| MONT | 31.906 | 0.000 | 1.788 | −0.003 | −5.649 | 0.000 |
| 2-1 | 8.458 | 0.008 | 1.040 | −0.001 | −2.908 | 0.008 |
| 22490 | 29.900 | 0.000 | 1.484 | −0.002 | −5.468 | 0.000 |

（续）

| 菌株 | $F$ 检验值 | $P$ 值 | $b_0$ | $b_1$ | $t$ 检验值 | $P$ 值 |
|---|---|---|---|---|---|---|
| 22825 | 20.542 | 0.000 | 1.268 | −0.002 | −4.532 | 0.000 |
| ARG1.7 | 42.183 | 0.000 | 1.524 | −0.003 | −6.495 | 0.000 |
| 1-1-2 | 14.177 | 0.001 | 1.366 | −0.002 | −3.765 | 0.001 |
| 171 | 24.044 | 0.000 | 1.896 | −0.004 | −4.903 | 0.000 |

注：回归方程为 $y=b_0+b_1x$，$y$ 为荧光强度值，$x$ 为萌发率（%），$P$ 值为显著性概率。

由表 6-10 得出：方差分析（$F$ 检验）的显著性概率 $P=0.000<0.01$，说明本组数据具有统计学意义，荧光强度值 $y$ 与处理温度 $x_1$、处理时间 $x_2$ 的综合线性影响极显著。再对偏回归系数 $b_1$（处理温度）、$b_2$（处理时间）进行 $t$ 检验，结果表明处理温度对菌株 ARG1.1 的荧光强度值影响显著，对其他 7 个菌株的荧光强度值影响为极显著；处理时间对菌株 171 的荧光强度值影响显著，对其他 7 个菌株的荧光强度值影响均为极显著。$t$ 检验的结果显示该分析所建立的回归方程是最优方程，同时显示出荧光强度值与处理温度、处理时间是正相关性的，随着处理温度、处理时间的增加而增高。

由表 6-11 可知，萌发率 $y$ 与处理温度 $x_1$、处理时间 $x_2$ 的综合线性影响极显著，接着对偏回归系数 $b_1$（处理温度）、$b_2$（处理时间）进行 $t$ 检验，其显著性概率 $P=0.000<0.01$，说明处理温度和处理时间对萌发率的影响极显著。$t$ 检验的结果显示该分析所建立的回归方程是最优方程，也显示出萌发率与处理温度、处理时间具负相关性，随着处理温度、处理时间的增加而减少。

表 6-12 的方差分析结果显示 $P=0.000<0.01$，表明该组数据具有统计学意义，荧光强度值 $y$ 与萌发率 $x$ 的线性关系极显著，且对偏回归系数 $b_1$（萌发率）进行 $t$ 检验，其显著性概率 $P<0.01$，说明萌发率与荧光强度值之间具有极显著相关性。$t$ 检验的结果显示该分析所建立的回归方程是最优方程，表明荧光强度值与萌发率呈负相关，荧光强度值随着萌发率的降低而增加。

#### 6.3.7.4 病原菌活性检测方法的建立

本研究建立了北美大豆猝死综合征病菌活性检测方法。先配制孢子悬浮液，采用 PI 进行染色，使用浓度为 40 倍稀释液，染料与孢子悬浮液以 1∶200 体积比均匀混合，室温下避光染色 15min，染色完成后立即终止染色，洗涤，制片，激光扫描共聚焦显微镜扫描分析活性情况，用 ZEN2007 软件测定其荧光强度值，通过荧光值判定其活性。

## 6.4 讨论与结论

### 6.4.1 讨论

#### 6.4.1.1 SDS 病菌的活性检测

本研究应用单细胞微量分析系统进行的孢子荧光染色活性检测方法，经统计分析表明该检测结果与传统萌发检测结果具有较好的一致性，说明该方法可靠，可替代传统的孢子萌发方法。在检测时间方面，该方法从制样到检测完毕仅用约 20min，它与传统萌发方法需要至少 24h 相比，更加大幅度地缩短了检测时间，因而在国境口岸快验快放的检疫需求下更具应用价值（赵云等，2006）；在检测所需要的菌量方面，该方法与流式细胞仪活性检测相比，它所需要的孢子量极少，仅用 1 000～2 000 个即可进行检测，因而它在珍贵样品或难以获得大量细胞的样品检测上独具优势（Davis et al.，2002；Assuncao et al.，2005；杨怀德等，2006）；在检测效率方面，相对于传统的萌发方法需要大量人工进行检测，本方法操作更简便、更易行，因而效率更高；在可重复性方面，该方法又比 MTT 染色法更具重复性和实效性（郑耘等，1995；Liu et al.，1997；赵云等，2006）。

#### 6.4.1.2　活性检测实验因素分析

在单细胞微量分析系统检测过程中，鉴于该仪器对准确检测所需要孢子的浓度为10～500个/μL，所以本研究选择配制的孢子悬浮液用荧光染料溶液稀释10倍后孢子的浓度为最佳浓度。荧光染色时间的筛选对孢子活性检测起着非常关键作用。本研究表明，孢子在1min染色处理时孢子活性仅为90.70%，说明孢子染色时间偏短，有一部分孢子尚未染色，在5min染色处理时，孢子活性最佳，为97.70%，说明孢子在此时间已充分染色，其后的处理，孢子活性又有不同程度的下降，说明时间偏长，染料会降低孢子的活性。

本研究中单细胞微量分析系统检测的孢子活性检测值与萌发率检测的结果还存在一定的误差，分析原因主要有：孢子在经过处理后，孢子本身的膜会受到一定的破坏，但是膜本身的破坏程度还不能使孢子死亡，在做萌发实验时孢子可以萌发，而荧光染料已经可以通过膜与核酸结合产生失活的荧光信号，导致活性检测值偏低，由此会产生一定的误差，但是这种误差在统计学上并不显著。

通过对实验反应体系及反应条件进行不断地摸索与改进，该分析方法有希望应用于其他检疫性植物病原真菌的活性检测之中，为检疫性植物病原真菌快速活性检测平台的建立提供重要的参考。

### 6.4.2　结论

#### 6.4.2.1　单细胞微量分析系统

（1）通过对荧光染料ViaCount的用量及染色时间的筛选和优化，获得了活性检测的最佳实验条件。

（2）首次建立了大豆猝死综合征病菌北美种荧光染色结合单细胞微量分析系统活性检测方法。该方法具有操作简便、易行、快速、重复性好、样品需要量少等优点，可以辅助传统的孢子萌发方法，因而在国境口岸快验快放的检疫需求下具较高应用价值，为检疫性植物病原真菌活性检测建立了新的方法和技术，也为检疫性植物病原真菌活性检测平台的建立提供重要的参考。

#### 6.4.2.2　激光扫描共聚焦显微镜系统

（1）本研究根据文献报道选择的10种染料，之前大多是以植物、动物等的细胞为研究对象，少见有针对植物病原真菌染色的报道，因为研究对象不同，会造成结果的差异，适合植物或动物细胞活性染色的染料不一定适合真菌孢子染色或不适合北美大豆猝死综合征病菌孢子的染色，所以最终仅筛选出一种适合于本研究的活性染料PI。不同种属真菌的孢子外壁及膜成分组成不同，需要进行详细的实验以筛选出适合的染料。

（2）萌发率结果显示，染料浓度越高，孢子萌发率越低；同一高浓度下，染色时间越长，孢子萌发率越低。染料浓度越高，染色时间越长，则萌发率降低。通过分析萌发率结果，PI 100倍稀释液染色后萌发率仍为100%，但经4种染色时间染色后，活孢子无荧光，死孢子均呈非常微弱的红色荧光，不能明显区分出活孢子与死孢子。所以本研究最终选择对孢子活性影响最小（即萌发率为100%）。染色效果最佳的染色条件，即PI 40倍稀释液，染色15min。

（3）统计分析结果显示，LSCM测定的荧光强度值与处理温度（除对菌株ARG1.1呈显著正相关外）均呈极显著正相关，与处理时间（除对菌株171呈显著正相关外）均呈极显著正相关；对照组的孢子萌发率与处理温度、处理时间之间呈极显著负相关；荧光强度值与孢子萌发率之间具有极显著的负相关性。激光扫描共聚焦显微镜活性检测结果与传统的萌发检测结果具有较好的一致性，可以替代传统的孢子萌发法。本研究中LSCM检测的孢子荧光强度值与萌发率的结果还存在一定的误差，分析可能原因：其一，孢子经过湿热处理后，膜会受到一定程度的破坏，在LSCM检测图片里出现单个孢子局部染色的情况，所测荧光强度值将会发生变化；其二，荧光发生淬灭，致使测量到的荧光强度值偏低。虽然由此可能产生一定误差，但本实验中测量的荧光强度值与萌发率的结果经线性回归分析有极显著的相关性，具统计学意义。

（4）本研究对北美大豆猝死综合征病菌运用激光扫描共聚焦显微镜技术进行活性检测，从制样到检测完成仅需要约30min，检测时间短；所测荧光强度值与孢子萌发法所得结果具统计学意义，有极显著的负相关性，检测结果准确可靠；检测样品所需数量少，可实现对病菌孢子荧光强度值的定量检测，进而分析其活性情况。

本研究通过对实验反应体系和条件的摸索和优化而建立的北美大豆猝死综合征病菌活性检测新方法，有望替代传统的孢子萌发法，并为搭建我国检疫性有害生物检测技术新平台奠定基础。

# 7 大豆北方茎溃疡病菌活性检测方法

## 7.1 概况

### 7.1.1 基本信息

中文名：大豆北方茎溃疡病菌。英文名：soybean stem canker。学名：*Diaporthe phaseolorum* (Cooke et EII.) Sacc. var. *caulrvora* Athow et Caldwell。

### 7.1.2 分类地位

间座壳目 Diaporthales，黑腐皮壳科 Valsaceae，间座壳属 *Diaporthe*。被我国列为重要检疫性有害生物。

### 7.1.3 地理分布

美国、巴西、阿根廷、印度、意大利、加拿大、澳大利亚、墨西哥、津巴布韦、日本、尼日利亚、哥伦比亚、巴基斯坦、肯尼亚、菲律宾、印度尼西亚、克罗地亚、巴拉圭、厄瓜多尔、埃塞俄比亚、韩国、保加利亚、埃及、法国、古巴、俄罗斯、西班牙、斯里兰卡、喀麦隆、南非、乌干达、马拉维、匈牙利、伊朗、马来西亚、不丹、危地马拉、洪都拉斯、秘鲁、越南、加纳、坦桑尼亚、玻利维亚、塞尔维亚、赞比亚、波多黎各、尼泊尔、波兰、希腊、马达加斯加、罗马尼亚、土耳其、孟加拉国、多米尼加、伊拉克、摩洛哥、哥斯达黎加、新西兰、塞内加尔、牙买加、葡萄牙、委内瑞拉、奥地利、圭亚那、以色列、比利时、智利、缅甸、德国、塞浦路斯、萨尔瓦多、约旦、挪威、斯洛伐克、苏丹、叙利亚、乌克兰、也门、阿尔巴尼亚、捷克、海地、哈萨克斯坦、立陶宛、尼加拉瓜、尼日尔、斯洛文尼亚、阿尔及利亚、阿塞拜疆、巴巴多斯、伯利兹、贝宁、布基纳法索、柬埔寨、爱沙尼亚、斐济、乌拉圭、刚果（金）、捷克、帕拉伊巴、格鲁吉亚、罗马尼亚、塞拉利昂、中国等国家和地区。

## 7.2 材料与方法

### 7.2.1 供试菌株

供试菌株北方大豆茎溃疡病菌来自深圳海关动植物检验检疫技术中心菌种保藏室。

### 7.2.2 试剂

#### 7.2.2.1 荧光染料

本实验采用的染料为 PI，该染料激发波长为 536nm，发射波长为 617nm，发出的荧光为红色。

#### 7.2.2.2 主要培养基

PDA：200g 新鲜马铃薯于 1 000mL 水中煮沸约 20min 后，用双层纱布过滤，滤液定容到 1 000mL 后加入 20g 琼脂粉并加热溶解，再加入 20g 葡萄糖，121℃高压蒸汽灭菌 20min，备用。

WA：1 000mL 去离子水煮沸，加入 18～20g 琼脂粉并加热溶解，121℃高压蒸汽灭菌 20min，备用。

美国大豆豆秆用流水冲洗表面灰尘，121℃高压蒸汽灭菌 20min，备用。

### 7.2.3 主要仪器设备

LSM 5 EXCITER 激光扫描共聚焦显微镜、ZEISS STANDARD20 显微镜、HICLAVE HV－50 高压灭菌锅、SC－R 型生物安全柜、Spectrafuge 24D 型台式离心机、DK－S28 型电热恒温水浴锅、SANYO MLR－350HT 生化培养箱、SIEMENS KK2421Ⅱ型冰箱。

### 7.2.4 实验方法

#### 7.2.4.1 菌株培养

挑取大豆北方茎溃疡病菌培养物接种于 PDA 培养基平板上，用 Parafilm 膜密封培养皿，于 24℃条件下光照培养 7d，观察其产孢情况。

将上述培养的菌株沿着菌落边缘切取 3～5mm 见方的菌丝块置于灭过菌的豆秆上，保湿培养 30d 左右，产生子囊及子囊孢子备用。

#### 7.2.4.2 孢子悬浮液配制

挑取大豆茎溃疡病菌的子囊及子囊孢子收集于 1.5mL 离心管中，振荡混匀，配制孢子悬浮液，浓度约为 $10^4$个/mL。

#### 7.2.4.3 激光扫描共聚焦显微镜扫描

激光扫描共聚焦显微镜扫描设置如下：将样品制备玻片，封片，倒置于激光扫描共聚焦显微镜载物台上，低倍镜下找到孢子，转到 100 倍油镜下观察，微调至视野内图像清晰。根据所用染料，选择相应的激光管（氩离子激光器）激发荧光信号，设置荧光通道的激发波长（488nm），收集荧光信号的发射波长（560nm），并设置一个明场通道作为对照。选择低像素的平面扫描方式进行粗略扫描（xy：512×512），依据扫描成像效果中荧光信号强弱可调整探测针孔（1 AU 即 1 Airy Units＝0.8μm）、光电倍增管增益（560）、激光扫描强度（5%），根据图像信噪比调整扫描模式、重复扫描次数（2）和扫描速度（6）等，调整至成像质量较好时，再用精确扫描方式（xy：2 048×2 048）获取最终图像。本实验中，首先确保是同一组扫描参数对所有样品进行扫描，然而要保证图像能够反映出孢子最清晰的荧光染色情况，则需观察明场通道下所得孢子图像是否清晰。

#### 7.2.4.4 孢子萌发实验

将大豆北方茎溃疡病菌新鲜配制的孢子悬浮液 1.5mL，分装为两组：一组不经水浴处理，表示为 unkilled（UK）——活孢子；另一组经 50℃水浴处理 5min，表示为 killed（K）——死孢子；混匀，分别取约含 200 个孢子的孢子悬浮液于 PDA 平板上均匀涂布，用 Parafilm 封口，24℃下光照培养 24h，显微镜下观察孢子萌发情况，每个样品统计 200 个孢子，计算萌发率。

#### 7.2.4.5 PI 染料处理病菌孢子

将大豆北方茎溃疡病菌新鲜配制的孢子悬浮液 1.5mL，分装为两组，一组不经水浴处理，另一组经 50℃水浴处理 5min，分别用 12.5μmol/L PI 染料进行荧光染料染色，即 1μL PI 加 200μL 孢子悬浮液，混匀，室温下避光染色 15min，13 000r/min 离心 3min，去上清液终止染色，用无菌去离子水洗涤 3 次，重悬，避光放置。制备玻片，LSCM 扫描取图，观察染色结果。

## 7.3 结果与分析

### 7.3.1 孢子萌发实验结果

新鲜配制的孢子悬浮液萌发实验表明孢子的萌发率为 95%，50℃水浴处理 5min 后孢子萌发率为 0%。

### 7.3.2 PI 对病菌活孢子和死孢子染色结果

从图 7－1 和图 7－2 可看出通过 PI 分别对大豆北方茎溃疡病菌活孢子、活子囊孢子和死孢子、死子囊孢子染色，可明显区分二者，活孢子和活子囊孢子染色后没有荧光，死孢子和死子囊孢子染色后呈红色荧光。

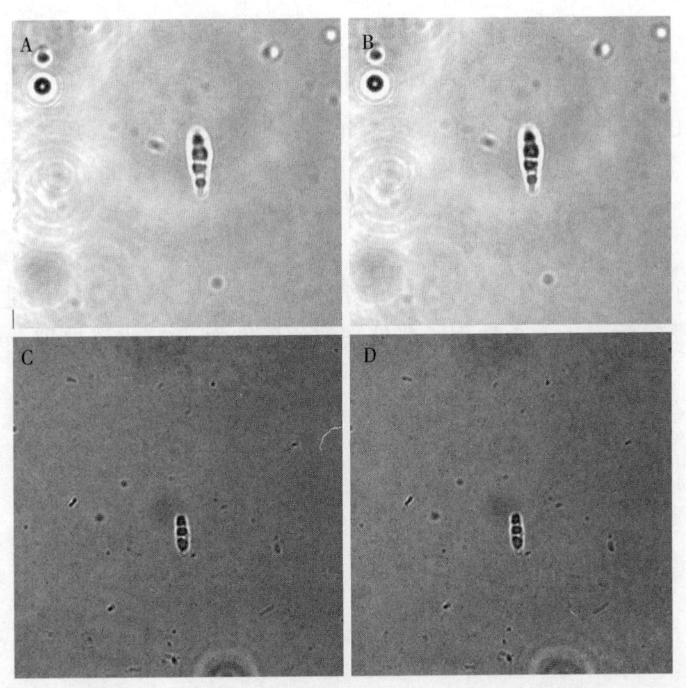


图 7－1　PI 对大豆北方茎溃疡病菌孢子的染色结果

注：PI 浓度为 12.5μm，染色时间为 15min；A、B 均为死孢子染色结果，A 为荧光通道，B 为明场；C、D 均为活孢子染色结果，C 为荧光通道，D 为明场

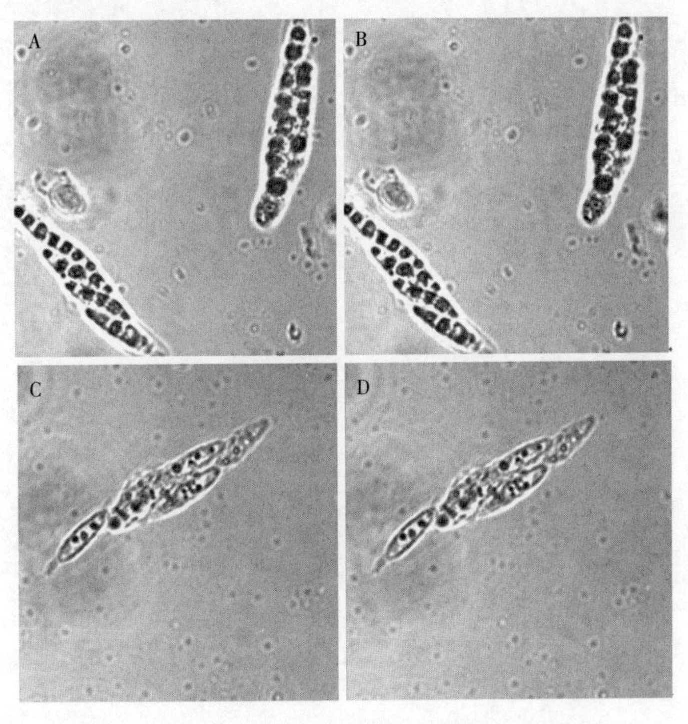


图 7－2　PI 对大豆北方茎溃疡病菌子囊的染色结果

注：A、B 均为死孢子染色结果，A 为荧光通道，B 为明场；C、D 均为活孢子染色结果，C 为荧光通道，D 为明场

## 7.4 讨论与结论

### 7.4.1 讨论

本研究选择PI作为北方大豆茎溃疡病菌活性染色，通过实验发现染料PI可区分死活孢子和子囊孢子。PI对活孢子染色之后，活孢子不能发出荧光，死孢子能够发出红色荧光，能够区分孢子死活。本研究结果与Hsueh（2017）利用PI来检测受到不同处理之后的两株芽孢杆菌的活性结果一致。

### 7.4.2 结论

（1）本研究确定了用PI染料检测北方大豆茎溃疡病菌孢子、子囊孢子活性的方法。

（2）北方大豆茎溃疡病孢子、子囊孢子热处理致死条件为50℃水浴处理5min 。

# 8 大豆疫霉菌活性检测方法

## 8.1 概况

### 8.1.1 基本信息

中文名：大豆疫霉菌。英文名：soybean phytophthora。学名：*Phytophthora sojae* Kaufmann & Gerdemann。

### 8.1.2 分类地位

*Peronosporea* 霜霉纲、*Peronosporales* 霜霉目、腐霉科 Pythiacea、疫霉属 *Phytophthora*。被我国列为检疫性有害生物。

### 8.1.3 地理分布

美国、加拿大、澳大利亚、日本、阿根廷、巴西、意大利、法国 、伊朗、巴基斯坦、印度、墨西哥、匈牙利、俄罗斯、埃及、南非、西班牙、津巴布韦、保加利亚、克罗地亚、波兰、希腊、肯尼亚、秘鲁、菲律宾、智利、古巴、斯里兰卡、土耳其、新西兰、挪威、奥地利、哥伦比亚、印度尼西亚、马拉维、尼日利亚、越南、德国、塞尔维亚、荷兰、不丹、厄瓜多尔、伊拉克、波多黎各、塞内加尔、以色列、喀麦隆、捷克、危地马拉、圭亚那、牙买加、罗马尼亚、乌干达、乌克兰、委内瑞拉、阿塞拜疆、孟加拉国、比利时、玻利维亚、塞浦路斯、多米尼加、埃塞俄比亚、加纳、洪都拉斯、黎巴嫩、马达加斯加、马来西亚、毛里求斯、尼泊尔、苏丹、瑞士、叙利亚、坦桑尼亚、哥斯达黎加、芬兰、爱尔兰、约旦、立陶宛、摩洛哥、巴拿马、葡萄牙、斯洛伐克、瑞典、也门、赞比亚、贝宁、哈萨克斯坦、马里、尼日尔、阿曼、巴拉圭、斯洛文尼亚、乌拉圭、格鲁吉亚、中国等国家和地区。

## 8.2 材料与方法

### 8.2.1 供试菌株

供试菌株大豆疫霉菌均来自深圳海关动植物检验检疫技术中心菌种保藏室，详见表 8-1。

**表 8-1 供试菌株**

| 菌株编号 | 中文名及拉丁学名 | 寄主 | 来源 |
| --- | --- | --- | --- |
| SZF15[a] | 大豆疫病菌 *Phytophthora sojae* | 大豆 | 美国 |
| Pm-9-3[b] | 大豆疫病菌 *P. sojae* | 大豆 | 中国福建 |
| 大豆 8[b] | 大豆疫病菌 *P. sojae* | 大豆 | 中国福建 |

注：a 由深圳海关动植物检验检疫技术中心从美国进口大豆中截获，b 由福州海关提供。

### 8.2.2 试剂

#### 8.2.2.1 荧光染料

本实验从不同类型的荧光染料中选择了 10 种进行染色，详见表 8-2。

表 8-2 供试荧光染料

| 染料名称 | 激发波长/nm | 发射波长/nm | 荧光颜色 | 来源 |
| --- | --- | --- | --- | --- |
| PI | 534 | 617 | 红色 | Sigma 公司 |
| FDA | 488 | 530 | 绿色 | Sigma 公司 |
| AO | 488 | 530 | 绿色 | Sigma 公司 |
| JC-1 | 488 | 530 | 绿色 | Sigma 公司 |
| 钙黄绿素 | 488 | 530 | 绿色 | Sigma 公司 |
| DAPI | 340 | 488 | 蓝色 | Sigma 公司 |
| Hoechst33258 | 340 | 460 | 蓝色 | 北京诺博莱德 |
| Hoechst33342 | 340 | 460 | 蓝色 | 北京诺博莱德 |
| Alamar Blue | 340 | 488 | 蓝色 | 上海翊圣 |
| 台盼蓝 | 340 | 488 | 蓝色 | 北京诺博莱德 |

#### 8.2.2.2 其他化学试剂

磷酸缓冲液（PBS）、二甲基亚砜（DMSO）、甲醇、丙酮。

#### 8.2.2.3 主要培养基

PDA：200g 新鲜马铃薯于 1 000mL 水中煮沸约 20min 后，用双层纱布过滤，滤液定容到 1 000mL 后加入 20g 琼脂粉并加热溶解，再加入 20g 葡萄糖，121℃高压蒸汽灭菌 20min，备用。

CA：200g 新鲜胡萝卜切成小块，加入去离子水 500mL，用组织捣碎机捣碎，4 层纱布过滤去渣，加水补足 1 000mL，加入 18～20g 琼脂粉并加热溶解，121℃高压蒸汽灭菌 20min，备用。

WA：1 000mL 去离子水煮沸，加入 18～20g 琼脂粉并加热溶解，121℃高压蒸汽灭菌 20min，备用。

### 8.2.3 主要仪器设备

LSM 5 EXCITER 激光扫描共聚焦显微镜、ZEISS STANDARD20 显微镜、HICLAVE HV-50 高压灭菌锅、SC-R 型生物安全柜、Spectrafuge 24D 型台式离心机、DK-S28 型电热恒温水浴锅、SANYO MLR-350HT 生化培养箱、SIEMENS KK2421Ⅱ型冰箱。

### 8.2.4 实验方法

#### 8.2.4.1 菌株培养

挑取大豆疫病菌培养物接种于 CA 培养基上，用 Parafilm 膜密封培养皿，于 24℃条件下黑暗中培养 35d，观察其产孢情况。

#### 8.2.4.2 孢子悬浮液配制

将有成熟大豆疫病菌卵孢子的培养物刮取下来，放入研钵中，加适量无菌去离子水使其刚好湿润浸没，研磨 15min，转入灭菌的离心管内，振荡处理 5min，可将卵孢子从菌丝中分离下来；经 1 000r/min 离心 5min，倾去液体，加无菌去离子水反复冲洗、离心 2～3 次，用无菌吸管将表面的剩余菌丝吸净，最后离心获得较为纯净的卵孢子；用 10mL 灭菌水重悬得到卵孢子悬浮液，浓度为 $10^3$～$10^4$个/mL（罗加凤等，2001）。

#### 8.2.4.3 激光扫描共聚焦显微镜扫描

对大豆疫病菌孢子激光扫描共聚焦显微镜扫描设置如下：将样品制备玻片，封片，倒置于激光扫描共聚焦显微镜载物台上，低倍镜下找到孢子，转到 63 倍油镜下观察，微调至视野内图像清晰。根据所用染料，选择相应的激光管（氩离子激光器）激发荧光信号，设置荧光通道的激发波长（488nm），收集荧光信号的发射波长（505nm），并设置一个明场通道作为对照。选择低像素的平面扫描方式进行粗略扫描（xy：512×512），依据扫描成像效果中荧光信号强弱可调整探测针孔（300，即 3.12Airy Units=2.2μm）、光电倍增管增益（500）、激光扫描强度（7.90%），根据图像信噪比调整扫描模式、重复扫描次数（2）和扫描速度（6）等，调整至成像质量较好时，再用精确扫描方式（xy：2 048×2 048）获取最终的图像。本实验中，对大豆疫病菌卵孢子进行扫描，因卵孢子有一定厚度，为保证图像能反映出卵孢子最真实的荧光染色情况，特别要注意观察明场通道下所得卵孢子图像是否清晰。

#### 8.2.4.4　活性染料初筛

以大豆疫病菌 SZF15 菌株为实验材料。配制新鲜卵孢子悬浮液 1mL，分装为两管：unkilled（UK）、killed（K）。将 K 管于 60℃水浴 20min（王良华等，2008）作致死处理，表示为死卵孢子。UK 管则表示为未作处理的活卵孢子。分别用 10 种染料进行单染，制片，LSCM 扫描分析，对孢子活性染料进行初筛。染料初始浓度和使用方法见表 8-3 所示。

表 8-3　染料初始浓度和使用方法

| 染料名称 | 初始浓度 | 使用方法 |
|---|---|---|
| 碘化丙啶 | 0.5mmol/L（溶剂为 DMSO） | 1μL 碘化丙啶+200μL 孢子悬浮液，混匀，室温下避光染色 15min，13 000r/min 离心 1min 去上清液终止染色，无菌去离子水洗涤一次，重悬，避光放置 |
| SYTO 9 | 0.08mmoL（溶剂为 DMSO） | 1μL SYTO 9+200μL 孢子悬浮液，混匀，室温下避光染色 15min，13 000r/min 离心 1min 去上清液终止染色，无菌去离子水洗涤一次，重悬，避光放置 |
| 吖啶橙 | 100μg/mL（溶剂为 PBS） | 5μL 吖啶橙+95μL 孢子悬浮液，混匀，室温下避光染色 15min，13 000r/min 离心 1min，去上清液终止染色，无菌去离子水洗涤一次，重悬，避光放置 |
| JC-1 | 10μg/mL（溶剂为 DMSO） | 1μL JC-1+500μL 孢子悬浮液，混匀，室温下避光染色 20min，13 000r/min 离心 1min 去上清液终止染色，无菌去离子水洗涤一次，重悬，避光放置 |
| 钙黄绿素 | 0.01mmol/L（溶剂为 PBS） | 10μL 钙黄绿素+90μL 孢子悬浮液，混匀，室温下避光染色 30min，13 000r/min 离心 1min 去上清液终止染色，无菌去离子水洗涤一次，重悬，避光放置 |
| 罗丹明 123 | 5μg/mL（溶剂为 DMSO） | 10μL 罗丹明 123+90μL 孢子悬浮液，混匀，室温下避光染色 10min，13 000r/min 离心 1min 去上清液终止染色，无菌去离子水洗涤一次，重悬，避光放置 |
| FDA | 0.02mg/L（溶剂为丙酮） | 5μL FDA+500μL 孢子悬浮液，混匀，室温下避光染色 5min，13 000r/min 离心 1min 去上清液终止染色，无菌去离子水洗涤一次，重悬，避光放置 |
| DAPI | 1μg/mL（溶剂为甲醇） | 200μL 孢子悬浮液 13 000r/min 离心 1min 收集孢子，加入 100μL DAPI 洗涤一次，加入 100μL DAPI 重悬，室温下避光染色 15min，离心去上清液终止染色，甲醇洗涤一次，无菌去离子水重悬，避光放置 |
| Hoechst 33258 | 5μg/mL（溶剂为 $ddH_2O$） | 10μL Hoechst33258+90μL 孢子悬浮液，混匀，室温下避光染色 10min，13 000r/min 离心 1min 去上清液终止染色，无菌去离子水洗涤一次，重悬，避光放置 |
| Hoechst 33342 | 5μg/mL（溶剂为 $ddH_2O$） | 10μL Hoechst33342+90μL 孢子悬浮液，混匀，室温下避光染色 10min，13 000r/min 离心 1min 去上清液终止染色，无菌去离子水洗涤一次，重悬，避光放置 |

#### 8.2.4.5　最佳染料浓度和染色时间进一步筛选

以 SZF15 作为材料，对染料浓度和染色时间进行筛选。配制新鲜孢子悬浮液，共分成三组，一组以不经染色处理的孢子进行萌发实验作为空白对照，一组为 UK 组，一组为 K 组。设计 4 种染料浓度（原液、10 倍稀释液、40 倍稀释液、100 倍稀释液）与 4 种染色时间（15min、20min、25min、30min）的组合实验，即取 1μL 染料分别与 UK 组和 K 组的 199μL 孢子悬浮液混匀，在室温下避光染色，再将染色后 K 组样品进行 LSCM 扫描分析，UK 组样品分两部分，一部分进行 LSCM 扫描分析，一部分涂布 PDA 平板进行萌发实验。

#### 8.2.4.6　病原菌活性检测

以 SZF15 菌株为实验材料。新鲜配制卵孢子悬浮液，分别在 3 种水浴温度 50℃、60℃、70℃下均进行 3 种时间处理（10min、20min、30min），将所有样品分成三组进行实验：一组用吖啶橙进行单染，制片、LSCM 扫描分析卵孢子活性，一组进行萌发实验，一组进行 MTT 染色测定卵孢子活性。

8.2.4.7 孢子萌发实验

大豆疫病菌卵孢子悬浮液配制好后，配制出约含 100 个卵孢子的悬浮液，滴加于 WA 平板上，再加入 40μL 无菌去离子水均匀涂布，用 Parafilm 封口，24℃下黑暗培养，7d 起观察，持续培养观察 30d，每个样品统计 100 个孢子，计数萌发率。

8.2.4.8 MTT 染色

将大豆疫病菌卵孢子样品用 0.05% MTT 36℃下染色 48h，常规显微镜下观察，蓝色为萌动状态的卵孢子，玫瑰红色为休眠状态的卵孢子，黑色和未染上颜色为死亡的卵孢子，每个样品统计 100 个孢子，计算卵孢子死亡率，以未经水浴处理的卵孢子进行 MTT 染色作为空白对照。

## 8.3 结果与分析

### 8.3.1 活性染料初筛

8.3.1.1 PI 对病菌活孢子和死孢子染色结果

PI 对大豆疫病菌活孢子与死孢子染色结果见图 8-1。A 显示出活卵孢子染色后卵质体呈微弱的红色荧光，C 显示出死卵孢子染色后卵质体也呈较弱的红色荧光。比较 A 与 C 可以看出两者无明显区别。

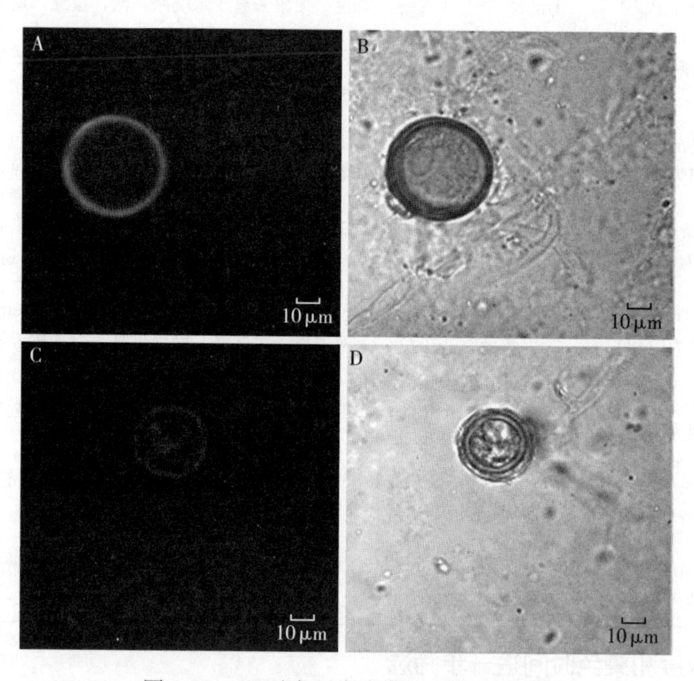


图 8-1 PI 对大豆疫病菌孢子染色结果

注：PI 浓度为 0.5mm，染色时间为 15min；A、B 均为活孢子染色结果，A 为荧光通道，B 为明场；C、D 均为死孢子染色结果，C 为荧光通道，D 为明场

8.3.1.2 吖啶橙对病菌活孢子和死孢子染色结果

吖啶橙对大豆疫病菌活孢子与死孢子染色结果见图 8-2。A 显示出活卵孢子染色后卵质体呈均匀的绿色荧光，C 显示出死卵孢子染色后卵质体断裂、边集，呈致密浓染的绿色荧光。比较 A 与 C 可以看出吖啶橙染色可明显区分出活卵孢子和死卵孢子。

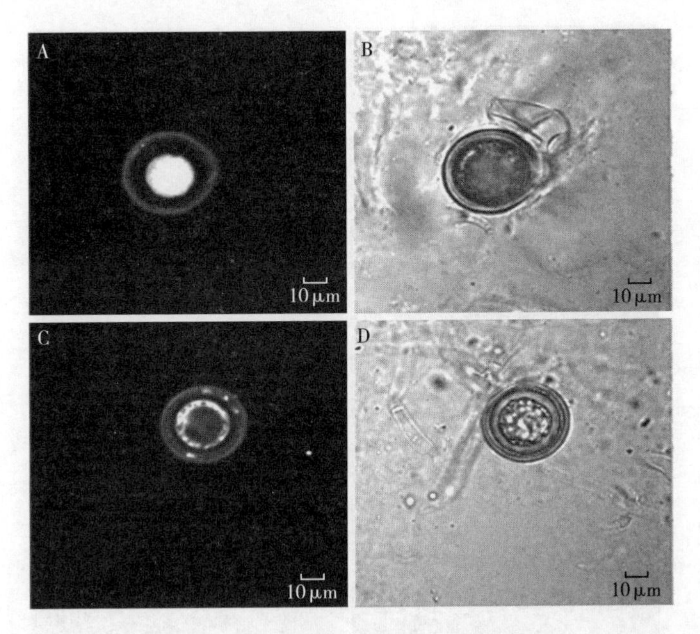


图 8－2　吖啶橙染色大豆疫病菌孢子结果

注：吖啶橙浓度为 100μg/mL，染色时间为 15min；A、B 均为活孢子染色结果，A 为荧光通道，B 为明场；C、D 均为死孢子染色结果，C 为荧光通道，D 为明场

#### 8.3.1.3　JC－1 对病菌活孢子和死孢子染色结果

JC－1 对大豆疫病菌活孢子与死孢子染色结果见图 8－3。A 显示出活卵孢子染色后卵质体呈均匀、微弱的绿色荧光，C 显示出死卵孢子染色后卵质体出现不均匀的绿色荧光。比较 A 与 C 有一定区别。

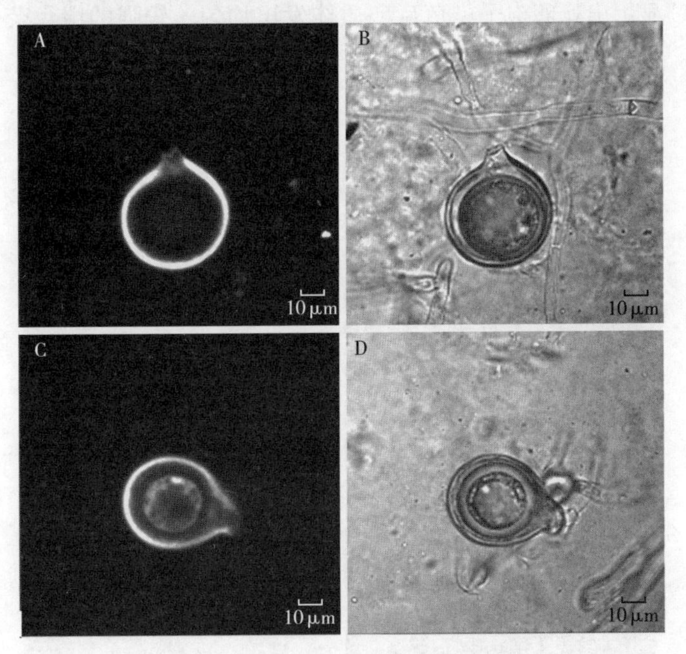


图 8－3　JC－1 染色大豆疫病菌孢子结果

注：JC－1 浓度为 100μg/mL，染色时间为 15min；A、B 均为活孢子染色结果，A 为荧光通道，B 为明场；C、D 均为死孢子染色结果，C 为荧光通道，D 为明场

#### 8.3.1.4　SYTO 9 对病菌活孢子和死孢子染色结果

SYTO 9 对大豆疫病菌活孢子与死孢子染色结果见图 8－4。A 显示出活卵孢子染色后卵质体呈均匀的弱绿色荧光，C 显示出死卵孢子染色后卵质体染色不均，也呈较弱的绿色荧光，两者有一定区别。

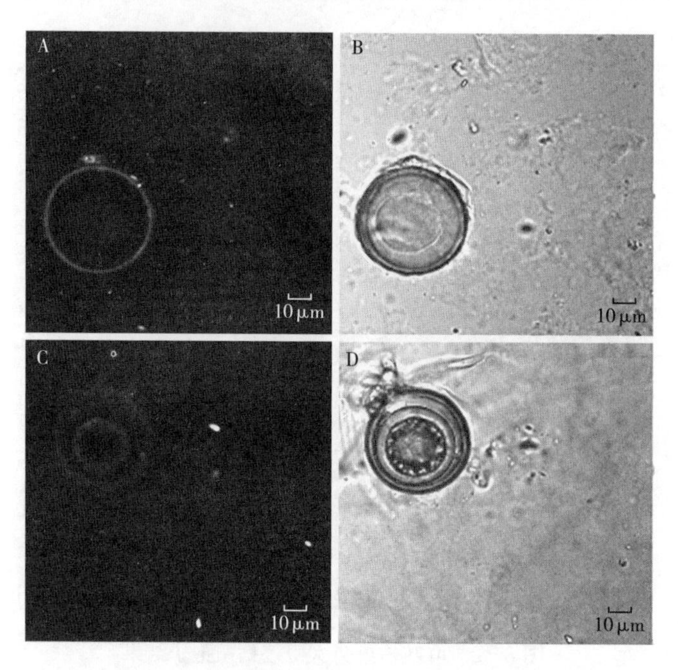


图 8-4　SYTO 9 染色大豆疫病菌孢子结果

注：SYTO 9 浓度为 0.08mmol/L，染色时间为 15min；A、B 均为活孢子染色结果，A 为荧光通道，B 为明场；C、D 均为死孢子染色结果，C 为荧光通道，D 为明场

#### 8.3.1.5　钙黄绿素对病菌活孢子和死孢子染色结果

钙黄绿素对大豆疫病菌活孢子与死孢子染色结果见图 8-5。A 显示出活卵孢子染色后卵质体呈均匀的弱绿色荧光，C 显示出死卵孢子染色后卵质体发出均匀、较强的绿色荧光，比较 A 与 C 可以看出两者有一定区别。

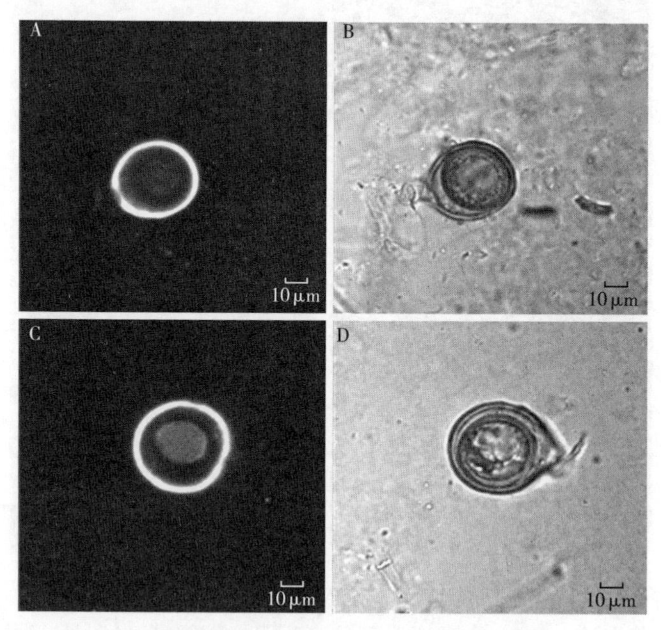


图 8-5　钙黄绿素染色大豆疫病菌孢子结果

注：钙黄绿素浓度为 0.01mmol/L，染色时间为 30min；A、B 均为活孢子染色结果，A 为荧光通道，B 为明场；C、D 均为死孢子染色结果，C 为荧光通道，D 为明场

#### 8.3.1.6　罗丹明 123 对病菌活孢子和死孢子染色结果

罗丹明 123 对大豆疫病菌活孢子与死孢子染色结果见图 8-6。A 显示出活卵孢子染色后卵质体呈均

匀的弱绿色荧光，C显示出死卵孢子染色后卵质体也发出微弱的不均匀绿色荧光，两者有一定区别。

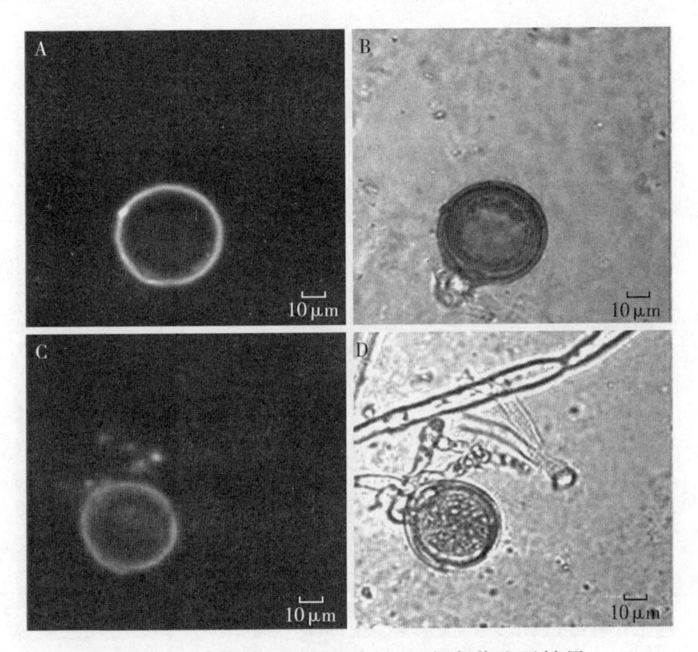


图8-6　罗丹明123染色大豆疫病菌孢子结果

注：罗丹明浓度为5μg/mL，染色时间为10min；A、B均为活孢子染色结果，A为荧光通道，B为明场；C、D均为死孢子染色结果，C为荧光通道，D为明场

#### 8.3.1.7　双醋酸荧光素对病菌活孢子和死孢子染色结果

双醋酸荧光素对大豆疫病菌活孢子与死孢子染色结果见图8-7。A显示出活卵孢子染色后卵质体呈均匀的弱绿色荧光，C显示出死卵孢子染色后卵质体呈不均匀的弱绿色荧光，两者有一定区别。

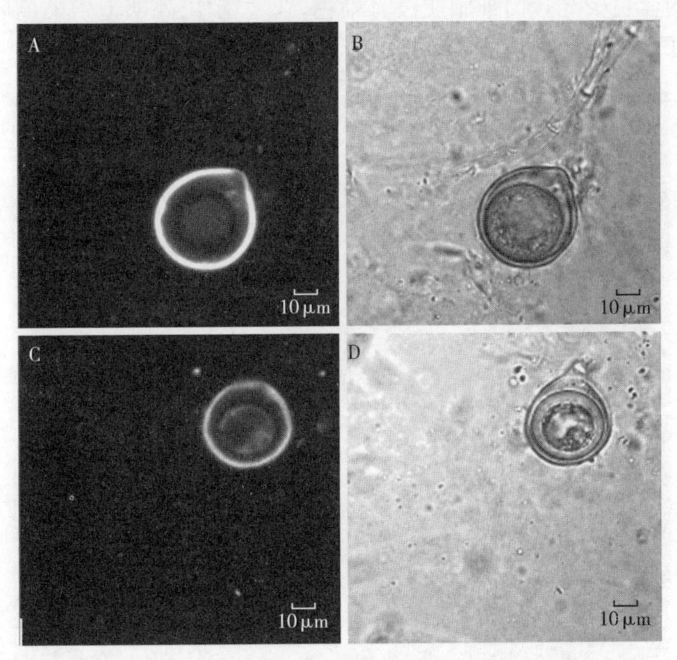


图8-7　双醋酸荧光素染色大豆疫病菌孢子结果

注：双醋酸荧光素浓度为0.2mg/mL，染色时间为5min；A、B均为活孢子染色结果，A为荧光通道，B为明场；C、D均为死孢子染色结果，C为荧光通道，D为明场

#### 8.3.1.8　DAPI对病菌活孢子和死孢子染色结果

DAPI对大豆疫病菌活孢子与死孢子染色结果见图8-8。A显示出活卵孢子染色后，整个卵孢子

呈均匀的蓝色荧光，C 显示出死卵孢子染色后呈不均匀的弱蓝色荧光，两者有一定区别。

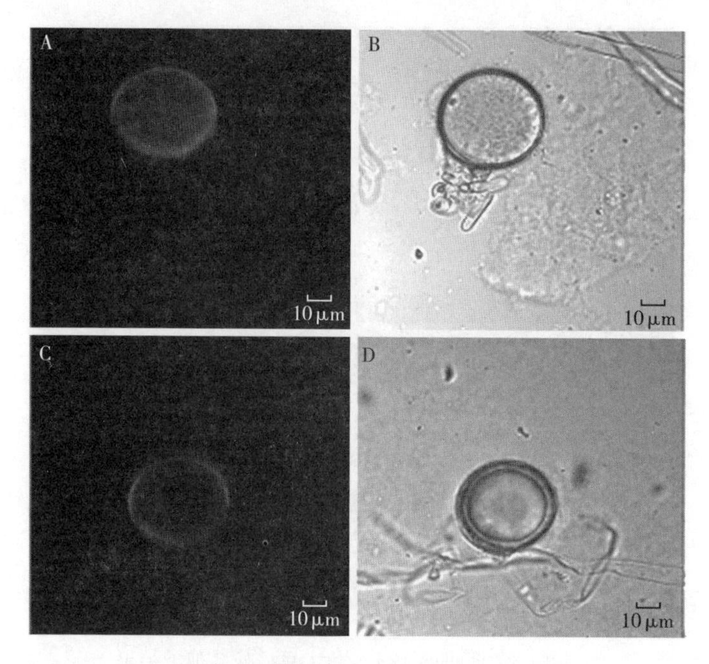


图 8-8 DAPI 染色大豆疫病菌孢子结果

注：DAPI 浓度为 1mg/mL，染色时间为 15min；A、B 均为活孢子染色结果，A 为荧光通道，B 为明场；C、D 均为死孢子染色结果，C 为荧光通道，D 为明场

#### 8.3.1.9 Hoechst33258 对病菌活孢子和死孢子染色结果

Hoechst33258 对大豆疫病菌活孢子与死孢子染色结果见图 8-9。A 显示出活卵孢子染色后卵质体和孢子边缘呈均匀的蓝色荧光，而细胞质没有染色，C 显示出死卵孢子染色后整个卵孢子呈均匀的蓝色荧光，比较 A 与 C 可以看出两者有明显区别。

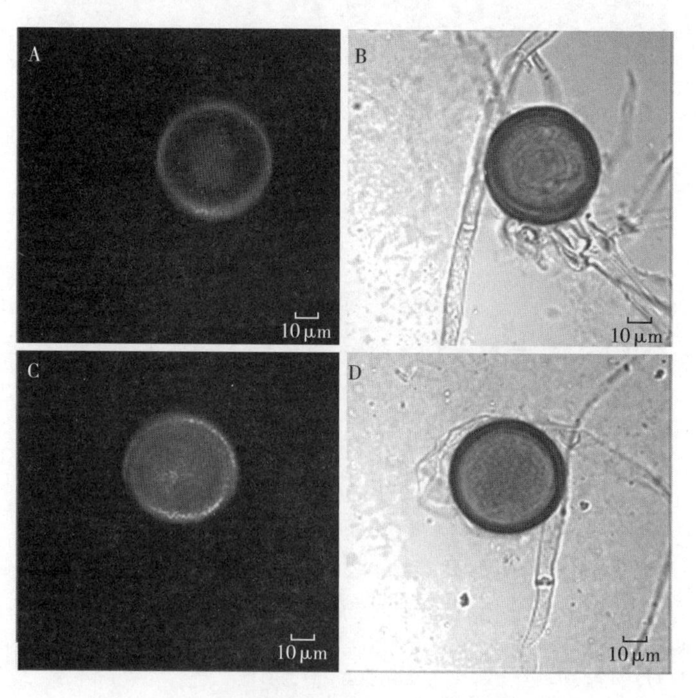


图 8-9 Hoechst33258 染色大豆疫病菌孢子结果

注：Hoechst33258 浓度为 5μg/mL，染色时间为 10min；A、B 均为活孢子染色结果，A 为荧光通道，B 为明场；C、D 均为死孢子染色结果，C 为荧光通道，D 为明场

#### 8.3.1.10　Hoechst33342 对病菌活孢子和死孢子染色结果

Hoechst33342 对大豆疫病菌活孢子与死孢子染色结果见图 8-10。A 显示出活卵孢子染色后卵质体和孢子壁呈均匀的弱蓝色荧光，而卵孢子细胞质无蓝色荧光，C 显示出死卵孢子染色后整个卵孢子呈均匀的蓝色荧光，两者有明显区别。

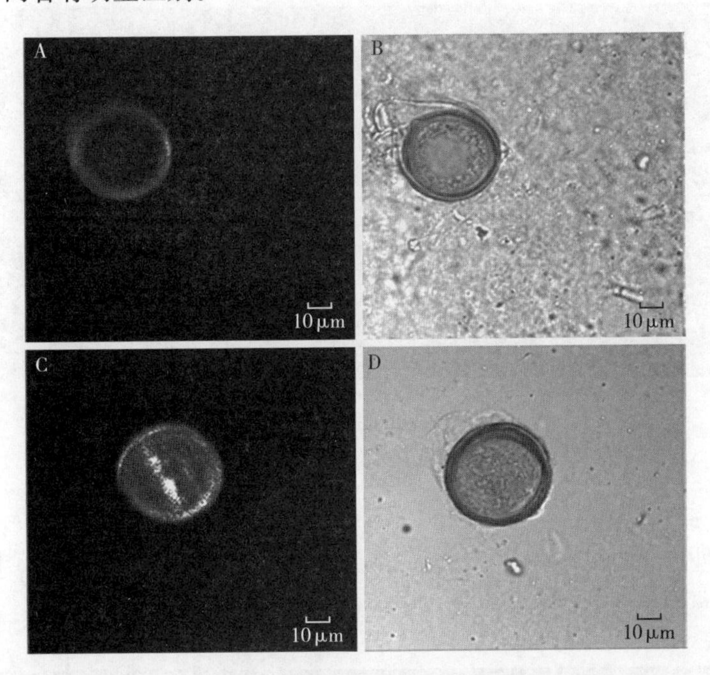


图 8-10　Hoechst33342 染色大豆疫病菌孢子结果

注：Hoechst33342 浓度为 5μg/mL，染色时间为 10min；A、B 均为活孢子染色结果，A 为荧光通道，B 为明场；C、D 均为死孢子染色结果，C 为荧光通道，D 为明场

综合上述结果分析，除 PI 不能区分大豆疫病菌活孢子和死孢子活外，其他 9 种染料对大豆疫病菌孢子死活均有不同程度的区分能力；因此本研究从这 9 种染料中选择染色效果较好、死活孢子区分能力较强的吖啶橙染料进行深入研究。

### 8.3.2　病原菌活性检测

#### 8.3.2.1　50℃水浴处理的卵孢子

经 50℃水浴分别处理 10min、20min、30min 的卵孢子，吖啶橙染色后 LSCM 扫描结果为图 8-11 所示，显示出卵质体为椭圆形或近圆形，发出均匀的绿色荧光。

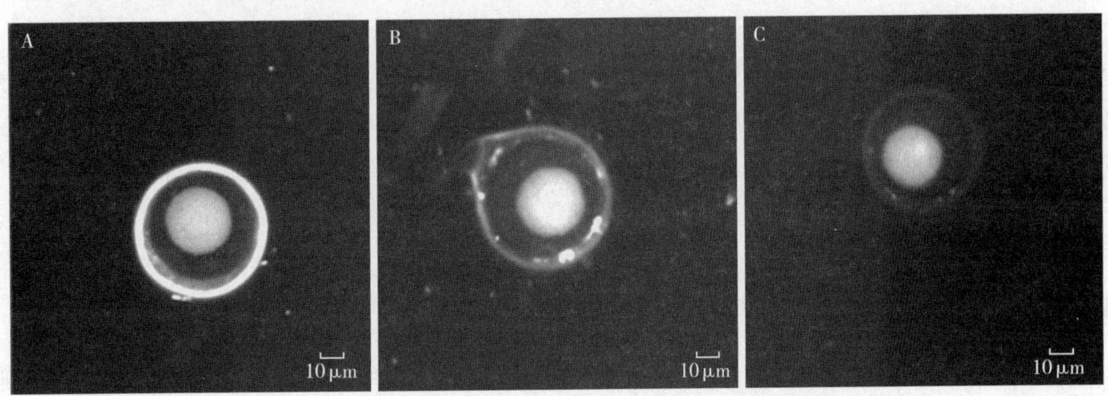


图 8-11　50℃水浴不同时间后的卵孢子吖啶橙染色结果

注：A 为 50℃水浴 10min，B 为 50℃水浴 20min，C 为 50℃水浴 30min

#### 8.3.2.2 60℃水浴处理的卵孢子

经60℃水浴分别处理10min、20min、30min的卵孢子，吖啶橙染色后LSCM扫描结果见图8-12所示。吖啶橙染色后卵孢子内荧光聚集于膜边，由致密浓染的亮绿色荧光逐渐减弱，甚至消失。

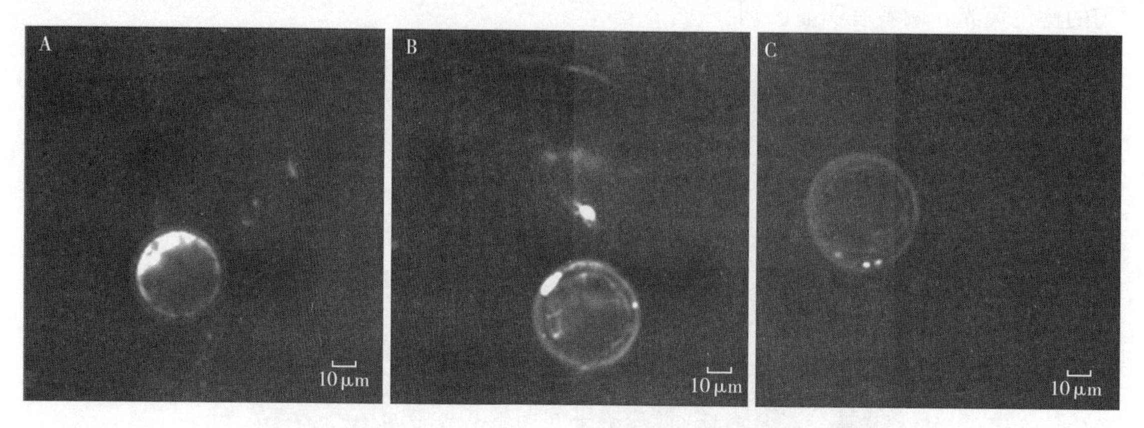


图8-12 60℃水浴不同时间后的卵孢子吖啶橙染色结果

注：A为60℃水浴10min，B为60℃水浴20min，C为60℃水浴30min

#### 8.3.2.3 70℃水浴处理的卵孢子

经70℃水浴分别处理10min、20min、30min的卵孢子，吖啶橙染色后LSCM扫描结果为图8-13所示，吖啶橙染色后卵孢子内的绿色荧光聚集于膜边，然后逐渐减弱或消失。

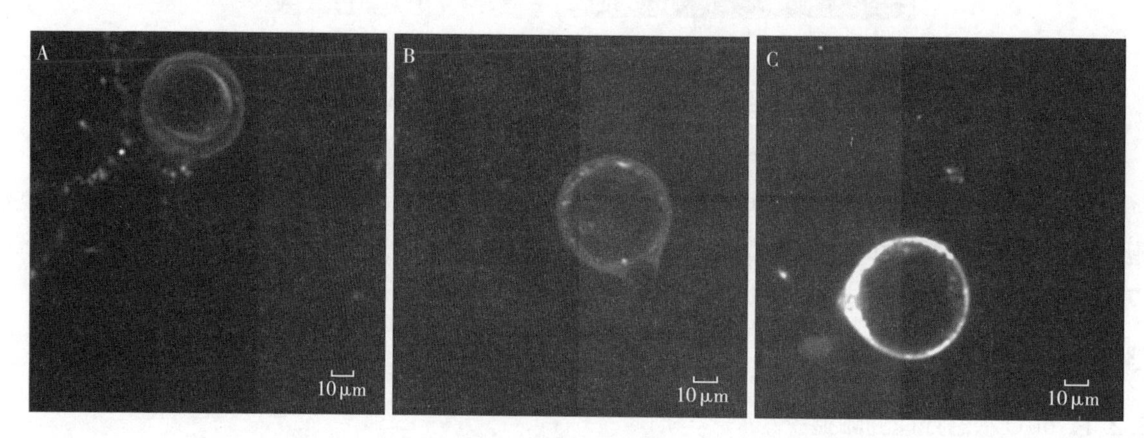


图8-13 70℃水浴不同时间后的卵孢子吖啶橙染色结果

注：A为70℃水浴10min，B为70℃水浴20min，C为70℃水浴30min

图8-13显示出经70℃水浴处理10min、20min、30min后卵孢子，根据对不同温度、不同时间处理后卵孢子的LSCM扫描结果分析：50℃水浴处理10min、20min、30min的卵孢子中有的卵质体染色呈椭圆形或近圆形，发出均匀的绿色荧光，说明仍具活性；60℃和70℃下各水浴处理10min、20min、30min的卵孢子均表现为卵孢子内出现致密浓染的绿色荧光，逐渐边集，最后甚至绿色荧光消失，表明从60℃水浴处理10min开始到70℃水浴处理30min的卵孢子均没有活性。这一结果与王良华等（2008）所得结论基本一致。

### 8.3.3 孢子萌发实验和MTT染色结果

以大豆疫病菌卵孢子为材料，经50℃、60℃、70℃水浴分别处理10min、20min、30min的一组卵孢子样品进行萌发，以未经水浴处理的卵孢子进行萌发实验作为空白对照，计算萌发率，详见表8-4所示。

**表 8-4　大豆疫病菌卵孢子萌发率**

| 处理温度/℃ | 处理时间/min | 萌发率/% | | |
|---|---|---|---|---|
| | | SZF15 | Pm-9-3 | 大豆 8 |
| 50 | 10 | 2.90 | 5.85 | 6.07 |
| | 20 | 7.08 | 5.19 | 3.63 |
| | 30 | 0 | 1.52 | 2.56 |
| 60 | 10 | 0 | 0 | 0 |
| | 20 | 0 | 0 | 0 |
| | 30 | 0 | 0 | 0 |
| 70 | 10 | 0 | 0 | 0 |
| | 20 | 0 | 0 | 0 |
| | 30 | 0 | 0 | 0 |
| 空白对照 | | 8.91 | 11.61 | 5.40 |

由表 8-4 可以看出，大豆疫病菌卵孢子萌发率均很低，分析原因可能是卵孢子萌发可能与其自身的生理机制相关，不一定提供了萌发所需的营养和环境条件就能够成功促使卵孢子萌发，有些卵孢子可能始终不萌发却未死亡（郝中娜等，2005）。表 8-4 从侧面反映出 50℃水浴分别处理 10min、20min、30min 的一部分卵孢子仍具活性，可能萌发，60℃、70℃水浴分别处理 10min、20min、30min 的卵孢子在培养的 30d 内均没有萌发。

以大豆疫病菌卵孢子为材料，经 50℃、60℃、70℃水浴分别处理 10min、20min、30min 的一组卵孢子样品进行 MTT 染色，以未经水浴处理的卵孢子进行 MTT 染色为空白对照，计数其死亡率，详见表 8-5。

**表 8-5　MTT 法测定大豆疫病菌卵孢子死亡率**

| 处理温度/℃ | 处理时间/min | 死亡率/% | | |
|---|---|---|---|---|
| | | SZF15 | Pm-9-3 | 大豆 8 |
| 50 | 10 | 49.22 | 54.26 | 43.53 |
| | 20 | 55.18 | 59.21 | 56.38 |
| | 30 | 59.24 | 65.52 | 53.30 |
| 60 | 10 | 54.60 | 68.49 | 46.63 |
| | 20 | 63.92 | 71.66 | 60.95 |
| | 30 | 67.81 | 84.36 | 59.48 |
| 70 | 10 | 71.63 | 86.52 | 69.93 |
| | 20 | 73.89 | 85.56 | 71.77 |
| | 30 | 72.39 | 74.65 | 77.62 |
| 空白对照 | | 42.65 | 45.77 | 46.55 |

由表 8-5 可知，本实验中 MTT 法测定经 50℃、60℃、70℃分别水浴处理 10min、20min、30min 后的卵孢子死亡率均小于 100%，与王良华等（2008）中卵孢子死亡率达 100%不完全一致。Sutherland 等（1983）在对卵孢子进行 MTT 法染色实验时，将经过 121℃、15min 高压蒸汽处理的大豆疫病菌卵孢子进行 MTT 染色，发现仍有较低比例的卵孢子染色呈玫瑰红色。本实验中，在 3 种水浴温度下分别处理 3 种时间后，都有一部分卵孢子经 MTT 染色后为玫瑰红色，MTT 染色法中说明呈玫瑰红色的为休眠孢子，可能就是本实验中卵孢子死亡率与王良华等（2008）结果相比较死亡率

偏低的原因。

### 8.3.4 病原菌活性检测方法的建立

本研究建立大豆疫病菌活性检测方法。先配制孢子悬浮液，采用吖啶橙（AO）进行染色，使用浓度为 100μg/mL 的 PBS，染料与孢子悬浮液以 1：20 体积比均匀混合，室温下避光染色 15min，染色完成后立即终止染色，洗涤，制片，激光扫描共聚焦显微镜扫描，分析其活性情况。

## 8.4 讨论与结论

### 8.4.1 讨论

#### 8.4.1.1 活性检测染料的筛选

本研究从 10 种荧光染料中筛选出适合于大豆疫病菌孢子活性检测研究的染料 9 种。在大豆疫病菌孢子活性检测染料筛选方面，PI 对大豆疫病菌活卵孢子染色发出微弱、均匀的红色荧光，死卵孢子染色发出微弱的、不均匀的红色荧光，两者无明显区别。吖啶橙对大豆疫病菌活卵孢子染色，卵质体发出均匀绿色荧光，呈椭圆形或近圆形，死卵孢子染色出现绿色荧光边集，由亮绿色荧光逐渐减弱或消失，与文献报道相符，活卵孢子与死卵孢子区分效果明显。JC－1 染色死活孢子染色情况与吖啶橙相似，对死孢子和活孢子有一定的区分能力；但其染色情况与文献中报道的活菌产生红色荧光、死菌产生绿色荧光的情况不一致（刘瑛琪等，2002；于力方等，2008）。SYTO 9 对大豆疫病菌死活卵孢子染色情况与吖啶橙相似，可以区分孢子的死活。钙黄绿素以及罗丹明 123 对大豆疫病菌死孢子和活孢子染色情况与文献报道基本相符，即活菌产生绿色荧光，死菌无荧光或荧光很弱（宋玉林等，2008），本实验中死孢子和活孢子染色存在强弱的区分，但区分效果不明显。双醋酸荧光素对大豆疫病菌死活孢子的染色情况与吖啶橙相似，但与文献报道活菌产生很强的绿色荧光、死菌无荧光（黄纯农，1988；谌丽斌等，2005，曾伟成等，2007）的情况不相符。张姿等（2007）文献指出 DAPI 对活菌染出蓝色荧光，死菌发出致密的强蓝色荧光或蓝色荧光减弱至消失；本实验中 DAPI 对大豆疫病菌活卵孢子染出均匀的蓝色荧光，死卵孢子则呈不均匀蓝色荧光或没有荧光，与文献报道相符，对死孢子和活卵孢子有一定的区分能力。葛志强等（2001）与颜汝平等（2006）文献报道指出 Hoechst33258 与 Hoechst33342 都具有膜通透性，与 DNA 分子的 A－T 键特异性结合，在紫外光激发下，对活菌染色后发出蓝色荧光，死菌可以发出致密的强蓝色荧光，或蓝色荧光减弱至消失；本实验中染色结果与该文献报道基本相符，对活孢子与死孢子有一定的区分能力。

综合分析上述 10 种染料，文献大多是以植物、动物等的细胞为研究对象，少有针对植物病原真菌的染色报道，研究对象的不同，会造成结果的差异，适合植物或动物细胞活性染色的染料不一定适合真菌孢子染色或不适合大豆疫病菌孢子的染色，本研究筛选出吖啶橙、JC－1、SYTO 9、双醋酸荧光素、罗丹明 123、DAPI、Hoechst33258、Hoechst33342 及钙黄绿素作为大豆疫病菌的活性染料，其中前 4 种染料均是依据不同染色区域对孢子死活进行区分，后 5 种染料则是根据不同染色强度对死活孢子进行区分，虽然 9 种染料均能区分大豆疫病菌卵孢子的死活，但本实验最终选择出染色效果较好、死活孢子区分能力较强的吖啶橙染料用于大豆疫病菌卵孢子活性检测研究。

#### 8.4.1.2 大豆疫病菌活性检测定性分析

本研究应用激光扫描共聚焦显微镜技术，对经过 3 种温度和 3 种时间处理后的大豆疫病菌卵孢子经吖啶橙染色后进行活性检测分析，并以孢子萌发实验和 MTT 染色作为对照实验。可以得出，50℃水浴处理 10min、20min、30min 后，有部分卵孢子染色发出均匀绿色荧光，说明部分卵孢子仍具活性，萌发结果显示有较低比例的卵孢子已经萌发，MTT 染色结果中卵孢子死亡率均低于 100%。60℃和 70℃分别水浴处理 10min、20min、30min 的卵孢子经吖啶橙染色均表现为绿色荧光边集，由致密浓染的较强荧光逐渐减弱，甚至消失（李剑明等，2002），说明卵孢子没有活性，萌发结果表明经过该处理后的卵孢子培养 30d 后仍没有萌发，但 MTT 染色结果显示出死亡率低于 100%，染色分析结果与萌发结果基本一致，但与 MTT 染色结果不完全一致。本实验初步得出，3 株大豆疫病菌卵孢子在 60℃水浴处理 10min 后便没有活性，这一结果与王良华等（2008）中大豆疫霉卵孢子致死温度测定结果基本一致，大豆疫病菌不同菌株间可能存在差异。

本实验中大豆疫病菌卵孢子萌发率很低，在培养观察 30d 后仍然未见空白对照中的卵孢子大量萌发，分析萌发率低的原因，可能是因为卵孢子的萌发不完全受外在因素控制，而与其自身的“生物钟”有关，即使提供了卵孢子萌发所需要的营养条件和外在环境条件，未成熟的卵孢子不会萌发但也没有死亡，成熟的卵孢子可能陆续萌发，也可能始终不萌发，萌发现象是卵孢子活性最直接的表现形式之一。周肇蕙等（2001）指出关于大豆种子带菌卵孢子的萌发，尝试给予卵孢子田间自然条件等促进萌发的方法，仍很难促使其萌发，大豆疫病菌卵孢子萌发较困难的问题也影响了大豆疫病菌遗传学、病原菌生物学等研究（左豫虎等，2002；文景芝等，2007）。MTT 法测定卵孢子死亡率的结果与王良华等（2008）不完全一致，即使经过 70℃高温下水浴处理 30min 的卵孢子，死亡率也未达 100%，计数过程中发现该处理后有一定比例的玫瑰红色卵孢子，根据 MTT 法判定标准，玫瑰红色卵孢子为休眠卵孢子。Sutherland 等（1983）认为 MTT 染色这种建立在分析细胞内酶活性的定性分析方法，所反映出的卵孢子活性情况仍具一定误差，不能作为单一证据判断疫霉卵孢子活性。由此可以看出，找到一种能够快速、准确分析大豆疫病菌卵孢子活性的方法具有重要意义。

本研究运用激光扫描共聚焦显微镜技术建立大豆疫病菌活性检测方法，以吖啶橙对卵孢子染色形态的差异为依据分析孢子活性情况，本方法的建立为大豆疫病菌卵孢子活性检测研究工作指明了方向，为大豆疫病菌活性检测的进一步研究提供了基础。

## 8.4.2 结论

（1）本研究首次将激光扫描共聚焦显微镜运用到大豆疫病菌活性检测研究中，从 10 种染料中筛选出 9 种染料可用于大豆疫病菌活性检测，并选用吖啶橙染料，首次建立了大豆疫病菌激光扫描共聚焦显微镜活性检测方法。

（2）本研究建立的检疫性植物病原真菌活性检测新方法，有望替代传统的孢子萌发法。

# 9　栎树猝死病菌活性检测方法

## 9.1　概况

### 9.1.1　基本信息

中文名：栎树猝死病菌（多枝疫霉）。英文名：pathogen of sudden oak death，pathogen of ramorum leaf blight。学名：*Phytophthora ramorum* Werres，De Cock & Man in't Veld。

### 9.1.2　分类地位

腐霉目 Pythiales，腐霉科 Pythiaceae，疫霉属 *Phytophthora*。

### 9.1.3　地理分布

美国、英国、澳大利亚、意大利、法国、德国、西班牙、爱尔兰、加拿大、波兰、挪威、比利时、荷兰、瑞典、奥地利、葡萄牙、瑞士、土耳其、保加利亚、丹麦、捷克、俄罗斯、芬兰、斯洛文尼亚、斯洛伐克、希腊、新西兰、塞尔维亚、立陶宛、日本、罗马尼亚、匈牙利、印度、克罗地亚、爱沙尼亚、乌克兰、拉脱维亚、伊朗、阿根廷、阿尔巴尼亚、北马其顿、韩国、墨西哥、不丹、巴西、卢森堡、摩尔多瓦、南非、智利、格鲁吉亚、摩洛哥、亚美尼亚、阿尔及利亚、阿塞拜疆、突尼斯、白俄罗斯、摩纳哥、津巴布韦、安道尔、冰岛、以色列、肯尼亚、列支敦士登、菲律宾、哥伦比亚、印度尼西亚、马来西亚、尼泊尔、巴基斯坦、圣马力诺、玻利维亚、埃及、黎巴嫩、黑山、巴布亚新几内亚、留尼汪岛、斯里兰卡、特立尼达和多巴哥、越南、古巴、塞浦路斯、伊拉克、马达加斯加、叙利亚、捷克、厄瓜多尔、危地马拉、洪都拉斯、哈萨克斯坦、马耳他、毛里求斯、缅甸、朝鲜、波多黎各、乌干达、委内瑞拉、爱尔兰、巴伐利亚、喀麦隆、中国等国家和地区。

## 9.2　材料与方法

### 9.2.1　供试菌株

供试菌株 10327 来自深圳海关动植物检验检疫技术中心菌种保藏室。

### 9.2.2　试剂

#### 9.2.2.1　荧光染料

本实验采用的染料为吖啶橙。

#### 9.2.2.2　主要培养基

PDA：200g 马铃薯于 1 000mL 水中煮沸约 20min 后，用双层纱布过滤，滤液定容到 1 000mL 后加入 20g 琼脂粉并加热溶解，再加入 20g 葡萄糖，121℃高压蒸汽灭菌 20min，备用。

OMA：1 000mL 去离子水煮沸，加入 30g 燕麦片和 18～20g 琼脂粉并加热溶解，121℃高压蒸汽灭菌 20min，备用。

WA：1 000mL 去离子水煮沸，加入 18～20g 琼脂粉并加热溶解，121℃高压蒸汽灭菌 20min，备用。

## 9.2.3　主要仪器设备

LSM 5 EXCITER 激光扫描共聚焦显微镜、ZEISS STANDARD20 显微镜、HICLAVE HV－50 高压灭菌锅、A/B Ⅱ型生物安全柜、Spectrafuge 24D 型台式离心机、恒温水浴锅、LR－350HT 型生化培养箱。

## 9.2.4　实验方法

### 9.2.4.1　菌株培养

挑取菌株 CBS10327 培养物接种于 OMA 平板上，用 Parafilm 膜密封培养皿，于 20℃条件下黑暗中培养 20d，显微镜下观察是否产生卵孢子。

### 9.2.4.2　卵孢子悬浮液配制

将产生了成熟的栎树猝死病菌卵孢子的培养物刮取下来，放入已灭菌的研钵中，加适量无菌去离子水，使其刚好湿润浸没，研磨 15min，将研磨后的培养物转入灭菌的离心管内，涡旋振荡处理 5min，使卵孢子从菌丝中分离下来，1 000r/min 离心 3min，小心吸去上层液体，加无菌去离子水冲洗沉淀并离心 2～3 次，用无菌吸管将表面的剩余菌丝吸净，最后 1 000r/min 离心 3min 获得较为纯净的卵孢子，用 2mL 灭菌水重悬得到卵孢子悬浮液，浓度约为 $10^4$个/mL。

### 9.2.4.3　孢子失活处理

新鲜配制卵孢子悬浮液 1mL，分装为两管：K（killed）、UK（unkilled）。将 K 管于 70℃水浴 20min 作致死处理，表示为死卵孢子，UK 管则表示为未作处理的活卵孢子对照。

### 9.2.4.4　染色处理

用初始浓度为 100μg/mL（溶剂为 PBS）的吖啶橙（AO）5μL，加入 95μL 上述孢子悬浮液，混匀，室温下避光染色 15min，13 000r/min 离心 1min，去上清液并用灭菌去离子水洗涤一次，终止染色，重悬，避光放置。

### 9.2.4.5　激光扫描共聚焦显微镜扫描

取 10μL 孢子悬浮液制备玻片，封片，倒置于激光扫描共聚焦显微镜载物台上，低倍镜下找到孢子，转到 100 倍油镜下观察，微调至视野内图像清晰。根据所用染料，选择相应的激光管（氩离子激光器）激发荧光信号，设置荧光通道的激发波长（488nm），收集荧光信号的发射波长（505nm），并设置一个明场通道作为对照。选择低像素的平面扫描方式进行粗略扫描（xy：512×512），依据扫描成像效果中荧光信号强弱可调整探测针孔（300，即 3.12Airy Units＝2.2μm）、光电倍增管增益（500）、激光扫描强度（7.90%），根据图像信噪比调整扫描模式（line）、重复扫描次数（2）和扫描速度（6）等，调整至成像质量较好时，再用精确扫描方式（xy：2 048×2 048）获取最终的图像。本实验中，对栎树猝死病菌卵孢子进行扫描，因卵孢子有一定厚度，为保证图像能反映出卵孢子最真实的荧光染色情况，特别要注意观察明场通道下所得卵孢子图像是否清晰。

### 9.2.4.6　病原菌活性检测

将两种处理的孢子悬浮液各分为两组进行平行实验，一组用吖啶橙进行单染，制片、LSCM 扫描分析卵孢子活性，对每个样品随机选择 30 个孢子，测量单个孢子的荧光强度值；另外一组进行萌发实验，计数萌发率并做统计分析。

### 9.2.4.7　孢子萌发实验

栎树猝死病菌卵孢子悬浮液配制好后，取 100μL（约含 100 个卵孢子）悬浮液，均匀涂布于 WA 平板上，用 Parafilm 封口，20℃下黑暗培养，从第 7 天起开始观察，持续培养观察 30d，每个样品统计 100 个孢子，计数萌发率。

# 9.3 结果与分析

## 9.3.1 吖啶橙对病菌活孢子和死孢子染色结果

应用激光共聚焦显微镜分别对两种处理的 30 个孢子进行检测，选择部分检测结果图片示于下方（图 9-1）。

## 9.3.2 萌发率实验结果

孢子悬浮液经过 70℃ 水浴处理 20min 的一组卵孢子样品进行萌发实验，以未经水浴处理的卵孢子进行萌发实验作为空白对照，计数萌发率。处理过的卵孢子萌发率为 0，未经处理的卵孢子悬浮液的萌发率为 33.5%。

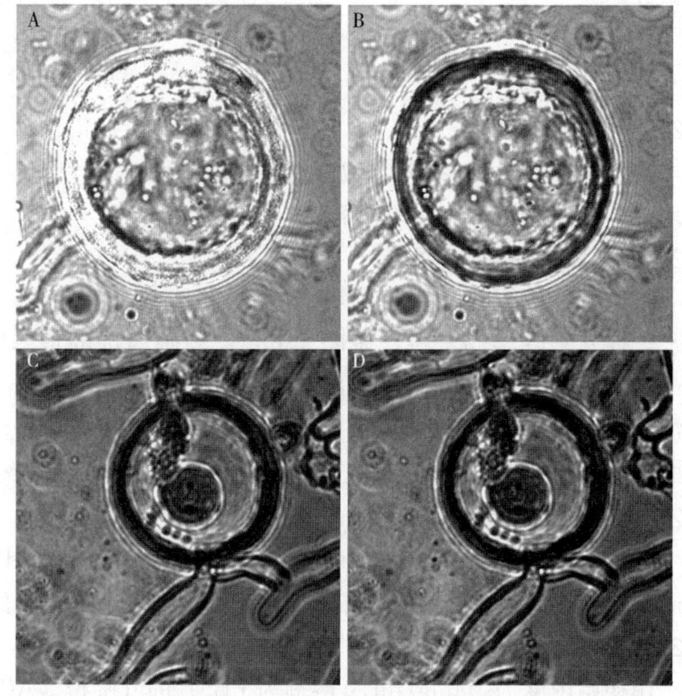


图 9-1 吖啶橙（AO）对栎树猝死病菌卵孢子染色结果

注：AO 浓度为 100μg/mL，染色时间为 15min；A、B 均为活孢子染色结果，A 为荧光通道，B 为明场；C、D 均为死孢子染色结果，C 为荧光通道，D 为明场

# 9.4 讨论与结论

## 9.4.1 讨论

本研究选择吖啶橙作为栎树猝死病菌活性染色，通过实验发现染料吖啶橙（AO）可区别死活包子。吖啶橙（AO）染料能够使病原菌活孢子都能发出绿色荧光，死孢子不能发出荧光，与王莉等（2017）用 AO 染料来观察细胞凋亡形态结果一样。本研究是首次将吖啶橙（AO）染料用于判断栎树猝死病菌孢子活性，以往的大多数文献的研究对象主要是动物或者植物细胞的原生质体，很少有真菌卵孢子研究。由于很多时候研究对象不一样，结果只具有参考性，并不准确，适合动植物细胞的活性检测不代表能够准确判断出真菌卵孢子的活性，最终都需通过实验验证。

## 9.4.2 结论

（1）通过对栎树猝死病菌进行活性检测实验，发现使用染料吖啶橙（AO）可区别死活孢子，能够使病原菌活孢子都能发出绿色荧光，死孢子不发荧光。

（2）染色最佳条件为：浓度为 100μg/mL，染料与孢子悬浮液以 1∶20 体积比均匀混合，室温下避光染色 15min。

# 10 瓜类果斑病菌活性检测方法

## 10.1 概况

### 10.1.1 基本信息

中文名称：瓜类果斑病菌（西瓜细菌性果斑病菌、西瓜细菌性果腐病菌），英文名：melon bacterial fruit blotch。学名：*Acidovorax avenae* subsp. *citrulli*（Schaad et al.）Willems et al.。

### 10.1.2 分类地位

伯克氏菌目 Burkholderiales，从毛单胞菌科 Comamonadaceae，噬酸菌属 *Acidovorax*。被我国列为检疫性有害生物。

### 10.1.3 地理分布

印度尼西亚、伊朗、以色列、日本、马来西亚、韩国、泰国、土耳其、希腊、匈牙利、意大利、荷兰、塞尔维亚、加拿大、哥斯达黎加、瓜德罗普岛、尼加拉瓜、特立尼达和多巴哥、美国、澳大利亚、北马里亚纳群岛、巴西、中国等国家和地区。

## 10.2 材料与方法

### 10.2.1 供试菌株

供试菌株瓜类果斑病菌均来自深圳海关动植物检验检疫技术中心菌种保藏室，菌株信息见表 10－1 所示。

**表 10－1 供试菌株**

| 菌株 | 来源 | 病原菌中文名 | 拉丁文 |
|---|---|---|---|
| 470122 | 1 | 瓜类果斑病菌 | *Acidovorax citrulli* |
| 470126 | 1 | 瓜类果斑病菌 | *A. citrulli* |
| 470127 | 1 | 瓜类果斑病菌 | *A. citrulli* |
| 470142 | 1 | 瓜类果斑病菌 | *A. citrulli* |
| 470146 | 1 | 瓜类果斑病菌 | *A. citrulli* |
| 470149 | 1 | 瓜类果斑病菌 | *A. citrulli* |
| 470101 | 1 | 燕麦食酸菌燕麦种 | *A. avenae* |
| 470102 | 1 | 燕麦食酸菌燕麦种 | *A. avenae* |
| 470171 | 1 | 魔芋食酸菌 | *A. knojaci* |
| 470182 | 1 | 麦草畏降解菌 | *A. delafieldii* |

注：①六位数字代码为深圳海关动植物检验检疫技术中心微虫室植物病原细菌保存库菌株编号；②分别代表菌株提供单位。1 深圳出海关动植物检验检疫技术中心微虫室。

### 10.2.2 试剂

Propidium monoazide；PCR 反应体系中有关试剂。

### 10.2.3 主要仪器设备

实时荧光 PCR 仪，500W 卤素灯。

### 10.2.4 主要培养基

LB 液体培养基：1 000mL $ddH_2O$ 中，加入胰蛋白胨 10g、酵母浸粉 5g、氯化钠 5g，搅拌至完全溶解后，121℃高压灭菌 20min，备用。

LB 固体培养基：1 000mL LB 液体培养基中，加入 110g 琼脂粉，分装至锥形瓶中，121℃高压灭菌 20min，备用。

### 10.2.5 引物探针设计合成

基于瓜类果斑病菌基因 16S－23S rDNA 之间的 ITS 序列设计引物 16S－23S－R\16S－23S－F、探针 Ac－16－23S－P，由上海生工有限公司合成，引物及探针序列见表 10－2 所示。

表 10－2 瓜类果斑病菌的特异性引物和探针序列

| | 序列名称 | 序列（5′-3′） |
|---|---|---|
| *A. citrulli* | Ac－16－23S－F | GCGTTATGCCGTAATGTGAA |
| | Ac－16－23S－R | CGGATCAATCGGCTGTTCTT |
| | Ac－16－23S－P | FAM－TGCCGCCGGTGACA－TAMRA |

### 10.2.6 引物及探针特异性检测

实时荧光定量 PCR 反应体系（20μL 体系）：Perfect Start Ⅱ Probe qPCR Super Mix：10μL；F：1μL；R：1μL；模板：2μL；$ddH_2O$：5μL。反应程序：95℃，30s，(95℃，5s；60℃，30s)×40。

### 10.2.7 灵敏度检测

对引物及探针进行灵敏度检测：分别配制 $10^8$CFU/mL、$10^7$CFU/mL、$10^6$CFU/mL、$10^5$CFU/mL、$10^4$CFU/mL、$10^3$CFU/mL 的活菌菌液以及热灭活的死菌菌液，死菌菌液配制方式为 80℃水浴加热 10min。进行实时荧光定量 PCR 后，建立标准曲线。

### 10.2.8 菌悬液热处理

取 1mL10 倍梯度菌悬液于 1.5mL 的离心管中，置于 100℃水浴锅加热处理 5min，然后取出涂于 LB 平板，置于 28℃黑暗培养 48h 后观察，并选取菌落数在 20～200 个/皿的平板进行计数，并以此推算菌悬液浓度（CFU/mL）。

### 10.2.9 PMA 浓度量优化

分别向装有 1mL 浓度为 $10^7$CFU/mL 菌液的离心管中添加 1μL 浓度为 0μg/mL、1μg/mL、2μg/mL、3μg/mL、5μg/mL、10μg/mL、20μg/mL 的 PMA 工作释液，共 7 个浓度梯度，黑暗孵育 10min，500W 卤素灯曝光 10min，光源距离菌悬液 20cm。样品预处理结束后进行实时荧光定量 PCR。

## 10.3 结果与分析

### 10.3.1 引物对和探针特异性检测

利用特异引物对 Ac－16－23S－F/Ac－16－23S－R 和探针 Ac－16－23S－P 对瓜类果斑病菌菌株

470122、470126、470127、470142、470146、470149 及其近似种菌株 470101、470102、470171、470182、空白对照进行实时荧光 PCR 检测，仅有瓜类果斑病菌检测呈阳性，其他均为阴性，如图 10-1 所示，表明该引物对和探针特异性强。

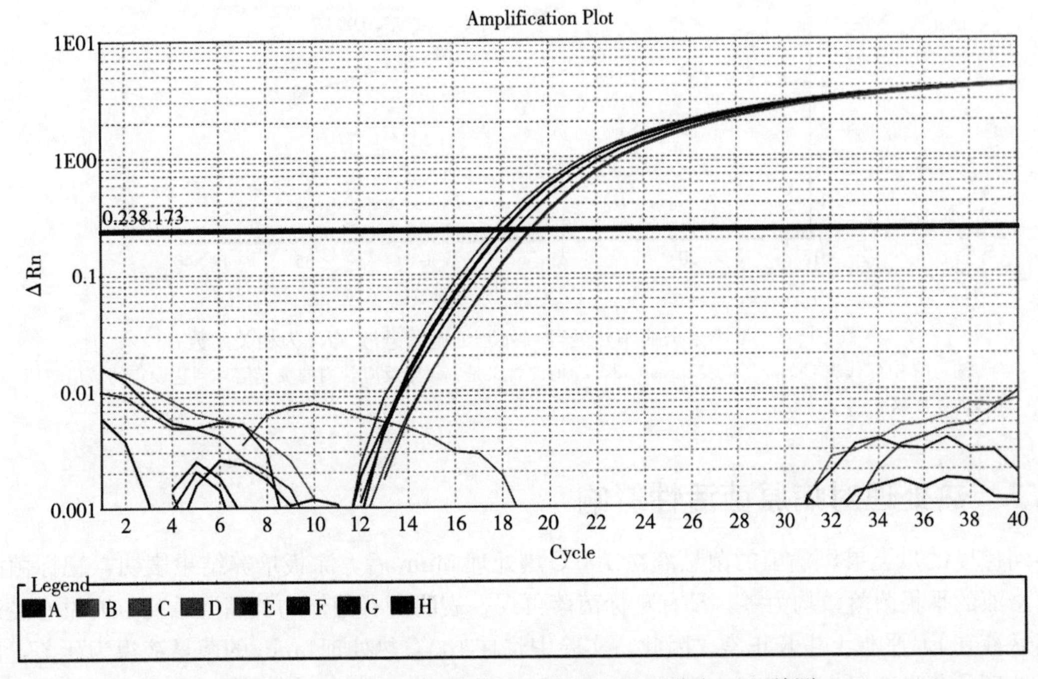


图 10-1　瓜类果斑病菌及其近似种的实时荧光 PCR 检测

## 10.3.2　灵敏度检测

通过涂板计数表明，菌悬液初始浓度为 $1.0\times10^{8}$ CFU/mL；然后利用特异引物对 Ac-16-23S-F/Ac-16-23S-R 和探针 Ac-16-23S-P 对瓜类果斑病菌菌株 470122 对 10 倍系列梯度菌悬液直接进行 40 个循环的实时荧光 PCR 分析。结果表明，未经过热处理的菌悬液浓度（CFU/mL）Log 值与 $Ct$ 值构建的标准曲线呈线性关系，即 $y=-0.2997x+14.995$（$R^2=0.9987$）（图 10-2）。该检测体系的检测活菌浓度范围为 $10^3\sim10^8$ CFU/mL，而菌悬液经过热处理后，其菌悬液浓度对数值与 $Ct$ 值构建的标准曲线仍呈线性关系，即 $y=-0.2392x+12.238$（$R^2=0.9937$），该检测体系的浓度阈值为 $10^3\sim10^8$ CFU/mL（图 10-3）。

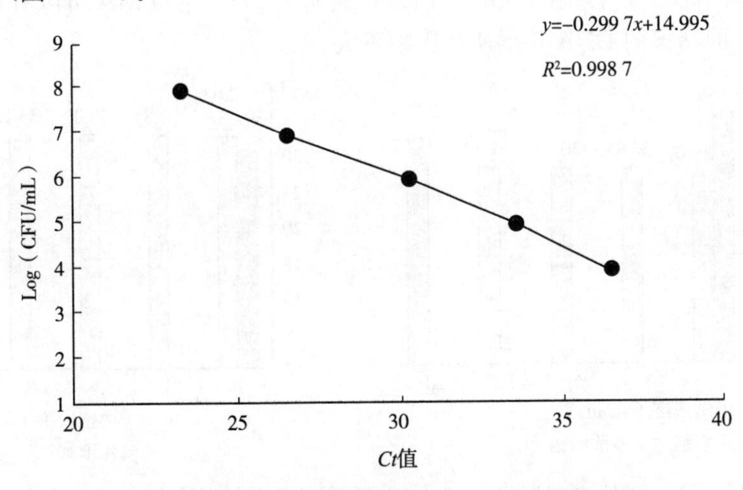


图 10-2　瓜类果斑病菌活菌菌悬液（$R^2$ 为相关系数）

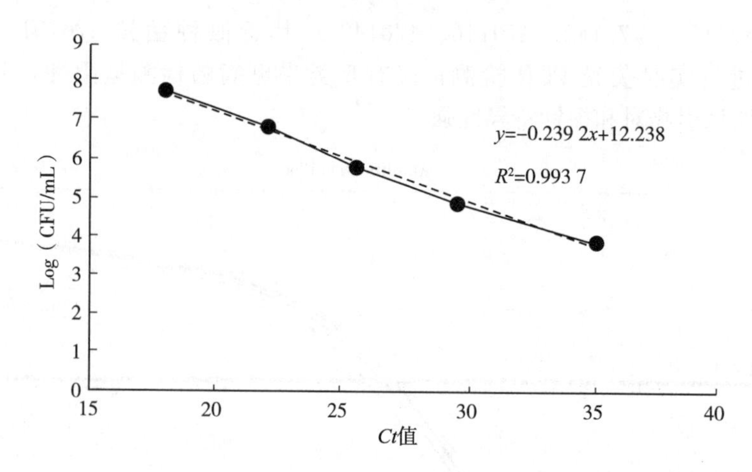


图 10－3 瓜类果斑病菌热处理（死）细胞菌悬液（$R^2$ 为相关系数）

注：Ct 中 C 代表 Cycle，t 代表 threshold，Ct 值的含义是：每个反应管内的荧光信号到达设定的域值时所经历的循环数

## 10.3.3 热处理对病原菌活性影响

不同梯度的瓜类果斑病菌的菌悬液在 100℃热处理 5min 后，涂板培养结果表明，靶标菌的所有梯度菌悬液的平板菌落数均为零，没有靶标菌落再现，表明所有菌体均被高温杀死；而没有经过热处理的菌悬液在 LB 平板上生长正常。因此，实验中将在 100℃热处理 5min 的菌悬液视为死菌，而没有进行热处理的菌悬液视为活菌。

## 10.3.4 PMA 浓度优化结果

当菌悬液浓度为 $10^6$CFU/mL 时，活菌经过不同浓度 PMA 处理后 Ct 值在 25.92～27.57，死菌经过在不同浓度 PMA 处理后 Ct 值在 23.15～39.53，表明随着 PMA 浓度升高对活菌 DNA 扩增影响不大，而对死菌 DNA 扩增影响显著。当菌悬液浓度为 $10^5$CFU/mL 时，死菌菌悬液经过 3μg/mL 或更高浓度的 PMA 渗透处理后，其 Ct 值都为 0，而活菌菌悬液经过相应浓度 PMA 处理后，Ct 值在 0.85～31.62，如图 10－4（左）和表 10－3 所示，表明 3μg/mL PMA 对该浓度下的活菌 DNA 扩增影响不大，但可以有效抑制死菌 DNA 扩增。当菌悬液浓度为 $10^4$CFU/mL 时，使用 1μg/mL 或更高浓度的 PMA 渗透处理死菌后对应的 Ct 值都为 0，而活菌菌悬液经过不同浓度 PMA 处理后 Ct 值在 32.63～33.63，如图 10－4（右）和表 10－3 所示，表明 1μg/mL 的 PMA 可以有效抑制 $10^4$CFU/mL 的死菌 DNA 扩增，而活菌的 DNA 扩增所受影响不大。

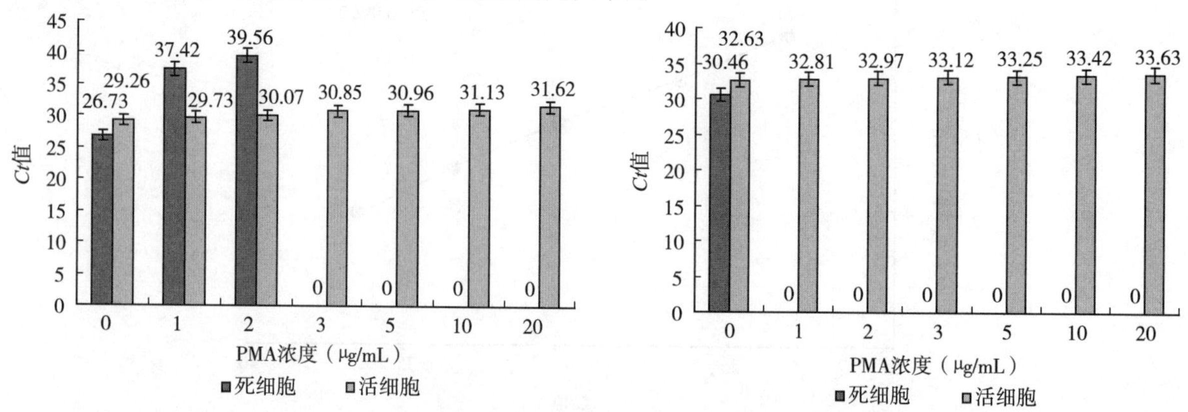


图 10－4 PMA 有效抑制瓜类果斑病菌 DNA 扩增的最佳浓度与实时荧光 PCR 检测的 Ct 值柱状图

注：左图代表菌悬液浓度为 $10^5$CFU/mL，右图代表菌悬液浓度为 $10^4$CFU/mL

表 10-3 PMA 处理不同浓度瓜类果斑病菌悬液对应实时荧光 PCR 检测的 *Ct* 值

| 菌悬液浓度/CFU/mL | PMA 终浓度/μg/mL | 死菌 | | 活菌 | |
|---|---|---|---|---|---|
| | | *Ct* 值 | 标准偏差 | *Ct* 值 | 标准偏差 |
| $10^6$ | 0 | 23.15 | 0.359 2 | 25.92 | 0.450 1 |
| | 1 | 24.56 | 0.127 2 | 26.25 | 0.361 1 |
| | 2 | 28.97 | 0.252 8 | 26.76 | 0.196 5 |
| | 3 | 30.35 | 0.209 4 | 26.98 | 0.265 8 |
| | 5 | 33.89 | 0.232 1 | 27.39 | 0.216 8 |
| | 10 | 36.91 | 0.253 9 | 27.48 | 0.283 2 |
| | 20 | 39.53 | 0.274 2 | 27.57 | 0.304 8 |
| $10^5$ | 0 | 26.73 | 0.821 9 | 29.26 | 0.754 9 |
| | 1 | 37.42 | 0.218 5 | 29.73 | 0.318 3 |
| | 2 | 39.56 | 0.195 4 | 30.07 | 0.294 5 |
| | 3 | 0 | 0 | 30.85 | 0.202 4 |
| | 5 | 0 | 0 | 30.96 | 0.265 9 |
| | 10 | 0 | 0 | 31.13 | 0.293 8 |
| | 20 | 0 | 0 | 31.62 | 0.491 5 |
| $10^4$ | 0 | 30.46 | 0.821 9 | 32.63 | 0.754 9 |
| | 1 | 0 | 0 | 32.81 | 0.568 2 |
| | 2 | 0 | 0 | 32.97 | 0.452 7 |
| | 3 | 0 | 0 | 33.12 | 0.198 2 |
| | 5 | 0 | 0 | 33.25 | 0.294 6 |
| | 10 | 0 | 0 | 33.42 | 0.362 7 |
| | 20 | 0 | 0 | 33.63 | 0.755 3 |

# 10.4 讨论与结论

## 10.4.1 讨论

在 PMA 浓度优化实验中发现，当菌悬液浓度不高于 $10^4$ CFU/mL 时，使用终浓度为 1μg/mL 的 PMA 渗透处理，可以完全抑制死菌 DNA 的扩增；而当菌悬液浓度达到 $10^6$ CFU/mL 或更高时，即便 PMA 浓度达到 20μg/mL 也无法完全抑制死菌 DNA 扩增，可能是因为菌体浓度过高，死菌释放 DNA 总量过大，PMA 难以共价结合所有 DNA，使得未被结合 DNA 能被扩增检测到荧光信号；但随着 PMA 浓度增加，其对应 *Ct* 值也会增加，表明未被结合的死菌 DNA 减少。当菌悬液浓度为 $10^5$ CFU/mL 数量级时，添加 3μg/mL 及更高浓度的 PMA 处理菌悬液后，其 *Ct* 值均大于 39 或者无法检测到荧光信号。同时，在所测试梯度活菌菌悬液中，随着添加 PMA 浓度增加，检测活菌菌悬液的 *Ct* 值也在一定程度上增加，表明过高的 PMA 浓度可能影响对活菌的检测，不可以单纯通过增加 PMA 浓度来抑制高浓度死菌 DNA 的扩增。此外，对于同一浓度菌悬液，在不添加 PMA 的情况下，检测活菌对应 *Ct* 值总是高于死菌，表明死菌溶液中释放的 DNA 浓度较高，这与本研究中通过热处理有关，即死菌细胞结构被破坏，DNA 能够充分释放到溶液中而被扩增检测到荧光信号。

本研究首次将 DNA 染料 PMA 结合实时荧光 PCR 检测方法引入瓜类果斑病菌死活菌检测，为初步确定检测鉴别该活菌提供了新方法，克服了基于 DNA 分子检测手段不能鉴别死活菌，导致过高估计活菌的数量，甚至产生假阳性结果的弊端，可以更有效地为该病害的预防控制提供可靠依据，是一种具有潜在应用价值的新方法。

### 10.4.2 结论

（1）本研究首次将 PMA 染料与实时荧光定量 PCR 技术相结合，建立了瓜类果斑病菌的活性检测技术，实现了对瓜类果斑病菌有活力菌的定量和特异性的检测。

（2）本研究设计了瓜类果斑病菌特异性检测引物及探针，以 4 株瓜类果斑病菌近似变种及近似属病原菌为模板对引物和探针分别进行特异性检测，该菌的引物和探针均可区分瓜类果斑病菌及常见瓜类果斑病菌变种。

（3）本研究优化了该病原菌 PMA 预处理条件，即 PMA 终浓度为 1μg/mL、黑暗孵育时间为 10min；该条件下，PMA－qPCR 技术可有效区别出 $10^3$～$10^7$CFU/ml 的活菌和死菌，并通过与平板计数法结合建立标准曲线，根据测得的 *Ct* 值可有效计算出活菌的数量。

（4）建立瓜类果斑病菌 PMA－qPCR 检测方法，并对该方法的灵敏度进行检验，结果证明该方法对活菌的检测限为 $10^3$CFU/mL，对死菌的检测范围为 $10^3$～$10^7$CFU/mL。

# 11　豌豆细菌性疫病菌活性检测方法

## 11.1　概况

### 11.1.1　基本信息

中文名：豌豆细菌性疫病菌（丁香假单胞杆菌豌豆致病变种）。英文名：bacterial blight of pea。学名：*Pseudomonas syringae* pv. *pisi*（Sackett）Young et al.）。

### 11.1.2　分类地位

假单胞菌目 Pseudomonadales，假单胞菌科 Pseudomonadaceae，假单胞菌属 *Pseudomonas*。被我国列为检疫性有害生物。

### 11.1.3　地理分布

哥斯达黎加、加拿大、美国、墨西哥、澳大利亚、新喀里多尼亚、新西兰、津巴布韦、肯尼亚、马拉维、摩洛哥、坦桑尼亚、阿根廷、巴西、哥伦比亚、乌拉圭、保加利亚、丹麦、德国、俄罗斯、法国、荷兰、捷克、克罗地亚、立陶宛、罗马尼亚、摩尔多瓦、瑞士、塞尔维亚、黑山、斯洛伐克、乌克兰、希腊、匈牙利、意大利、英国、巴基斯坦、格鲁吉亚、哈萨克斯坦、吉尔吉斯斯坦、黎巴嫩、尼泊尔、日本、叙利亚、亚美尼亚、以色列、印度、印度尼西亚等国家和地区。

## 11.2　材料与方法

### 11.2.1　供试菌株

供试菌株丁香假单胞杆菌豌豆致病变种以及对照菌株均来自深圳海关动植物检验检疫技术中心菌种保藏室，菌株信息见表 11－1 所示。

**表 11－1　供试菌株**

| 序号 | 实验室编号 | 菌株编号 | 菌株名称 |
|---|---|---|---|
| 1 | 470553 | — | *Pseudomonas syringae* pv. *maculicola* |
| 2 | 470555 | — | *P. syringae* pv. *maculicola* |
| 3 | 470557 | — | *P. syringae* pv. *maculicola* |
| 4 | 470563 | 90－32－1 | *P. syringae* pv. *maculicola* |
| 5 | 470575 | ICMP2452 | *P. syringae* pv. *pisi* |
| 6 | 470559 | — | *P. syringae* pv. *pisi* |
| 7 | 470577 | — | *P. syringae* pv. *pisi* |
| 8 | 470579 | — | *P. syringae* pv. *pisi* |
| 9 | 470560 | — | *P. syringae* pv. *pisi* |
| 10 | 470514 | 918P－15 | *P. savastanoi* pv. *glycinea* |
| 11 | 470532 | ICMP9419 | *P. syringae* pv. *castaneae* |

（续）

| 序号 | 实验室编号 | 菌株编号 | 菌株名称 |
|---|---|---|---|
| 12 | 470527 | ATCCBAA-871 | *P. syringae* pv. *tomato* |
| 13 | 470544 | NCPPB3814 | *P. syringae* pv. *tomato* |
| 14 | 480581 | ATCC11043 | *P. syringae* pv. *phaseolicola* |
| 15 | 470587 | psp86 | *P. syringae* pv. *phaseolicola* |
| 16 | 470586 | psp12 | *P. syringae* pv. *phaseolicola* |
| 17 | 470513 | psp363 | *P. syringae* pv. *phaseolicola* |
| 18 | 470501 | psp5 | *P. syringae* pv. *phaseolicola* |
| 19 | 470588 | NBRC14078 | *P. syringae* pv. *phaseolicola* |
| 20 | 470582 | LX-4 | *P. syringae* pv. *phaseolicola* |
| 21 | 470569 | Ps-3 | *P. yringae* |
| 22 | 470512 | — | *P. putia biotype4* |
| 23 | 470511 | — | *P. putia biotype4* |
| 24 | 470519 | psa2 | *P. syringae* pv. *actinidiae* |
| 25 | 470518 | psa1 | *P. syringae* pv. *actinidiae* |
| 26 | 470507 | NCPPB2254 | *P. syringae* pv. *persicae* |
| 27 | 470543 | NCPPB3814 | *P. syringae* pv. *syringae* |
| 28 | 470524 | SS104 | *Pantoea stewartii* pv. *stewartii* |
| 29 | 470510 | pv10 | *P. viridiflava* |
| 30 | 470509 | — | *P. viridiflava* |
| 31 | 470716 | ATCC49084 | *Xanthomonas campestris* pv. *musacearum* |

注：“—”指无菌株编号。

## 11.2.2 试剂

PMA、$ddH_2O$、Easy *Taq* PCR Supermix（+Dye）、Ex *Taq* DNA 聚合酶、PerfectStart Ⅱ Probe qPCR SuperMix、引物、探针。

## 11.2.3 主要培养基

LB 液体培养基：1 000mL $ddH_2O$ 中，加入胰蛋白胨 10g、酵母浸粉 5g、氯化钠 5g，搅拌至完全溶解，121℃高压灭菌 20min，备用。

LB 固体培养基：1 000mL LB 液体培养基中，加入 16g 琼脂粉，分装至锥形瓶中，121℃高压灭菌 20min，备用。

## 11.2.4 主要仪器设备

实时荧光定量 PCR 仪、梯度 PCR 仪（BIO-RAD）、500W 卤素灯、台式离心机、紫外分光光度计、恒温培养箱、水浴锅、50mL 离心机、超净工作台、生物安全柜、琼脂糖凝胶电泳仪器。

## 11.2.5 实验方法

### 11.2.5.1 菌株培养及保存

将保存在−80℃冰箱里的丁香假单胞杆菌豌豆致病变种菌株取出，在 LB 固体培养基上涂板活化，于 27℃培养箱中培养，再挑取单菌落在 LB 固体培养基中进行纯化培养，挑取单菌落于 LB 液体培养基中，27℃，160r/min 摇培 12h 后，采用 20%甘油进行菌株保存，液氮速冻后保存于 −80℃冰箱。

#### 11.2.5.2　特异性引物探针设计

查阅文献，在 NCBI 中下载豌豆细菌性疫病菌（*Pseudomonas syringae* pv. *pisi*，简称 Psp）以及丁香假单胞菌不同致病变种的多个基因序列后，在 DNAMAN 中进行序列比对，选取变异位点较多的片段，用 Primer 5 进行引物设计，对引物进行特异性检测后，选取特异性较好的靶标基因进行探针的设计，用 Primer express 3.0 进行引物探针筛选。

#### 11.2.5.3　引物灵敏度检测

对 Psp 的引物及探针进行灵敏度检测：分别配制 $10^8$ CFU/mL、$10^7$ CFU/mL、$10^6$ CFU/mL、$10^5$ CFU/mL、$10^4$ CFU/mL、$10^3$ CFU/mL 的活菌菌液以及热灭活的死菌菌液，死菌菌液配制方式为 80℃水浴加热 10min。进行实时荧光定量 PCR 后，建立标准曲线。

#### 11.2.5.4　PMA 预处理条件优化

（1）PMA 用量优化：

将浓度为 20μmol/L 的 PMA 溶液稀释成 1μmol/L 的工作液，分别向装有 1mL 浓度为 $10^7$ CFU/mL 菌液的离心管中添加 0μL、3μL、5μL、10μL、15μL、20μL、30μL 的 PMA 工作液，使其终浓度为 0μmol/L、3μmol/L、5μmol/L、10μmol/L、15μmol/L、20μmol/L、30μmol/L，共 7 个浓度梯度，黑暗孵育 10min，500W 卤素灯曝光 10min，光源距离菌悬液 20cm。样品预处理结束后进行实时荧光定量 PCR。

（2）黑暗孵育时间优化：

将浓度为 20μmol/L 的 PMA 溶液稀释成 1μmol/L 的工作液，向装有 1mL 浓度为 $10^7$ CFU/mL 菌液的离心管中添加 20μL PMA 工作液，设置 0min、3min、5min、7min、10min 5 个梯度的黑暗孵育时间，500W 卤素灯曝光 10min，光源距离菌悬液 20cm。样品预处理结束后进行实时荧光定量 PCR。

（3）曝光时间优化：

将浓度为 20μmol/L 的 PMA 溶液稀释成 1μmol/L 的工作液，向装有 1mL 浓度为 $10^7$ CFU/mL 菌液的离心管中添加 20μL PMA 工作液，黑暗孵育时 10min，设置 0min、5min、10min、15min、20min、25min 共 6 个曝光时间，500W 卤素灯进行曝光，光源距离菌悬液 20cm。样品预处理结束后进行实时荧光定量 PCR。

#### 11.2.5.5　人工添加菌株模拟 PMA-qPCR 技术在豌豆种子上的应用

称取 20g 豌豆种子，向种子中分别添加 1mL 浓度为 $10^7$ CFU/mL、$10^6$ CFU/mL、$10^5$ CFU/mL、$10^4$ CFU/mL、$10^3$ CFU/mL 的菌液，以及 1mL 相应浓度活菌与热灭活死菌的等体积混合液，充分混合均匀后静止过夜，使其自然风干，在过夜的种子中加入 40mL 无菌水震荡 10min，将种子表面细菌洗脱，洗脱液过滤至 50mL 离心管，4 500r/min 离心 5min，弃上清，再用 1mL 无菌水重悬，重悬后的样品进行 PMA 预处理，样品预处理结束后进行实时荧光定量 PCR。

## 11.3　结果与分析

### 11.3.1　豌豆细菌性疫病菌引物探针设计

经查阅文献，在 NCBI 中下载豌豆细菌性疫病菌及丁香假单胞菌不同致病变种的多个基因序列后，在 DNAMAN 中进行序列比对，选取变异位点较多的片段，用 Primer 5 进行引物设计，对引物进行特异性检测后，选取特异性较好的靶标基因进行探针的设计，用 Primer express 3.0 进行引物探针筛选。根据 *Pseudomonas syringae* pv. *pisi* 的多个基因序列进行引物探针设计，经反复实验和筛选，最终选择 *gyr B* 基因（编码 DNA 促旋酶中 B 亚单位蛋白）作为靶标基因进行引物和探针的设计。手动选取探针序列，用 Primer 5 进行引物设计，用 Primer express 3.0 进行引物探针筛选。经实验验证的部分引物探针序列见表 11-2。

**表 11-2 Psp 引物探针序列**

| 引物名称 | 序列 | 片段长度（bp） |
| --- | --- | --- |
| efe-F1 | TTTCTACTCCGCACAAGGTCAGGCT | 239 |
| efe-R1 | CGTAGGAAGACGCTGGGATG | |
| efe-F2 | TACTCCGCACAAGGTCAGGC | 190 |
| efe-R2 | CGATCTGGATAGCAACGCATAA | |
| Psp-Gap1-F2 | CAGGGCATCAACAGCGTAAA | 254 |
| Psp-Gap1-R2 | CGACGATCTGGTTGGAAAGC | |
| Psp-Gap1-Probe1 | CACCAACTGCCTTGCC | |
| Psp-gyrB-1 | CAAGCCTTCCGCTGAAAC | 150 |
| Psp-gyrB-2 | CGCAGACCGCCTTCGTAT | |
| Psp-gyrB-Probe1 | FAM-TGTCCTCAAGGATGAA-MGB | |

引物特异性检测供试菌株见表 11-3：

**表 11-3 Psp 引物特异性检测所用菌株信息表**

| 序号 | 实验室编号 | 菌株名称 |
| --- | --- | --- |
| 1 | 470560 | *P. syringae* pv. *pisi* |
| 2 | 470507 | *P. syringae* pv. *persicae* |
| 3 | 470510 | *P. seudomonas viridiflava* |
| 4 | 470515 | *P. syringae* pv. *actinidiae* |
| 5 | 470525 | *P. syringae* pv. *morsprunorum* |
| 6 | 470527 | *P. syringae* pv. *tomato* |
| 7 | 470528 | *P. syringae* pv. *mori* |
| 8 | 470530 | *P. syringae* pv. *lachrymans* |
| 9 | 470532 | *P. syringae* pv. *castaneae* |
| 10 | 470533 | *P. syringae* pv. *helianthi* |
| 11 | 470534 | *P. syringae* pv. *papulans* |
| 12 | 470540 | *P. syringae* pv. *atropurpurea* |
| 13 | 470543 | *P. syringae* pv. *syringae* |
| 14 | 470545 | *P. syringae* pv. *maculicola* |
| 15 | 470606 | *Ralstonia solonacearum* |
| 16 | 470716 | *Xanthomonas campestris* pv. *musacearum* |
| 17 | 470229 | *Burkholderia caryophylli* |
| 18 | 470330 | *Clavibacter michiganensis* pv. *sepedonicum* |

## 11.3.2 豌豆细菌性疫病菌引物探针特异性检测结果

（1）*efe* 基因。根据 efe 基因设计了两对引物，引物对名称为 Psp-efe-F1/R1 和 Psp-efe-F2/R2，引物探针序列见表 11-2，引物特异性检测供试菌株见表 11-3。反应体系（25μL 体系）：EX *Taq* 0.25μL、*Taq* Buffer 2.5μL、dNTP Mix 2.4μL、上游引物 1μL、下游引物 1μL、模板 1μL、$ddH_2O$ 16.85μL。反应程序：94℃，3min；（94℃，30s；58℃，30s；72℃，30s）×35；72℃，3min；4℃，+∞。2%琼脂糖凝胶进行电泳。引物 PCR 扩增检测结果见图 11-1 与图 11-2。

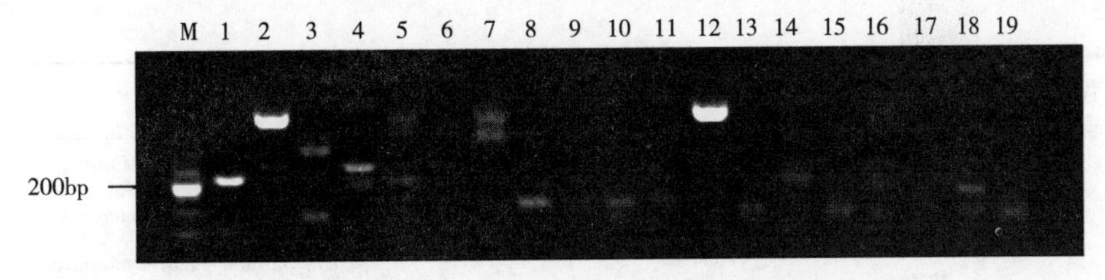


图 11-1　efe-F1/efe-R1 引物特异性检测结果

注：M 为 DL500 DNA Marker，编号 1～18 对应菌株，编号 19 为空白对照

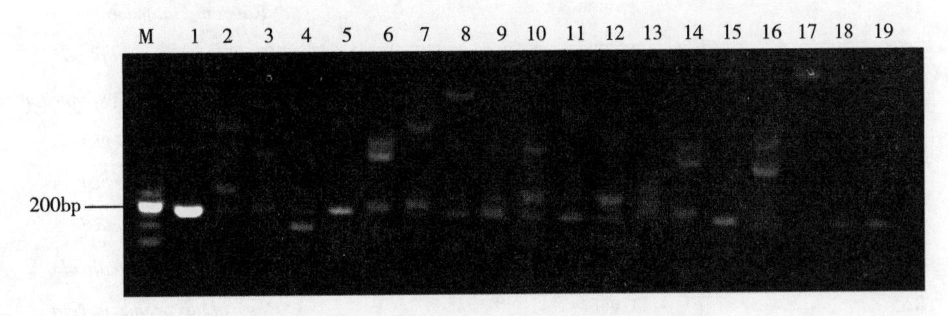


图 11-2　efe-F2/efe-R2 引物异性检测结果

注：编号 1～18 对应菌株见表，编号 19 为空白对照

从凝胶电泳结果可以看出，扩增 *efe* 基因的条带杂乱，非特异性条带扩增较多，且对不同变种丁香假单胞菌未能很好地区分，特异性并未达到理想的效果。

(2) *Gap1* 基因。根据 *Gap1* 基因设计引物，选取其中效果较好的一对进行特异性检测，引物特异性检测供试菌株见表 11-4 所示。引物对名称为 Psp-Gap1-F2/R2，探针名称为 Psp-Gap1-Probe1，引物探针序列见表 11-2。反应体系（25μL 体系）：EX *Taq* 0.25μL、*Taq* Buffer 2.5μL、dNTP Mix 2.4μL、上游引物 1μL、下游引物 1μL、模板 1μL、$ddH_2O$ 16.85μL。反应程序：94℃，3min；(94℃，30s；58℃，30s；72℃，30s)×35；72℃，3min；4℃，+∞。2%琼脂糖凝胶进行电泳。引物特异性检测结果见图 11-3，探针特异性检测结果见表 11-5。

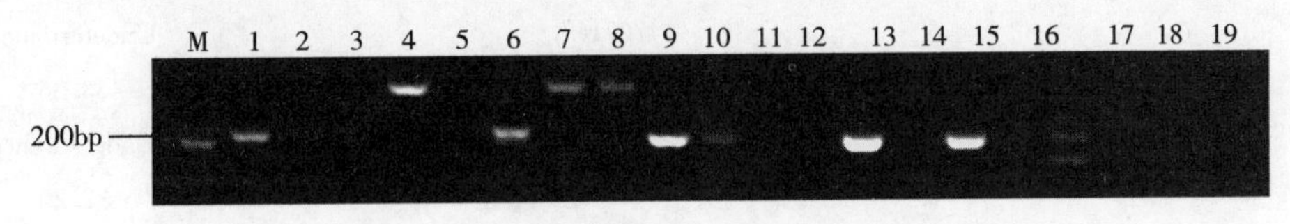


图 11-3　*Gap1* 基因引物特异性检测结果

注：M 为 DL500 DNA Marker，编号 1～18 对应菌株见表，编号 19 为空白对照

**表 11-4　Psp 引物探针荧光定量 PCR 检测模板菌株信息表**

| 序号 | 实验室编号 | 菌株名称 |
|---|---|---|
| 1 | 470577 | *P. syringae* pv. *pisi* |
| 2 | 470507 | *P. syringae* pv. *persicae* |
| 3 | 470510 | *Pseudomonas viridiflava* |
| 4 | 470515 | *P. syringae* pv. *actinidiae* |
| 5 | 470525 | *P. syringae* pv. *morsprunorum* |
| 6 | 470527 | *P. syringae* pv. *tomato* |
| 7 | 470528 | *P. syringae* pv. *mori* |
| 8 | 470530 | *P. syringae* pv. *lachrymans* |
| 9 | 470532 | *P. syringae* pv. *castaneae* |

（续）

| 序号 | 实验室编号 | 菌株名称 |
| --- | --- | --- |
| 10 | 470533 | *P. syringae* pv. *helianthi* |
| 11 | 470534 | *P. syringae* pv. *papulans* |
| 12 | 470540 | *P. syringae* pv. *atropurpurea* |
| 13 | 470543 | *P. syringae* pv. *syringae* |
| 14 | 470545 | *P. syringae* pv. *maculicola* |
| 15 | 470606 | *Ralstonia solonacearum* |
| 16 | 470229 | *Burkholderia caryophylli* |
| 17 | 470330 | *Clavibacter michiganensis* pv. *sepedonicum* |
| 18 | 470580 | *P. syringae* pv. *pisi* |
| 19 | 470560 | *P. syringae* pv. *pisi* |
| 20 | 470579 | *P. syringae* pv. *pisi* |
| 21 | 470553 | *P. syringae* pv. *maculicola* |
| 22 | 470554 | *P. syringae* pv. *maculicola* |
| 23 | 470500 | *Pseudomonas savastano* pv. *phaseolicola* |
| 24 | 470716 | *Xanthomonas campestris* pv. *musacearum* |

**表 11-5　引物对 Psp-Gap1-F2/R2 与探针 Psp-Gap1-Probe1 实时荧光定量 PCR 检测结果**

| 序号 | 实验室编号 | *Ct* 值 |
| --- | --- | --- |
| 1 | 470560 | 27.77 |
| 2 | 470577 | 27.25 |
| 3 | 470579 | 25.45 |
| 4 | 470580 | 20.11 |
| 6 | 470606 | 32.24 |
| 7 | 470716 | Undetermined |
| 8 | 470554 | 33.36 |
| 9 | 470545 | Undetermined |
| 10 | 470543 | 32.29 |
| 11 | 470540 | Undetermined |
| 12 | 470534 | 32.23 |
| 13 | 470532 | Undetermined |
| 14 | 470543 | 32.27 |
| 15 | 470530 | 28.50 |
| 16 | 470528 | Undetermined |
| 17 | 470527 | 33.03 |
| 18 | 470515 | Undetermined |
| 19 | 470510 | Undetermined |
| 20 | 470507 | Undetermined |
| 21 | 470500 | Undetermined |
| 22 | 470330 | Undetermined |
| 23 | 470229 | 36.02 |
| 24 | N（空白对照） | Undetermined |

从凝胶电泳结果可以看出，扩增Gap1基因的条带单一，非特异性条带扩增较少，仅凭引物达不到理想的特异性检测结果，结合探针的实时荧光定量PCR结果分析，该套引物探针具备一定的特异性，虽能够区分10株阴性菌株，但特异性仍未达到检测要求。

（3）*gyrB*基因。根据gyrB基因设计引物，选取其中效果较好的一对进行特异性检测，退火温度改为60℃。引物特异性PCR检测结果见图11-4（a）与图11-4（b）。

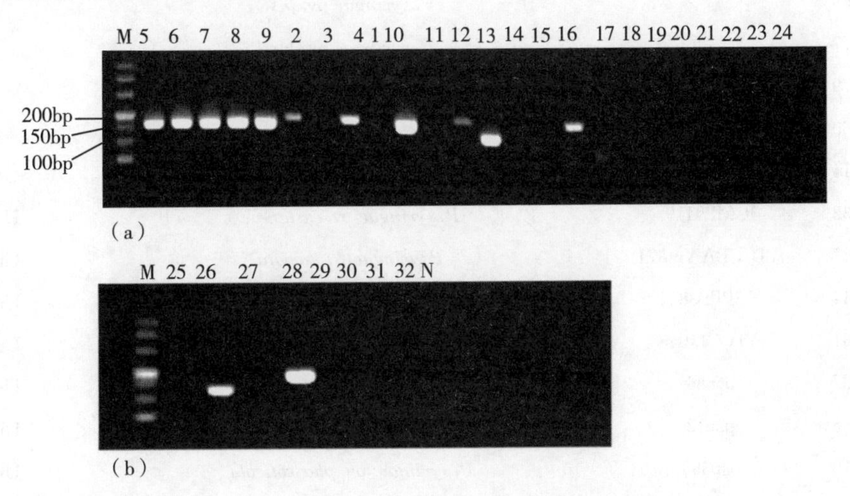


图11-4 Psp *gyrB*基因引物特异性检测结果

注：M为DL 500 DNA Marker，序号对应菌株，N为阴性对照

由结果可知，引物对Psp-gyrB-1/2对5株靶标菌株*Psudomonas syringae* pv. *pisi*均可有效扩增，扩增条带单一明亮，且只对8株对照菌株获得非特异性扩增，证明该对引物特异性较好，可根据该引物靶向序列进行探针设计，探针设计位点见图11-5，引物探针特异性检测结果见表11-6。

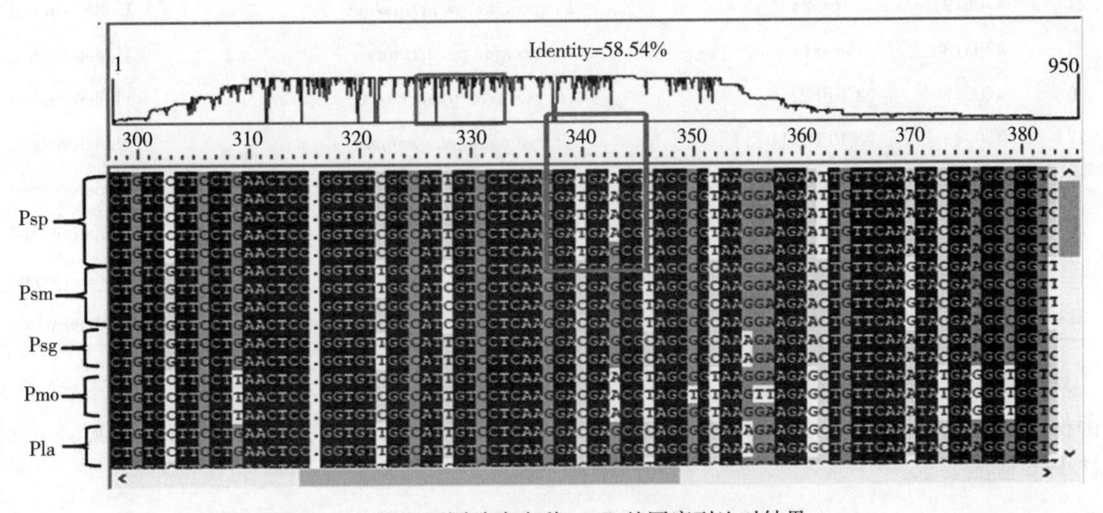


图11-5 Psp不同致病变种gyrB基因序列比对结果

**表11-6 Psp *gyrB*基因引物探针特异性检测结果**

| 序号 | 实验室编号 | 菌株编号 | 菌株名称 | *Ct*值 |
|---|---|---|---|---|
| 1 | 470553 | | *P. syringae* pv. *maculicola* | Undetermined |
| 2 | 470555 | | *P. s syringae* pv. *maculicola* | Undetermined |
| 3 | 470557 | | *P. syringae* pv. *maculicola* | Undetermined |

（续）

| 序号 | 实验室编号 | 菌株编号 | 菌株名称 | *Ct* 值 |
|---|---|---|---|---|
| 4 | 470563 | 90-32-1 | *P. syringae* pv. *maculicola* | Undetermined |
| 5 | 470575 | ICMP2452 | *P. syringae* pv. *pisi* | 18.272 |
| 6 | 470559 | | *P. syringae* pv. *pisi* | 18.518 |
| 7 | 470577 | | *P. syringae* pv. *pisi* | 17.196 |
| 8 | 470579 | | *P. syringae* pv. *pisi* | 20.348 |
| 9 | 470560 | | *P. syringae* pv. *pisi* | 18.004 |
| 10 | 470514 | 918P-15 | *Psavastanoi* pv. *glycinea* | Undetermined |
| 11 | 470532 | ICMP9419 | *P. syringae* pv. *castaneae* | Undetermined |
| 12 | 470527 | ATCCBAA-871 | *Psyringae* pv. *tomato* | Undetermined |
| 13 | 470544 | NCPPB3814 | *P. syringae* pv. *tomato* | Undetermined |
| 14 | 480581 | ATCC11043 | *P. syringae* pv. *phaseolicola* | Undetermined |
| 15 | 470587 | psp86 | *P. syringae* pv. *phaseolicola* | Undetermined |
| 16 | 470586 | psp12 | *P. syringae* pv. *phaseolicola* | Undetermined |
| 17 | 470513 | psp363 | *P. syringae* pv. *phaseolicola* | Undetermined |
| 18 | 470501 | psp5 | *Psyringae* pv. *phaseolicola* | Undetermined |
| 19 | 470588 | NBRC14078 | *P. syringae* pv. *phaseolicola* | Undetermined |
| 20 | 470582 | LX-4 | *P. syringae* pv. *phaseolicola* | Undetermined |
| 21 | 470569 | Ps-3 | *P. syringae* | Undetermined |
| 22 | 470512 | | *P. putia biotype4* | Undetermined |
| 23 | 470511 | | *P. putia biotype4* | Undetermined |
| 24 | 470519 | psa2 | *P. syringae* pv. *actinidiae* | Undetermined |
| 25 | 470518 | psa1 | *P. syringae* pv. *actinidiae* | Undetermined |
| 26 | 470507 | NCPPB2254 | *P. syringae* pv. *persicae* | Undetermined |
| 27 | 470543 | NCPPB3814 | *P. syringae* pv. *syringae* | Undetermined |
| 28 | 470524 | SS104 | *Pantoea stewartii* pv. *stewartii* | Undetermined |
| 29 | 470510 | pv10 | *P. viridiflava* | Undetermined |
| 30 | 470509 | | *P. viridiflava* | Undetermined |
| 31 | 470716 | ATCC49084 | *Xanthomonas campestris* pv. *musacearum* | Undetermined |

从引物探针的实时荧光定量 PCR 反应结果可以看出，基于 gyrB 基因设计的引物探针对于 5 株目标菌株 Psp 说均可有效检出，而阴性对照菌株均无检出，说明该引物和探针特异性良好，达到针对菌株 Psp 检测要求。

## 11.3.3 豌豆细菌性疫病菌引物探针灵敏度检测

将浓度为 $10^8$CFU/ml 的 Psp 菌液（$OD_{600}$= 0.5）以 10 倍梯度进行稀释，分别配制成 $10^8$CFU/mL、$10^7$CFU/mL、$10^6$CFU/mL、$10^5$CFU/mL、$10^4$CFU/mL、$10^3$CFU/mL 的活菌菌液以及热灭活的死菌菌液，死菌菌液配制方式为 80℃水浴加热 10min。进行实时荧光定量 PCR，建立标准曲线，活菌菌液和热灭活死菌的反应结果见图 11-6 和图 11-7。结果显示，qPCR 扩增的 *Ct* 值与菌液的稀释倍数成正比，二者的线性关系良好，表明引物对 Psp-gyrB-1/2 及探针 Psp-gyrB-Probe1 的扩增效率满足后续实验的要求。

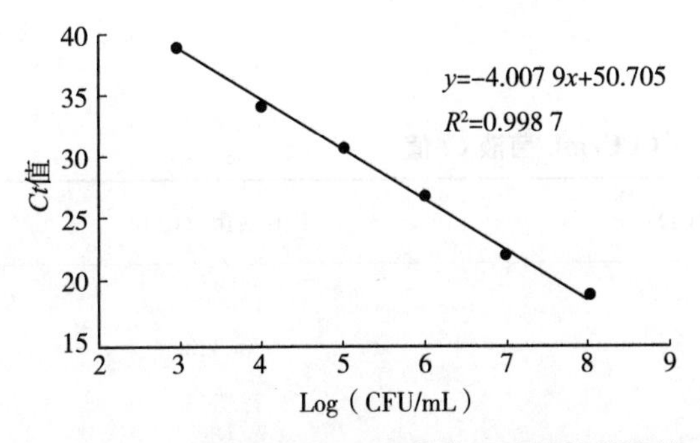


图 11－6　不同浓度下 Psp 活菌菌悬液的扩增曲线

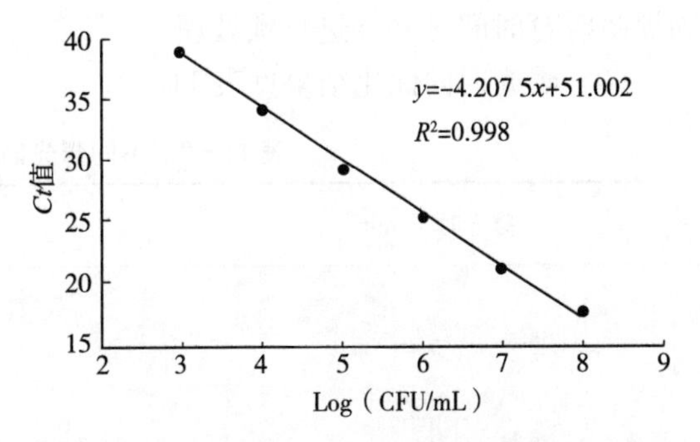


图 11－7　不同浓度下 Psp 死菌菌悬液的扩增曲线

## 11.3.4　豌豆细菌性疫病菌 PMA 预处理条件的优化

（1）PMA 用量优化结果见表 11－7。

**表 11－7　不同浓度 PMA 处理后 $10^7$CFU/mL 菌液 *Ct* 值**

| 浓度/μmol/L | Psp 活菌（*Ct*） | Psp 死菌（*Ct*） |
|---|---|---|
| 0 | 22.501 | 21.743 |
| 3 | 22.368 | 33.198 |
| 5 | 23.629 | 33.478 |
| 10 | 23.187 | 37.581 |
| 15 | 23.438 | 38.117 |
| 20 | 23.454 | 38.765 |
| 30 | 24.678 | 38.784 |
| | CK：38.744 | |

注：*Ct* 中的 *C* 代表 Cycle，*t* 代表 threshold，*Ct* 值的含义是：每个反应管内的荧光信号到达设定的域值时所经历的循环数；CK 样品为 $ddH_2O$。

从表 11－7 可以看出，对死菌来说，当 PMA 浓度增加时，*Ct* 值逐渐增加，表明死菌的 DNA 被 PMA 结合无法参与实时荧光定量 PCR 反应，当 PMA 浓度增加至 20μmol/L 时，对 Psp 死菌的抑制效果最好，且该浓度下 PMA 对活菌也无明显抑制作用，继续增加 PMA 浓度对抑制作用无明显提高，故选取 20μmol/L 为最佳浓度对 Psp 进行预处理。

（2）黑暗孵育时间优化结果见表 11－8。

**表 11－8　不同黑暗孵育时间处理后 $10^7$CFU/mL 菌液 *Ct* 值**

| 黑暗孵育时间/min | Psp 死菌（*Ct*） | Psp 活菌（*Ct*） |
|---|---|---|
| 0 | 25.630 | 22.038 |
| 3 | 30.220 | 22.573 |
| 5 | 33.345 | 23.587 |
| 7 | 37.016 | 22.389 |
| 10 | 38.754 | 22.730 |
| | CK：38.720 | |

从表 11－8 可以看出，当进行黑暗孵育处理时，PMA 对死菌的抑制效果甚微，随着时间增加，死菌的 *Ct* 值逐渐增加，当 PMA 预处理黑暗孵育时间为 10min 时，*Ct* 值与空白对照相近，表明此黑暗孵育条件下对 Psp 死菌的抑制效果最好，增加黑暗孵育时间对抑制作用无明显提高，故选取 10min

为黑暗孵育时间对 Psp 进行预处理。

（3）曝光时间优化结果见表 11-9。

**表 11-9　不同曝光时间处理后 $10^7$ CFU/mL 菌液 *Ct* 值**

| 曝光时间/min | Psp 死菌（*Ct*） | Psp 活菌（*Ct*） |
| --- | --- | --- |
| 0 | 21.651 | 22.382 |
| 5 | 36.046 | 23.328 |
| 10 | 38.016 | 22.563 |
| 15 | 38.798 | 22.546 |
| 20 | 38.639 | 23.434 |
| 25 | 38.772 | 22.348 |
| | CK：38.799 | |

从结果可以看出，当对 PMA 处理过的样品不进行曝光时，PMA 对死菌并无抑制作用，当 PMA 预处理曝光时间为 15min 时，死菌 *Ct* 值与空白对照相近，表明此曝光条件下 PMA 对 Psp 死菌的抑制效果最好，且增加曝光时间对抑制作用无明显提高，故选取曝光时间 15min 为最佳曝光时间对 Psp 进行预处理。

### 11.3.5　人工添加菌株模拟 PMA-qPCR 技术在豌豆种子上的应用

Psp 人工添加到豌豆种子上的检测结果见表 11-10。

**表 11-10　Psp 种子（豌豆）带菌检测结果**

| 菌液浓度/CFU/mL | 活菌 *Ct* 值 | 死菌活菌混合液 *Ct* 值 |
| --- | --- | --- |
| $10^7$ | 19.244 | 23.179 |
| $10^6$ | 25.566 | 26.442 |
| $10^5$ | 29.358 | 31.562 |
| $10^4$ | 35.769 | 35.489 |
| $10^3$ | 38.334 | Undetermind |
| | CK：38.238 | |

由结果可以看出，直接向豌豆种子添加一定量的丁香假单胞杆菌豌豆致病变种，PMA-qPCR 技术对活菌的检测限为 $10^3$ CFU/mL，对一定比例的活菌与热灭活的死菌也有很好的检测能力。当 $10^4$ CFU/mL的活菌与死菌等体积混合时，该方法仍可定量检出活菌，表明 PMA-qPCR 技术对豌豆种子带菌检测的应用可行。

## 11.4　讨论与结论

### 11.4.1　讨论

在种子带菌检测中，种子提取液离心后的样品中往往含有浓度较高的杂菌和其他杂质，在加入一定浓度的 PMA 后，由于其可以与任何细菌的游离双链 DNA 结合，包括来自高浓度杂菌（死菌）的 DNA 可能会干扰 PMA 与样品靶标菌株 DNA 的结合，从而使检测的选择性下降，并且种子提取液中的土壤以及其他杂质也会对检测结果造成一定的影响，在实际检测中可能要对提取液进行一定比例的稀释，但这就会导致检测灵敏度的下降。且 PMA-qPCR 技术最高只能抑制 $10^7$ CFU/mL 的死菌扩增，再增加 PMA 的浓度会对活菌造成一定的损伤，从而导致假阴性的结果，因此，目前的 PMA-qPCR 技术仍需加强和改良，才能更好地应用于口岸种子样品的检测。

种子带菌的检测一直是生产实践中重要的风险控制环节，检测种子所携带细菌的活性，可以有效地对种子的风险性进行评价。PMA－qPCR 用于植物病原细菌的研究尚未出现在检疫性丁香假单胞菌的应用中，本研究首次使用 PMA－qPCR 技术进行种子带菌检测，对种子洗脱液中活菌的检测限为 $10^3$ CFU/mL，对死菌的检测范围为 $10^3$～$10^7$ CFU/mL，对不同比例的死菌与活菌的混合液也能精确地检出，具备较好的检测灵敏度。将该方法运用到实际种子样品检测当中，会为进出境检疫性植物有害病原细菌的检测提供方法，为该病害的防治及检疫处理提供技术支持，也会为田间除害效果检测的研究提供一定的支撑。

## 11.4.2　结论

（1）本研究首次将 PMA 染料与实时荧光定量 PCR 技术相结合，建立了豌豆细菌性疫病的活性检测技术，实现了对丁香假单胞菌豌豆致病变种有活力细胞的定量和特异性的检测。

（2）本研究设计了丁香假单胞杆菌豌豆致病变种特异性检测引物及探针，以 31 株丁香假单胞菌近似变种及近似属病原菌为模板对引物和探针分别进行特异性检测，该菌的引物和探针均可区分检疫性丁香假单胞杆菌及其他常见丁香假单胞杆菌致病变种，达到对口岸货物检疫要求。

（3）本研究优化了该病原菌 PMA 预处理条件，即当 PMA 终浓度为 20$\mu$mol/L、黑暗孵育时间为 10min、500W 卤素灯距离 20cm 曝光 15min 为最佳处理条件；该条件下，PMA－qPCR 技术可有效区别出 $10^3$～$10^7$ CFU/ml 的活菌和死菌，并通过与平板计数法结合建立标准曲线，根据测得的 *Ct* 值可有效计算出活菌的数量。

（4）本研究建立检疫性丁香胞杆菌 PMA－qPCR 检测方法，并对该方法的灵敏度进行检验，结果证明该方法对活菌的检测限为 $10^3$ CFU/mL，对死菌的检测范围为 $10^3$～$10^7$ CFU/mL，以菌液浓度对数值为横坐标、*Ct* 值为纵坐标建立标准曲线，可作为参考，实现对检疫性植物病原细菌的定量检测。

# 12 十字花科蔬菜细菌性黑斑病菌活性检测方法

## 12.1 概况

### 12.1.1 基本信息

中文名：十字花科蔬菜细菌性黑斑病菌（丁香假单胞杆菌斑点致病变种）。英文名：bacterial leaf spot of crucifers。学名：*Pseudomonas syringae* pv. *maculicola*（McCulloch）Young et al.

### 12.1.2 分类地位

假单胞菌目 Pseudomonadales，假单胞菌科 Pseudomonaceae，假单胞菌属 *Pseudomonas*。被我国列为检疫性有害生物。

### 12.1.3 地理分布

古巴、加拿大、美国、萨尔瓦多、澳大利亚、斐济、新西兰、阿尔及利亚、津巴布韦、毛里求斯、莫桑比克、阿根廷、巴西、波多黎各、保加利亚、丹麦、德国、俄罗斯、芬兰、挪威、瑞典、乌克兰、意大利、英国、韩国、日本、中国等国家和地区。

## 12.2 材料与方法

### 12.2.1 供试菌株

供试菌株丁香假单胞杆菌斑点致病变种以及对照菌株均来自深圳海关动植物检验检疫技术中心菌种保藏室，菌株信息见表 12－1 所示。

**表 12－1 供试菌株**

| 序号 | 实验室编号 | 菌株编号 | 菌株名称 |
|---|---|---|---|
| 1 | 470553 | — | *Pseudomonas syringae* pv. *maculicola* |
| 2 | 470555 | — | *P. syringae* pv. *maculicola* |
| 3 | 470557 | — | *P. syringae* pv. *maculicola* |
| 4 | 470563 | 90－32－1 | *P. syringae* pv. *maculicola* |
| 5 | 470575 | ICMP2452 | *P. syringae* pv. *pisi* |
| 6 | 470559 | — | *P. syringae* pv. *pisi* |
| 7 | 470577 | — | *P. syringae* pv. *pisi* |
| 8 | 470579 | — | *P. syringae* pv. *pisi* |
| 9 | 470560 | — | *P. syringae* pv. *pisi* |
| 10 | 470514 | 918P－15 | *P. savastanoi* pv. *glycinea* |
| 11 | 470532 | ICMP9419 | *P. syringae* pv. *castaneae* |
| 12 | 470527 | ATCCBAA－871 | *P. syringae* pv. *tomato* |
| 13 | 470544 | NCPPB3814 | *P. syringae* pv. *tomato* |

（续）

| 序号 | 实验室编号 | 菌株编号 | 菌株名称 |
|---|---|---|---|
| 14 | 480581 | ATCC11043 | *P. syringae* pv. *phaseolicola* |
| 15 | 470587 | psp86 | *P. syringae* pv. *phaseolicola* |
| 16 | 470586 | psp12 | *P. syringae* pv. *phaseolicola* |
| 17 | 470513 | psp363 | *P. syringae* pv. *phaseolicola* |
| 18 | 470501 | psp5 | *P. syringae* pv. *phaseolicola* |
| 19 | 470588 | NBRC14078 | *P. syringae* pv. *phaseolicola* |
| 20 | 470582 | LX-4 | *P. syringae* pv. *phaseolicola* |
| 21 | 470569 | Ps-3 | *P. syringae* |
| 22 | 470512 | — | *P. putia biotype4* |
| 23 | 470511 | — | *P. putia biotype4* |
| 24 | 470519 | psa2 | *P. syringae* pv. *actinidiae* |
| 25 | 470518 | psa1 | *P. syringae* pv. *actinidiae* |
| 26 | 470507 | NCPPB2254 | *P. syringae* pv. *persicae* |
| 27 | 470543 | NCPPB3814 | *P. syringae* pv. *syringae* |
| 28 | 470524 | SS104 | *Pantoea stewartii* pv. *stewartii* |
| 29 | 470510 | pv10 | *P. viridiflava* |
| 30 | 470509 | — | *P. viridiflava* |
| 31 | 470716 | ATCC49084 | *Xanthomonas campestris* pv. *musacearum* |

注：“—”指无菌株编号。

## 12.2.2　试剂

PMA、ddH$_2$O、Easy *Taq* PCR Supermix（+Dye）、Ex *Taq* DNA 聚合酶（Takara）、PerfectStart Ⅱ Probe qPCR SuperMix、引物、探针。

## 12.2.3　主要培养基

LB 液体培养基：1 000mL ddH$_2$O 中，加入胰蛋白胨 10g、酵母浸粉 5g、氯化钠 5g，搅拌至完全溶解，121℃高压灭菌 20min，备用。

LB 固体培养基：1 000mL LB 液体培养基中，加入 16g 琼脂粉，分装至锥形瓶中，121℃高压灭菌 20min，备用。

## 12.2.4　主要仪器设备

实时荧光定量 PCR 仪、梯度 PCR 仪 500W 卤素灯、台式离心机、紫外分光光度计、恒温培养箱、水浴锅、50mL 离心机、超净工作台、生物安全柜、琼脂糖凝胶电泳仪器。

## 12.2.5　实验方法

### 12.2.5.1　菌株培养及保存

将保存在−80℃冰箱的丁香假单胞杆菌斑点致病变种菌株取出，在 LB 固体培养基上涂板活化，于 27℃培养箱中培养，再挑取单菌落在 LB 固体培养基中进行纯化培养，挑取单菌落于 LB 液体培养基中，27℃，160r/min 摇培 12h 后，采用 20%甘油进行菌株保存，液氮速冻后保存于−80℃冰箱。

#### 12.2.5.2 特异性引物探针设计

查阅文献，在 NCBI 中下载十字花科蔬菜细菌性黑斑病菌（*Pseudomonas syringae pv. maculicola*，简称 P*sm*）以及丁香假单胞菌不同致病变种的多个基因序列后，在 DNAMAN 中进行序列比对，选取变异位点较多的片段，用 *Primer* 5 进行引物设计，对引物进行特异性检测后，选取特异性较好的靶标基因进行探针设计，用 Primer express 3.0 进行引物探针筛选。

#### 12.2.5.3 引物及探针特异性检测

（1）引物特异性检测：

普通 PCR 反应体系：Easy *Taq* PCR Supermix（＋Dye）：12.5μL；F：1μL；R：1μL；模板：1μL；ddH$_2$O：9.5μL。反应程序：94℃，10min；（94℃，30s；58℃，30s；72℃，30s）×35；72℃，10min；4℃，＋∞。

（2）引物探针特异性检测：

实时荧光定量 PCR 反应体系（20μL 体系）：Perfect StartⅡ Probe qPCR Super Mix：10μL；F：1μL；R：1μL；P：1μL；模板：2μL；ddH$_2$O：5μL。反应程序：95℃，30s，（95℃，5s；60℃，30s）×40。

#### 12.2.5.4 引物灵敏度检测

对 Psp 以及 Psm 的引物及探针进行灵敏度检测：分别配制 $10^8$ CFU/mL、$10^7$ CFU/mL、$10^6$ CFU/mL、$10^5$ CFU/mL、$10^4$ CFU/mL、$10^3$ CFU/mL 的活菌菌液以及热灭活的死菌菌液，死菌菌液配制方式为 80℃水浴加热 10min。进行实时荧光定量 PCR 后，建立标准曲线。

#### 12.2.5.5 PMA 预处理条件优化

（1）PMA 用量优化：

将浓度为 20μmol/L 的 PMA 溶液稀释成 1μmol/L 的工作液，分别向装有 1mL 浓度为 $10^7$ CFU/mL 菌液的离心管中添加 0μL、3μL、5μL、10μL、15μL、20μL、30μL 的 PMA 工作释液，使其终浓度为 0μmol/L、3μmol/L、5μmol/L、10μmol/L、15μmol/L、20μmol/L、30μmol/L，共 7 个浓度梯度，黑暗孵育 10min，500W 卤素灯曝光 10min，光源距离菌悬液 20cm。样品预处理结束后进行实时荧光定量 PCR。

（2）黑暗孵育时间优化：

将浓度为 20μmol/L 的 PMA 溶液稀释成 1μmol/L 的工作液，向装有 1mL 浓度为 $10^7$ CFU/mL 菌液的离心管中添加 20μL PMA 工作释液，设置 0min、3min、5min、7min、10min 5 个梯度的黑暗孵育时间，500W 卤素灯曝光 10min，光源距离菌悬液 20cm。样品预处理结束后进行实时荧光定量 PCR。

（3）曝光时间优化：

将浓度为 20μmol/L 的 PMA 溶液稀释成 1μmol/L 的工作液，向装有 1mL 浓度为 $10^7$ CFU/mL 菌液的离心管中添加 20μL PMA 工作释液，黑暗孵育时 10min，设置 0min、5min、10min、15min、20min、25min 共 6 个曝光时间，500W 卤素灯进行曝光，光源距离菌悬液 20cm。样品预处理结束后进行实时荧光定量 PCR。

#### 12.2.5.6 人工添加菌株模拟 PMA - qPCR 技术在十字花科蔬菜种子上的应用

称取 10 克油菜籽，向种子中分别添加 1mL 浓度为 $10^7$ CFU/mL、$10^6$ CFU/mL、$10^5$ CFU/mL、$10^4$ CFU/mL、$10^3$ CFU/mL 的菌液，以及 1mL 相应浓度活菌与热灭活死菌的等体积混合液，充分混合均匀后静止过夜，使其自然风干，在过夜的种子中加入 30mL 无菌水震荡 10min，将种子表面细菌洗脱，洗脱液过滤至 50ml 离心管，4 500r/min 离心 5min，弃上清，再用 1mL 无菌水重悬，重悬后的样品进行 PMA 预处理，样品预处理结束后进行实时荧光定量 PCR。

## 12.3 结果与分析

### 12.3.1 十字花科蔬菜细菌性黑斑病菌引物探针设计

经查阅文献，在 NCBI 中下载十字花科蔬菜细菌性黑斑病菌及丁香假单胞菌不同致病变种的基因序列，在 DNAMAN 中进行序列比对，选取变异位点较多的片段，用 Primer 5 进行引物设计，对引物进行特异性检测后，选取特异性较好的靶标基因进行探针的设计，经反复实验和筛选，最终选择 gyr B 基因（编码 DNA 促旋酶中 B 亚单位蛋白）作为靶标基因进行引物和探针的设计。手动选取探针序列，用 Primer 5 进行引物设计，用 Primer express 3.0 进行引物探针筛选，探针设计位点见图 12-1所示，引物探针序列见表 12-2。

表 12-2　十字花科蔬菜细菌性黑斑病菌引物探针信息表

| 引物名称 | 序列 | 片段长度（bp） |
| --- | --- | --- |
| Psm-gyrB-15 | CCACTTCAATGTCCAGCG | |
| Psm-gyrB-16 | AACCCCACCAGGTGAGTG | 125 |
| Psm-gyrB-Probe | FAM-TGACGGTATTGGCGT-MG | |

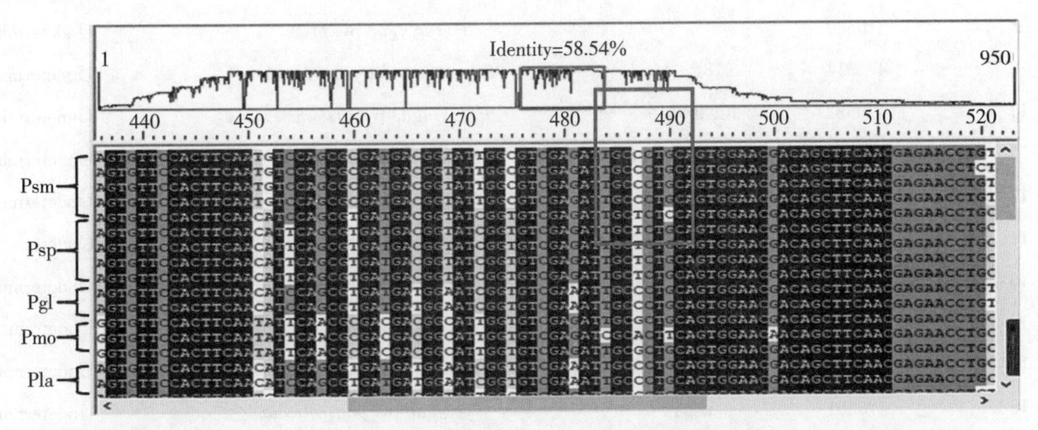


图 12-1　Psm 不同致病变种 *gyrB* 基因序列比对结果

## 12.3.2　十字花科蔬菜细菌性黑斑病菌引物探针特异性检测结果

根据 *gyrB* 基因设计引物，选取其中效果较好的一对进行特异性检测，引物特异性检测供试菌株见表 12-3，引物及探针序列见表 12-2。引物特异性 PCR 检测结果见图 12-2。

（1）引物特异性检测。

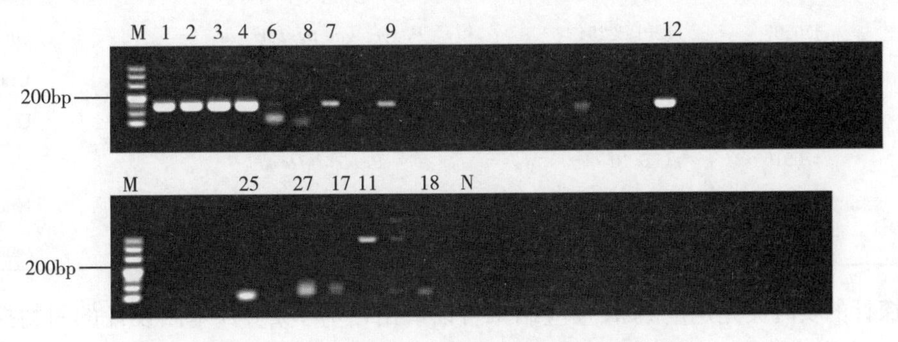


图 12-2　Psm *gyrB* 基因引物特异性检测结果

注：M 为 DL 500 DNA Marker，序号对应菌株见表 12-1，N 为阴性对照

由结果可知，引物对 Psm-gyrB-15/16 对 4 株靶标菌株 *Psudomonas syringae* pv. *maculicola* 均可有效扩增，扩增条带单一明亮，且只对 12 株对照菌株获得非特异性扩增，证明该对引物特异性较好。可根据该引物靶向序列进行探针设计，探针检测结果见表 12-3。

（2）引物探针特异性检测。

表 12-3 Psm *gyrB* 基因引物探针特异性检测结果

| 序号 | 实验室编号 | 菌株编号 | 菌株名称 | *Ct* 值 |
|---|---|---|---|---|
| 1 | 470553 | | *P. syringae* pv. *maculicola* | 17.348 |
| 2 | 470555 | | *P. syringae* pv. *maculicola* | 17.096 |
| 3 | 470557 | | *P. syringae* pv. *maculicola* | 17.703 |
| 4 | 470563 | 90-32-1 | *P. syringae* pv. *maculicola* | 17.068 |
| 5 | 470575 | ICMP2452 | *P. syringae* pv. *pisi* | Undetermined |
| 6 | 470559 | | *P. yringae* pv. *pisi* | Undetermined |
| 7 | 470577 | | *P. syringae* pv. *pisi* | Undetermined |
| 8 | 470579 | | *P. syringae* pv. *pisi* | Undetermined |
| 9 | 470560 | | *P. syringae* pv. *pisi* | Undetermined |
| 10 | 470514 | 918P-15 | *P. savastanoi* pv. *glycinea* | Undetermined |
| 11 | 470532 | ICMP9419 | *P. syringae* pv. *castaneae* | Undetermined |
| 12 | 470527 | ATCCBAA-871 | *P. syringae* pv. *tomato* | Undetermined |
| 13 | 470544 | NCPPB3814 | *P. syringae* pv. *tomato* | Undetermined |
| 14 | 480581 | ATCC11043 | *P. syringae* pv. *phaseolicola* | Undetermined |
| 15 | 470587 | psp86 | *P. syringae* pv. *phaseolicola* | Undetermined |
| 16 | 470586 | psp12 | *P. syringae* pv. *phaseolicola* | Undetermined |
| 17 | 470513 | psp363 | *P. syringae* pv. *phaseolicola* | Undetermined |
| 18 | 470501 | psp5 | *P. syringae* pv. *phaseolicola* | Undetermined |
| 19 | 470588 | NBRC14078 | *P. syringae* pv. *phaseolicola* | Undetermined |
| 20 | 470582 | LX-4 | *P. syringae* pv. *phaseolicola* | Undetermined |
| 21 | 470569 | Ps-3 | *P. syringae* | Undetermined |
| 22 | 470512 | | *P. putia biotype4* | Undetermined |
| 23 | 470511 | | *P. putia biotype4* | Undetermined |
| 24 | 470519 | psa2 | *P. syringae* pv. *actinidiae* | Undetermined |
| 25 | 470518 | psa1 | *P. syringae* pv. *actinidiae* | Undetermined |
| 26 | 470507 | NCPPB2254 | *P. syringae* pv. *persicae* | Undetermined |
| 27 | 470543 | NCPPB3814 | *P. syringae* pv. *syringae* | Undetermined |
| 28 | 470524 | SS104 | *Pantoea stewartii* pv. *stewartii* | Undetermined |
| 29 | 470510 | pv10 | *P. viridiflava* | Undetermined |
| 30 | 470509 | | *P. viridiflava* | Undetermined |
| 31 | 470716 | ATCC49084 | *Xanthomonas campestris* pv. *musacearum* | Undetermined |

从引物探针的实时荧光定量 PCR 反应结果可以看出，基于 *gyrB* 基因设计的引物探针对于 4 株目标菌株 Psm 来说均可有效检出，而阴性对照菌株均无检出，说明该引物和探针特异性良好，可达到 Psm 检测要求。

## 12.3.3 十字花科蔬菜细菌性黑斑病菌引物探针灵敏度检测

将浓度为 $10^8$CFU/ml 的 Psm 菌液（$OD_{600}$ = 0.5）以 10 倍梯度进行稀释，分别配制成 $10^8$CFU/mL、$10^7$CFU/mL、$10^6$CFU/mL、$10^5$CFU/mL、$10^4$CFU/mL、$10^3$CFU/mL 的活菌菌液以及热灭活的死菌菌液，

死菌菌液配制方式为80℃水浴加热10min。进行实时荧光定量PCR，建立标准曲线，活菌菌液和热灭活死菌的反应结果见图12-3和图12-4。结果显示，qPCR扩增的$Ct$值与菌液的稀释倍数成正比，二者的线性关系良好，表明引物对Psm-gyrB-15/16及探针Psm-gyrB-Probe 2的扩增效率满足后续实验的要求。

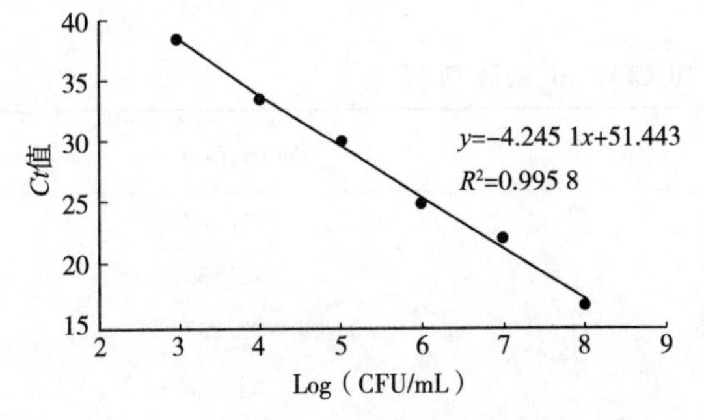


图12-3　不同浓度下Psm活菌菌悬液的扩增曲线

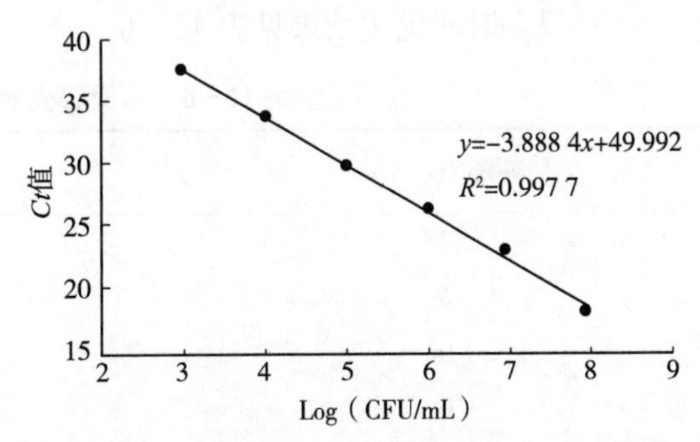


图12-4　不同浓度下Psm死菌菌悬液的扩增曲线

## 12.3.4　十字花科蔬菜细菌性黑斑病菌PMA预处理条件的优化

（1）PMA用量优化结果见表12-4。

**表12-4　不同浓度PMA处理后$10^7$菌液$Ct$值**

| 浓度/μmol/L | Psm活菌（$Ct$） | Psm死菌（$Ct$） |
|---|---|---|
| 0 | 22.32 | 21.09 |
| 3 | 22.92 | 34.80 |
| 5 | 22.63 | 37.52 |
| 10 | 23.72 | 37.99 |
| 15 | 22.99 | 37.41 |
| 20 | 22.84 | 38.28 |
| 30 | 23.94 | 38.337 |
| | CK：38.430 | |

从结果可以看出，对死菌来说，当PMA浓度增加时，$Ct$值逐渐增加，表明死菌的DNA被PMA结合无法参与实时荧光定量PCR反应，当PMA浓度增加至20μM时，对Psp死菌的抑制效果最好，且该浓度下PMA对活菌也无明显抑制作用，继续增加PMA浓度对抑制作用无明显提高，故选取20μM为最佳浓度对Psm进行预处理。

（2）黑暗孵育时间优化结果见表12-5。

**表12-5　不同黑暗孵育时间处理后$10^7$CFU/mL菌液$Ct$值**

| 黑暗孵育时间/min | Psm死菌（$Ct$） | Psm活菌（$Ct$） |
|---|---|---|
| 0 | 26.440 | 22.238 |
| 3 | 31.224 | 22.953 |
| 5 | 34.943 5 | 23.327 |
| 7 | 37.515 | 22.329 |
| 10 | 38.763 | 22.457 |
| | CK：38.443 | |

从结果可以看出，当不进行黑暗孵育处理时，PMA对死菌的抑制效果甚微，随着时间增加，死

菌的 *Ct* 值逐渐增大，当 PMA 预处理黑暗孵育时间为 10min 时，*Ct* 值与空白对照相近，表明此黑暗孵育条件下对 Psp 死菌的抑制效果最好，增加黑暗孵育时间对抑制作用无明显提高，故选取 10min 为黑暗孵育时间对 Psm 进行预处理。

（3）曝光时间优化结果见表 12－6。

**表 12－6　不同曝光时间处理后 $10^7$ CFU/mL 菌液 *Ct* 值**

| 曝光时间/min | Psm 死菌（*Ct*） | Psm 活菌（*Ct*） |
| --- | --- | --- |
| 0 | 21.551 | 22.562 |
| 5 | 35.506 | 22.580 |
| 10 | 37.556 | 22.293 |
| 15 | 38.793 | 22.846 |
| 20 | 38.559 | 23.494 |
| 25 | 38.752 | 22.558 |
| | CK：38.766 | |

从结果可以看出，当对 PMA 处理过的样品不进行曝光时，PMA 对死菌并无抑制作用，当 PMA 预处理曝光时间为 15min 时，死菌 *Ct* 值与空白对照相近，表明此曝光条件下 PMA 对 Psp 死菌的抑制效果最好，且增加曝光时间对抑制作用无明显提高，故选取曝光时间为 15min 为最佳曝光时间对 Psm 进行预处理。

### 12.3.5　人工添加菌株模拟 PMA－qPCR 技术在十字花科蔬菜种子上的应用结果

Psm 人工添加到油菜籽上的检测结果见表 12－7。

**表 12－7　Psm 种子（油菜籽）带菌检测结果**

| 菌液浓度/CFU/mL | 活菌 *Ct* 值 | 死菌活菌混合液 *Ct* 值 |
| --- | --- | --- |
| $10^7$ | 19.245 | 23.372 |
| $10^6$ | 24.665 | 26.632 |
| $10^5$ | 29.335 | 32.126 |
| $10^4$ | 34.569 | 36.378 |
| $10^3$ | 38.674 | Undetermind |
| | CK：Undetermind | |

由结果可以看出，直接向油菜籽添加一定量的丁香假单胞杆菌斑点致病变种，PMA－qPCR 技术对活菌的检测限为 $10^3$ CFU/mL，对一定比例的活菌与热灭活的死菌也有很好的检测能力。当 $10^4$ CFU/mL 的活菌与死菌等体积混合时，该方法仍可定量检出活菌，表明 PMA－qPCR 技术对油菜籽带菌检测的应用可行。

## 12.4　讨论与结论

### 12.4.1　讨论

本研究虽建立了较为灵敏的十字花科蔬菜细菌性黑斑病死菌与活菌的检测技术，但尚存不足之处，有待继续研究改进，比如 20μmol/L 的 PMA 最高只能抑制 $10^7$ CFU/mL 的死菌扩增，再增加 PMA 的浓度会对活菌造成一定的损伤，从而导致假阴性的结果。

其次，在种子带菌检测中，种子提取液离心后的样品中往往含有浓度较高的杂菌和其他杂质，在加入一定浓度的PMA后，由于其可以与任何细菌的游离双链DNA结合，包括来自高浓度杂菌（死菌）的DNA可能会干扰PMA与样品靶标菌株DNA的结合，从而使检测的选择性下降，并且种子提取液中的土壤以及其他杂质也会对检测结果造成一定的影响，在实际检测中可能要对提取液进行一定比例的稀释，但这就会导致检测灵敏度的下降。因此，目前的PMA-qPCR技术仍需加强和改良，才能更好地应用于口岸种子样品的检测。

种子带菌的检测一直是生产实践中重要的风险控制环节，检测种子所携带细菌的活性，可以有效地对种子的风险性进行评价。PMA-qPCR用于植物病原细菌的研究尚未出现在检疫性丁香假单胞菌的应用中，本研究首次使用PMA-qPCR技术进行种子带菌检测，在种子洗脱液中对活菌的检测限为$10^3$CFU/mL，对死菌的检测范围为$10^3$～$10^7$CFU/mL，对不同比例的死菌与活菌的混合液也能精确地检出，具备较好的检测灵敏度。将该方法运用到实际种子样品检测当中，可以为进出境检疫性植物有害病原细菌的检测提供方法，为该病害的防治及检疫处理提供技术支持，也为田间除害效果检测的研究提供一定的支撑。

由于目前国际社会上对于活菌的定义不一，本研究是基于其中一个，即膜完整性原理进行方法的探索和研究，使用PMA染料进行处理。但自然界中还存在具有完整膜结构但无活性的细菌，未来需考虑改善PMA的作用方式，或者寻找一种可替代的染料，能够结合不同状态的死菌，实现死菌更加精准地检测。

## 12.4.2 结论

（1）本研究首次将PMA染料与实时荧光定量PCR技术相结合，建立了十字花科蔬菜细菌性黑斑病菌的活性检测技术，实现了对丁香假单胞杆菌斑点致病变种有活力细胞的定量和特异性的检测。

（2）本研究设计了丁香假单胞杆菌斑点致病变种特异性检测引物及探针，以31株丁香假单胞菌近似变种及近似属病原菌为模板对引物和探针分别进行特异性检测，该菌引物和探针均可区分检疫性丁香假单胞杆菌及常见丁香假单胞杆菌致病变种，达到口岸货物检疫要求；

（3）本研究优化了该病原菌PMA预处理条件，即PMA终浓度为20$\mu$mol/L、黑暗孵育时间为10min、500W卤素灯距离20cm曝光15min为最佳处理条件；该条件下，PMA-qPCR技术可有效区别出$10^3$CFU/ml至$10^7$CFU/ml的活菌和死菌，并通过与平板计数法结合建立标准曲线，根据测得的*Ct*值可有效计算出活菌的数量。

（4）本研究建立丁香假单胞杆菌斑点致病变种PMA-qPCR检测方法，并对该方法的灵敏度进行检验，结果证明该方法对活菌的检测限为$10^3$CFU/mL，对死菌的检测范围为$10^3$～$10^7$CFU/mL，以菌液浓度对数值为横坐标，*Ct*值为纵坐标建立标准曲线，可作为参考，实现对检疫性植物病原细菌的定量检测。

# 13 玉米细菌性枯萎病菌活性检测方法

## 13.1 概况

### 13.1.1 基本信息

中文名：玉米细菌性枯萎病菌。英文名：pantoea stewartii。学名：*Pantoea stewartii* subsp. stewartii ( Smith ) Mergaert et al. 。

### 13.1.2 分类地位

肠杆菌目 Enterobacteriales，肠杆菌科 Enterobacteriaceae，泛菌属 *Pantoea*。被我国列为检疫性有害生物。

### 13.1.3 地理分布

美国、加拿大、哥斯达黎加、贝宁、多哥、巴西、波多黎各、玻利维亚、圭亚那、秘鲁、奥地利、波兰、罗马尼亚、瑞士、希腊、意大利、马来西亚、泰国、印度、越南等国家和地区。

## 13.2 材料与方法

### 13.2.1 供试菌株

供试菌株 NCPPB29227 由长沙海关技术中心馈赠。

### 13.2.2 试剂

引物对 ES16/ESIG2c（5′- GCGAACTTGGCAGAGAT - 3′和 5′- GCGCT TGCGTG TTATGAG - 3′）；Ethidium monoazide（EMA）；PCR 反应体系中有关试剂。

### 13.2.3 主要仪器设备

PCR 仪，500W 卤素灯。

### 13.2.4 实验方法

#### 13.2.4.1 玉米细菌性枯萎病菌菌悬液配制

挑取 NA 平板 28℃ 培养 48h 的菌株 NCPPB 29227 单菌落，接种于 NA 液体培养基过夜摇培（28℃，150r/min），然后用无菌水 10 倍梯度稀释菌悬液备用。

#### 13.2.4.2 死菌获取

分别取 0.5mL 上述 10 倍稀释菌悬液于 1.5mL 的离心管中，每隔 1min 放入 3 个管，置于 75℃水浴锅加热处理，共处理 5min，然后取出稀释涂于 NA 平板，置于 28℃黑暗培养 48h 后观察计数。

#### 13.2.4.3 优化 EMA 溶液处理

利用无菌水溶解 EMA，配制成 100mg/L 的母液，用锡箔纸包裹置于－20℃保存备用。先将上述 10 倍稀释菌悬液利用 75℃水浴锅加热处理 3min；然后按表 13 - 1 所示加入 EMA 母液和活菌（或热处理）菌悬液混匀；形成 0mg/L、1mg/L、2mg/L、3mg/L 和 4mg/L 的 EMA 并置于黑暗 10min，用500W的卤素灯曝光处理样品10min；分别取0.1mL处理的菌悬液涂于NA平板培养计数，每个处理3皿；最后利用引物ES16/ESIG2c对样品经过PCR扩增并电泳分析。

**表13-1　不同浓度EMA溶液对菌株NCPPB 29227纯细胞悬浮液的处理**

| 编号 | 1 | 2 | 3 | 4 | 5 |
|---|---|---|---|---|---|
| EMA溶液（μL） | 0 | 5 | 1 | 1 | 2 |
| 细胞悬浮液（μL） | 5 | 4 | 4 | 4 | 4 |
| EMA终浓度（mg/L） | 0 | 1 | 2 | 3 | 4 |

注：EMA储备溶液的浓度为100mg/L。菌悬液浓度指不同浓度EMA处理菌悬液后涂于NA平板培养的平均计数。

#### 13.2.4.4　EMA溶液处理不同活菌比例的玉米细菌性枯萎病菌混合菌悬液

将上述10倍稀释的活菌和热处理菌悬液按表13-2所示配制含有0%、1%、2%、10%、50%和100%的活菌菌悬液混合体系，然后加入1mg/L EMA并置于黑暗10min，再曝光处理样品10min，分别取0.1mL处理的菌悬液涂于NA平板培养计数，每个处理3皿；最后PCR扩增并电泳分析。

**表13-2　活菌和热灭活菌悬液菌株NCPPB 29227的混合比**

| 编号 | 1 | 2 | 3 | 4 | 5 | 6 |
|---|---|---|---|---|---|---|
| 活菌菌悬液（μL） | 0 | 5 | 1 | 5 | 2 | 5 |
| 热处理菌悬液（μL） | 5 | 4 | 4 | 4 | 2 | 0 |
| 活菌菌悬液混合体系（%） | 0 | 1 | 2 | 1 | 5 | 1 |

注：菌悬液浓度指1mg/L EMA处理不同活菌浓度的菌悬液后涂于NA平板培养的平均计数。

## 13.3　结果与分析

### 13.3.1　热处理对玉米细菌性枯萎病菌生长影响

在75℃热处理不同时间段，涂板培养结果表明，随着热处理时间的增加，其平板菌落数减少。当热处理3min后，该病菌已失活，平板菌落数为零（数据略）。因此，实验中将菌悬液在75℃热处理3min视为死菌菌悬液，与微热处理的活菌菌悬液进行对比。

### 13.3.2　EMA溶液对玉米细菌性枯萎病菌的纯菌悬液的死菌和活菌影响

通过平板培养计数结果表明，10倍稀释菌悬液的菌胞浓度为$3.0\times10^8$CFU/mL。将10倍稀释菌悬液对应的活菌和75℃热处理3min后的菌悬液经过不同浓度EMA渗透和曝光处理后，PCR扩增电泳表明，不同浓度EMA处理没有经过热处理的10倍稀释菌悬液都能扩增到920bp产物，如图13-1（A）所示；而热处理的菌悬液经过1mg/L或更高的EMA渗透曝光处理后，PCR扩增产物电泳条带亮度不明显，甚至无扩增产物，如图13-1（B）所示。通过平板计数可知，0mg/L和1mg/L的EMA处理菌悬液后，其菌落浓度分别为$3.0\times10^8$CFU/mL和$3.0\times10^8$CFU/mL，而2mg/L的EMA处理菌悬液后，其菌落浓度为$0.13\times10^8$CFU/mL。结果表明，1mg/L的EMA可以抑制玉米细菌性枯萎病菌悬液死菌DNA的扩增，并不减少菌落的平板重现率，从而用于鉴别细菌死菌和活菌胞。

### 13.3.3　EMA对不同活菌比例的玉米细菌性枯萎病菌混合菌悬液的影响

利用1mg/LEMA处理10倍稀释菌悬液配制的0、1%、2%、10%、50%和100%的活菌菌悬液混合体系，PCR扩增产物电泳表明：10倍稀释菌悬液的不同活菌混合体系，未经过EMA处理的样品全都能扩增到920bp产物，而经过1mg/L EMA处理后，低于10%的活菌混合体系则不能扩增，

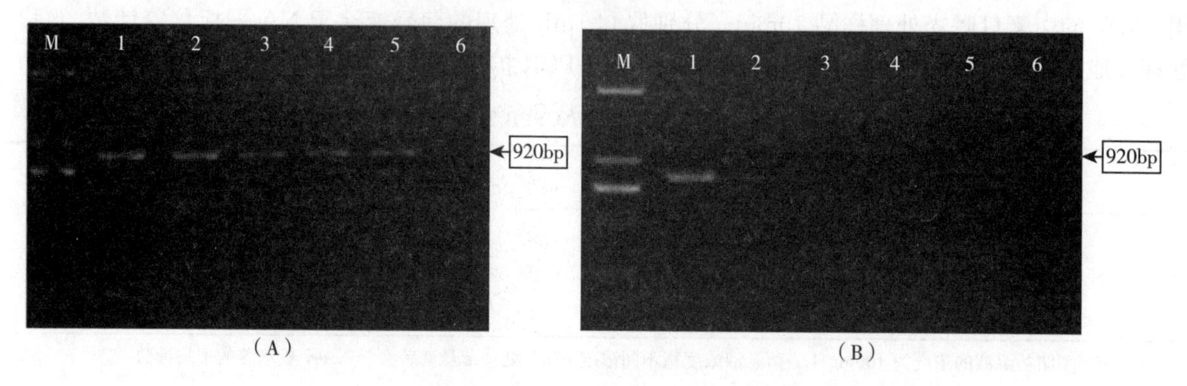


图 13-1　EMA 不同浓度渗透处理 NCPPB 29227 的 10 倍稀释菌悬液（A、B）PCR 产物的琼脂糖电泳图

注：A 为未经过 75℃热处理的菌悬液；B 为经过 75℃热处理的菌悬液；泳带 1～5：表 1 中对应的样品 1～5；泳道 6：无菌水；泳带 M：Marker DL 2000

如图 13-2（A、B）所示。同时通过平板计数可知，10%的活菌混合体系中的菌落浓度为 3.0×$10^7$CFU/mL，即混合体中菌落浓度等于或高于该数值，该检测方法就可以抑制混合体中死菌 DNA 的扩增。

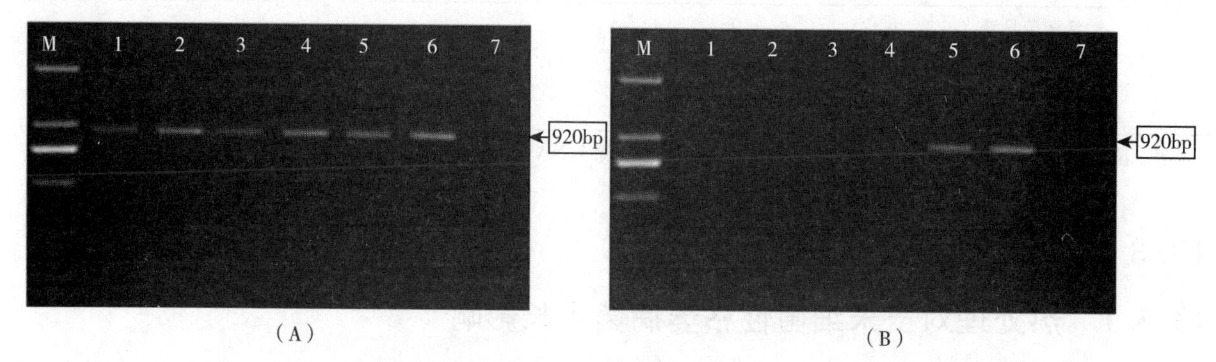


图 13-2　NCPPB 29227 不同含量活细胞菌悬液未经过 1mg/L EMA 渗透处理（A）和经过 1mg/L EMA 渗透处理（B）后 PCR 产物的琼脂糖电泳图

注：泳带 1～6：表 2 中对应的样品 1～6；泳道 7：无菌水；泳带 M：Marker DL 2000

## 13.4　讨论与结论

### 13.4.1　讨论

本研究首次将 DNA 染料 EMA 结合 PCR 检测方法引入玉米细菌性枯萎病菌检测，为初步检测该活菌提供了新方法，克服了基于 DNA 分子检测手段不能鉴别死活菌，导致过高估计活菌的数量，甚至产生假阳性结果的弊端，可以更有效地为该病害的预防控制提供可靠依据。

### 13.4.2　结论

（1）通过实验 75℃热处理 3min 可将玉米细菌性枯萎病菌全部灭活；

（2）EMA 最佳处理条件为浓度为 1mg/L，黑暗孵育 10min，再曝光处理样品 10min。

# 14 金黄色葡萄球菌活性检测方法

## 14.1 概况

### 14.1.1 基本信息

中文名：金黄色葡萄球菌（金葡菌）。学名：*Staphylococcus aureus*。

### 14.1.2 分类地位

放线菌目 Actinomycete，微球菌科 Micrococcaceae，葡萄球菌属 *Staphylococcus*，是一种常见的食源性致病菌。

### 14.1.3 地理分布

世界各地都有分布。

## 14.2 材料与方法

### 14.2.1 供试菌株

供试菌株分别来自美国菌种保藏中心（American Type CuLture collection，ATCC）、中国医学微生物菌种保藏中心（China Medical CuLture Collection，CMCC）、中国工业微生物菌种保藏管理中心（China Center of Industrial CuLture Collection，CICC）、英国国家标准菌库（National Collection of Type CuLtures，NCTC）、江西省疾病预防控制中心（Jiang Xi Provincial Center for disease control and prevention，JX-CDC）以及实验室分离的菌株（Alarcón et al.，2006）。如表 14-1 所示。

表 14-1 实验菌株及其 RAA 结果

| 细菌名称 | 菌株编号 | 来源 | 实验结果 |
|---|---|---|---|
| 金黄色葡萄球菌 | 26001 | CMCC | + |
| | 26003 | CMCC | + |
| | 25923 | ATCC | + |
| 耐甲氧西林金黄色葡萄球菌 | 12493 | NCTC | + |
| | 4571 | JX-CDC | + |
| 鼠伤寒沙门氏菌 | 50115 | CMCC | − |
| 甲型副伤寒沙门氏菌 | 9150 | ATCC | − |
| 伤寒沙门氏菌 | 40002 | JX-CDC | − |
| 副伤寒沙门氏菌 | 50094 | CMCC | − |
| 肠炎沙门菌亚种 | 9270 | ATCC | − |
| 大肠杆菌 | 25922 | ATCC | − |
| | 44102 | CMCC | − |
| | 23657 | CICC | − |

（续）

| 细菌名称 | 菌株编号 | 来源 | 实验结果 |
|---|---|---|---|
| 单核细胞增生李斯特菌 | 13932 | ATCC | − |
| 英诺克李斯特菌 | 11288 | ATCC | − |
| 西尔李斯特菌 | 35967 | ATCC | − |
| 阪崎克罗诺杆菌 | 29544 | ATCC | − |
| 铜绿假单胞菌 | 10104 | CMCC | − |
| 福氏志贺氏菌 | 51572 | CMCC | − |
| 副溶血性弧菌 | 20553 | / | − |

注：其中（+）代表阳性结果，（−）代表阴性结果。

## 14.2.2 试剂

### 14.2.2.1 实验试剂

PMAxx（20mmol/L溶于水中）、无菌水、溶菌酶、琼脂糖、细菌基因组DNA提取试剂盒、RAA核酸扩增试剂盒（荧光法）。

### 14.2.2.2 其他主要试剂的配制

10mmol/L磷酸缓冲盐溶液（PBS）的配制：称量8g NaCl、0.2g KCl、1.42g $Na_2HPO_4$和$KH_2PO_4$置于1mL的烧杯中，向烧杯中加入约800mL的去离子水，充分搅拌溶解，随后，滴加浓盐酸将pH调节至7.4，然后加入去离子水将溶液定容至1 000mL，高温高压灭菌后，室温保存。

Luria-Bertani（LB）培养基的配制：称取胰蛋白胨10g、酵母提取物5g和NaCl 10g，加入约800mL的去离子水，充分搅拌溶解后，滴加5mol/L NaOH（约0.2mL），调节pH至7.0，加去离子水将培养基定容至1 000mL，高温高压灭菌后，置于存放柜常温保存。

## 14.2.3 主要仪器设备

电子天平、水浴锅、卤素灯、常规冰箱、超低温冰箱、涡旋振荡器、摇床、可调移液器、激光共聚焦显微镜、酶标仪，RAA检测相关仪器。

## 14.2.4 实验方法

### 14.2.4.1 引物设计

根据金黄色葡萄球菌的特异性基因*nuc*序列设计引物和探针，引物和探针的设计软件分别为Oligo 6.0和Beacon Designer 7（Coppens et al.，2019）。本实验前期设计了3对检测*nuc*基因的引物，信息如表14-2所示，后期使用的引物和探针均由湖南擎科生物技术有限公司所合成，其相关信息如表14-3所示。

**表14-2 前期设计的三对引物序列信息**

| 目标菌株 | 目的基因 | 引物序列（5′→3′） | 产物长度/bp |
|---|---|---|---|
| 金黄色葡萄球菌 | *nuc1* | 正向引物：TCGTCAAGGCTTGGCTAAAGTTGCTTATGTTT | 136 |
| | | 反向引物：TTGACCTGAATCAGCGTTGTCTTCGCTCCAAA | |
| | *nuc2* | 正向引物：TCGTCAAGGCTTGGCTAAAGTTGCTTATGTT | 136 |
| | | 反向引物：TTGACCTGAATCAGCGTTGTCTTCGCTCCAAAT | |
| | *nuc3* | 正向引物：TCGTCAAGGCTTGGCTAAAGTTGCTTATGTTTA | 135 |
| | | 反向引物：TGACCTGAATCAGCGTTGTCTTCGCTCCAAA | |

表 14-3　后期设计的引物和探针序列信息

| 目标菌株 | 目的基因 | 引物和探针序列（5′→3′） |
| --- | --- | --- |
| 金黄色葡萄球菌 | *nuc* | 正向引物：CCTGCGACATTAATTAAAGCGATTGATGGTGATACG<br>反向引物：CAAGCCTTGACGAACTAAAGCTTCGTTTAC<br>探针：GTCAAACAATGACATTYAGACTATTAT（FAM-dT）G（THF）T（BHQ-dT）GATACACCTGAAACA（phosphate） |

### 14.2.4.2　细菌的培养和计数

取所有低温保藏细菌划线培养（37℃/12h），挑取单菌落转移到 LB 液体培养基中并置于摇床 180r/min/37℃继续培养 12h，将菌液梯度稀释进行点板计数，确定原始菌液的浓度（Zhen et al.，2018）。

### 14.2.4.3　细菌 DNA 的提取

细菌基因组 DNA 的提取方法如下：离心，将细菌沉淀重悬于 50μL 无菌蒸馏水中。随后加入 180μL 快速裂解液（含浓度为 30mg/mL 的溶菌酶），充分涡旋（Wei et al.，2018）。将反应液在 37℃水浴 1h，然后加入 20μL 蛋白酶 K 和 200μL 裂解液 AVL。最后，将所有溶液在 56℃下孵育 30min，根据细菌基因组 DNA 提取试剂盒说明书，提取基因组 DNA。提取的基因组 DNA 在－20℃下保存，并用于后续 RAA 实验。

### 14.2.4.4　金黄色葡萄球菌 RAA 方法

RAA 基础扩增试剂盒方法：

按照 RAA 基础扩增试剂盒说明书的操作方法进行（Chen et al.，2018），操作方法如下：

（1）即在 1.5mL 离心管中配制如下反应体系（单个样品/反应）（表 14-4）。

表 14-4　体系组成

| 组分 | 体积（μL） |
| --- | --- |
| 引物 A（10μmol/L） | 2 |
| 引物 B（10μmol/L） | 2 |
| 反应缓冲液 A | 25 |
| 双蒸水 | 17.5 |
| 模板 | 1 |

（2）涡旋混合并离心上述溶液。

（3）将混合好的 47.5μL 溶液加入装有干粉的反应管中，使用移液器或涡旋振荡器使干粉与溶液混合均匀。

（4）向每个反应管中加入 2.5μL 280mmol/L 醋酸镁溶液并混合均匀。

（5）将上述反应管放置在 39℃条件下反应 40min（一般设定为 39℃）。

（6）反应结束后，将反应管取出，每个反应管中加入 50μL 酚/氯仿（1∶1），振荡均匀，12 000r/min 离心 1min。

（7）吸取 10μL 上层溶液进行琼脂糖凝胶电泳（胶浓度一般为 1.5%～2%），检测结果。

RAA 荧光扩增试剂盒：

按照 RAA 荧光扩增试剂盒（江苏奇天基因生物科技有限公司）使用说明进行操作。在 1.5mL 离心管中分别加入 25μL 反应缓冲液；正向引物、反向引物（10μmol/L）各 2.1μL；0.6μL 探针（10μmol/L）；1μL 模板；加 16.5μL 双蒸水至 47.5μL，混合均匀，然后加入有干粉的反应管中，再次混匀。各管加入 2.5μL 280mmol/L 醋酸镁溶液并混匀。将上述反应管放置于 RAA－F1620 仪器中，在 39℃反应 30min（Shen et al.，2019）。

金黄色葡萄球菌荧光 RAA 法灵敏度：

合成目的 DNA 序列，构建含有目的检测片段的质粒 DNA，提取质粒 DNA，并计算其拷贝数，分别稀释到 $10^7$ 拷贝/μL、$10^6$ 拷贝/μL、$10^5$ 拷贝/μL、$10^4$ 拷贝/μL、$10^3$ 拷贝/μL、$10^2$ 拷贝/μL，检测测试的灵敏度。

金黄色葡萄球菌荧光 RAA 法特异性：

利用该方法分别对沙门氏菌、大肠杆菌、志贺氏菌分别进行荧光反应检测和 RAA 基础扩增。

#### 14.2.4.5 PMAxx－RAA 方法建立

（1）PMAxx 浓度的优化。将 PMAxx 固体粉末溶解在 100μL 无菌水中（浓度为 20mmol/L），储存于－20℃的黑暗环境中。金黄色葡萄球菌 CMCC 26001 作为参考菌株进行整个实验。将 50μL 新鲜菌液（－$10^9$CFU/mL）加入 450μL 的 PBS 缓冲液中（两组：A、B）。A 组不作处理，B 组置于水浴锅中 80℃加热 20min 配制死菌，冷却至室温。向上述 500μL 菌悬液中加入 PMAxx 溶液使其终浓度达到 0μmol/L、10μmol/L、20μmol/L、30μmol/L、40μmol/L、60μmol/L（Hong et al.，2020），充分混匀后于暗处静置 10min，然后将离心管置于冰盒上，手提 500W 卤素灯装置于大约 20cm 处照射 10min（Løvdal et al.，2011）。样品于 12 000r/min 离心 5min，去上清，加入 600μL 的 PBS 洗两次，随后重悬于 50μL 的无菌水中用于后续 DNA 的提取以及 RAA 检测。

（2）PMAxx 对活死菌的效果验证。向配制好的 A 组（活菌）和 B 组（死菌）菌悬液中加入终浓度为 20μmol/L 的 PMAxx，暗处孵育 10min，随后将离心管置于冰盒上，手提 500W 卤素灯装置于大约 20cm 处照射 10min。加入 600μL 的 PBS 将 A 和 B 组细菌悬液洗两次，随后重悬于 100μL 的 PBS 中，转移所有菌悬液至 96 孔酶标板用于测定荧光（λex/λem＝475nm/610nm）。同时，配制另一份活菌 1 和死菌 2 悬液，1 和 2 经 PMAxx 处理后，洗涤 2 次，随后加入 5μL 荧光染料 Hoescht 33342（1μg/mL），暗孵育 15min，洗涤两次，1 和 2 分别重悬于 50μL 的 PBS，将 1 和 2 混在一起，充分混匀，加入 10μL 的 4%多聚甲醛固定约 15min，移取 10μL 的混匀液置于干净的载玻片上，迅速加入抗荧光衰减封片剂 5μL，盖上盖玻片，将其置于激光共聚焦显微镜下进行观察（Liang，Zhou et al.，2019，Chhetri，Han et al.，2020）（Taobo et al.，2019）。

（3）纯培养液中 PMAxx－RAA 体系最低检出限的测定。将过夜培养的金黄色葡萄球菌进行 10 倍梯度稀释，配制从 $10^3$～$10^7$CFU/mL 范围的菌悬液，同时，稀释另一份菌液用于细菌点板计数。PMAxx 处理后，洗涤重悬于 50μL 的无菌水中，随后按照 QIAGEN 细菌基因组 DNA 提取试剂盒的说明进行后续操作（模板 DNA 的配制）（Lei et al.，2018）。

RAA 反应体系操作流程：向含有酶的反应管中分别加入反应缓冲液Ⅵ 25μL、上游引物（10μmol/L）2.1μL、下游引物（10μmol/L）2.1μL、探针（10μmol/L）0.6μL、模板 DNA 5μL，无菌水补齐至 50μL；将上述反应体系混匀，加入荧光基础反应单元，使冻干粉充分重溶；打开反应单元，向每个反应单元的管盖上加入 2.5μL 乙酸镁，充分混匀并置于 QT－RAA－B6100 中离心收集；将反应管放入荧光基因检测仪中 39℃条件下反应 20min，并实时观察记录结果。该实验的原理图如图 14－1 所示。

（4）不同富集时间下乳制品加标样本中最低检出限的测定。将 25g 奶粉与 225mL 蒸馏水混合，115℃/0.1 MPa 处理 20min。随后，移取 500μL 上述溶液与 4.5mL LB 液体培养基混匀，配制所需的牛奶样本。随后，将 37℃过夜培养的金黄色葡萄球菌菌液分别加入牛奶样本中，使其终浓度为 $10^1$～$10^3$CFU/mL。之后，立即置于摇床（37℃/180r/min）培养 3h 和 6h，在每个时间节点移取 500μL 的培养液于 1.5mL 离心管中。PMAxx 处理后，提取细菌基因组 DNA 用于后续 RAA 反应（Tian et al.，2017）。

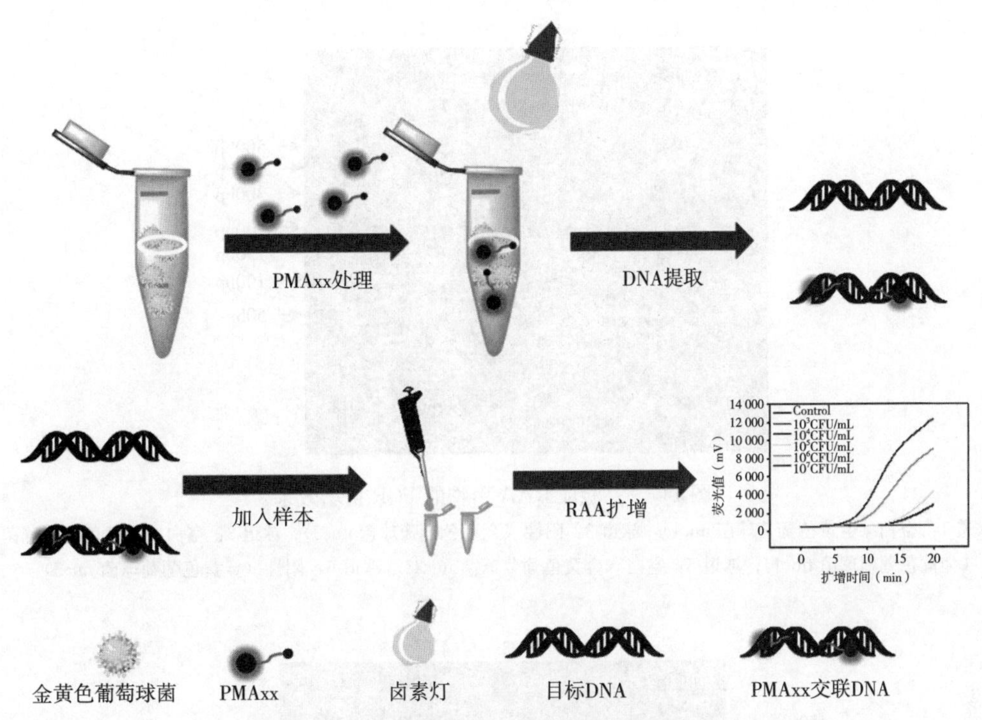


图 14－1　纯菌液中金黄色葡萄球菌的检测示意图

（5）乳制品加标样本中 PMAxx－RAA 方法特异性验证。将过夜培养的三株新鲜菌（金黄色葡萄球菌、肠炎沙门氏菌和大肠杆菌 O157：H7）10 倍梯度稀释（其中金黄色葡萄球菌组直接稀释至 $10^7$CFU/mL，肠炎沙门氏菌和大肠杆菌 O157：H7 稀释至 $10^8$CFU/mL）。随后，取 5μL 的无菌水、肠炎沙门氏菌和大肠杆菌 O157：H7 的稀释液加入配制好的金黄色葡萄球菌稀释液中，并标记好 1、2、3。经 PMAxx 处理后，将配制好的 DNA 用于 RAA 的检测，并实时观察结果（Li et al.，2019）。

# 14.3　结果与分析

## 14.3.1　引物扩增效果的验证

### 14.3.1.1　引物 PCR 扩增效果的验证

图 14－2 表示的是基因 *nuc* 三对引物的 PCR 扩增结果。从图中可以看出，阳性组均未有条带形成。[所有 PCR 程序条件均为：95℃预变性 10min；中间 30 个循环：95℃变性 30s，60℃退火 30s，72℃延伸 30s；再延伸 10min（Mutonga et al.，2019)]。

### 14.3.1.2　引物 RAA 的扩增效果的验证

图 14－3 表示的是设计的引物对应的 RAA 扩增结果。从图中可以看出，泳道 6 在对应 293bp 处有 RAA 扩增条带，因而该对引物也可用于后续 RAA 的扩增，确保了该方法的可行性。

## 14.3.2　金黄色葡萄球菌荧光 RAA 方法建立

### 14.3.2.1　金黄色葡萄球菌荧光 RAA 法灵敏度实验

通过检测浓度为 $10^7$ 拷贝/μL、$10^6$ 拷贝/μL、$10^5$ 拷贝/μL、$10^4$ 拷贝/μL、$10^3$ 拷贝/μL、$10^2$ 拷贝/μL 的质粒，结果表明该方法能够检测到 $10^2$ 拷贝/μL 的质粒，如图 14－4 所示。

### 14.3.2.2　金黄色葡萄球菌荧光 RAA 法特异性实验

荧光反应扩增结果表明，只有金黄色葡萄球菌检测出相应的特异性扩增曲线，其他细菌未见有相

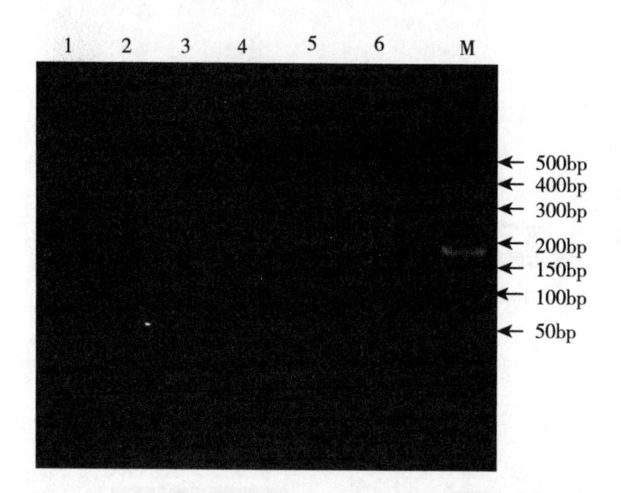


图 14-2　验证 RAA 引物的 PCR 扩增效果

注：泳道 1：空白（金黄色葡萄球菌 nuc1），泳道 2：阳性（金黄色葡萄球菌 nuc2）；泳道 3：空白（金黄色葡萄球菌 nuc3），泳道 4：阳性（金黄色葡萄球菌 nuc1）；泳道 5：空白（金黄色葡萄球菌 nuc2），泳道 6：阳性（金黄色葡萄球菌 nuc3）

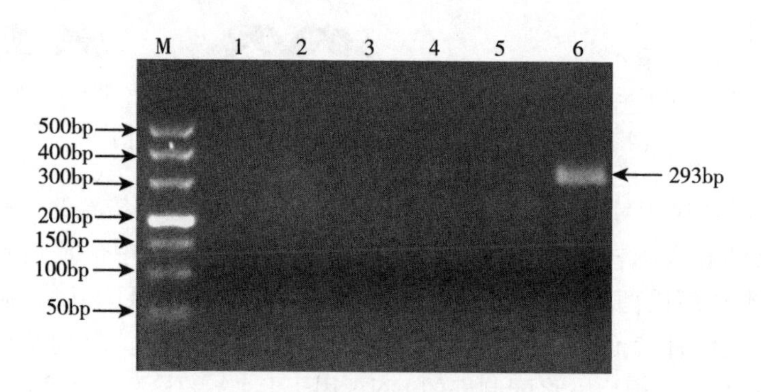


图 14-3　验证 RAA 引物的扩增效果

注：泳道 1：空白 1，泳道 2：空白 2，泳道 3：空白 3，泳道 4：空白 4；泳道 5：空白 5，泳道 6：阳性（金黄色葡萄球菌 *nuc* 基因 293bp 片段）

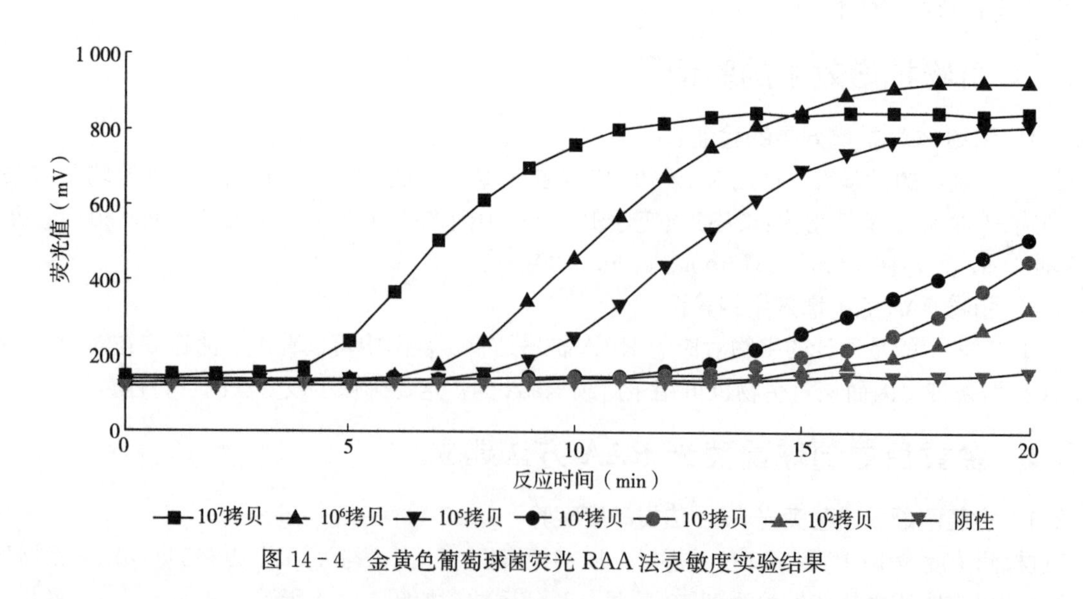


图 14-4　金黄色葡萄球菌荧光 RAA 法灵敏度实验结果

应的扩增，无交叉反应。RAA 基础扩增结果表明，特异性检测结果与 RAA 荧光反应检测结果一致，只有金黄色葡萄球菌扩增出目的条带，条带大小与理论值（293bp）相一致，如图 14-5 所示。

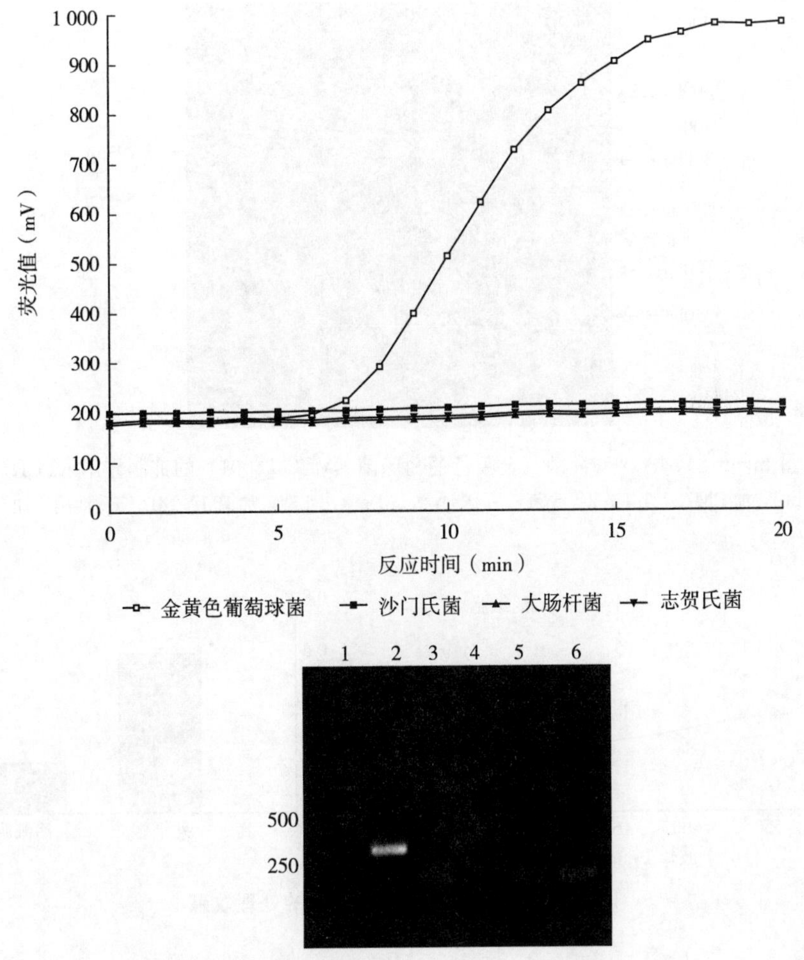


图 14－5　金黄色葡萄球菌荧光 RAA 法特异性实验结果

注：1. DNA 分子量标准；2. 金黄色葡萄球菌；3. 沙门氏菌；4. 大肠杆菌；5. 志贺氏菌；6. 阴性对照

## 14.3.3　金黄色葡萄球菌 PMAxx－RAA 方法建立

### 14.3.3.1　PMAxx 效果的验证及浓度的优化

（1）PCR 电泳验证。根据图 14－6 结果显示，当 PMAxx 加入量为 0.5μL 时，就有对死菌 PCR 扩增的抑制效果，因而后续以 0.5μL，即终浓度为 20μmol/L 作为 PMAxx 浓度优化中心进行梯度设置，建立最佳的 PMAxx 处理浓度体系。

（2）PMAxx 效果验证（荧光）。本实验中，如图 14－7 所示，经 PMAxx 处理的活菌在 610nm 处的荧光值为 0.19，而经 PMAxx 处理的死菌在 610nm 处的荧光值达到 0.60 左右（满足 S/N>3∶1）。因而 PMAxx 可以特异性地进入死菌并与 DNA 结合后产生相应荧光。

同时，经 PMAxx 和 Hoescht 33342 处理后，激光共聚焦显微镜观察，可以看到活菌显示绿色荧光，死菌显示红色荧光，荧光图如图 14－8 所示。

（3）PMAxx 浓度的优化。PMAxx 浓度是本实验中一个重要的实验参数。如图 14－9 所示，随着 PMAxx 浓度的升高，活菌时间阈值没有发生明显变化，但死菌时间阈值变化明显，并在 20μmol/L 达到最大值。因此，最终选择 20μmol/L 作为最佳的 PMAxx 预处理浓度。

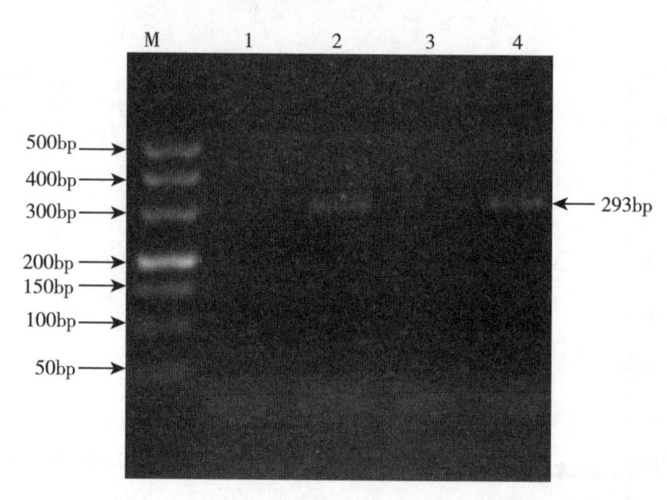


图 14－6　PMAxx 对死菌（金黄色葡萄球菌 CMCC 26001）的抑制作用（PCR）

注：1：死菌，加 PMA 0.5μL；2：活菌，加 PMA 0.5μL；3：死菌，加 PMA 1μL；4：活菌，加 PMA 1μL

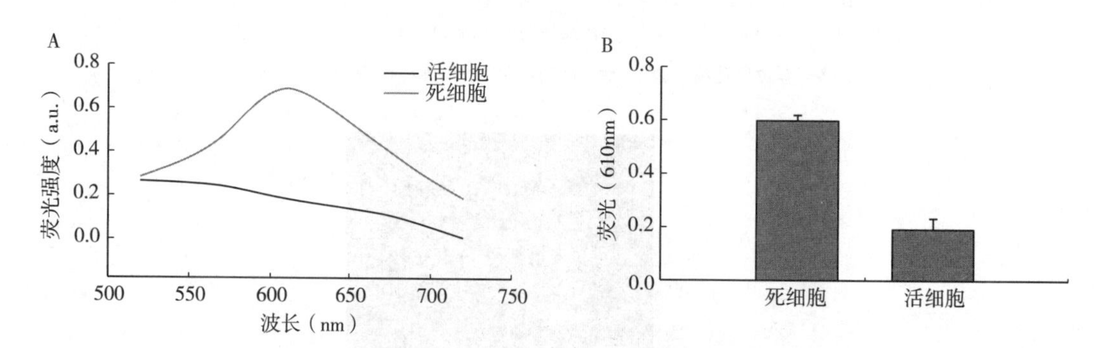


图 14－7　酶标仪验证 PMAxx 的处理效果

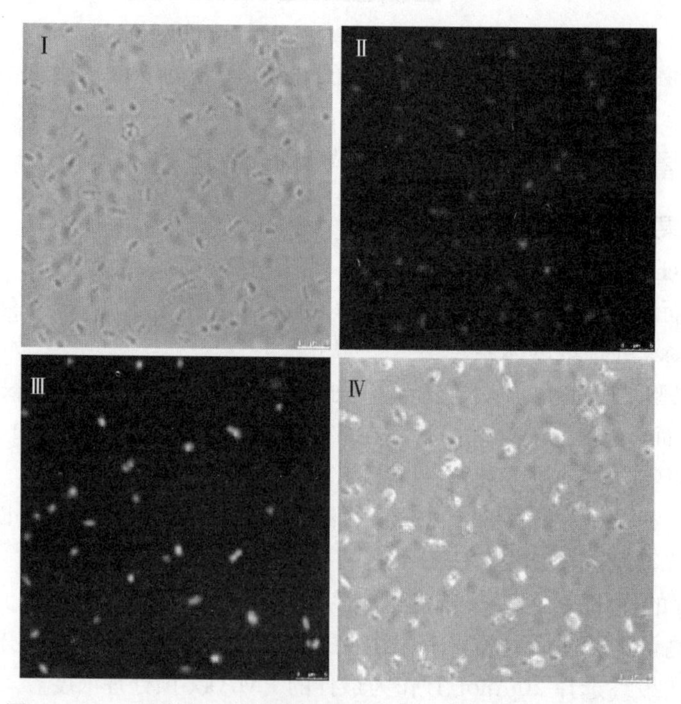


图 14－8　双重染色金黄色葡萄球菌的激光共聚焦荧光显微镜图像

注：（Ⅰ）白光下观察，（Ⅱ）用 Hoechst 33342 染色，（Ⅲ）用 PMAxx 染色，和（Ⅳ）染色叠加图像

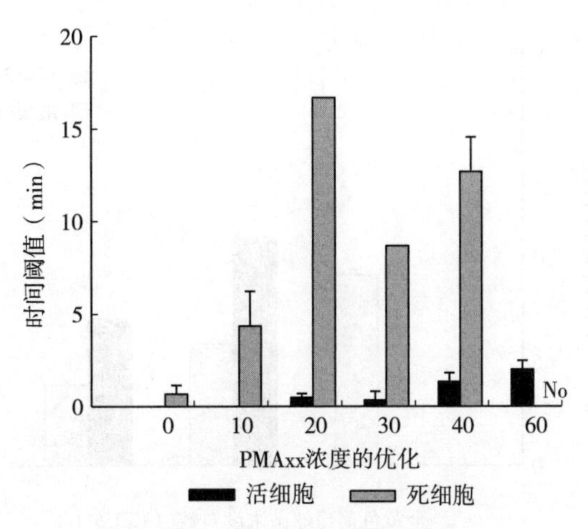


图 14-9　PMAxx 浓度的优化

注：No 表示在 20min 内没有时间阈值

#### 14.3.3.2　PMAxx-RAA 体系最低检出限度

（1）纯培养液中 PMAxx-RAA 体系最低检出限结果。检测限在本研究中是另一个重要的实验参数（Hong et al.，2020），在最佳 PMAxx 浓度条件下提出的 PMAxx-RAA 检测方法在纯菌液中的 LOD 为 $7.4\times10^4$CFU/mL，如图 14-10 所示。虽然灵敏度相对较低，但与 PCR 和实时荧光定量 PCR 相比，这些常规检测方法至少需要 1.5h，而本研究提出的检测方法扩增 *nuc* 靶基因只需 20min，不需要温控装置和复杂的仪器操作，便于快速检测金黄色葡萄球菌用以解决社区食品安全相关问题。

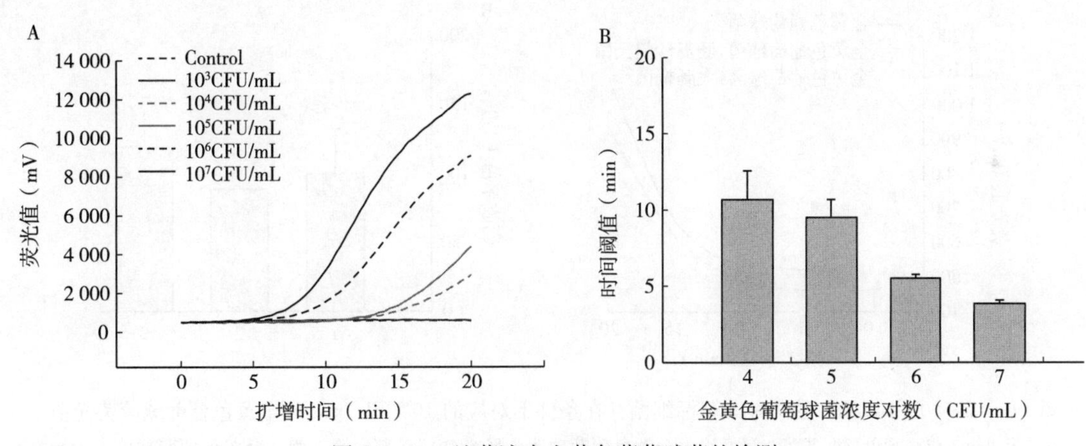


图 14-10　纯菌液中金黄色葡萄球菌的检测

（2）加标样本中 PMAxx-RAA 体系最低检出限的确定。当牛奶被少量细菌污染时，繁殖富集后可对人体造成严重危害。本研究采用 PMAxx-RAA 方法对富集之后加标牛奶样品中活的金黄色葡萄球菌进行检测。如图 14-11 所示，在富集 3h 后，该方法检测活的金黄色葡萄球菌最低浓度为 $5.4\times10^2$CFU/mL。另一方面，在富集 6h 后，该方法检测人工加标牛奶样品中活的金黄色葡萄球菌的最低浓度为 $5.4\times10^1$CFU/mL。

此外，在之前的研究中，经 12h 的富集，在人工污染的牛奶样品中，结合实时荧光定量 PCR 检测高选择性富集肉汤中金黄色葡萄球菌可达到 10 CFU/25mL。因此该结果表明，所建立的 PMAxx-RAA 方法经过不同的富集时间后，可以有效检测到低浓度的活的金黄色葡萄球菌，为加标牛奶样品中金黄色葡萄球菌活菌检测提供了一种新的策略。

#### 14.3.3.3　加标样本中 PMAxx-RAA 方法的特异性

沙门氏菌和大肠杆菌 O157：H7 也是牛奶制品中一类重要的致病微生物，因此，建立 PMAxx-

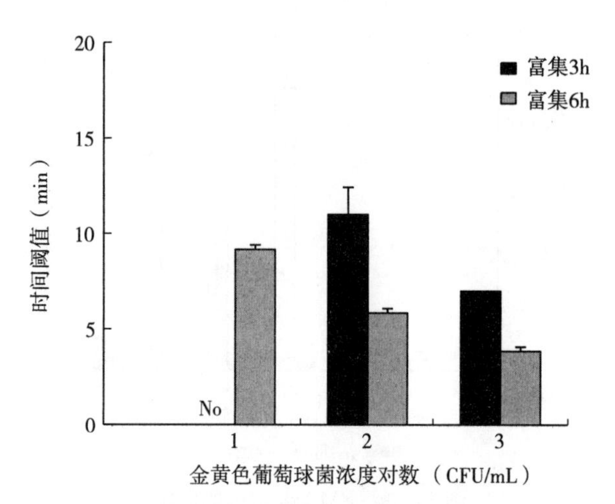


图 14-11　不同富集时间后加标牛奶样品中金黄色葡萄球菌的检测

注：No 表示在 20min 内没有时间阈值

RAA 沙门氏菌和大肠杆菌 O157：H7 的杂菌干扰体系，对实际加标牛奶样品中金黄色葡萄球菌检测影响的探究具有重要意义（Zhao et al.，2019）。在本研究中，我们假定第 1 组（只含金黄色葡萄球菌）的时间阈值平均值归一化后为 100.0%，第 2、3 组即与第 1 组时间阈值平均值的比值（统一定义为回收率）。如图 14-12 中所示，第 2 组的回收率值为 88.9%，第 3 组回收率值为 119.6%。与第 1 组比较，第 2 组和 3 组无明显变化。因此，开发的 PMAxx-RAA 方法可用于牛奶样品中金黄色葡萄球菌的特异性检测。

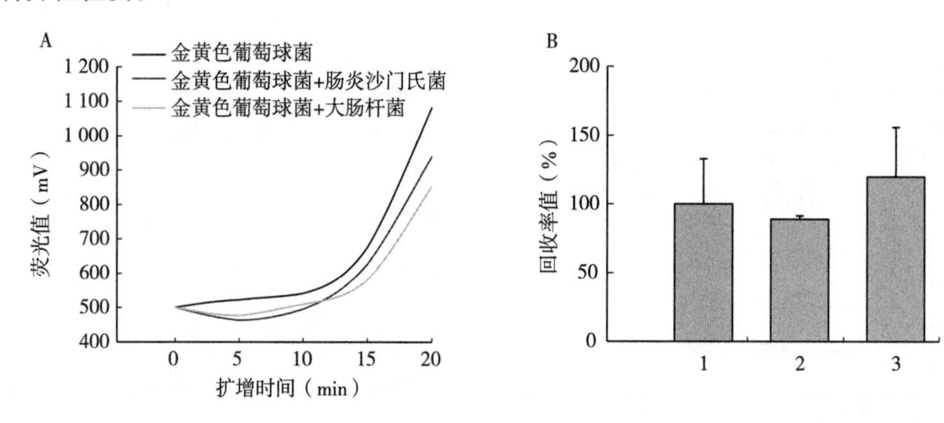


图 14-12　$10^6$CFU/mL 的两种非靶标细菌存在条件下对应的 $10^7$CFU/mL 的金黄色葡萄球菌荧光值

注：第 1 组：仅金黄色葡萄球菌；第 2 组：金黄色葡萄球菌＋肠炎沙门氏菌；第 3 组：金黄色葡萄球菌＋大肠杆菌 O157：H7

#### 14.3.3.4　金黄色葡萄球菌 PMAxx-荧光 RAA 方法检测真实样本情况（表 14-5）

**表 14-5　分离菌株及其 RAA 结果**

| 菌株名称 | 菌株编号 | RAA 实验结果 |
| --- | --- | --- |
| 金黄色葡萄球菌 | PTQ529 | 阳性 |
| | PTQ530 | |
| | PTQ531 | |
| | PTQ541 | |
| | PTQ547 | |

（续）

| 菌株名称 | 菌株编号 | RAA 实验结果 |
| --- | --- | --- |
| 金黄色葡萄球菌 | PTQ548 | 阳性 |
| | PTQ549 | |
| | PTQ555 | |
| | 2019017 | |
| | 2019019 | |
| | 2019020 | |

从表 14－5 可以看出，建立的金黄色葡萄球菌 PMAxx－荧光 RAA 活性检测方法能够检测出 11 个真实样本中活菌情况。

# 14.4　讨论与结论

## 14.4.1　讨论

### 14.4.1.1　活菌检测的意义

金黄色葡萄球菌在牛奶中可能会导致一些人体感染。该类菌可以产生肠毒素，相对分子量相对较低，具有热稳定性，对人体肠道产生破坏，导致呕吐腹泻等症状（Mutonga et al.，2019）。且在实际样品中，只有活菌才能感染侵入人类，因此，建立的方法必须满足能够选择性检测活菌的要求，消除来自死菌的信号，且大量死菌会导致对少量活菌的假阳性结果，因此，死菌的存在会干扰水成分分析过程中活菌 DNA 信号的辨别。

### 14.4.1.2　光敏性染料 PMAxx 的效果

本研究提供的 PMAxx 是一种能够选择性结合死菌 DNA 的荧光染料，它可以消除假阳性结果以准确检测牛奶加标样中的金黄色葡萄球菌。该部分内容包括利用酶标仪和激光共聚焦显微镜验证 PMAxx 的处理效果。对于死菌，用 PMAxx 处理后在 610nm 处可以观察到显著的荧光强度（0.60），而在 610nm 处荧光强度为 0.19，满足信噪比大于 3/1，这说明 PMAxx 是一种有效的处理死菌的染料。用 Hoescht 33342 和 PMAxx 处理过的金黄色葡萄球菌结果显示，激光共聚焦显微图像显示 PMAxx 在检测死菌中的作用，即只有活菌显示绿色荧光，死菌显示红色荧光。所有结果均说明 PMAxx 可以选择性进入死菌并与 DNA 发生交联，对于后续 RAA 检测活菌具有重要意义（Xie et al.，2019）。

### 14.4.1.3　RAA 检测的优势

先前的研究集中于经过温度的变化来扩增菌的特定基因，例如 PCR 和荧光定量 PCR，该方法操作较为复杂烦琐（Zhao et al.，2020）。本研究提出的 PMAxx－RAA 组合设计用于金黄色葡萄球菌的检测，设计了基于靶基因，即 *nuc* 的引物及探针，保证了该方法的特异性。该方法虽然在纯菌液中检测限为 $7.4\times10^4$CFU/mL，但在实际加标牛奶样本中经过 6h 富集之后，可以检测到 $5.4\times10$CFU/mL。因此，本研究开发的 PMAxx－RAA 方法可以用于牛奶样品中低浓度的金黄色葡萄球菌的检测（Zhang et al.，2017）。

## 14.4.2　结论

通过实验，选取 20 株细菌菌株进行特异性验证，结果显示，只有五株目标菌株具有 RAA 扩增信号；通过酶标仪和激光共聚焦显微成像验证了 PMAxx 对于死菌的选择透过性；建立的方法优化得到 PMAxx 的最佳浓度为 20$\mu$mol/L；建立的方法在纯菌液中的检测限均为 $10^4$CFU/mL，但实际牛奶加标样中富集之后，3h 可以富集检测到 $10^2$CFU/mL 的金黄色葡萄球菌，且经 6h 可以富集检测到 $10^1$CFU/mL 的金黄色葡萄球菌。

# 15 肺炎克雷伯菌活性检测方法

## 15.1 概况

### 15.1.1 基本信息

中文名：肺炎克雷伯菌（弗里德兰氏杆菌）。学名：*Klebsiella pneumoniae*。

### 15.1.2 分类地位

肠杆菌目 Enterobacterales，肠杆菌科 Enterobacteriaceae，克雷伯氏菌属 *Klebsiella*，是一种常见的食源性致病菌。

### 15.1.3 地理分布

世界各地都有分布。

## 15.2 材料与方法

### 15.2.1 供试菌株

#### 15.2.1.1 用于 PMAxx－RAA 核酸检测实验材料

供试菌株分别来自 ATCC、NB－CDC、CICC、CMCC、JX－CDC 以及 NCTC，如表 15－1 所示。

**表 15－1 实验菌株及其 RAA 结果**

| 菌株名称 | 菌株编号 | 来源 | RAA 实验结果 |
| --- | --- | --- | --- |
| 肺炎克雷伯菌 | 700603 | ATCC | ＋ |
| | 371 | NBCDC | ＋ |
| | 372 | NBCDC | ＋ |
| | 373 | NBCDC | ＋ |
| 金黄色葡萄球菌 | 26001 | CMCC | － |
| | 25923 | ATCC | － |
| 耐甲氧西林金黄色葡萄球菌 | 4571 | JX－CDC | － |
| | 12493 | NCTC | － |
| 嗜热脂肪芽孢杆菌 | 7953 | ATCC | － |
| 单核细胞增生李斯特菌 | 13932 | ATCC | － |
| 英诺克李斯特菌 | 11288 | NCTC | － |
| 丙二酸盐克罗诺杆菌 | 45402 | CMCC | － |
| 阪崎克罗诺杆菌 | 29544 | ATCC | － |
| 肠炎沙门氏菌 | 13076 | ATCC | － |
| 鼠伤寒沙门氏菌 | 14028 | ATCC | － |

（续）

| 菌株名称 | 菌株编号 | 来源 | RAA 实验结果 |
|---|---|---|---|
| 猪霍乱沙门氏菌 | 35640 | ATCC | − |
| 甲型副伤寒沙门氏菌 | 9150 | ATCC | − |
| 福氏志贺氏菌 | 51572 | CMCC | − |
| 大肠杆菌 | 25922 | ATCC | − |
| | 44102 | CMCC | − |
| 铜绿假单胞菌 | 10104 | CMCC | − |
| 嗜热链球菌 | 27603 | ATCC | − |

注：其中（+）表示阳性结果，（−）表示阴性结果。

#### 15.2.1.2　用于 TOMA－RAA 核酸检测实验材料，如表 15－2 所示。

表 15－2　所有供试菌株

| 菌株名称 | 菌株编号 | 菌株来源 |
|---|---|---|
| 肺炎克雷伯菌 | 700603 | ATCC |
| 大肠杆菌 | 44102 | CMCC |
| 阪崎克罗诺杆菌 | 29544 | ATCC |
| 白色念珠菌 | 98001 | CMCC |
| 大肠杆菌 O157：H7 | 44828 | CMCC |
| 蜡样芽孢杆菌 | 010ZY | JDZ |
| 鼠伤寒沙门氏菌 | 13311 | ATCC |
| 单核细胞增生李斯特菌 | 13932 | ATCC |
| 金黄色葡萄球菌 | 26001 | CMCC |
| 肠炎沙门氏菌 | 13076 | ATCC |
| 阪崎克罗诺杆菌 | 45402 | CMCC |
| 大肠杆菌 O157：H7 | 43888 | ATCC |
| 耐甲氧西林金黄色葡萄球菌 | 12493 | NCTC |
| 枯草芽孢杆菌 | 63501 | CMCC |
| 铜绿假单胞菌 | 10104 | CMCC |

## 15.2.2　试剂

#### 15.2.2.1　实验试剂

TOMA（1mg/mL，溶解于 20% DMSO）、PMAxx（20mmol/L，溶解于去离子水中）、无菌水、琼脂糖、细菌基因组 DNA 提取试剂盒、RAA 核酸扩增试剂盒（荧光法）等。

#### 15.2.2.2　其他主要试剂的配制

10mmol/L PBS 的配制：称量 8g NaCl、0.2g KCl、1.42g $Na_2HPO_4$ 和 $KH_2PO_4$ 置于 1mL 的烧杯中，向烧杯中加入约 800mL 的去离子水，充分搅拌溶解，随后，滴加浓盐酸将 pH 调节至 7.4，然后加入去离子水将溶液定容至 1 000mL，高温高压灭菌后，室温保存。

Luria－Bertani（LB）培养基的配制：称取胰蛋白胨 10g、酵母提取物 5g 和 NaCl 10g，加入约 800mL 的去离子水，充分搅拌溶解后，滴加 5 滴 NaOH（约 0.2mL），调节 pH 至 7.0，加去离子水将培养基定容至1 000mL，高温高压灭菌后，置于存放柜常温保存。

## 15.2.3 主要仪器设备

电子天平、水浴锅、卤素灯、常规冰箱、超低温冰箱、涡旋振荡器、摇床等；可调移液器（0.1μL～2.5μL，0.5～10μL，2μL～20μL，5～50μL，20μL～200μL，100μL～1 000μL），PMAxx 荧光检测仪器：激光共聚焦显微镜和酶标仪，RAA 检测相关仪器：QT-RAA-F1620 和 QT-RAA-B6100。

## 15.2.4 实验方法

### 15.2.4.1 引物设计

根据肺炎克雷伯菌的特异性基因 *rcsA* 设计引物和探针，引物和探针的设计软件分别为 Oligo 6.0 和 Beacon Designer 7（Khazani et al.，2017），其相关信息如表 15-3 所示。

**表 15-3 引物和探针相关信息**

| 目标菌株 | 目的基因 | 引物和探针序列（5'→3'） |
| --- | --- | --- |
| 肺炎克雷伯菌 | *rcsA* | 正向引物：CCGCAAATAGCGGTCAAAATGGATGTTCGCCAGCG<br>反向引物：GGAATTAAAAAACAGGAAATCGTTGAGGTCAA<br>探 针：ATTACTTTCATCATCATGCACGAAACAGTCT（FAM-dT）C（THF）T（BHQ-dT)CAGAAACACCACCGCG（磷酸盐） |

### 15.2.4.2 细菌的培养和计数

取所有低温保藏细菌划线培养（37℃/12h），挑取单菌落转移到 LB 液体培养基中并置于摇床 180r/min、37℃ 继续培养 12h，将菌液梯度稀释进行点板计数，确定原始菌液的浓度。

### 15.2.4.3 细菌 DNA 的提取

为了提取肺炎克雷伯菌基因组 DNA，将菌体沉淀重新悬浮在 50μL 无菌水中。随后，加入 100μL 裂解缓冲液和 20μL 蛋白酶 K（20mg/mL），充分涡旋，混合物置于 55℃水浴中孵育 15min。最后，根据厂家说明，使用 EasyPure 细菌基因组 DNA 试剂盒提取细菌基因组 DNA。提取的基因组 DNA 保存在－20℃以备进一步使用。

### 15.2.4.4 肺炎克雷伯菌荧光 RAA 方法建立

RAA 基础扩增试剂盒方法：按照 RAA 基础扩增试剂盒说明书的操作方法进行，操作方法如下。

（1）即在 1.5mL 离心管中配制如下反应体系（单个样品/反应），如表 15-4 所示。

**表 15-4 体系组分**

| 组分 | 体积/μL |
| --- | --- |
| 引物 A（10μmol/L） | 2 |
| 引物 B（10μmol/L） | 2 |
| 反应缓冲液 A | 25 |
| 双蒸水 | 17.5 |
| 模板 | 1 |

（2）涡旋混合并离心上述溶液。

（3）将混合好的 47.5μL 溶液加入装有干粉的反应管中，使用移液器或涡旋振荡器使干粉与溶液混合均匀。

（4）向每个反应管中加入 2.5μL 280mmol/L 醋酸镁溶液并混合均匀。

（5）将上述反应管放置在 39℃条件下反应 40min（一般设定为 39℃）。

（6）反应结束后，将反应管取出，每个反应管中加入 50μL 酚/氯仿（1：1），振荡均匀，12 000r/min离心 1min。

（7）吸取 10μL 上层溶液进行琼脂糖凝胶电泳（胶浓度一般为 1.5%～2%），检测结果。

RAA 荧光扩增试剂盒：

按照 RAA 荧光扩增试剂盒使用说明进行操作。在 1.5mL 离心管中分别加入 25μL 反应缓冲液，正向引物、反向引物（10μmol/L）各 2.1μL，0.6μL 探针（10μmol/L），1μL 模板，加 16.5μL 双蒸水至 47.5μL，混合均匀，然后加入有干粉的反应管中，再次混匀。各管加入 2.5μL 280mmol/L 醋酸镁溶液并混匀。将上述反应管放置于 RAA－F1 620 仪器中，在 39℃反应 40min。

肺炎克雷伯菌荧光 RAA 灵敏度实验：

合成目的 DNA 序列，构建含有目的检测片段的质粒 DNA，提取质粒 DNA，并计算其拷贝数，分别稀释到 $10^8$ 拷贝/μL、$10^7$ 拷贝/μL、$10^6$ 拷贝/μL、$10^5$ 拷贝/μL、$10^4$ 拷贝/μL、$10^3$ 拷贝/μL、$10^2$拷贝/μL、10 拷贝/μL。

肺炎克雷伯菌荧光 RAA 特异性实验：

利用该方法分别对肺炎克雷伯菌标准菌株、沙门氏菌标准菌株、沙门氏菌株、大肠杆菌、志贺氏菌等菌株进行检测（Duan et al.，2018）。

#### 15.2.4.5　肺炎克雷伯菌 PMAxx－RAA 方法建立

（1）活死菌的配制。肺炎克雷伯菌 ATCC 700603 作为参考菌株进行整个实验。划线培养参考菌株，挑取其单菌落，过夜 37℃培养。将 50μL 新鲜菌液（约 $10^9$CFU/mL）加入 450μL 的 PBS 缓冲液中（两组：A、B）。A 组不作处理，B 组置于水浴锅中 80℃加热 20min 配制死菌，冷却至室温。

（2）PMAxx 的效果验证。向配制好的 A 组（活菌）和 B 组（死菌）菌悬液中加入 0.5μL 的 PMAxx，暗处孵育 10min，随后将离心管置于冰盒上，手提 500W 卤素灯装置于大约 20cm 处照射 10min。加入 600μL 的 PBS 将 A 和 B 组菌悬液洗两次，随后重悬于 100μL 的 PBS 中，转移所有菌悬液至 96 孔酶标板用于测定荧光（λex/λem＝475nm/610nm）。同时，配制另一份活菌 1 和死菌 2 悬液，配制流程如上一小节所述，1 和 2 经 PMAxx 处理后，洗涤 2 次，随后加入 5μL 荧光染料 Hoescht 33342（1μg/mL），暗孵育 15min，洗涤两次，1 和 2 分别重悬于 50μL 的 PBS，将 1 和 2 混在一起，充分混匀，加入 10μL 的 4%多聚甲醛固定约 15min，移取 10μL 的混匀液置于干净的载玻片上，迅速加入抗荧光衰减封片剂 5μL，盖上盖玻片，将其置于激光共聚焦显微镜下进行观察。按上述方法配制相同浓度的活菌（A1、A2）和死菌（B1、B2），PMAxx 处理 A1 组和 B1 组后，提取肺炎克雷伯菌基因组 DNA 进行 RAA 反应，观察并记录结果（Lv et al.，2016）。

（3）PMAxx－RAA 体系最低检出限的测定。

纯培养液中 PMAxx－RAA 体系最低检出限的测定：

为了评价 PMAxx－RAA 法的灵敏度，配制了沙门氏菌的 10 倍梯度稀释液（用 PBS 进行梯度稀释），即 $4.6\times10^8$～$4.6\times10^3$CFU/mL。在进行 RAA 反应之前，如上所述对肺炎克雷伯菌进行 PMAxx 处理，然后提取其 DNA 用于 RAA 反应，并使用表 15－2 中列出的所有 22 株菌株（$10^8$CFU/mL）来研究提出的 RAA 方法的特异性（Zhao et al.，2020）。

RAA 反应体系操作流程：向含有酶的反应管中分别加入反应缓冲液Ⅵ25μL、上游引物 2.1μL、下游引物 2.1μL、探针 0.6μL（引物及探针初始浓度均为 10μmol/L）、模板 DNA 5μL，无菌水补齐至 50μL；将上述反应体系混匀，加入荧光基础反应单元，使冻干粉充分重溶；打开反应单元，向每个反应单元的管盖上加入 2.5μL 乙酸镁，充分混匀并置于 QT－RAA－B6100 中离心收集；将反应管放入荧光基因检测仪中 39℃条件下反应 40min，实时观察记录结果。

环境水样中 PMAxx－RAA 体系最低检出限的测定：

为了确定该方法在实际水样中的应用，将环境水样高温高压蒸汽灭菌，该样品通过平板计数法确定无肺炎克雷伯菌。然后将10倍系列稀释的新鲜细菌悬浮液各500μL，以获得$3.1\times10^{8}\sim8\times10^{3}$CFU/mL浓度梯度的菌液。将每种悬浮液以12 000r/min的速度离心5min，并将沉淀重新悬浮在PBS中。在提取细菌基因组DNA之前，每个样品用PMAxx处理。提取沙门氏菌基因组DNA，并置于−20℃的冰箱中储存直到使用。图15-1是加标水样基质中PMAxx-RAA方法检测肺炎克雷伯菌的示意图。

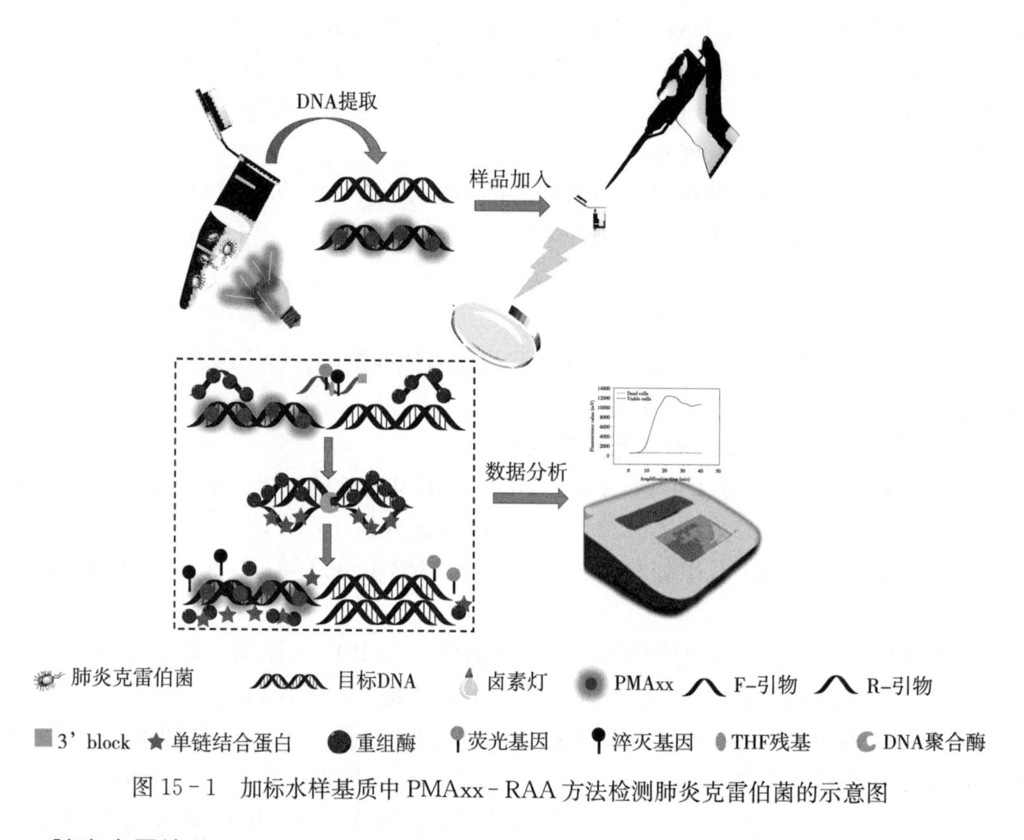


图15-1　加标水样基质中PMAxx-RAA方法检测肺炎克雷伯菌的示意图

#### 15.2.4.6　肺炎克雷伯菌TOMA-RAA方法建立

（1）TOMA效果验证。

TOMA对细胞膜穿透性的验证：

向配制好的A组（活菌）和B组（死菌）菌悬液中加入TOMA，置于暗处静置孵育一定时间后，将离心管置于冰盒上，手提500W卤素灯装置于大约20cm处曝光处理。加入600μL的PBS将A和B组细菌悬液洗两次，随后重悬于100μL的PBS中，转移所有菌悬液至96孔酶标板用于测定荧光（λex/λem=488nm/520nm）。同时，配制另一份活菌1和死菌2悬液，1和2经TOMA处理后，洗涤2次，加入等体积的组织固定液，充分混匀后，移取10μL的混匀液置于干净的载玻片上，迅速加入抗荧光衰减封片剂5μL，盖上盖玻片，将其置于激光共聚焦显微镜下进行观察（激发波长488nm，发射波长520nm，100倍油镜）。

TOMA对DNA扩增的抑制作用验证：

取1mL $10^{6}$CFU/mL新鲜的肺炎克雷伯菌菌液，12 000r/min离心5min，收集菌体，无菌去离子水洗涤两次，重悬于100μL无菌去离子水中，沸水浴15min后置于4℃下放置5min；12 000r/min离心5min，吸取上清液作为DNA模板。然后，加入TOMA溶液使其终浓度为0μg/mL、0.5μg/mL、1μg/mL、3μg/mL、5μg/mL、10μg/mL和20μg/mL，充分混匀后置于黑暗处静置10min，然后侧方于冰盒上，手提500W卤素灯下方约20cm处光照10min，使TOMA与DNA交联，同时钝化溶液中游离的TOMA分子。经过光照处理的DNA溶液作为PCR扩增模板，考察TOMA对DNA扩增的抑制作用。

TOMA条件优化：

①染料TOMA有效抑制死菌DNA扩增的最佳浓度。利用20% DMSO将TOMA粉末溶解，配制成1mg/mL母液，用锡箔纸包裹置于-20℃保存备用。将系列10倍梯度稀释菌悬液或者经过热处理的菌悬液以及TOMA母液按表15-5所示体积混匀，分别形成终浓度为0μg/mL、5μg/mL、10μg/mL、15μg/mL、20μg/mL、30μg/mL和50μg/mL的TOMA混合液并静置于黑暗20min，然后将所有样品离心管置于冰盒，并在顶端20cm处用500W卤素灯曝光处理样品20min。然后，12 000r/min离心5min后，弃上清液300μL，再加入600μL的PBS洗涤，重复洗涤操作两次。之后重悬于50μL的无菌水中，根据试剂盒说明书提取沙门氏菌的基因组DNA。最后利用对应肺炎克雷伯氏菌*rcsA*特异引物对和探针对样品进行RAA扩增，按照RAA荧光法试剂盒的操作步骤配制体系，并实时观察记录结果，每个处理重复3次，记录其荧光值和时间阈（TT）值。

**表15-5 不同浓度DNA染料溶液处理菌悬液**

| 序号 | DNA染料母液体积/μL | 菌悬液体积/μL | DNA染料终浓度/(μg/mL) |
| --- | --- | --- | --- |
| 1 | 0 | 500 | 0 |
| 2 | 2.5 | 497.5 | 5 |
| 3 | 5 | 495 | 10 |
| 4 | 7.5 | 492.5 | 15 |
| 5 | 10 | 490 | 20 |
| 6 | 15 | 485 | 30 |
| 7 | 25 | 475 | 50 |

注：TOMA母液浓度为1mg/mL。

②染料TOMA有效抑制死菌DNA扩增的最佳暗处理时间。向上述500μL菌悬液（$10^6$ CFU/mL）中加入最佳浓度的TOMA溶液，充分混匀后，将TOMA混合液于暗处静置0min、5min、10min、15min、20min、25min和30min，然后将所有样品离心管置于冰盒，并在顶端20cm处用500W卤素灯曝光处理样品20min。然后，12 000r/min离心5min后，弃上清液300μL，再加入600μL的PBS洗涤，重复洗涤操作两次。之后重悬于50μL的无菌水中，根据试剂盒说明书提取肺炎克雷伯氏菌的基因组DNA。最后利用对应肺炎克雷伯氏菌*rcsA*特异引物对和探针对样品进行RAA扩增，并实时观察记录结果，每个处理重复3次，记录其荧光值和TT值。

③染料TOMA有效抑制死菌DNA扩增的最佳曝光时间。向上述500μL菌悬液（$10^6$ CFU/mL）中加入最佳浓度的TOMA溶液，充分混匀后，将TOMA混合液于暗处静置20min，然后将所有样品离心管置于冰盒，并在顶端20cm处用500W卤素灯曝光处理样品0min、5min、10min、15min、20min、25min和30min。然后，12 000r/min离心5min后，弃上清液300μL，再加入600μL的PBS洗涤，重复洗涤操作两次。最后重悬于50μL的无菌水中，根据试剂盒说明书提取肺炎克雷伯氏菌的基因组DNA。最后利用对应肺炎克雷伯氏菌*rcsA*特异引物对和探针对样品进行RAA扩增，并实时观察记录结果，每个处理重复3次，记录其荧光值和TT值。

（2）TOMA-RAA方法的灵敏度。为了评价TOMA-RAA法的灵敏度，配制了肺炎克雷伯氏菌的10倍梯度稀释液（用PBS进行梯度稀释），从$10^1$ CFU/mL到$10^7$ CFU/mL。在进行RAA反应之前，如上所述对肺炎克雷伯氏菌进行TOMA处理，然后提取其DNA用于RAA反应。RAA反应体系操作流程：向含有酶的反应管中分别加入反应缓冲液Ⅵ 25μL，上游引物2.1μL；下游引物2.1μL；探针0.6μL（引物及探针初始浓度均为10μM），模板DNA 5μL，无菌水补齐至50μL；将上述反应体系混匀，加入荧光基础反应单元，使冻干粉充分重溶；打开反应单元，向每个反应单元的管盖上加入 2.5μL 乙酸镁，充分混匀并置于QT－RAA－B6100 中离心收集；将反应管放入荧光基因检测仪中 39℃条件下反应 40min，实时观察记录结果。

## 15.3 结果与分析

### 15.3.1 引物效果的验证

#### 15.3.1.1 引物 PCR 扩增效果的验证

图 15－2 表示的是基因 *rcsA* 的 PCR 扩增结果。从图中可以看出，在肺炎克雷伯菌 NB－CDC 371－373 3 株菌中均有对应长度 219bp 的目的条带出现，因而该引物可以用于后续肺炎克雷伯菌后续的检测。(所有 PCR 程序条件均为：95℃预变性 10min；中间 30 个循环：95℃变性 30s，60℃退火 30s，72℃延伸 30s；再延伸 10min)。

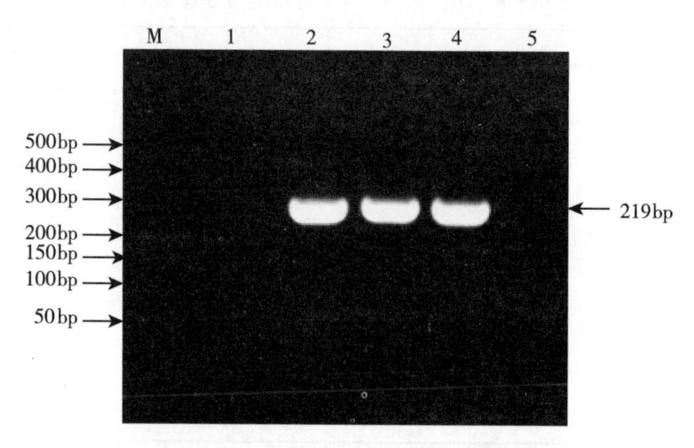


图 15－2　验证引物 PCR 的扩增效果

注：泳道 1 为空白，泳道 2－5 依次为肺炎克雷伯菌 NB－CDC 371－373

#### 15.3.1.2 引物 RAA 的扩增效果的验证

图 15－3 表示设计的引物对应的 RAA 扩增结果。从图中可以看出，泳道 2－5 均有 RAA 扩增条带，因而该对引物也可用于后续 RAA 的扩增，确保了该方法的可行性（Shuang et al.，2019）。

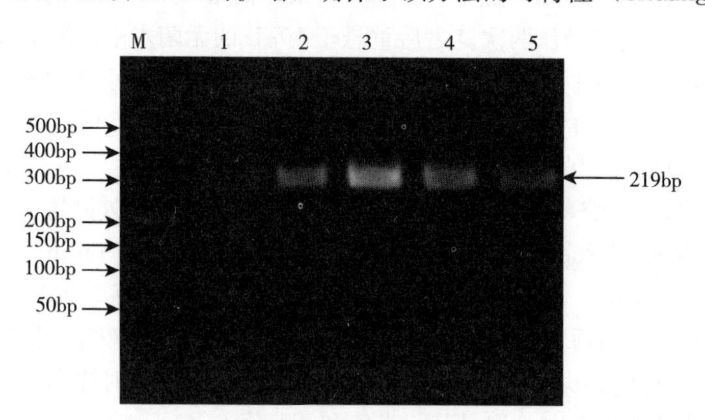


图 15－3　RAA 扩增结果

注：泳道 1 为空白，泳道 2 为肺炎克雷伯菌 ATCC 700603，泳道 3 为肺炎克雷伯菌 NB－CDC 371，泳道 4 为肺炎克雷伯菌 NB－CDC 372，泳道 5 为肺炎克雷伯菌 NB－CDC 373

#### 15.3.1.3 引物和探针特异性验证

引物和探针的特异性是保证检测方法准确的重要因素。如图 15－4 所示，15 株非目标菌株没有荧光信号产生，而目标菌株产生荧光信号，表明该引物和探针具有较高的特异性。

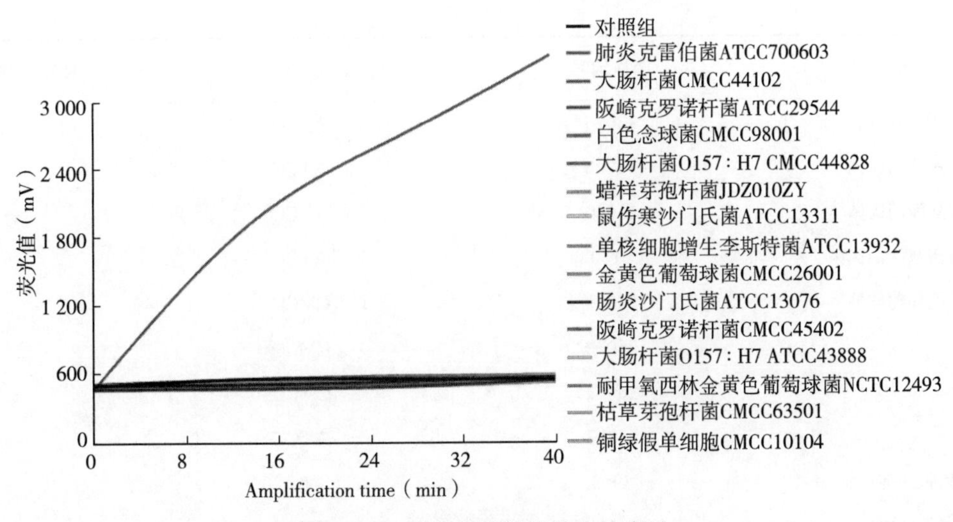

图 15-4　引物和探针特异性的验证

## 15.3.2　肺炎克雷伯菌 RAA 方法验证结果

### 15.3.2.1　肺炎克雷伯菌荧光 RAA 方法灵敏度实验

采用该方法检测浓度 $10^8$ 拷贝/μL、$10^7$ 拷贝/μL、$10^6$ 拷贝/μL、$10^5$ 拷贝/μL、$10^4$ 拷贝/μL、$10^3$ 拷贝/μL、$10^2$ 拷贝/μL、10 拷贝/μL、1 拷贝/μL 的质粒，如图 15-5 所示，结果表明该方法能够检测到 10 拷贝/μL 的质粒（Chen et al.，2019）。

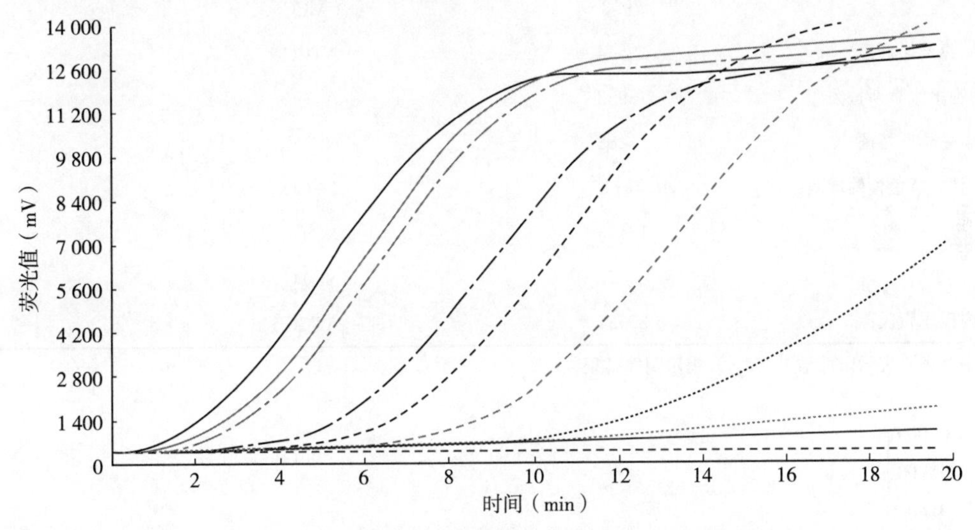

图 15-5　肺炎克雷伯菌荧光 RAA 方法灵敏度实验结果

### 15.3.2.2　肺炎克雷伯菌荧光 RAA 方法特异性实验

从表 15-6 可以看出，2 株目的菌株具有荧光扩增信号曲线，另外其他 24 株非目的菌株没有荧光扩增信号曲线，如图 15-6 所示，表明该方法具有较高的特异性（Kissenkötter et al.，2018）。

**表 15-6　引物和探针特异性结果**

| 菌株名称 | 菌株编号 | 来源 | RAA 实验结果 |
| --- | --- | --- | --- |
| 肺炎克雷伯菌 | 700603 | ATCC | + |
| | 371 | NB-CDC | + |

（续）

| 菌株名称 | 菌株编号 | 来源 | RAA 实验结果 |
|---|---|---|---|
| 肠炎沙门氏菌 | 13076 | ATCC | — |
| 鼠伤寒沙门氏菌 | 14028 | ATCC | — |
| 猪霍乱沙门氏菌 | 35640 | ATCC | — |
| 甲型副伤寒沙门氏菌 | 9150 | ATCC | — |
| 金黄色葡萄球菌 | 26001 | CMCC | — |
| | 26002 | CMCC | — |
| | 26003 | CMCC | — |
| | 25923 | ATCC | — |
| 嗜热脂肪芽孢杆菌 | 7953 | ATCC | — |
| 大肠杆菌 | 44102 | CMCC | — |
| | 25922 | ATCC | — |
| | 2365 | ATCC | — |
| 铜绿假单胞菌 | 10104 | CMCC | — |
| 嗜热链球菌 | 27603 | ATCC | — |
| 福氏志贺氏菌 | 51572 | CMCC（B） | — |
| 丙二酸克罗诺杆菌 | 45402 | CMCC | — |
| | 7953 | CMCC | — |
| 阪崎克罗诺杆菌 | 29544 | ATCC | — |
| 单核细胞增生李斯特菌 | 13932 | ATCC | — |
| 英诺克李斯特菌 | 11288 | NCTC | — |
| 耐甲氧西林金黄色葡萄球菌 | 4571 | JX－CDC | — |
| | 12493 | NCTC | — |
| | 557 | NCTC | — |
| 宋内氏志贺氏菌 | 25931 | ATCC | — |

注：其中（+）表示阳性结果，（—）表示阴性结果。

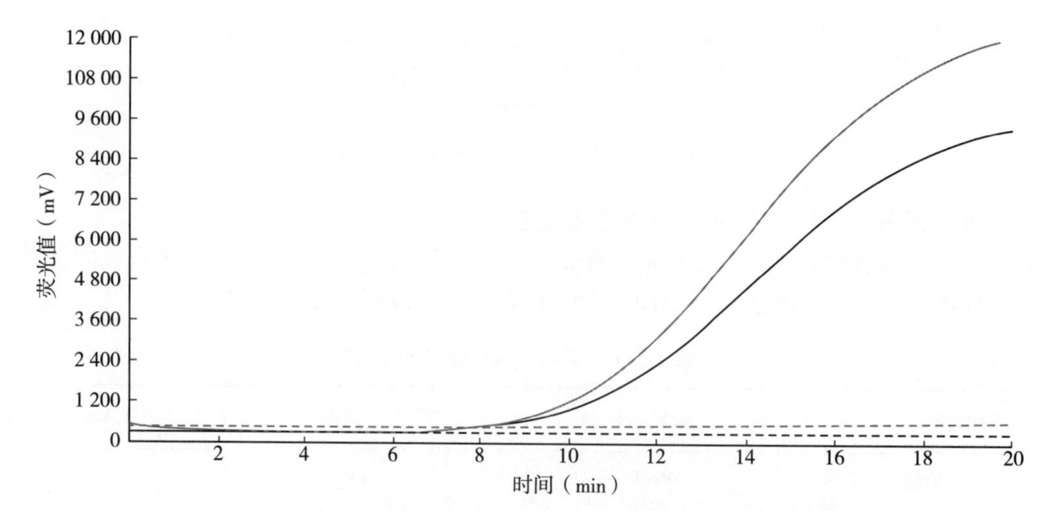


图 15－6　肺炎克雷伯菌荧光 RAA 方法灵敏度特异性实验结果

## 15.3.3　肺炎克雷伯菌 PMAxx－RAA 方法建立

### 15.3.3.1　确定配制死菌的最适温度

根据之前工作经验，我们设定 60℃为死菌处理温度。将 $10^8$CFU/mL 的菌液用 PBS 洗两次，重悬于等体积的 PBS 后，加热 30min 配制死菌。移取 100μL 热致死菌液于 LB 平板中，均匀涂布，观察。从图 15－7 中可以看出，平板上并无目的菌落形成（Zhao et al.，2020）。

图 15－7　80℃处理目的菌 30min 后涂布，培养箱孵育 24h 的结果观察

最终我们设定 60℃处理 30min，后续通过优化 PMAxx 浓度可知，如图 15－8 所示，即使 PMAxx 的终浓度达到 20μmol/L 仍然有 PCR 扩增，因而 60℃处理 30min 可能不是最佳的配制死菌的条件。

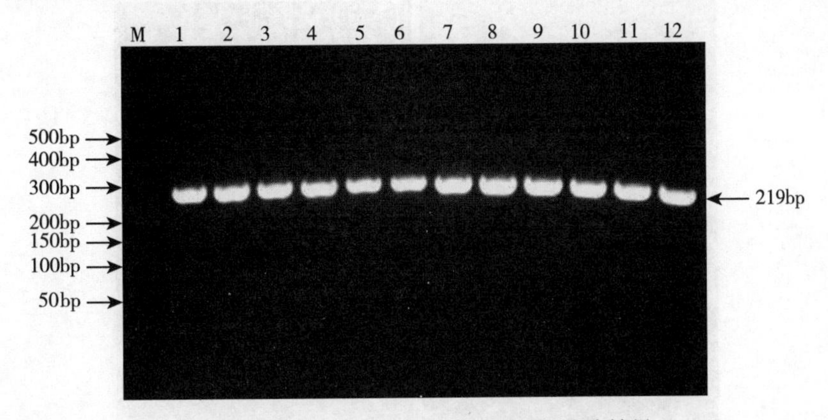


图 15－8　PMAxx 浓度的优化 DNA 跑胶结果

注：泳道 1－6 为死菌，泳道 7－12 为活菌，对应 PMAxx 浓度（μM）依次为：0、1、2、4、12、20

随后我们调整死菌的配制温度，即 80℃反应 20min，最终结果如图 15－9 所示，在 PMAxx 浓度为 12μmol/L 条件时，可以完全抑制死菌 PCR 的扩增，这有助于对后续 PMAxx 效果的验证。

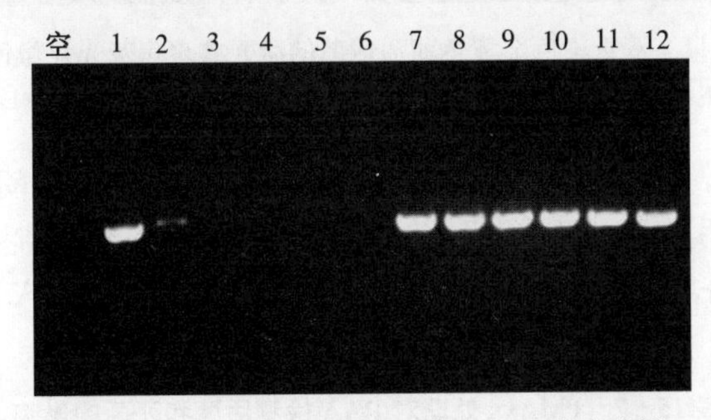


图 15－9　PMAxx 浓度的优化 DNA 跑胶结果

注：泳道 1－6 为死菌，泳道 7－12 为活菌，对应 PMAxx 浓度（μM）依次为：0、4、12、20、30、40

### 15.3.3.2　PMAxx 效果验证

本实验中，如图 15－10 所示，经 PMAxx 处理的活菌在 610nm 处的荧光值几乎为 0，而经 PMAxx 处理的死菌在 610nm 处的荧光值达到 1.5 左右。且未经 PMAxx 处理的活菌和死菌也在 610nm 处未有荧光值。因而 PMAxx 可以特异性地进入死菌并与 DNA 结合后产生相应荧光。

同时，经 PMAxx 和 Hoescht 33342 处理后，激光共聚焦显微镜观察，可以看到活菌显示绿色荧光，死菌显示红色荧光，如图 15－11 所示。

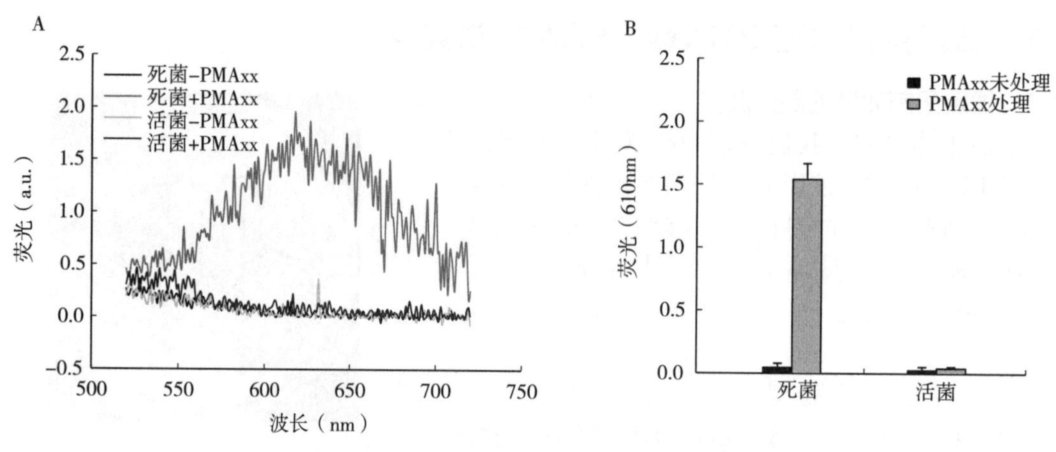


图 15-10　酶标仪验证 PMAxx 的处理效果

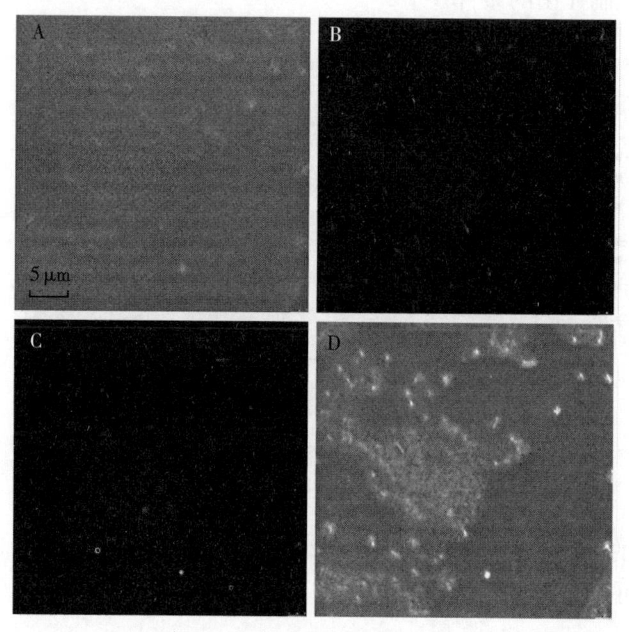


图 15-11　双重染色金黄色葡萄球菌的激光共聚焦荧光显微镜图像

注：(A) 白光下观察，(B) 用 Hoechst 33342 染色，(C) 用 PMAxx 染色，(D) 染色叠加图像

另外根据表 15-7 所示，活菌经 PMAxx 处理组和不处理组的时间阈值没有明显变化，且与经 PMAxx 处理的死菌组差异明显（40min 内没有时间阈值）。因此，上述结果充分说明 PMAxx 可以选择性地进入死菌的细胞膜并与 DNA 结合，消除死菌 DNA 对后续 RAA 检测的影响（Li et al., 2012）。

**表 15-7　PMAxx 处理对 RAA 检测活菌和死菌的影响**

| 细胞 | TT 值 | |
|---|---|---|
| | 处理组 | 未处理组 |
| 活细胞 | 1.165 0±0.233 3 | 1.330 0±0 |
| 死细胞 | No | 0±0 |

注：No 表示在 40min 内没有时间阈值。

#### 15.3.3.3　PMAxx-RAA 体系最低检出限的测定结果

纯菌液检测限的测定：

在确定了本实验最佳的 PMAxx 浓度后，我们进一步探索了 PMAxx - RAA 检测肺炎克雷伯菌的灵敏度。具体步骤如下：先用 PBS 缓冲液配制 10 倍梯度稀释的肺炎克雷伯菌悬液，肺炎克雷伯菌的浓度范围为 $4.6\times10^{3}$～$4.6\times10^{7}$CFU/mL；PMAxx 预处理后，所有操作按前述所示。如图 15 - 12 所示，在纯培养中肺炎克雷伯菌的检测限为 $4.6\times10^{3}$CFU/mL。

加标水样中 PMAxx - RAA 体系最低检出限的确定：

为了验证 PMAxx - RAA 方法检测加标水样中的可行性，本研究使用高压灭菌后环境水样来确定该方法的性能（Xie et al.，2019）。如图 15 - 13 所示，加标牛奶样品中肺炎克雷伯菌的检出限为 $3.1\times10^{3}$CFU/mL。

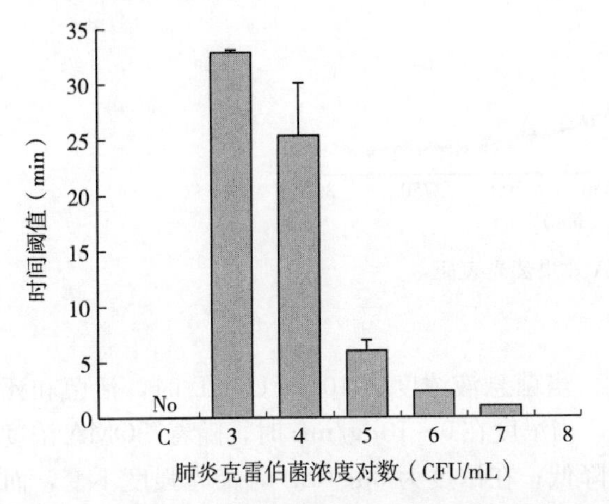


图 15 - 12　提出的方法在纯培养液中目标菌的检测灵敏度

注：No 表示在 40min 内没有时间阈值

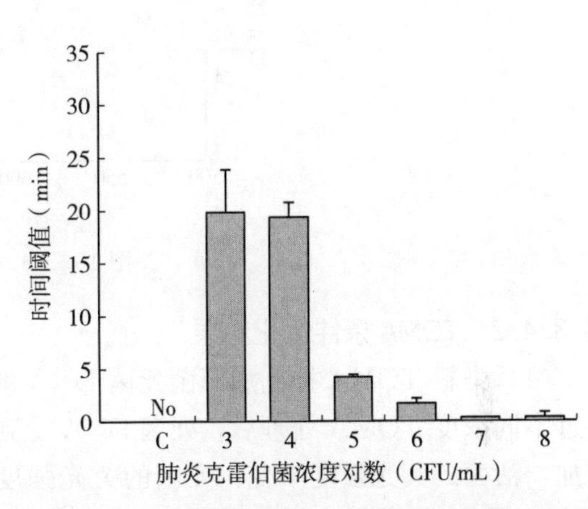


图 15 - 13　该方法在加标水样中目标菌的检测

注：No 表示在 40min 内没有时间阈值

肺炎克雷伯菌 PMAxx - RAA 方法检测真实样本：

为了验证 PMAxx - RAA 方法检测在真实样品中的可行性，本研究使用来自临床样本中分离出的菌株作为检测对象以确定该方法的性能（Ivanov et al.，2019）。如图 15 - 14 所示，PMAxx - RAA 方法能够检测出来自于临床样品的分离株。

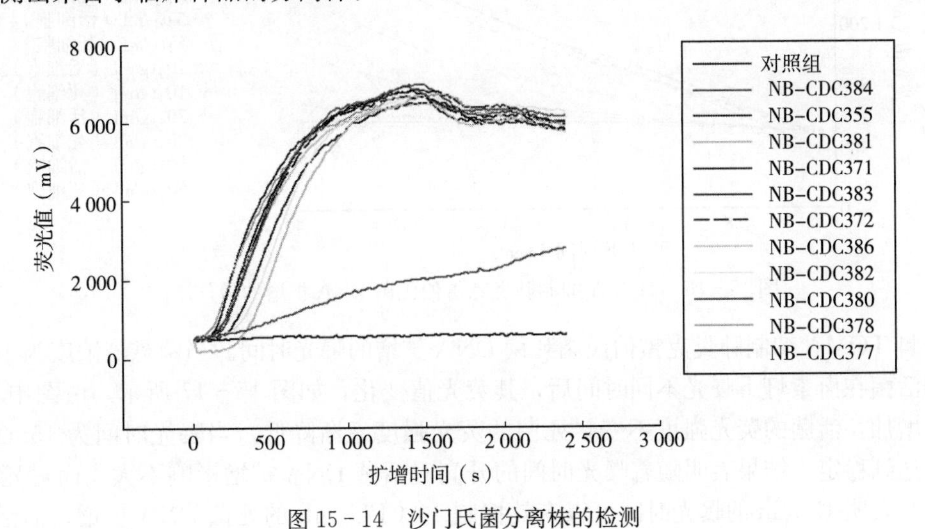


图 15 - 14　沙门氏菌分离株的检测

## 15.3.4　肺炎克雷伯菌 TOMA - RAA 方法建立

### 15.3.4.1　TOMA 效果验证

TOMA 的成功合成是整个实验的关键因素，因此，对 TOMA 效果的验证显得尤为重要。本实验中，如图 15-15 所示，经 TOMA 处理的活菌在 520nm 处的荧光值约为 6，而经 TOMA 处理的死菌在 520nm 处的荧光值达到 15 左右。菌悬液经过 TOMA 处理后，TOMA 透过细胞膜进入菌体，TOMA 与 DNA 结合后的荧光强度增强。上述结果充分说明 TOMA 可以进入活菌和死菌的细胞膜，消除死菌 DNA 对后续 RAA 检测的影响。

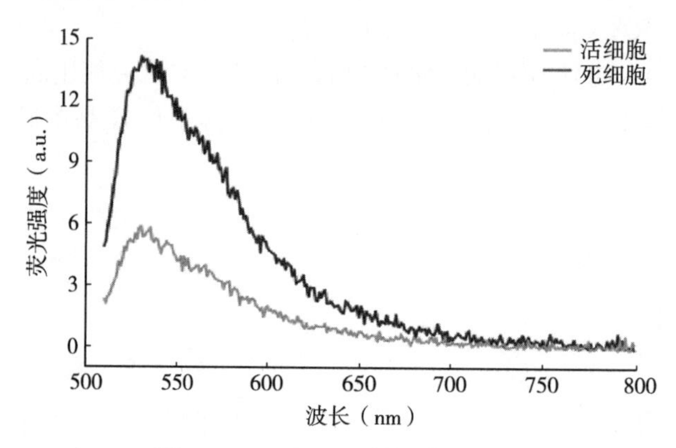


图 15-15　TOMA 效果荧光表征

#### 15.3.4.2　TOMA 条件优化结果

（1）染料 TOMA 抑制病原菌死菌 DNA 的浓度。当菌悬液浓度为 $10^6$ CFU/mL 时，活菌和死菌经过不同浓度 TOMA 处理后，死菌 DNA 受到抑制，当浓度在 0～10$\mu$g/mL 时，随着 TOMA 浓度的增加，活菌的荧光强度不变，死菌的荧光强度逐渐降低；在浓度为 3$\mu$g/mL 时荧光强度不变，而当 TOMA 浓度继续增加时，活菌的荧光值也出现变小的情况，说明高浓度的 TOMA 抑制了活菌 DNA 的扩增，见图 15-16 所示。因此，选择最佳的 TOMA 浓度为 3$\mu$g/mL，同时对活菌的 DNA 扩增影响不大。

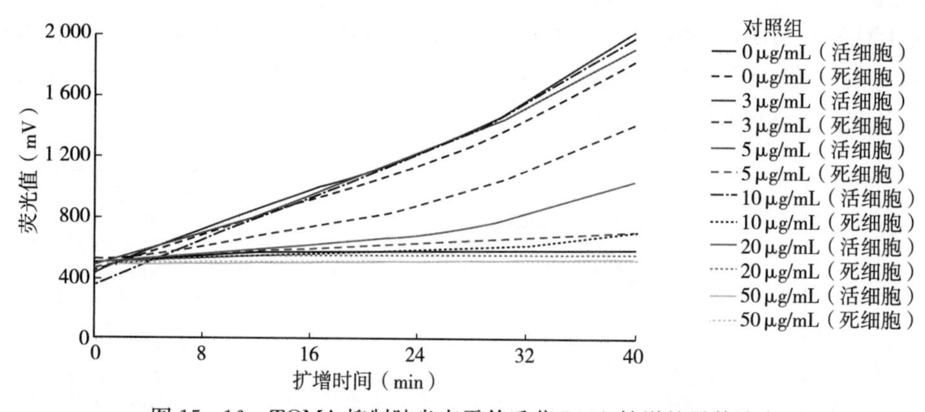


图 15-16　TOMA 抑制肺炎克雷伯氏菌 DNA 扩增的最佳浓度

（2）染料 TOMA 抑制肺炎克雷伯氏菌死菌 DNA 扩增的曝光时间。当菌悬液浓度为 $10^6$ CFU/mL 时，死菌和活菌在卤素灯下曝光不同时间后，其荧光值变化，如图 15-17 所示。由图中看到，随着曝光时间的增加，活菌的荧光强度不变，死菌的荧光强度逐渐降低，当曝光时间为 15min 时，荧光强度最低并达到稳定，结果表明随着曝光时间的升高对活菌 DNA 扩增影响不大，而对死菌 DNA 扩增影响显著。表明 15 min 的曝光时间可以有效抑制 $10^6$ CFU/mL 的死菌 DNA 扩增，而活菌的 DNA 扩增所受影响不大。

#### 15.3.4.3　TOMA-RAA 方法的灵敏度

（1）TOMA-RAA 方法在肺炎克雷伯氏菌纯菌液检测中的灵敏度。在确定了本实验最佳的 TOMA 浓度和曝光时间后，我们进一步探索了 TOMA-RAA 方法检测肺炎克雷伯菌的灵敏度。具体步骤如下：先用 PBS 缓冲液配制 10 倍梯度稀释的肺炎克雷伯菌悬液，肺炎克雷伯氏菌的浓度范围为

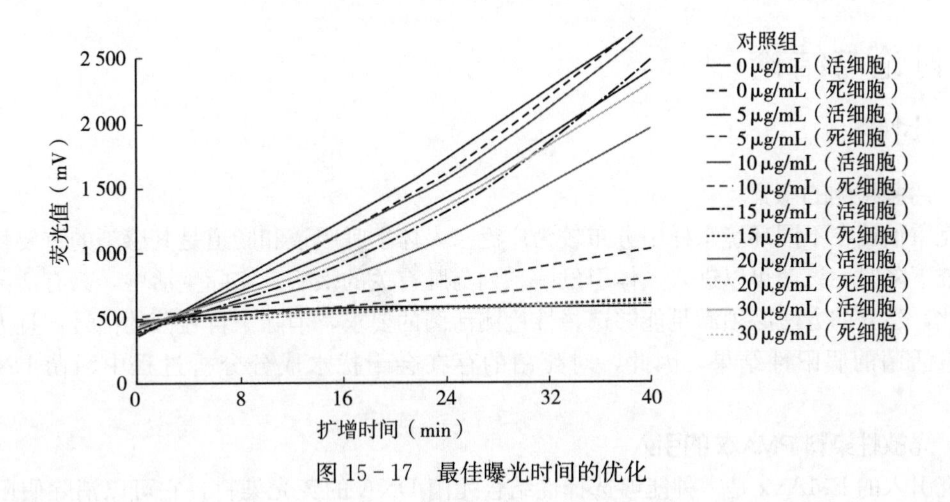


图 15－17　最佳曝光时间的优化

$2.6\times10^2$～$2.6\times10^7$CFU/mL；TOMA 预处理后，所有操作按前述所示。如图 15－18 所示，在纯培养中肺炎克雷伯氏菌的检测限为 $2.6\times10^3$CFU/mL。其中 X 为 RAA 扩增时间，Y 为实时荧光信号强度。

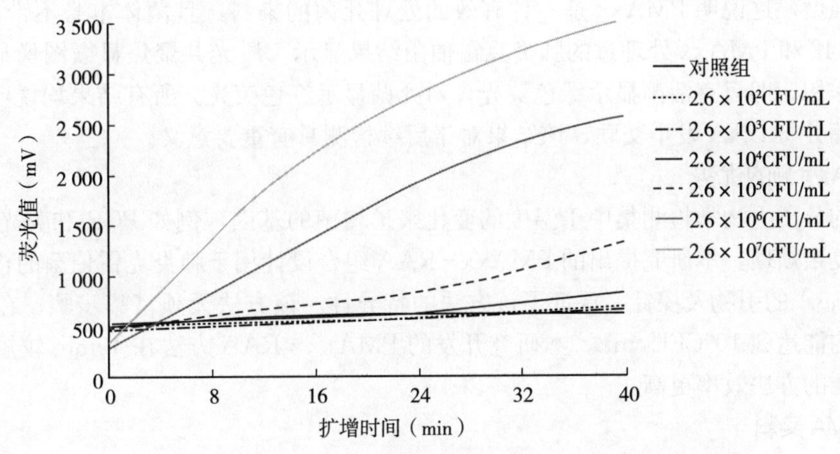


图 15－18　TOMA－RAA 在肺炎克雷伯氏菌纯菌液中的检测限

（2）TOMA－RAA 方法在实际样品中的灵敏度。为了验证 TOMA－RAA 方法检测在实际样品中的可行性，我们选用婴幼儿配方奶粉作为检测实际样品。如图 15－19 所示，TOMA－RAA 方法在婴幼儿配方奶粉中肺炎克雷伯氏菌的检出限为 $2.33\times10^4$CFU/mL。

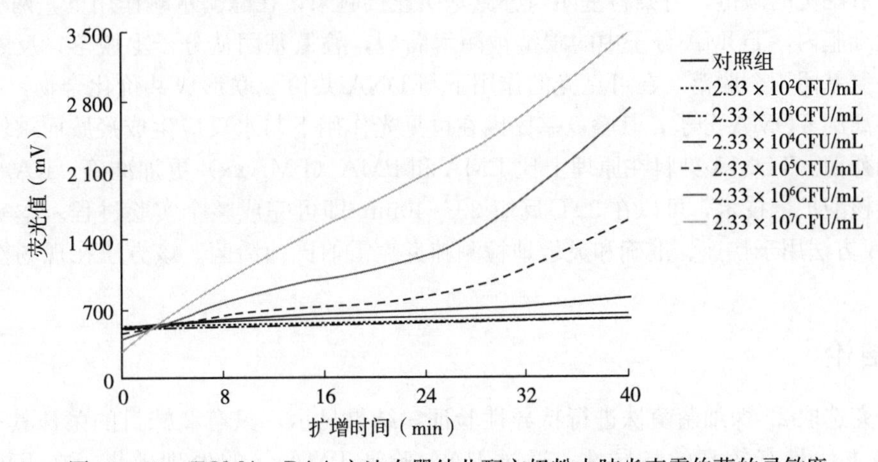


图 15－19　TOMA－RAA 方法在婴幼儿配方奶粉中肺炎克雷伯菌的灵敏度

# 15.4 讨论与结论

## 15.4.1 讨论

### 15.4.1.1 活菌检测的意义

肺炎克雷伯菌在不同环境水样中分布较为广泛。人体上呼吸道和肠道是其感染的首要目标。当人体免疫系统下降时，该菌可以进入人体引发一系列与肺有关的疾病。实际生活中，只有活菌才能感染人类，因此，建立的方法必须满足能够选择性检测活菌的要求，消除来自死菌的信号，且大量死菌会导致对少量活菌的假阳性结果，因此，对死菌的存在会干扰水成分分析过程中活菌 DNA 信号的辨别。

### 15.4.1.2 光敏性染料 PMAxx 的引入

本研究引入的 PMAxx 是一种能够选择性结合死菌 DNA 的荧光染料，它可以消除假阳性结果以准确检测水样中的肺炎克雷伯菌。该部分内容包括利用酶标仪和激光共聚焦显微镜验证 PMAxx 的处理效果。对于死菌，用 PMAxx 处理后在 610nm 处可以观察到显著的荧光强度，而在 610nm 处则没有来自活菌的荧光信号。此外，未经 PMAxx 处理，在含有活菌和死菌的悬液中，于 610nm 处也未记录到有荧光强度，这说明 PMAxx 是一种有效的处理死菌的染料，且菌体本身不带相似的荧光素。用 Hoescht 33342 和 PMAxx 处理过的肺炎克雷伯菌结果显示，激光共聚焦显微图像显示 PMAxx 在检测死菌中的作用。即只有活菌显示绿色荧光，对死菌显示红色荧光。所有结果均说明 PMAxx 可以选择性进入死菌并与 DNA 发生交联，该结果对于后续检测具有重要意义。

### 15.4.1.3 RAA 检测的优势

之前开发的分子生物学检测集中于温度的变化来扩增菌的基因，例如 PCR 和荧光定量 PCR，该方法操作较为复杂烦琐。本研究提出的 PMAxx-RAA 组合设计用于肺炎克雷伯菌的检测，设计了检测靶基因，即 *rcsA* 的引物及探针，保证了该方法的特异性。该方法无须富集步骤，在纯菌液和加标水样中检测限均能达到 $10^3$CFU/mL。本研究开发的 PMAxx-RAA 方法在 40min 较短检测时间内得出结果相比以往的方法效率更高。

### 15.4.1.4 TOMA 染料

叠氮噻唑橙染料（简称 TOMA），是一种对细菌生物代谢活性敏感的新型染料，它主要由 3 个功能基团构成：一是噻唑橙基团（使分子可以自由穿透细胞），二是叠氮基团（在光照下与核酸共价结合后抑制核酸扩增），三是连接两个基团并含有一个酯键的柔性碳链（酯键对生物酯酶活性敏感，可被酯酶水解断裂）。TOMA 选取了具有细胞穿透性的菁染料作为叠氮基团的结合基团，故可进入所有细胞。利用带有酯键的碳链，将染料基团与叠氮基团连接起来，在酯酶水解作用下，两个基团可相互分离。在活性细胞内，TOMA 分子中的碳链被酶解断裂，叠氮基团从分子上脱落；反之，在无活性的细胞内，叠氮基团不会脱落，在可见光的作用下与 DNA 共价交联形成共价化合物，抑制 DNA 后续扩增。而游离的 TOMA 分子，其叠氮基团因在可见光作用下与水反应生成羟胺而被钝化，从而实现区分活菌和死菌。TOMA 染料在原理上比 EMA 和 PMA（PMAxx）更加准确。RAA 技术作为一种新型的等温核酸扩增技术，可以在 39℃反应 20～40min 即可完成整个实验过程。本实验首次建立 TOMA-RAA 方法用于快速、准确和灵敏地检测肺炎克雷伯氏菌活菌。该方法在现场检测方面具有应用潜力。

## 15.4.2 结论

（1）本研究选取 22 株细菌菌株进行特异性验证，结果显示，只有 2 株目的菌株具有 RAA 扩增信号，表明该方法具有较高的特异性；通过 RAA 验证 PMAxx 的处理效果，在 PMAxx 浓度为 12$\mu$mol/L 条件时，可以完全抑制死菌 PCR 的扩增；本研究建立的方法在纯菌液和加标水样中的检测

限均为 $10^3$CFU/mL。

（2）本研究选取 16 株细菌菌株进行特异性验证，结果显示，只有目标菌株产生荧光信号，15 株非目标菌株没有荧光信号产生，表明该引物和探针具有较高的特异性；通过实验验证 TOMA 可以进入活菌和死菌的细胞膜，消除死菌 DNA 对后续 RAA 检测的影响；当菌悬液浓度为 $10^6$CFU/mL 时，使用终浓度为 3μg/mL 的 TOMA 染料，暗处 20min 后，置于冰盒上，在 500W 卤素灯 20cm 处曝光处理 15min 后，可以有效地抑制死菌 DNA 的扩增。

# 16 沙门氏菌活性检测方法

## 16.1 概况

### 16.1.1 基本信息

中文名：沙门氏菌（属）。学名：*salmonella*。

### 16.1.2 分类地位

肠杆菌目 Enterobacteriales，肠杆菌科 Enterobacteriaceae，沙门氏菌属 *salmonella*，是一种常见的食源性致病菌。

### 16.1.3 地理分布

世界各地都有分布。

## 16.2 材料与方法

### 16.2.1 供试菌株

#### 16.2.1.1 用于 PMAxx－RAA 核酸检测实验材料

供试菌株分别来自 ATCC、NB－CDC、CMCC、JX－CDC、NCTC 以及实验室分离的菌株，如表 16－1 所示。

**表 16－1 供试菌株及其来源**

| 菌株名称 | 菌株编号 | 来源 |
| --- | --- | --- |
| 肠炎沙门氏菌 | 13076 | ATCC |
| 鼠伤寒沙门氏菌 | 14028 | ATCC |
| 猪霍乱沙门氏菌 | 35640 | ATCC |
| 甲型副伤寒沙门氏菌 | 9150 | ATCC |
| 肺炎克雷伯菌 | 700603 | ATCC |
| | 371 | NB－CDC |
| | 372 | NB－CDC |
| | 373 | NB－CDC |
| 金黄色葡萄球菌 | 26001 | CMCC |
| | 26002 | CMCC |
| | 26003 | CMCC |
| | 25923 | ATCC |
| 嗜热脂肪芽孢杆菌 | 7953 | ATCC |
| 大肠杆菌 | 44102 | CMCC |
| | 25922 | ATCC |
| | 2365 | ATCC |

（续）

| 菌株名称 | 菌株编号 | 来源 |
| --- | --- | --- |
| 铜绿假单胞菌 | 10104 | CMCC |
| 嗜热链球菌 | 27603 | ATCC |
| 福氏志贺氏菌 | 51572 | CMCC（B） |
| 丙二酸盐克罗诺杆菌 | 45402 | CMCC |
| | 7953 | CMCC |
| 阪崎克罗诺杆菌 | 29544 | ATCC |
| 单核细胞增生李斯特菌 | 13932 | ATCC |
| 英诺克李斯特菌 | 11288 | NCTC |
| 耐甲氧西林金黄色葡萄球菌 | 4571 | JX-CDC |
| | 12493 | NCTC |
| | 557 | NCTC |
| 宋内氏志贺氏菌 | 25931 | ATCC |

#### 16.2.1.2　用于 TOMA-RAA 核酸检测实验材料（表 16-2）

表 16-2　所有供试菌株

| 菌株名称 | 菌株编号 | 菌株来源 |
| --- | --- | --- |
| 肠炎沙门氏菌 | 13076 | ATCC |
| 鼠伤寒沙门氏菌 | 14028 | ATCC |
| 猪霍乱沙门氏菌 | 35640 | ATCC |
| 甲型副伤寒沙门氏菌 | 9150 | ATCC |
| 肺炎克雷伯菌 | 700603 | ATCC |
| | 371 | NB-CDC |
| | 372 | NB-CDC |
| | 373 | NB-CDC |
| 金黄色葡萄球菌 | 26001 | CMCC |
| | 26002 | CMCC |
| | 26003 | CMCC |
| | 25923 | ATCC |
| 嗜热脂肪芽孢杆菌 | 7953 | ATCC |
| 大肠杆菌 | 44102 | CMCC |
| | 25922 | ATCC |
| | 2365 | ATCC |
| 铜绿假单胞菌 | 10104 | CMCC |
| 嗜热链球菌 | 27603 | ATCC |
| 福氏志贺氏菌 | 51572 | CMCC（B） |
| 丙二酸盐克罗诺杆菌 | 45402 | CMCC |
| | 7953 | CMCC |
| 阪崎克罗诺杆菌 | 29544 | ATCC |
| 单核细胞增生李斯特菌 | 13932 | ATCC |
| 英诺克李斯特菌 | 11288 | NCTC |
| 耐甲氧西林金黄色葡萄球 | 4571 | JX-CDC |
| | 12493 | NCTC |
| | 557 | NCTC |
| 宋内氏志贺氏菌 | 25931 | ATCC |

## 16.2.2 试剂

### 16.2.2.1 实验所用试剂

PMAxx（20mmol/L）、TOMA（1mg/mL 溶于 20% DMSO）、无菌水、琼脂糖、细菌基因组 DNA 提取试剂盒、RAA 核酸扩增试剂盒（基础型）和 RAA 核酸扩增试剂盒（荧光法）等。

### 16.2.2.2 主要培养基和试剂的配制

10mmol/L PBS 的配制：称量 8g NaCl、0.2g KCl、1.42g $Na_2HPO_4$ 和 0.27g $KH_2PO_4$ 置于 1mL 的烧杯中，向烧杯中加入约 800mL 的去离子水，充分搅拌溶解，随后，滴加浓盐酸将 pH 调节至 7.4，然后加入去离子水将溶液定容至 1 000mL，高温高压灭菌，室温保存。

Luria - Bertani（LB）培养基的配制：称取胰蛋白胨 10g、酵母提取物 5g 和 NaCl 10g，加入约 800mL 的去离子水，充分搅拌溶解后，滴加 5M NaOH（约 0.2mL），调节 pH 至 7.0，加去离子水将培养基定容至 1 000mL，高温高压灭菌，置于存放柜常温保存。

## 16.2.3 主要仪器设备

电子天平、水浴锅、卤素灯、常规冰箱、超低温冰箱、涡旋振荡器、摇床等；可调移液器（0.1～2.5μL，0.5～10μL，2～20μL，5～50μL，20～200μL，100～1 000μL），PMAxx 荧光检测仪器：激光共聚焦显微镜和酶标仪，RAA 检测相关仪器：QT - RAA - F1620 和 QT - RAA - B6100。

## 16.2.4 实验方法

### 16.2.4.1 引物和探针的设计

根据沙门氏菌的 *invA* 基因序列，遵循 RAA 引物设计原则，在 GenBank 数据库获取多个不同国家和地区分离的沙门氏菌的 *invA* 基因序列，通过 DNAMan 软件分析序列中的保守区，设计引物和探针。引物以及探针序列见下表 16 - 3 所示。

**表 16 - 3 沙门氏菌的特异性引物和探针信息**

| 目标菌 | 目的基因 | 序列（5′- 3′） | 扩增片段长度（bp） |
|---|---|---|---|
| 沙门氏菌 | *invA* | 正向引物：ATTGGCGATAGCCTGGCRGTGGGTTTTGTTGTC<br>反向引物：TACCGGGCATACCATCCAGAGAAAAWCGDGCCGC<br>探针：CTCKATTGTCACKGTGGTYCAGTTTATCG（FAM - dT）T（THF）T（BHQ - dT）ACCAAAGGTTCA（phosphate） | 133 |

注：FAM 为 6 -羧基荧光素；THF 为四氢呋喃；BHQ 为黑洞淬灭剂；phosphate 为 3′磷酸化以阻止延伸。

### 16.2.4.2 菌株培养

本实验选取了 28 株菌作为实验菌株，取所有低温保藏细菌划线培养（37℃/12h），挑取单菌落转移到 LB 液体培养基中并置于摇床 180r/min、37℃继续培养 12h，将菌液梯度稀释进行平板计数，确定原始菌液的浓度。

### 16.2.4.3 细菌基因组 DNA 的提取

为了提取沙门氏菌基因组 DNA，将菌体沉淀重新悬浮在 50μL 无菌水中。随后，加入 100μL 裂解缓冲液和 20μL 蛋白酶 K（20mg/mL），充分涡旋，混合物置于 55℃水浴中孵育 15min。最后，根据厂家说明，使用 EasyPure 细菌基因组 DNA 试剂盒提取细菌基因组 DNA。提取的基因组 DNA 保存在−20℃以备进一步使用。

### 16.2.4.4 沙门氏菌荧光 RAA 方法建立

RAA 基础扩增试剂盒操作方法：按照 RAA 基础扩增试剂盒说明书的操作方法进行，操作方法如下。

（1）即在1.5mL离心管中配制如表16-4反应体系（单个样品/反应）；

**表16-4　体系组成**

| 组分 | 体积（μL） |
| --- | --- |
| 引物A（10μmol/L） | 2 |
| 引物B（10μmol/L） | 2 |
| 反应缓冲液A | 25 |
| 双蒸水 | 17.5 |
| 模板 | 1 |

（2）涡旋混合并离心上述溶液；

（3）将混合好的47.5μL溶液加入装有干粉的反应管中，使用移液器或涡旋振荡器使干粉与溶液混合均匀；

（4）向每个反应管中加入2.5μL 280mmol/L醋酸镁溶液并混合均匀；

（5）将上述反应管放置在39℃条件下反应40min；

（6）反应结束后，将反应管取出，每个反应管中加入50μL酚/氯仿（1∶1），振荡均匀，12 000r/min离心1min；

（7）吸取10μL上层溶液进行琼脂糖凝胶电泳（胶浓度为1.5%～2.0%），检测结果。

RAA荧光扩增试剂盒操作方法：

按照RAA荧光扩增试剂盒使用说明进行操作。在1.5mL离心管中分别加入25μL反应缓冲液，正向引物、反向引物（10μmol/L）各2.1μL，0.6μL探针（10μmol/L），1μL模板，加16.5μL双蒸水至47.5μL，混合均匀，然后加入有干粉的反应管中，再次混匀。各管加入2.5μL 280mmol/L醋酸镁溶液并混匀。将上述反应管放置于RAA-F1620仪器中，在39℃反应40min，并实时观察记录结果（Zhang et al.，2017）。

荧光RAA反应特异性：

利用该方法分别对沙门氏菌标准菌株ATCC15611、从食品中分离鉴定的沙门氏菌株、从食品中分离鉴定的大肠杆菌、从食品中分离鉴定的志贺氏菌等28株菌株分别进行荧光反应检测。

荧光RAA反应灵敏度：

合成目的DNA序列，构建含有目的检测片段的质粒DNA，提取质粒DNA，并计算其拷贝数，分别稀释到$10^7$拷贝/μL、$10^6$拷贝/μL、$10^5$拷贝/μL、$10^4$拷贝/μL、$10^3$拷贝/μL、$10^2$拷贝/μL，检测测试的灵敏度。

#### 16.2.4.5　沙门氏菌PMAxx-RAA方法建立

（1）活死菌的配制。沙门氏菌ATCC 13076作为参考菌株进行整个实验。划线培养参考菌株，挑取其单菌落，37℃过夜培养。将50μL新鲜菌液（约$10^9$ CFU/mL）加入450μL的PBS缓冲液中（两组：A、B）。A组不作处理，B组置于水浴锅中80℃加热20min配制死菌，冷却至室温（Randazzo et al.，2018）。

（2）PMAxx对活死菌的效果验证。向配制好的A组（活菌）和B组（死菌）菌悬液中加入0.5μL的PMAxx，暗处孵育10min，随后将离心管置于冰盒上，手提500W卤素灯装置于大约20cm处照射10min（Zhao et al.，2020）。加入600μL的PBS将A组和B组菌悬液洗两次，随后重悬于100μL的PBS中，转移所有菌悬液至96孔酶标板用于测定荧光（λex/λem=475nm/610nm）。同时，配制另一份活菌1和死菌2悬液，配制流程如上一小节所述，1和2经PMAxx处理后，洗涤2次，随后加入5μL荧光染料Hoescht 33342（1μg/mL），暗孵育15min，洗涤2次，1和2分别重悬于

50μL 的 PBS，将 1 和 2 混在一起，充分混匀，加入 10μL 的 4%多聚甲醛固定约 15min，移取 10μL 的混匀液置于干净的载玻片上，迅速加入抗荧光衰减封片剂 5μL，盖上盖玻片，将其置于激光共聚焦显微镜下进行观察。按上述方法配制相同浓度的活菌（A1、A2）和死菌（B1、B2），PMAxx 处理 A1 组和 B1 组后，提取沙门氏菌基因组 DNA 进行 RAA 反应，观察并记录结果。

（3）PMAxx－RAA 体系最低检出限的测定。纯培养液中 PMAxx－RAA 体系最低检出限的测定：

为了评价 PMAxx－RAA 法的灵敏度，配制了沙门氏菌的 10 倍梯度稀释液（用 PBS 进行梯度稀释），从 $2.8\times10^7$CFU/mL 到 $2.8\times10^3$CFU/mL。在进行 RAA 反应之前，如上所述对沙门氏菌进行 PMAxx 处理，然后提取其 DNA 用于 RAA 反应，并使用表 16－2 中列出的所有 28 株菌株（$10^8$ CFU/mL）来研究提出的 RAA 方法的特异性（Lv et al.，2020）。

RAA 反应体系操作流程：向含有酶的反应管中分别加入反应缓冲液Ⅵ 25μL，上游引物 2.1μL；下游引物 2.1μL；探针 0.6μL（引物及探针初始浓度均为 10μM），模板 DNA 5μL。无菌水补齐至 50μL；将上述反应体系混匀，加入荧光基础反应单元，使冻干粉充分重溶；打开反应单元，向每个反应单元的管盖上加入 2.5μL 乙酸镁，充分混匀并置于 QT－RAA－B6100 中离心收集；将反应管放入荧光基因检测仪中 39℃条件下反应 40min，实时观察记录结果（Lei et al.，2018）。

乳制品加标样本中 PMAxx－RAA 体系最低检出限的测定：

为了确定该方法在实际样品上的应用，将 25g 脱脂奶粉加入 225mL 蒸馏水中，形成 10%脱脂牛奶样品基质，该基质通过平板计数法确定无沙门氏菌。然后将 10 倍系列稀释的新鲜细菌悬浮液各 500μL，以获得 $1.8\times10^7$～$1.8\times10^3$CFU/mL 浓度梯度的菌液。将每种悬浮液以 12 000r/min 的速度离心 5min，并将沉淀重新悬浮在 PBS 中。在提取细菌基因组 DNA 之前，每个样品用 PMAxx 处理。提取沙门氏菌基因组 DNA，并置于－20℃的冰箱中储存直到使用。图 16－1 是加标牛奶样品基质中 PMAxx－RAA 方法检测沙门氏菌的示意图。

（4）沙门氏菌 PMAxx－RAA 方法检测真实样本（表 16－5）

**表 16－5　分离菌株及其 RAA 结果**

| 菌株名称 | 菌株编号 | RAA 实验结果 |
| --- | --- | --- |
| 鼠伤寒沙门氏菌 | SMJ1633 | + |
| | SMJ1637 | |
| | SMJ1642 | |
| | SMJ1645 | |
| | SMJ1650 | |
| | SMJ1651 | |
| | SMJ1655 | |
| | SMJ1659 | |
| | SMJ1663 | |
| | SMJ1667 | |
| | SMJ1673 | |
| | SMJ1675 | |
| | SMJ1676 | |
| | SMJ1678 | |
| 鼠伤寒沙门氏菌单相变种 | SMJ1679 | － |

### 16.2.4.6　沙门氏菌 TOMA－RAA 方法建立

（1）TOMA 效果验证。

TOMA 对细胞膜穿透性的验证：

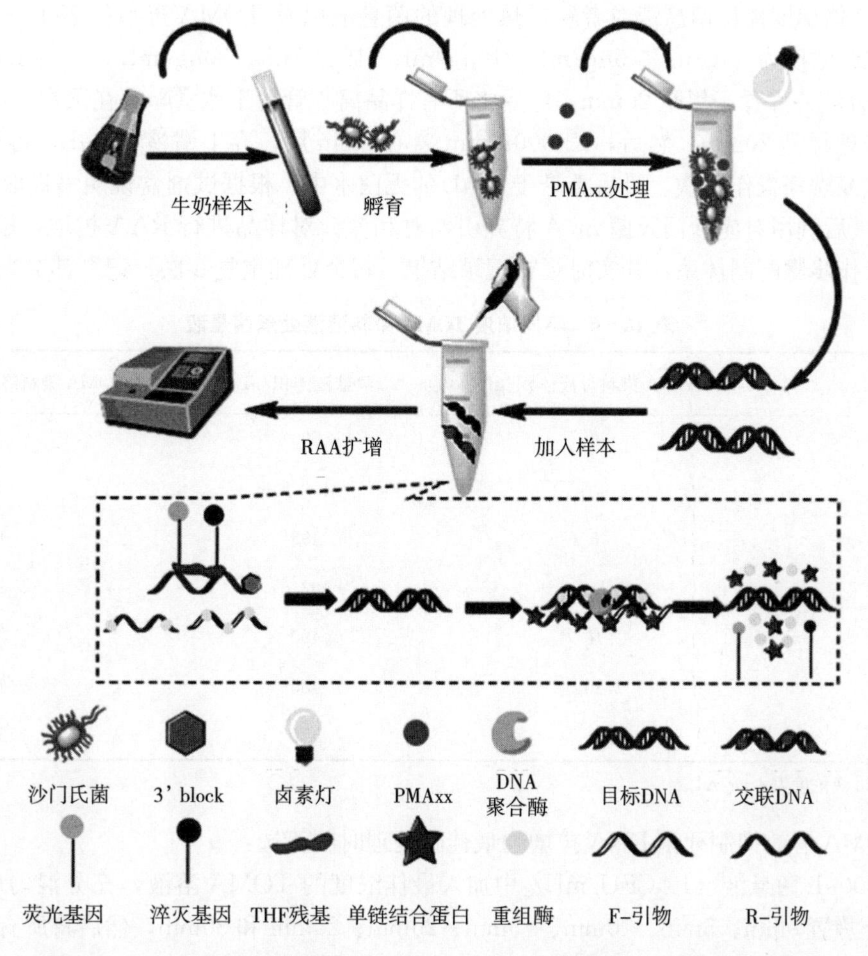


图 16-1　加标牛奶样品基质中 PMAxx-RAA 方法检测沙门氏菌的示意图

向配制好的 A 组（活菌）和 B 组（死菌）菌悬液中加入 TOMA，置于暗处静置孵育一定时间后，将离心管置于冰盒上，手提 500W 卤素灯装置于大约 20cm 处曝光处理（Yang et al.，2011）。加入 600μL 的 PBS 将 A 和 B 组细菌悬液洗两次，随后重悬于 100μL 的 PBS 中，转移所有菌悬液至 96 孔酶标板用于测定荧光（λex/λem＝488nm/520nm）。同时，配制另一份活菌 1 和死菌 2 悬液，配制流程如小节 16.2.4.5 所述，1 和 2 经 TOMA 处理后，洗涤 2 次，随后加入 5μL 荧光染料 Hoescht 33342（1μg/mL），暗孵育 15min，洗涤两次，1 和 2 分别重悬于 50μL 的 PBS，将 1 和 2 混在一起，充分混匀，加入 10μL 的 4%多聚甲醛固定约 15min，移取 10μL 的混匀液置于干净的载玻片上，迅速加入抗荧光衰减封片剂 5μL，盖上盖玻片，将其置于激光共聚焦显微镜下进行观察（激发波长 488nm，发射波长 520nm，100 倍油镜）。阴性对照用 PBS 代替 TOMA 溶液。

TOMA 对 DNA 扩增的抑制作用验证：

取 1mL $10^6$CFU/mL 新鲜的肺炎克雷伯氏菌菌液，12 000r/min 离心 5min，收集菌体，无菌去离子水洗涤 2 次，重悬于 100μL 无菌去离子水中，沸水浴 15min 后置于 4℃下放置 5min；12 000r/min 离心 5min，吸取上清液作为 DNA 模板。然后，加入 TOMA 溶液使其终浓度为 0μg/mL、0.5μg/mL、1μg/mL、3μg/mL、5μg/mL、10μg/mL 和 20μg/mL，充分混匀后置于黑暗处静置 10min，然后侧方于冰盒上，手提 500W 卤素灯下方约 20cm 处光照 10min，使 TOMA 与 DNA 交联，同时钝化溶液中游离的 TOMA 分子。经过光照处理的 DNA 溶液作为 PCR 扩增模板，考察 TOMA 对 DNA 扩增的抑制作用。

（2）TOMA 条件优化。

染料 TOMA 有效抑制死菌 DNA 扩增的最佳浓度筛选：

利用 20% DMSO 将 TOMA 粉末溶解，配制成 1mg/mL 母液，用锡箔纸包裹置于－20℃保存备用。将系列10倍梯度稀释菌悬液或者经过热处理的菌悬液以及TOMA母液按表16-6所示体积混匀，分别形成终浓度为0μg/mL、5μg/mL、10μg/mL、15μg/mL、20μg/mL、30μg/mL和50μg/mL的TOMA混合液并静置于黑暗20min，然后将所有样品离心管置于冰盒，并在顶端20cm处用500W卤素灯曝光处理样品20min。然后，12 000r/min离心5min后，弃上清液300μL，再加入600μL的PBS洗涤，重复洗涤操作两次。最后重悬于50μL的无菌水中，根据试剂盒说明书提取沙门氏菌的基因组DNA。最后利用对应沙门氏菌*invA*特异引物对和探针对样品进行RAA扩增，按照RAA荧光法试剂盒的操作步骤配制体系，并实时观察记录结果，每个处理重复3次，记录其荧光值和TT值。

**表16-6 不同浓度TOMA染料溶液处理菌悬液**

| 序号 | TOMA染料母液体积/μL | 菌悬液体积/μL | TOMA染料终浓度/(μg/mL) |
|---|---|---|---|
| 1 | 0 | 500 | 0 |
| 2 | 2.5 | 497.5 | 5 |
| 3 | 5 | 495 | 10 |
| 4 | 7.5 | 492.5 | 15 |
| 5 | 10 | 490 | 20 |
| 6 | 15 | 485 | 30 |
| 7 | 25 | 475 | 50 |

注：TOMA母液浓度为1mg/mL。

染料TOMA有效抑制死菌DNA扩增的最佳暗处理时间筛选：

向上述500μL菌悬液（$10^6$CFU/mL）中加入最佳浓度的TOMA溶液，充分混匀后，将TOMA混合液于暗处静置0min、5min、10min、15min、20min、25min和30min，然后将所有样品离心管置于冰盒，并在顶端20cm处用500W卤素灯曝光处理样品20min。然后，12 000r/min离心5min后，弃上清液300μL，再加入600μL的PBS洗涤，重复洗涤操作两次。最后重悬于50μL的无菌水中，根据试剂盒说明书提取沙门氏菌的基因组DNA。最后应用对应沙门氏菌*invA*特异引物对和探针对样品进行RAA扩增，并实时观察记录结果，每个处理重复3次，记录其荧光值和TT值。

染料TOMA有效抑制死菌DNA扩增的最佳曝光时间筛选：

向上述500μL菌悬液（$10^6$CFU/mL）中加入最佳浓度的TOMA溶液，充分混匀后，将TOMA混合液于暗处分别静置20min，然后将所有样品离心管置于冰盒，并在顶端20cm处用500W卤素灯曝光处理样品0min、5min、10min、15min、20min、25min和30min。然后，12 000r/min离心5min后，弃上清液300μL，再加入600μL的PBS洗涤，重复洗涤操作两次。最后重悬于50μL的无菌水中，根据试剂盒说明书提取沙门氏菌的基因组DNA。最后应用对应沙门氏菌*invA*特异引物对和探针对样品进行RAA扩增，并实时观察记录结果，每个处理重复3次，记录其荧光值和TT值。

（3）TOMA-RAA方法的灵敏度测试。

为了验证TOMA-RAA法的灵敏度，配制了沙门氏菌的10倍梯度稀释液（用PBS进行梯度稀释），从$10^7$CFU/mL到$10^1$CFU/mL。在进行RAA反应之前，如上所述对沙门氏菌进行TOMA处理，然后提取其DNA用于RAA反应。RAA反应体系操作流程：向含有酶的反应管中分别加入反应缓冲液Ⅵ 25μL，上游引物2.1μL；下游引物2.1μL；探针0.6μL（引物及探针初始浓度均为10μM），模板DNA 5μL；无菌水补齐至50μL；将上述反应体系混匀，加入荧光基础反应单元，使冻干粉充分重溶；打开反应单元，向每个反应单元的管盖上加入2.5μL乙酸镁，充分混匀并置于QT-RAA-B6100中离心收集；将反应管放入荧光基因检测仪中39℃条件下反应40min，实时观察记录结果（Zhao et al.，2020）。

## 16.3　结果与分析

### 16.3.1　引物特异性验证结果

特异性是保证实验成功的关键。从表 16-7 可以看出，4 株目的菌株具有荧光扩增信号曲线，另外其他 24 株非目的菌株没有荧光扩增信号曲线，表明该引物具有较高的特异性。

**表 16-7　引物和探针特异性结果**

| 菌株名称 | 菌株编号 | 来源 | RAA 实验结果 |
| --- | --- | --- | --- |
| 肠炎沙门氏菌 | 13076 | ATCC | + |
| 鼠伤寒沙门氏菌 | 14028 | ATCC | + |
| 猪霍乱沙门氏菌 | 35640 | ATCC | + |
| 甲型副伤寒沙门氏菌 | 9150 | ATCC | + |
| 肺炎克雷伯菌 | 700603 | ATCC | − |
| | 371 | NB-CDC | − |
| | 372 | NB-CDC | − |
| | 373 | NB-CDC | − |
| 金黄色葡萄球菌 | 26001 | CMCC | − |
| | 26002 | CMCC | − |
| | 26003 | CMCC | − |
| | 25923 | ATCC | − |
| 嗜热脂肪芽孢杆菌 | 7953 | ATCC | − |
| 大肠杆菌 | 44102 | CMCC | − |
| | 25922 | ATCC | − |
| | 2365 | ATCC | − |
| 铜绿假单胞菌 | 10104 | CMCC | − |
| 嗜热链球菌 | 27603 | ATCC | − |
| 福氏志贺氏菌 | 51572 | CMCC (B) | − |
| 丙二酸盐克罗诺杆菌 | 45402 | CMCC | − |
| | 7953 | CMCC | − |
| 阪崎克罗诺杆菌 | 29544 | ATCC | − |
| 单核细胞增生李斯特菌 | 13932 | ATCC | − |
| 英诺克李斯特菌 | 11288 | NCTC | − |
| 耐甲氧西林金黄色葡萄球菌 | 4571 | JX-CDC | − |
| | 12493 | NCTC | − |
| | 557 | NCTC | − |
| 宋内氏志贺氏菌 | 25931 | ATCC | − |

注：其中（+）表示阳性结果，（−）表示阴性结果。

### 16.3.2　沙门氏菌荧光 RAA 反应灵敏度筛选

通过检测浓度为 $10^7$ 拷贝/μL、$10^6$ 拷贝/μL、$10^5$ 拷贝/μL、$10^4$ 拷贝/μL、$10^3$ 拷贝/μL、$10^2$ 拷贝/μL 的质粒稀释，沙门氏菌荧光 RAA 体系能够检测到浓度为 $10^2$ 拷贝/μL 的质粒，如图 16-2 所示。

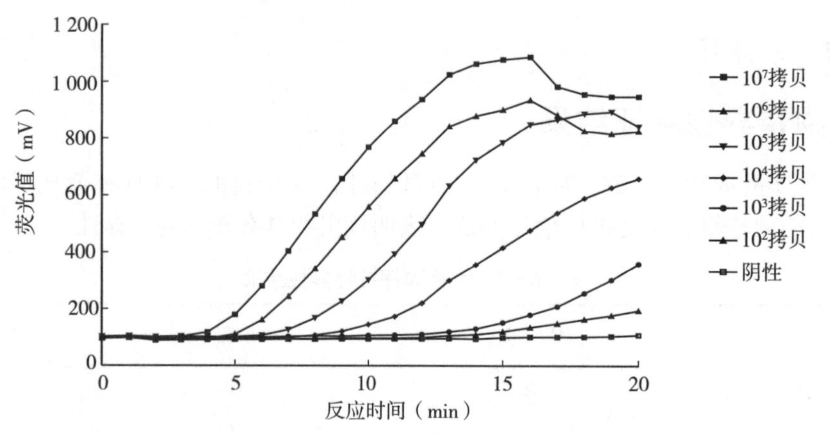


图 16-2　沙门氏菌荧光 RAA 体系能够检测到浓度

## 16.3.3　沙门氏菌 PMAxx-RAA 方法建立

### 16.3.3.1　PMAxx 效果的验证

本实验中，如图 16-3 所示，经 PMAxx 处理的活菌在 610nm 处的荧光值几乎为 0，而经 PMAxx 处理的死菌在 610nm 处的荧光值达到 0.60 左右。同时，经 PMAxx 和 Hoescht 33342 处理后，激光共聚焦显微镜观察，可以看到活菌显示绿色荧光，死菌显示红色荧光（图 16-4）。另外根据表 16-8，活菌经 PMAxx 处理组和不处理组的时间阈值没有明显变化，且与经 PMAxx 处理的死菌组差异明显（40min 内没有时间阈值）。上述结果充分说明 PMAxx 可以选择性地进入死菌的细胞膜并与 DNA 结合，消除死菌 DNA 对后续 RAA 检测的影响。

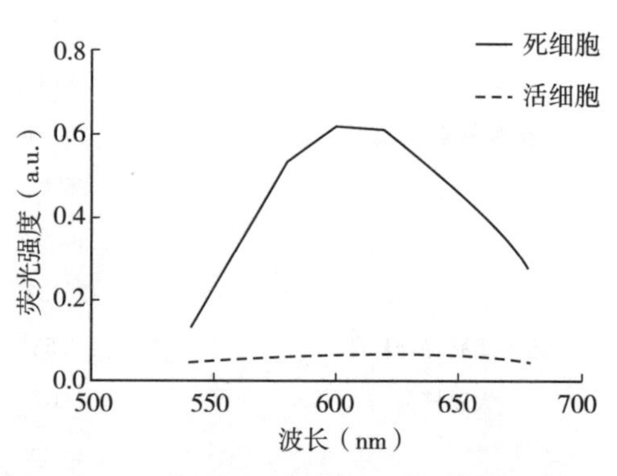


图 16-3　通过酶标仪验证 PMAxx 的处理效果

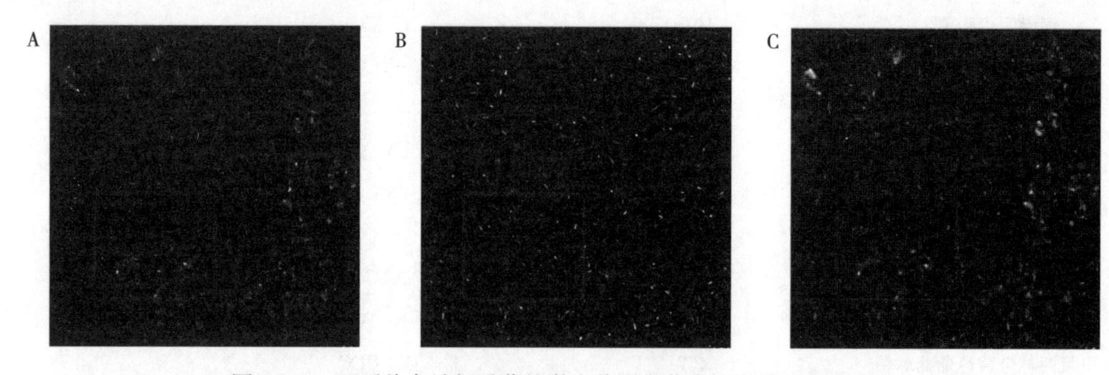


图 16-4　双重染色沙门氏菌的激光共聚焦荧光显微镜观察图像

注：A. Hoechst 33342 染色　B. PMAxx 染色　C. Hoechst 33342 和 PMAxx 染色叠加图像

**表 16-8　PMAxx 处理对 RAA 检测活菌和死菌的影响**

| 沙门氏菌 | PMAxx 处理 | |
|---|---|---|
| | 处理组（TT 值） | 非处理组（TT 值） |
| Viable | 4.33±0 | 6.33±0 |
| Dead | No | 6.83±0.23 |

注：No 表示在 40min 内没有时间阈值。

#### 16.3.3.2 PMAxx-RAA 体系最低检出限的测定

（1）纯培养液中 PMAxx-RAA 体系最低检出限的确定。在确定了本实验最佳的 PMAxx 浓度后，我们进一步探索了 PMAxx-RAA 检测沙门氏菌的灵敏度。具体步骤如下：先用 PBS 缓冲液配制 10 倍梯度稀释的沙门氏菌悬液，沙门氏菌的浓度范围为 $2.8\times10^{7}\sim2.8\times10^{3}$ CFU/mL；PMAxx 预处理后，所有操作按前述所示。如图 16-5 所示，在纯培养中沙门氏菌的检测限为 $2.8\times10^{3}$ CFU/mL。其中 X 为 RAA 扩增时间，Y 为实时荧光信号强度。

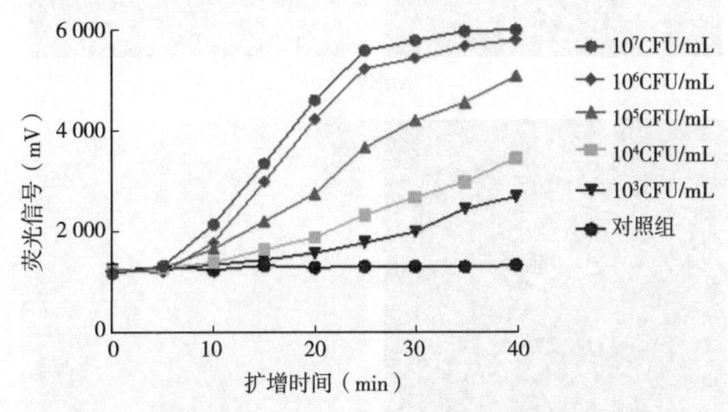


图 16-5　提出的方法在纯培养液中沙门氏菌的检测灵敏度

（2）加标样本中 PMAxx-RAA 体系最低检出限的确定。为了验证 PMAxx-RAA 方法检测加标牛奶样品的可行性，本研究使用 10%脱脂牛奶样品来确定该方法的性能。如图 16-6 所示，加标牛奶样品中沙门氏菌的检出限为 $1.8\times10^{3}$ CFU/mL。

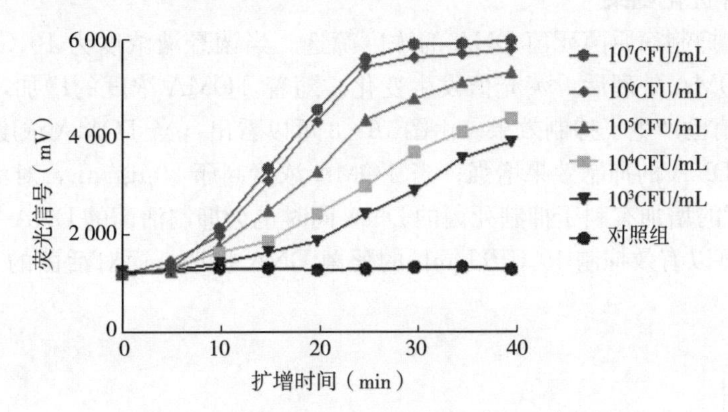


图 16-6　该方法在加标牛奶样中沙门氏菌的检测

### 16.3.4　沙门氏菌 TOMA-RAA 方法建立

#### 16.3.4.1 TOMA 效果验证

食物中活菌的存在会产生相应毒素危害人体，因而对于活菌的检测就显得尤为重要。本实验中，经 TOMA 处理的活菌在 520nm 处的荧光值大约为 6，而经 TOMA 处理的死菌在 520nm 处的荧光值达到 14 左右。菌悬液经过 TOMA 处理后，TOMA 透过细胞膜进入菌体，与 DNA 发生特异性结合，所有菌体均产生了强烈绿色荧光，说明连接在 TOMA 分子上的叠氮基团并没有影响分子与 DNA 的结合以及荧光增强，TOMA 与 DNA 结合后产生的荧光强度也没有因为叠氮基团的存在而出现明显下降，而未经 TOMA 处理的菌体未检测出任何荧光，如图 16-7 所示。另外根据表 16-6，活菌经 TOMA 处理组和不处理组的时间阈值没有明显变化，且与经 TOMA 处理的死菌组差异明显（40min 内没有 TT 值）。

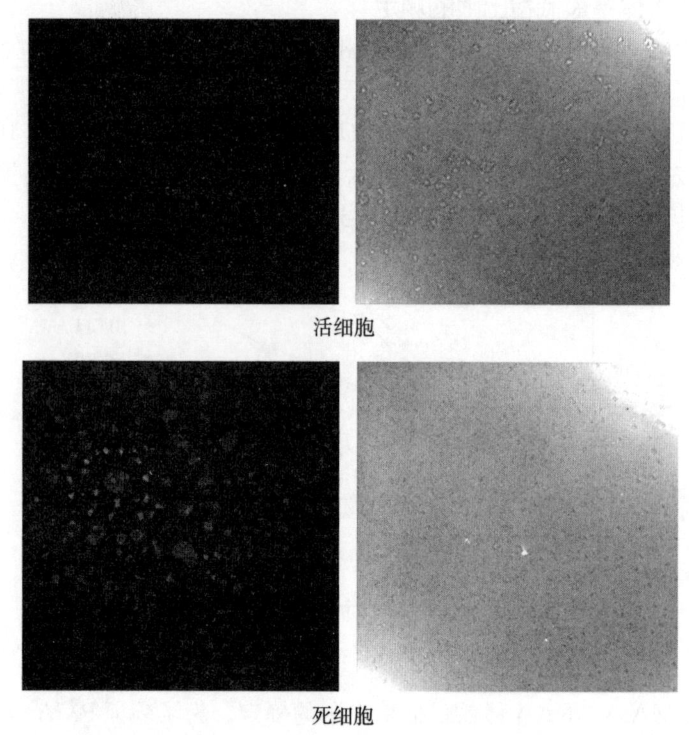


图 16-7 荧光和激光共聚焦表征

### 16.3.4.2 TOMA 条件优化结果

（1）染料 TOMA 抑制病原菌死菌 DNA 的浓度筛选。当菌悬液浓度为 $10^6$ CFU/mL 时，活菌和死菌经过不同浓度 TOMA 处理后，荧光值发生变化。随着 TOMA 浓度的增加，对死菌的抑制效果逐渐明显，但是对活菌也产生了抑制效果。由图 16-8 可以看出，当 TOMA 浓度为 0～10μg/mL 时，随着浓度的增加，对 DNA 的抑制效果增强；当 TOMA 浓度高于 30μg/mL，对活菌也会产生抑制效果，表明 TOMA 浓度的增加有利于抑制死菌的 DNA 同时也会抑制活菌的 DNA 扩增。实验结果表明 10μg/mL 的 TOMA 可以有效抑制 $10^6$ CFU/mL 的死菌 DNA 扩增，而对活菌的 DNA 扩增所受影响不大。

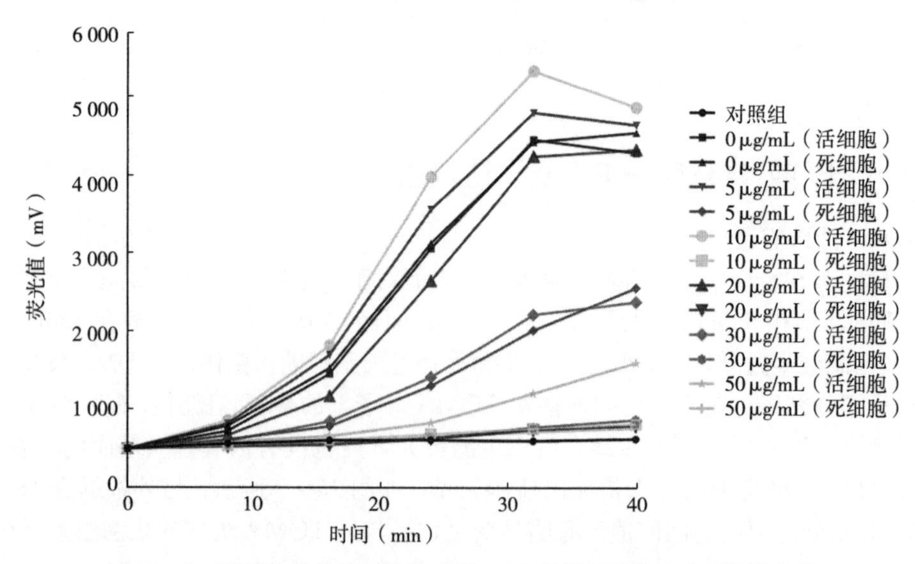


图 16-8 TOMA 有效抑制沙门氏菌 DNA 扩增的最佳浓度的扩增曲线

（2）染料 PMA 抑制病原菌死菌 DNA 扩增的曝光时间筛选。当菌悬液浓度为 $10^6$ CFU/mL 时，活菌在卤素灯下，分别曝光时间为 0min、5min、10min、15min、20min 和 30min。随着曝光时间的增加，荧光值逐渐增加。当曝光时间为 15min 时，荧光值达到稳定，实验结果表明 15min 的曝光时间可以有效抑制 $10^6$ CFU/mL 的死菌 DNA 扩增，而活菌的 DNA 扩增所受影响不大（如图 16－9 所示）。

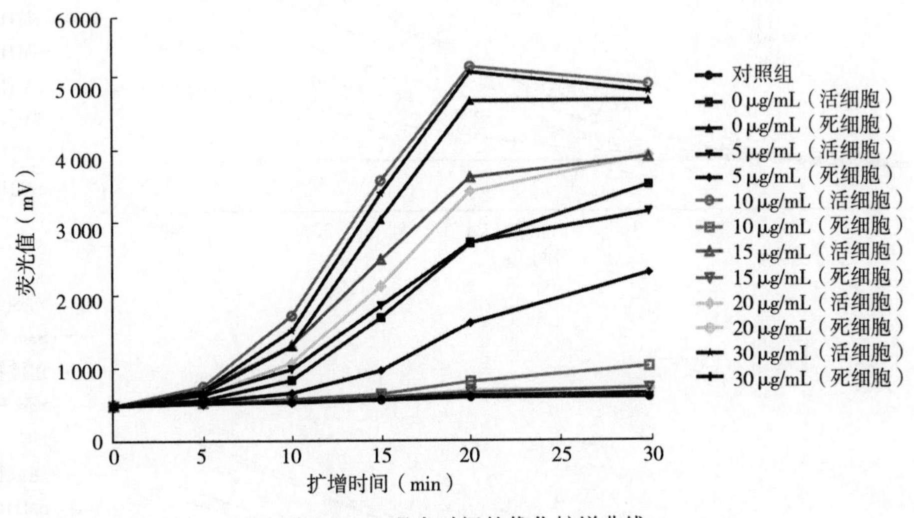


图 16－9 曝光时间的优化扩增曲线

（3）TOMA－RAA 方法在沙门氏菌纯菌液检测中的灵敏度测定。在确定了本实验最佳的 TOMA 浓度、暗处理时间和曝光时间后，我们进一步探索了 TOMA－RAA 方法检测沙门氏菌的灵敏度。具体步骤如下：先用 PBS 缓冲液配制 10 倍梯度稀释的沙门氏菌悬液（Yuan et al.，2018）。沙门氏菌的浓度范围为 $10^1$～$10^7$ CFU/mL。TOMA 预处理后，所有操作按前述所示。如图 16－10 所示，在纯培养中沙门氏菌的检测限为 $3.37\times10^2$～$3.37\times10^7$ CFU/mL。其中 X 为 RAA 扩增时间，Y 为实时荧光信号强度。

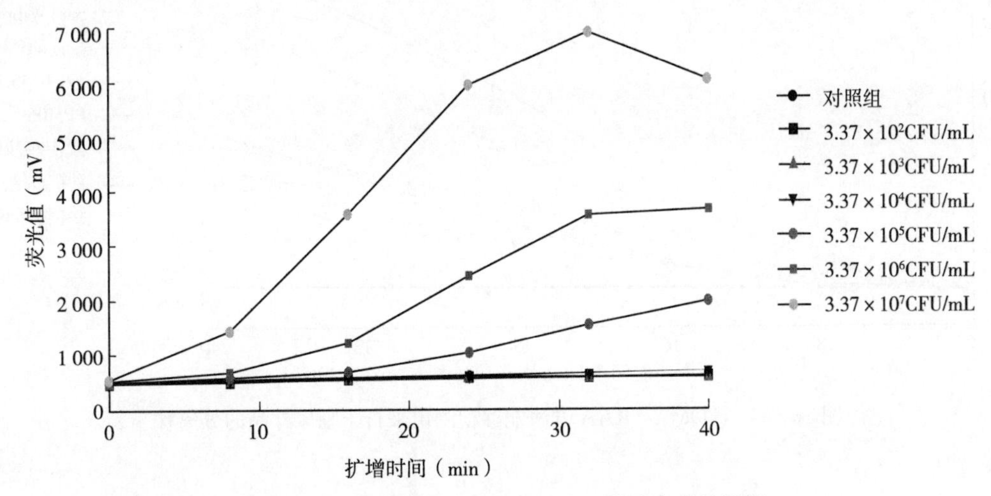


图 16－10 TOMA－RAA 方法在纯菌液中的检测限

（4）TOMA－RAA 方法在真实样品中的检测。为了验证 TOMA－RAA 方法检测在真实样品中的可行性，本研究使用来自临床样本中分离出的菌株作为检测对象以确定该方法的性能。如图 16－11 所示，TOMA－RAA 方法能够检测出来自于临床样品的分离株。

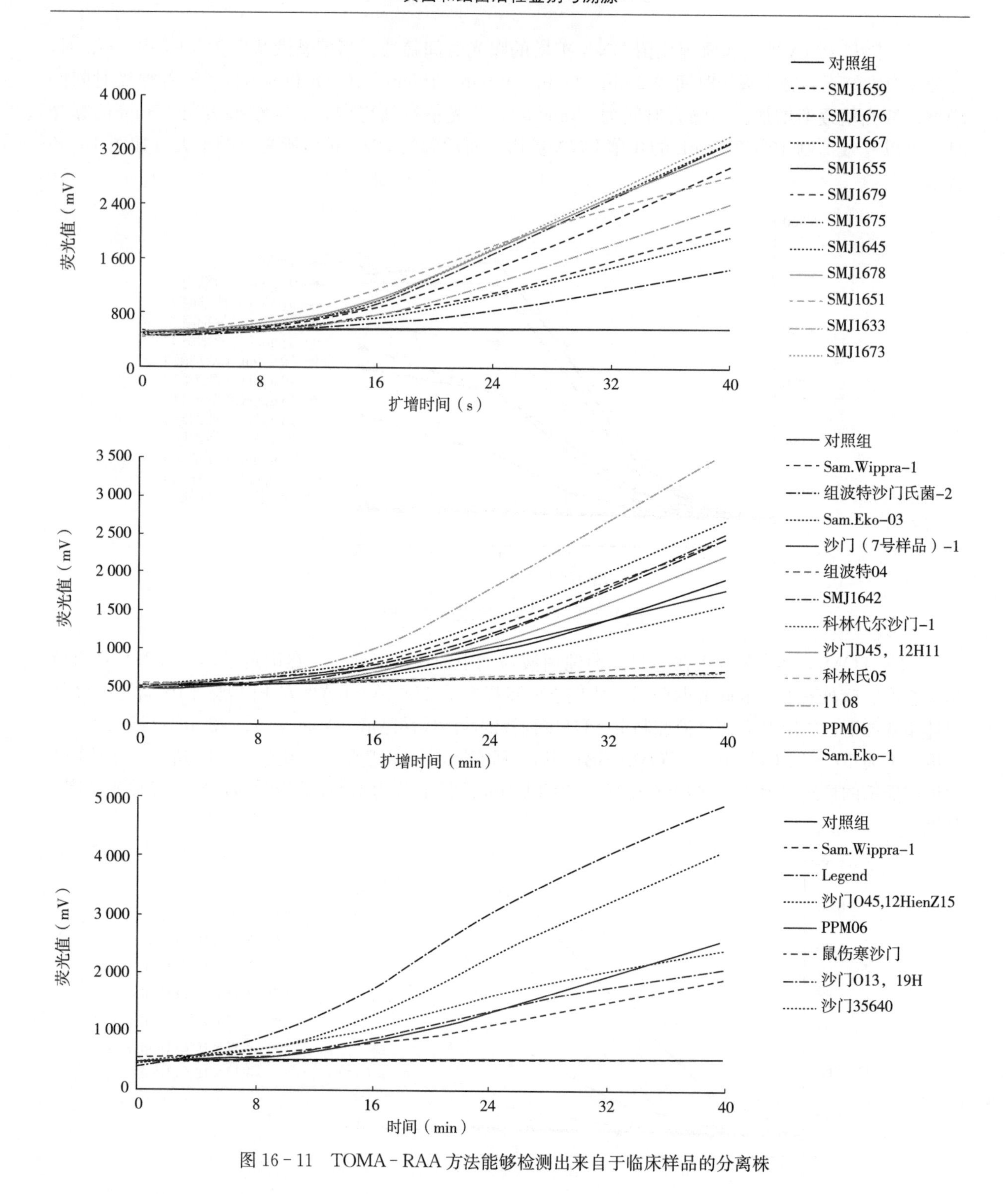


图 16-11　TOMA-RAA 方法能够检测出来自于临床样品的分离株

# 16.4　讨论与结论

## 16.4.1　讨论

本研究建立了一种新的检测沙门氏菌的方法，即 PMAxx-RAA。沙门氏菌的 *invA* 基因可用于验证该方法特异性，并运用不同的方法来验证 PMAxx 对死菌处理的效果（A A N et al.，2006）。实验结果表明，在死菌样品中观察到 610nm 处对应有最大荧光值，而活菌在 610nm 处荧光值几乎没有。此外，通过CLSM观察，显示了PMAxx对死菌膜的渗透性，并且RAA结果也显示出其仅对于死菌的选择性，因而PMAxx光敏性染料可用于活菌的检测。与传统的沙门氏菌检测方法相比，该方法具有检测时间短、操作简单、漏检率低等优点。在最佳优化参数条件下，纯培养液中沙门氏菌的检测限为$2.8\times10^3$CFU/mL。在加标牛奶样品中，检出限为$1.8\times10^3$CFU/mL。因此，本研究开发的PMAxx-RAA法具有快速、灵敏、简便的优点，具有被推广使用价值。

本研究首次提出一种新型的核酸交联剂——TOMA，并将TOMA染料结合荧光RAA检测方法引入到沙门氏菌活菌的检测中，为初步确定检测鉴别该病菌活菌提供了新方法，克服了基于DNA分子检测手段不能鉴别死活菌，导致过高估计活菌的数量，甚至产生假阳性结果的弊端，它可以更有效地为该病害的预防控制提供可靠依据，是一种具有潜在应用价值的新方法。实验结果显示，当菌悬液浓度为$10^6$CFU/mL时，使用终浓度为10$\mu$g/mL的TOMA染料，暗处理20min后，置于冰盒上，在500W卤素灯20cm处曝光处理15min后，可以有效地抑制死菌DNA的扩增。建立的TOMA-RAA方法能够检测到临床样本中的分离菌株，表明该方法具有在临床检测方面的潜力。

## 16.4.2　结论

（1）本研究建立了一种新的检测沙门氏菌的方法，即PMAxx-RAA。纯培养液中沙门氏菌的检测限为$2.8\times10^3$CFU/mL。在加标牛奶样品中，检出限为$1.8\times10^3$CFU/mL。

（2）本研究建立了一种新的检测沙门氏菌的方法，即RAA-TOMA。通过实验，当菌悬液浓度为$10^6$CFU/mL时，使用终浓度为10$\mu$g/mL的TOMA染料，暗处理20min后，置于冰盒上，在500W卤素灯20cm处曝光处理15min后，可以有效地抑制死菌DNA的扩增。

# 17 大肠杆菌 O157∶H7 活性检测方法

## 17.1 概况

### 17.1.1 基本信息

中文名：大肠杆菌 O157∶H7；学名：*Escherichia coli* O157∶H7。

### 17.1.2 分类地位

肠杆菌目 Enterobacteriales、肠杆菌科 Enterobacteriaceae，埃希氏菌属 *Escherichia*，是一种常见的食源性致病菌。

### 17.1.3 地理分布

世界各地都有分布。

## 17.2 材料与方法

### 17.2.1 供试菌株

供试菌株分别来自 ATCC、NB－CDC、CMCC、JX－CDC、NCTC 以及实验室分离的菌株，如表 17－1 所示。

**表 17－1 实验菌株及其来源**

| 菌株名称 | 菌株编号 | 来源 |
| --- | --- | --- |
| 肠炎沙门氏菌 | 13076 | ATCC |
| 鼠伤寒沙门氏菌 | 14028 | ATCC |
| 阿巴艾特图沙门氏菌 | 35640 | ATCC |
| 甲型副伤寒沙门氏菌 | 9150 | ATCC |
| 肺炎克雷伯菌 | 700603 | ATCC |
| | 371 | NB－CDC |
| | 372 | NB－CDC |
| | 373 | NB－CDC |
| 金黄色葡萄球菌 | 26001 | CMCC |
| | 26002 | CMCC |
| | 26003 | CMCC |
| | 25923 | ATCC |
| 嗜热脂肪芽孢杆菌 | 7953 | ATCC |
| 大肠杆菌 | 44102 | CMCC |
| | 25922 | ATCC |
| | 2365 | ATCC |

（续）

| 菌株名称 | 菌株编号 | 来源 |
| --- | --- | --- |
| 铜绿假单胞菌 | 10104 | CMCC |
| 嗜热链球菌 | 27603 | ATCC |
| 福氏志贺氏菌 | 51572 | CMCC（B） |
| 克罗诺杆菌 | 45402 | CMCC |
| | 7953 | CMCC |
| 阪崎克罗诺杆菌 | 29544 | ATCC |
| 单核细胞增生李斯特菌 | 13932 | ATCC |
| | 11288 | NCTC |
| 耐甲氧西林金黄色葡萄球 | 4571 | JX - CDC |
| | 12493 | NCTC |
| | 557 | NCTC |
| 宋内氏志贺氏菌 | 25931 | ATCC |

## 17.2.2　试剂

### 17.2.2.1　实验所用试剂

PMAxx（20mmol 溶于 $H_2O$）（Truchado et al.，2016）、TOMA（1mg/mL 溶于 20% DMSO）、无菌水、琼脂糖、细菌基因组 DNA 提取试剂盒、RAA 核酸扩增试剂盒（基础型）和 RAA 核酸扩增试剂盒（荧光法）等。

### 17.2.2.2　主要培养基和试剂的配制

10mmol/L PBS 的配制：称量 8g NaCl、0.2g KCl、1.42g $Na_2HPO_4$ 和 $KH_2PO_4$ 置于 1mL 的烧杯中，向烧杯中加入约 800mL 的去离子水，充分搅拌溶解，随后，滴加浓盐酸将 pH 调节至 7.4，然后加入去离子水将溶液定容至 1 000mL，高温高压灭菌后，室温保存。

Luria - Bertani（LB）培养基的配制：称取胰蛋白胨 10g、酵母提取物 5g 和 NaCl 10g，加入约 800mL 的去离子水，充分搅拌溶解后，滴加 5M NaOH（约 0.2mL），调节 pH 至 7.0，加去离子水将培养基定容至 1 000mL，高温高压灭菌后，置于存放柜常温保存。

## 17.2.3　主要仪器设备

电子天平、水浴锅、卤素灯、常规冰箱、超低温冰箱、涡旋振荡器、摇床等；可调移液器（0.1～2.5μL，0.5～10μL，2～20μL，5～50μL，20～200μL，100～1 000μL），PMAxx 荧光检测仪器——激光共聚焦显微镜和酶标仪，RAA 检测相关仪器——QT - RAA - F1 620 和 QT - RAA - B6100。

## 17.2.4　实验方法

### 17.2.4.1　菌株培养

本实验选取了 28 株菌作为实验菌株（表 17 - 1），取所有低温保藏细菌划线培养（37℃/12h），挑取单菌落转移到 LB 液体培养基中并置于摇床 180r/min、37℃继续培养 12h，将菌液梯度稀释进行平板计数，确定原始菌液的浓度。

### 17.2.4.2　引物设计

根据大肠杆菌 O157：H7 的基因 *fliC* 设计特异性引物和探针，所用的引物和探针的设计软件分别为 Oligo 6.0 和 Beacon Designer 7。使用的引物和探针均由湖南擎科生物技术有限公司所合成，其相关信息如表 17 - 2 所示。

表 17-2 大肠杆菌 O157：H7 的特异性引物和探针信息

| 目标菌 | 目的基因 | 序列（5′-3′） | 扩增片段长度（bp） |
|---|---|---|---|
| 大肠杆菌 O157：H7 | *fliC* | 正向引物：GTTAACTTTACCATTTGCAAAGGTATATGTAC<br>反向引物：GAAATATACTTATAACGCATCGACCAATGATT<br>探针：CCTTCAGAGTAGCGCCAAGATCTGTCG /i6FAMdT/TG（THF）AG/iBHQ1dT/ GCCTGTCGCTAC3'C3 Spacer | |

注：FAM 为 6-羧基荧光素；THF 为四氢呋喃；BHQ 为黑洞淬灭剂；phosphate 为 3′磷酸化以阻止延伸。

## 17.2.5 RAA 方法验证结果

### 17.2.5.1 大肠杆菌 O157：H7 荧光 RAA 法灵敏度实验

通过检测浓度为 $10^0$～$10^7$CFU/mL 的大肠杆菌 O157：H7 菌液，结果表明该方法能够检测到 $10^0$CFU/mL，如图 17-1 所示。

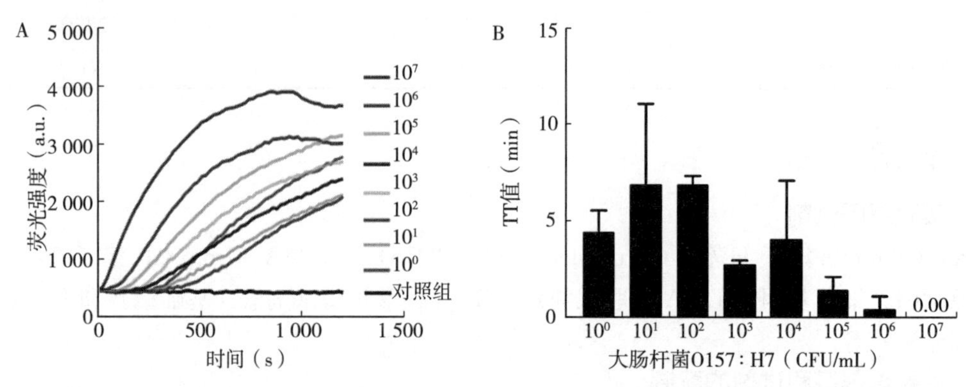


图 17-1 大肠杆菌 O157：H7 荧光 RAA 法灵敏度实验结果

### 17.2.5.2 大肠杆菌 O157：H7 荧光 RAA 法特异性实验

荧光反应扩增结果表明，只有大肠杆菌 O157：H7 检测出相应的特异性扩增曲线，其他细菌未见有相应的扩增，无交叉反应，如图 17-2 所示。

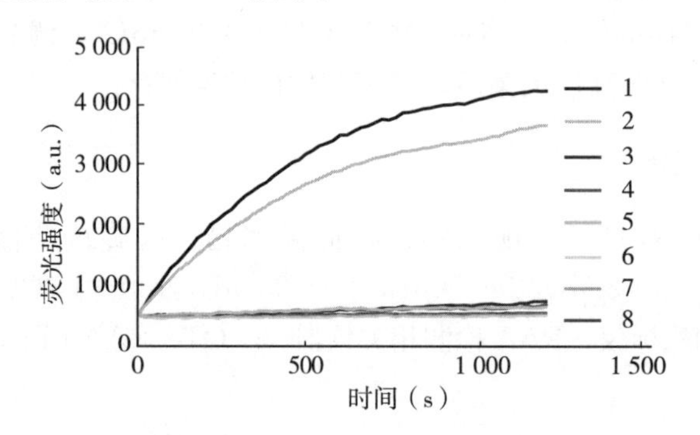


图 17-2 大肠杆菌 O157：H7 荧光 RAA 法特异性实验结果

注：1. 大肠杆菌 O157：H7 ATCC 43888；2. 大肠杆菌 O157：H7 CMCC 44828；3. 金黄色葡萄球菌 CMCC26001；4. 肠炎沙门氏菌 ATCC 13706；5. 铜绿假单胞菌 CMCC10104；6. 蜡样芽孢杆菌 JX-CDC JDZ102Y；7. 大肠杆菌 CMCC 44102；8. 空白对照

### 17.2.5.3 细菌 DNA 的提取

细菌用无菌水洗涤后，将菌体沉淀重新悬浮于 50μL 无菌水中。随后，加入 180μL 裂解缓冲液（含 20mg/mL 的溶菌酶）和 20μL 蛋白酶 K（20mg/mL），裂解细菌的细胞壁，释放 DNA。然后根据试剂盒说明书，使用细菌基因组 DNA 试剂盒（北京天根生化科技有限公司）提取细菌基因组 DNA。

提取的基因组 DNA 保存在$-20$℃冰箱中以备进一步使用。

**17.2.5.4　大肠杆菌 O157：H7 荧光 RAA 方法建立**

（1）RAA 反应体系。按照 RAA 荧光扩增试剂盒（江苏奇天基因生物科技有限公司）使用说明进行操作。在 1.5mL 离心管中分别加入 25μL 反应缓冲液，正向引物、反向引物（10μM）各 2.1μL，0.6μL 探针（10μM），1μL 模板；加 16.5μL 双蒸水至 47.5μL，混合均匀，然后加入有干粉的反应管中，再次混匀。各管加入 2.5μL 280mM 醋酸镁溶液并混匀。将上述反应管放置于 RAA－F1620 仪器中，在 39℃反应 40min（Chen et al.，2018）。

（2）荧光 RAA 法特异性检测。将菌株（包括目标菌株）于 37℃过夜培养，使用细菌基因组 DNA 试剂盒提取基因组 DNA，进行 RAA 检测，根据结果判定特异性。

**17.2.5.5　大肠杆菌 O157：H7 PMAxx－RAA 方法建立**

（1）活死菌的配制。大肠杆菌 O157：H7 菌标准菌株作为参考菌株进行整个实验。划线培养参考菌株，挑取其单菌落，过夜 37℃培养。将 50μL 新鲜菌液（约 $10^7$ CFU/mL）加入 450μL 的 PBS 缓冲液中（两组：A、B）。A 组不作处理，B 组置于水浴锅中 80℃加热 20min 配制死菌，冷却至室温。

（2）PMAxx 对活死菌的效果验证。向配制好的 A 组（活菌）和 B 组（死菌）菌悬液中加入终浓度为 40μmol/L 的 PMAxx，黑暗处孵育 10min，随后将离心管置于冰盒上，用手提 500W 卤素灯装置于大约 20cm 处照射 10min（Kober et al.，2017）。加入 600μL 的 PBS 将 A 组和 B 组细菌悬液洗两次，随后重悬于 100μL 的 PBS 中，转移所有菌悬液至 96 孔酶标板用于测定荧光（λex/λem＝475nm/610nm）。同时，配制另一份活菌 1 和死菌 2 悬液，1 和 2 经 PMAxx 处理后，洗涤两次，随后加入 5μL 荧光染料 Hoescht 33342（1μg/mL），暗孵育 15min，洗涤两次，1 和 2 分别重悬于 50μL 的 PBS，将 1 和 2 混在一起，充分混匀，加入 10μL 的 4%多聚甲醛固定 15min，移取 10μL 的混匀液置于干净的载玻片上，迅速加入抗荧光衰减封片剂 5μL，盖上盖玻片，将其置于激光共聚焦显微镜下进行观察。

（3）PMAxx 浓度条件优化。

PMAxx 浓度的优化：

将 50μL 新鲜菌液（约 $10^7$ CFU/mL）加入 450μL 的 PBS 缓冲液中（两组：A、B）。A 组不作处理，B 组置于水浴锅中 80℃加热 15min 配制死菌，冷却至室温。向上述 500μL 菌悬液中加入 PMAxx 溶液使其终浓度达到 0μmol/L、40μmol/L、120μmol/L、200μmol/L、280μmol/L，充分混匀后于黑暗处静置 10min，然后将离心管置于冰盒上，用手提 500W 卤素灯装置于大约 20cm 处照射 10min。样品于 12 000r/min 离心 5min，去上清，加入 600μL 的 PBS 洗两次，随后重悬于 100μL 的无菌水中用于后续 DNA 的提取以及 RAA 检测。

PMAxx 曝光时间优化：

将 50μL 新鲜菌液（约 $10^7$ CFU/mL）加入 450μL 的 PBS 缓冲液中（两组：A、B）。A 组不作处理，B 组置于水浴锅中 80℃加热 15min 配制死菌，冷却至室温。向上述 500μL 菌悬液中加入 PMAxx 溶液使其终浓度为 40mmol/L，充分混匀后于暗处静置 10min，然后将离心管置于冰盒上，用手提 500W 卤素灯装置于大约 20cm 处照射 0min、5min、10min、15min、20min。样品于 12 000r/min 离心 5min，去上清，加入 600μL 的 PBS 洗两次，随后重悬于 100μL 的无菌水中用于后续 DNA 的提取以及 RAA 检测。

（4）PMAxx－RAA 体系最低检出限的测定。

纯培养液中 PMAxx－RAA 体系最低检出限的测定：

将过夜培养的大肠杆菌 O157：H7 进行 10 倍梯度稀释，配制 $10^1$～$10^7$ CFU/mL 的菌悬液，同时，稀释另一份菌液用于细菌点板计数。PMAxx 处理后，洗涤重悬于 100μL 的无菌水中，随后按照磁珠法细菌基因组 DNA 提取试剂盒的说明进行后续操作（模板 DNA 的配制）。

RAA 反应体系操作流程：

向含有酶的反应管中分别加入反应缓冲液Ⅵ 25μL，上游引物（10μmol/L）2.1μL，下游引物（10μmol/L）2.1μL，探针（10μmol/L）0.6μL，模板 DNA 5μL。无菌水补齐至 50μL；将上述反应体系混匀，加入荧光基础反应单元，使冻干粉充分溶解；打开反应单元，向每个反应单元的管盖上加入 2.5μL 乙酸镁，充分混匀并置于 QT-RAA-B6100 中离心收集；将反应管放入荧光基因检测仪中 39℃条件下反应 40min，并实时观察记录结果。反应原理如图 17-3 所示。

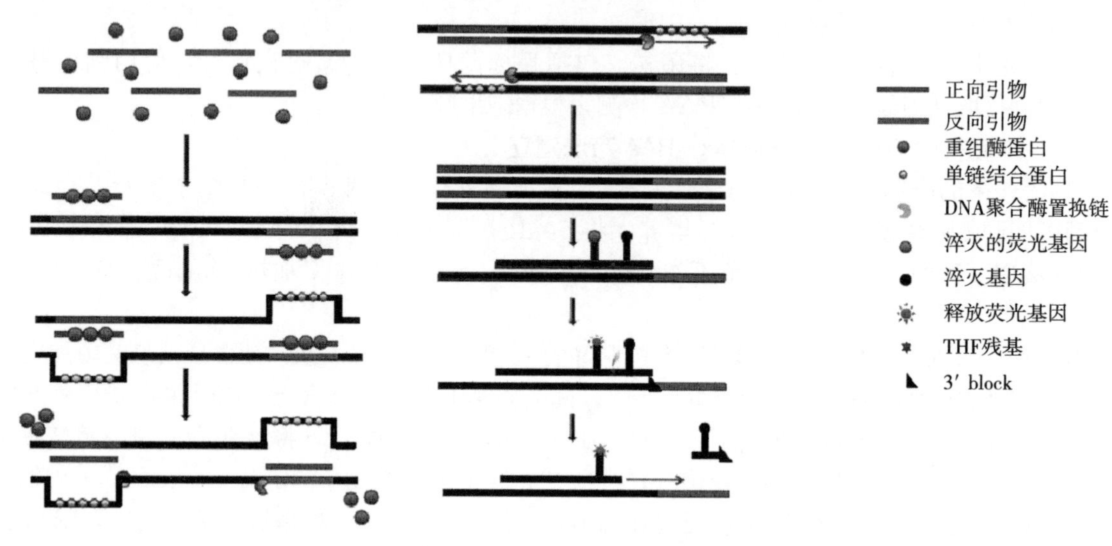


图 17-3　RAA 反应原理图

乳制品加标样本中最低检出限的测定：

将 25g 奶粉与 225mL 蒸馏水混合，115℃/0.1 MPa 处理 20min。随后，移取 500μL 上述溶液于 1.5mL 离心管中。随后，将 37℃过夜培养的 *E. coli* O157：H7 菌液分别加入牛奶样本中，使其终浓度为 $10^1$～$10^7$CFU/mL。之后，离心 12 000r/min，重悬于 500μL PBS 中，重复 3 次。PMAxx 处理后，用蛋白酶 K 30μL 在 56℃处理 30min，提取细菌基因组 DNA 用于后续 RAA 反应。

（5）乳制品加标样本中 PMAxx-RAA 方法特异性验证。将过夜培养的 4 株新鲜菌（蜡样芽孢杆菌、金黄色葡萄球菌、肠炎沙门氏菌和大肠杆菌 O157：H7）10 倍梯度稀释（均稀释至 $10^7$CFU/mL）。随后，取 5μL 的无菌水、蜡样芽孢杆菌和金黄色葡萄球菌的稀释液加入配制好的大肠杆菌 O157：H7 稀释液中，并标记好 1、2、3。经 PMAxx 和蛋白酶 K 处理后，将配制好的 DNA 用于 RAA 的检测，并实时观察结果。

### 17.2.5.6　大肠杆菌 O157：H7 TOMA-RAA 方法建立

（1）TOMA 效果验证。TOMA 对细胞膜穿透性的验证：

向配制好的 A 组（活菌）和 B 组（死菌）菌悬液中加入 TOMA，置于暗处静置孵育一定时间后，将离心管置于冰盒上，用手提 500W 卤素灯装置于大约 20cm 处曝光处理。加入 600μL 的 PBS 将 A 和 B 组细菌悬液洗 2 次，随后重悬于 100μL 的 PBS 中，转移所有菌悬液至 96 孔酶标板用于测定荧光（λex/λem=488nm/520nm）。同时，配制另一份活菌 1 和死菌 2 悬液，1 和 2 经 TOMA 处理后，洗涤 2 次，1 和 2 分别重悬于 50μL 的 PBS，加入等体积的组织固定液，充分混匀后，移取 10μL 的混匀液置于干净的载玻片上，迅速加入抗荧光衰减封片剂 5μL，盖上盖玻片，将其置于激光共聚焦显微镜下进行观察（激发波长 488nm，发射波长 520nm，100 倍油镜）。

TOMA 对 DNA 扩增的抑制作用验证：

取 1mL $10^6$CFU/mL 新鲜的大肠杆菌 O157：H7 菌液，12 000r/min 离心 5min，收集菌体，无菌去离子水洗涤两次，重悬于 100μL 无菌去离子水中，沸水浴 15min 后置于 4℃ 下放置 5min；

12 000r/min离心 5min，吸取上清液作为 DNA 模板。然后，加入 TOMA 溶液使其终浓度为 0μg/mL、0.5μg/mL、1μg/mL、3μg/mL、5μg/mL、10μg/mL 和 20μg/mL，充分混匀后置于黑暗处静置 10min，然后侧方于冰盒上，用手提 500W 卤素灯下方约 20cm 处光照 10min，使 TOMA 与 DNA 交联，同时钝化溶液中游离的 TOMA 分子。经过光照处理的 DNA 溶液作为 PCR 扩增模板，考察 TOMA 对 DNA 扩增的抑制作用。

（2）TOMA 条件优化。

染料 TOMA 有效抑制死菌 DNA 扩增的最佳浓度：

利用 20% DMSO 将 TOMA 粉末溶解，配制成 1mg/mL 母液，用锡箔纸包裹置于－20℃保存备用。将系列 10 倍梯度稀释菌悬液或者经过热处理的菌悬液以及 TOMA 母液按表 17－3 所示体积混匀，分别形成终浓度为 0μg/mL、5μg/mL、10μg/mL、15μg/mL、20μg/mL、30μg/mL 和 50μg/mL 的 TOMA 混合液并静置于黑暗 20min，然后将所有样品离心管置于冰盒，并在顶端 20cm 处用 500W 卤素灯曝光处理样品 20min。然后，12 000r/min 离心 5min 后，弃上清液 300μL，再加入 600μL 的 PBS 洗涤，重复洗涤操作两次。最后重悬于 50μL 的无菌水中，根据试剂盒说明书提取大肠杆菌 O157：H7 菌的基因组 DNA。最后利用对应大肠杆菌 O157：H7 菌特异引物对和探针对样品进行 RAA 扩增，按照 RAA 荧光法试剂盒的操作步骤配制体系，并实时观察记录结果，每个处理重复 3 次，记录其荧光值和 TT 值。

**表 17－3　不同浓度 TOMA 染料溶液处理菌悬液**

| 序号 | TOMA 染料母液体积/μL | 菌悬液体积/μL | TOMA 染料终浓度/（μg/mL） |
| --- | --- | --- | --- |
| 1 | 0 | 500 | 0 |
| 2 | 2.5 | 497.5 | 5 |
| 3 | 5 | 495 | 10 |
| 4 | 7.5 | 492.5 | 15 |
| 5 | 10 | 490 | 20 |
| 6 | 15 | 485 | 30 |
| 7 | 25 | 475 | 50 |

注：TOMA 母液浓度为 1mg/mL。

染料 TOMA 有效抑制死菌 DNA 扩增的最佳暗处理时间：

向上述 500μL 菌悬液（$10^6$CFU/mL）中加入最佳浓度的 TOMA 溶液，充分混匀后，将 TOMA 混合液于暗处分别静置 0min、5min、10min、15min、20min、25min 和 30min，然后将所有样品离心管置于冰盒，并在顶端 20cm 处用 500W 卤素灯曝光处理样品 20min。然后，12 000r/min 离心 5min 后，弃上清液 300μL，再加入 600μL 的 PBS 洗涤，重复洗涤操作两次（Cao et al.，2019）。最后重悬于 50μL 的无菌水中，根据试剂盒说明书提取大肠杆菌 O157：H7 菌的基因组 DNA。最后利用对应大肠杆菌 O157：H7 菌特异引物对和探针对样品进行 RAA 扩增，并实时观察记录结果，每个处理重复 3 次，记录其荧光值和 TT 值。

染料 TOMA 有效抑制死菌 DNA 扩增的最佳曝光时间：

向上述 500μL 菌悬液（$10^6$CFU/mL）中加入最佳浓度的 TOMA 溶液，充分混匀后，将 TOMA 混合液于暗处分别静置 20min，然后将所有样品离心管置于冰盒，并在顶端 20cm 处用 500W 卤素灯曝光处理样品 0min、5min、10min、15min、20min、25min 和 30min。然后，12 000r/min 离心 5min 后，弃上清液 300μL，再加入 600μL 的 PBS 洗涤，重复洗涤操作两次。最后重悬于 50μL 的无菌水中，根据试剂盒说明书提取大肠杆菌 O157：H7 菌的基因组 DNA。最后利用对应大肠杆菌 O157：H7 菌特异引物对和探针对样品进行 RAA 扩增，并实时观察记录结果，每个处理重复 3 次，记录其荧光值和 TT 值。

（3）TOMA－RAA 方法的灵敏度测定。为了验证 TOMA－RAA 法的灵敏度，配制了大肠杆菌 O157：H7 菌的 10 倍梯度稀释液（用 PBS 进行梯度稀释），从 $10^1$CFU/mL 到 $10^7$CFU/mL。在进行 RAA 反应之前，如上所述对大肠杆菌 O157：H7 菌经 TOMA 处理，然后提取其 DNA 用于 RAA 反应。RAA 反应体系操作流程：向含有酶的反应管中分别加入反应缓冲液 VI 25μL，上游引物 2.1μL；下游引物 2.1μL；探针 0.6μL（引物及探针初始浓度均为 10μM），模板 DNA 5μL，无菌去离子水补充至 50μL；将上述反应体系混匀，加入荧光基础反应单元，使冻干粉充分重溶；打开反应单元，向每个反应单元的管盖上加入 2.5μL 乙酸镁，充分混匀并置于 QT－RAA－B6100 中离心收集；将反应管放入荧光基因检测仪中 39℃条件下反应 40min，实时观察记录结果。

## 17.3 结果与分析

### 17.3.1 引物效果的验证

#### 17.3.1.1 引物 PCR 扩增效果的验证

所有 PCR 程序条件均为：95℃预变性 5min；进入 30 个循环：95℃变性 30s，60℃退火 30s，72℃延伸 30s；再延伸 5min。图 17－4 表示的是引物的 PCR 扩增结果，从图中可以看出，$10^4$～$10^7$ CFU/mL 有条带形成。

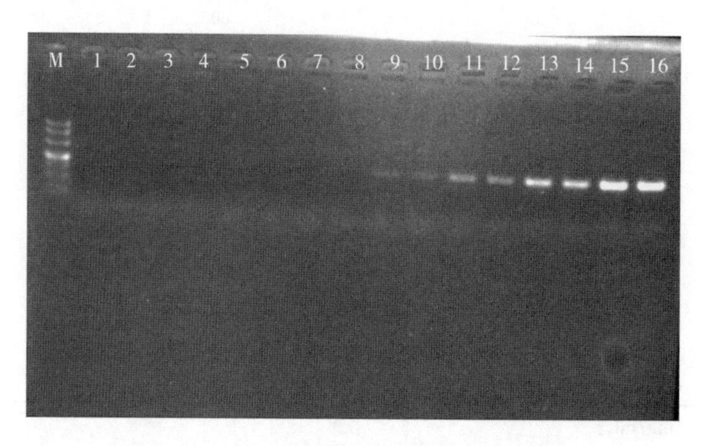


图 17－4 验证 RAA 引物的 PCR 扩增效果

注：泳道 M：500bp Marker；泳道 1、2：空白，泳道 3、4：$10^1$ CFU/mL；泳道 5、6：$10^2$ CFU/mL；泳道 7、8：$10^3$CFU/mL；泳道 9、10：$10^4$CFU/mL；泳道 11、12：$10^5$CFU/mL；泳道 13、14：$10^6$CFU/mL；泳道 15、16：$10^7$CFU/mL

#### 17.3.1.2 引物 RAA 的扩增效果的验证

图 17－5 表示的是设计的引物对应的 RAA 扩增结果。从图中可以看出，泳道 3、4 对应有 RAA 扩增条带，因而该对引物也可用于后续 RAA 的扩增，确保了该方法的可行性（Qi et al.，2019）。

### 17.3.2 大肠杆菌 O157：H7 PMAxx－RAA 方法建立

#### 17.3.2.1 PMAxx 效果的验证

本实验中，如图 17－6 所示，经 PMAxx 处理的活菌在 610nm 处的荧光值为 3，而经 PMAxx 处理的活菌在 610nm 处的荧光值接近于 0（满足 S/N>3：1）。因而 PMAxx 可以特异性地进入死菌并与 DNA 结合后产生相应荧光。

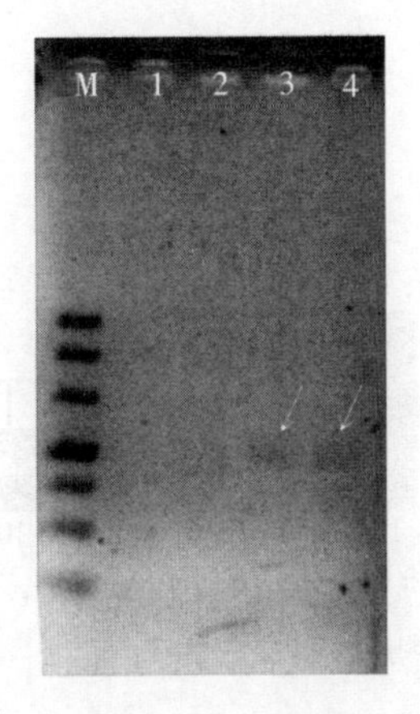


图 17-5　验证 RAA 引物的扩增效果

注：泳道 M：500bp Marker；泳道 1、2：空白；泳道 3、4：$10^8$CFU/mL 菌液的 RAA 产物

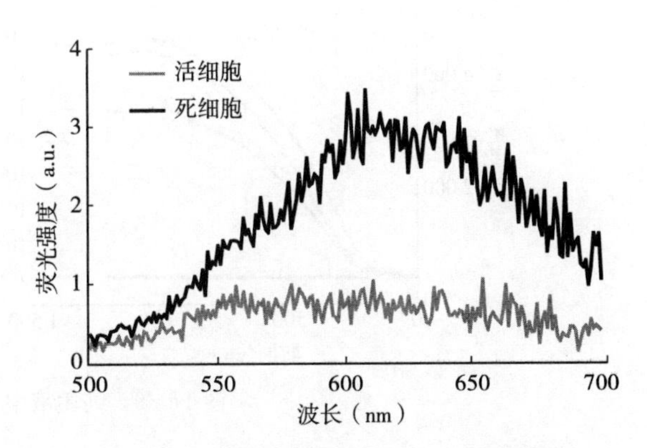


图 17-6　酶标仪验证 PMAxx 的处理效果

#### 17.3.2.2　PMAxx 条件优化结果

（1）PMAxx 浓度的优化。PMAxx 浓度是本实验中一个重要的实验参数。如图 17-7 所示，随着 PMAxx 浓度的升高，活菌时间阈值没有发生明显变化，但死菌时间阈值变化明显，并在 40μmol/L 达到最大值。因此，最终选择 40μmol/L 作为最佳的 PMAxx 预处理浓度。

（2）PMAxx 曝光时间的优化。PMAxx 处理过程中，曝光时间是本实验中一个重要的实验参数。如图 17-8 所示，随着 PMAxx 曝光时间的延长，活菌时间阈值没有发生明显变化，但死菌时间阈值变化明显，并在 10min 达到最大值。因此，最终选择 10min 作为最佳的 PMAxx 曝光时间。

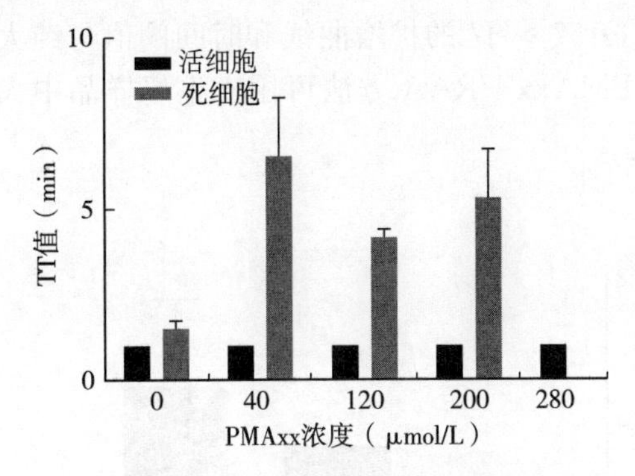


图 17-7　PMAxx 浓度的优化

注：No 表示在 40min 内没有时间阈值

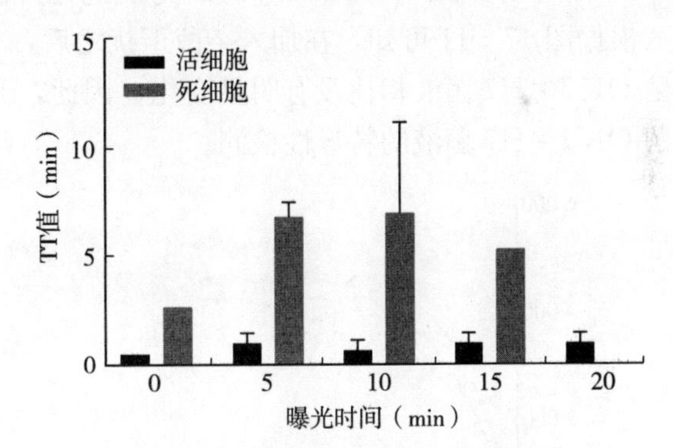


图 17-8　PMAxx 曝光时间的优化

注：No 表示在 20min 内没有时间阈值

#### 17.3.2.3　PMAxx-RAA 体系最低检出限结果

（1）纯培养液中 PMAxx-RAA 体系最低检出限结果。检测限是本研究中另一个重要实验参数，在最佳 PMAxx 浓度条件下，提出的 PMAxx-RAA 检测方法对纯菌液检测的 LOD 为 $5.4\times10^0$CFU/mL，如图 17-9 所示。

（2）加标样本中 PMAxx-RAA 体系最低检出限的确定。本研究采用 PMAxx-RAA 方法对加标牛奶样品中活的大肠杆菌 O157∶H7 进行检测。如图 17-10 所示，该方法检测活的大肠杆菌 O157∶H7 最低浓度为 $7.9\times10^0$CFU/mL，建立的 PMAxx-RAA 可以有效检测到低浓度的活的大肠杆菌 O157∶H7，为加标牛奶样品中大肠杆菌 O157∶H7 活菌检测提供了一种新的策略。

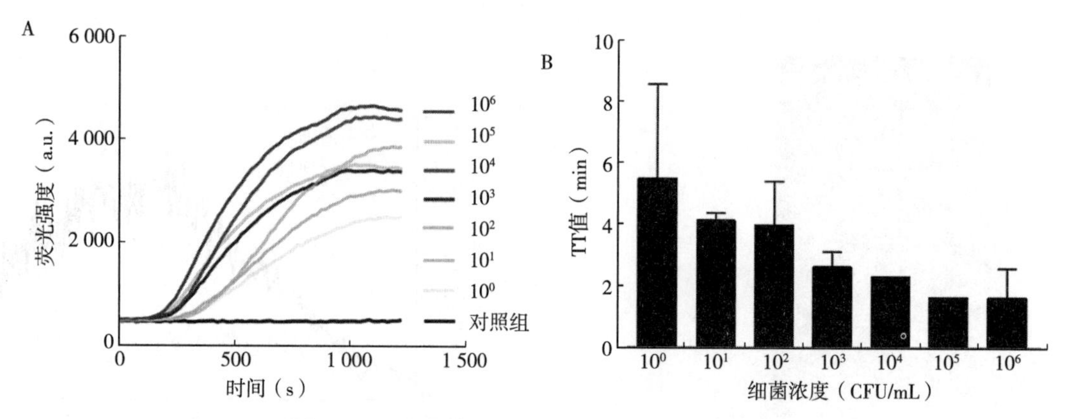


图 17－9　纯菌液中大肠杆菌 O157：H7 的检测

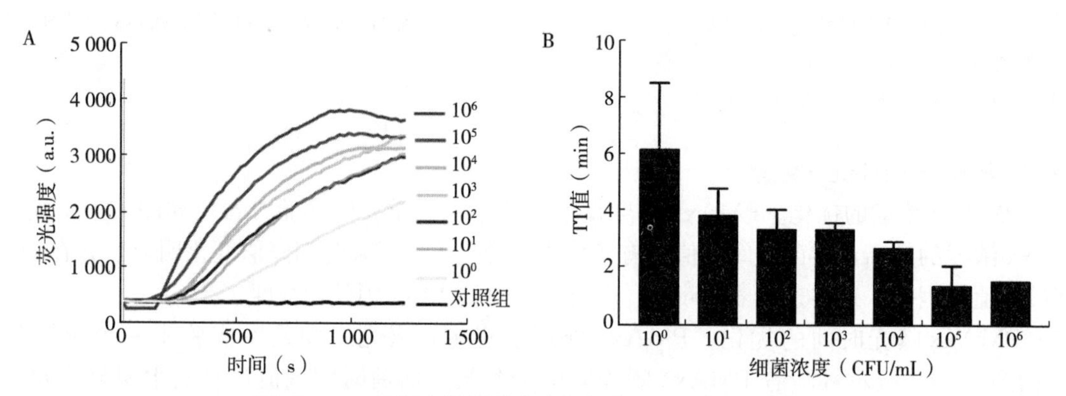


图 17－10　加标牛奶样品中大肠杆菌 O157：H7 的检测

### 17.3.2.4　加标样本中 PMAxx－RAA 方法的特异性

根据图 17－11 可知，在加入杂菌干扰之后，大肠杆 O157：H7 的扩增曲线和时间阈值与纯大肠杆菌 O157：H7 菌液相比没有明显变化。因此，开发的 PMAxx－RAA 方法可用于牛奶样品中大肠杆菌 O157：H7 菌液的特异性检测。

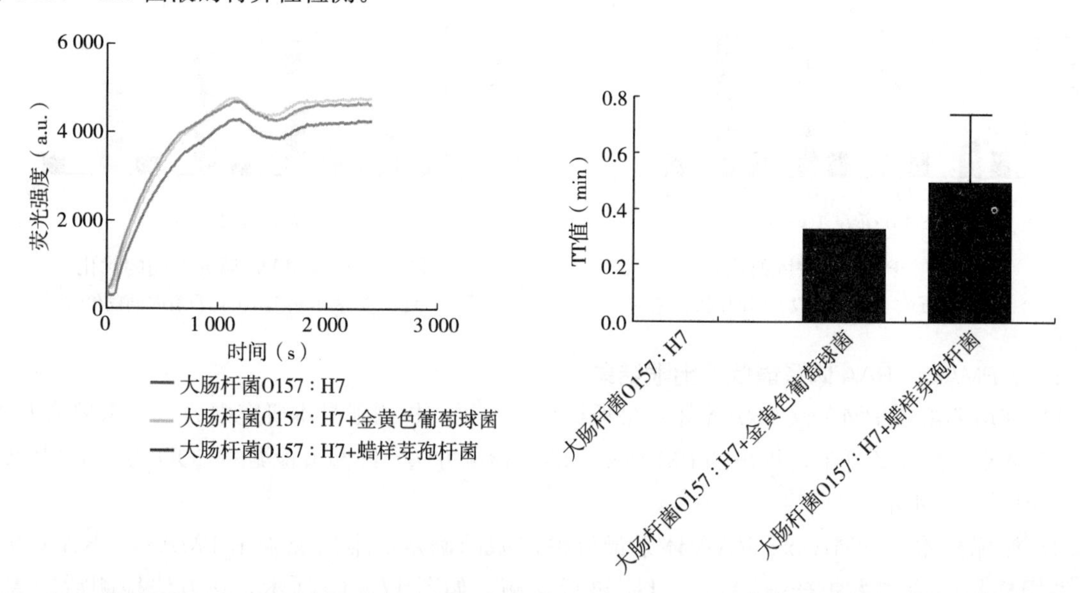


图 17－11　$10^5$CFU/mL 的两种非靶标细菌存在条件下对应的 $10^6$CFU/mL 的大肠杆菌 O157：H7 荧光值和 TT 值

### 17.3.2.5　加标样本中 PMAxx－RAA 方法抗死菌干扰

根据图 17－12 可知，在加入死菌干扰之后，含有高浓度死菌的大肠杆菌 O157：H7 菌液的时间阈值与大肠杆菌 O157：H7 活菌菌液相比没有明显变化。因此，开发的 PMAxx - RAA 方法可用于牛奶样品中大肠杆菌 O157：H7 活菌的检测。

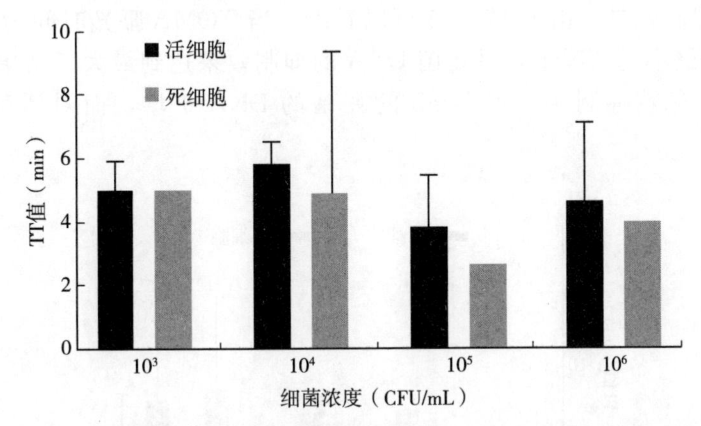


图 17 - 12　$10^5$ CFU/mL 的死菌存在条件下对应的 $10^6$ CFU/mL 的大肠杆菌 O157：H7 活菌和纯的 $10^6$ CFU/mL 的大肠杆菌 O157：H7 活菌的 TT 值

## 17.3.3　大肠杆菌 O157：H7 TOMA - RAA 方法建立

### 17.3.3.1　TOMA 效果验证

本实验中，如图 17 - 13 所示，经 TOMA 处理的活菌在 525nm 处的荧光值为 7.4，而经 TOMA 处理的死菌在 530nm 处的荧光值达到 38 左右。充分说明菌悬液经过 TOMA 处理后，TOMA 透过细胞膜进入菌体，与 DNA 发生特异性结合，死菌产生荧光增强，而活菌的荧光信号较弱，从而降低了对后续 RAA 扩增的影响。

### 17.3.3.2　TOMA 条件优化

（1）TOMA 浓度优化。当菌悬液浓度为 $10^6$ CFU/mL 时，活菌和死菌经过不同浓度 TOMA 处理后，TT 值发生变化。随着 TOMA 浓度的增加，对死菌的抑制效果逐渐明显，但是对活菌也产生了抑制效果。由图 17 - 14 可以看出，当 TOMA 浓度为 0～10μg/mL 时，随着浓度的增加，对 DNA 的抑制效果增强；当 TOMA 浓度高于 20μg/mL，对活菌也会产生抑制效果，表明 TOMA 浓度的增加在有利于抑制死菌的 DNA 的同时也会抑制活菌的 DNA 扩增。结果表明，10μg/mL 的 TOMA 可以有效抑制 $10^6$ CFU/mL 的死菌 DNA 扩增，而对活菌的 DNA 扩增影响不大。

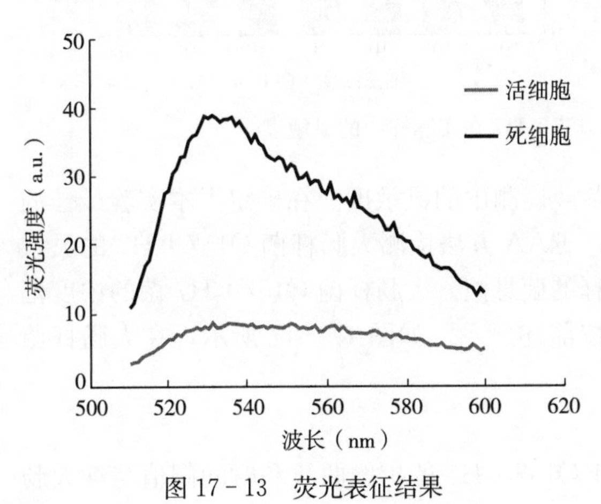


图 17 - 13　荧光表征结果

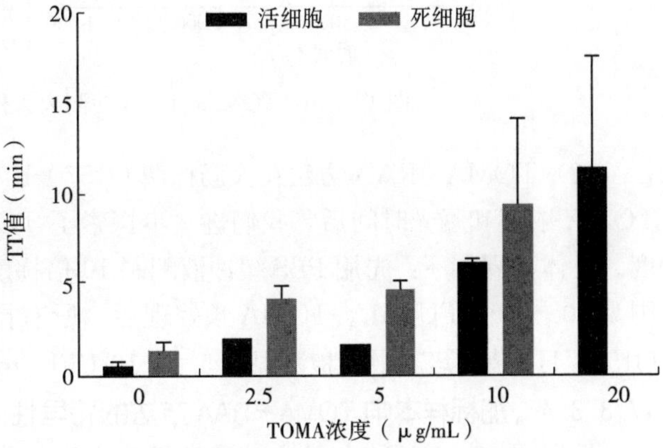

图 17 - 14　TOMA 有效抑制大肠杆菌 O157：H7 死菌 DNA 扩增的最佳浓度

(2) TOMA 曝光时间优化。当菌悬液浓度为 $10^6$ CFU/mL 时，活菌和死菌经过 5μg/mL TOMA 处理后，TT 值发生变化。随着 TOMA 曝光时间的增加，对死菌的抑制效果逐渐明显，且对活菌也产生了抑制效果。由图 17－15 可以看出，当 TOMA 曝光时间为 5min 时，在保证对活菌 DNA 扩增影响最小的情况下，对死菌 DNA 的抑制效果达到最大。结果表明，TOMA 曝光时间为 5min 时可以有效抑制 $10^6$ CFU/mL 的死菌的 DNA 扩增，而对活菌的 DNA 扩增影响不大。

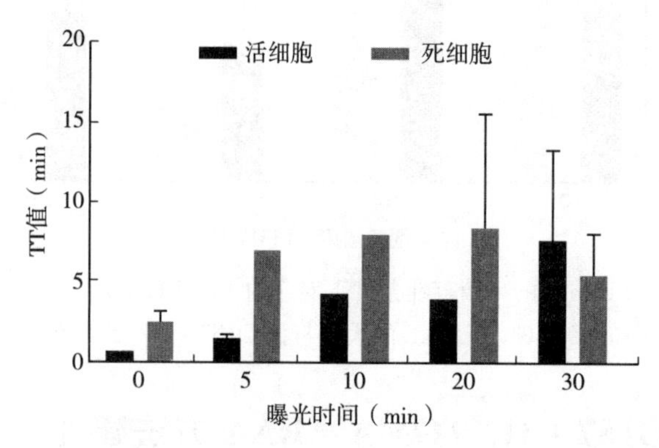


图 17－15　TOMA 有效抑制大肠杆菌 O157：H7 死菌 DNA 扩增的最佳曝光时间

#### 17.3.3.3　TOMA－RAA 方法灵敏度验证结果

(1) TOMA－RAA 方法在实际样品中的灵敏度。为了验证 TOMA－RAA 方法检测在实际样品中的可行性，本研究以牛奶作为实际样品来确定该方法的性能。如图 17－16 所示，TOMA－RAA 方法检在实际样品中大肠杆菌 O157：H7 菌的检出限为 $10^0$ CFU/mL。

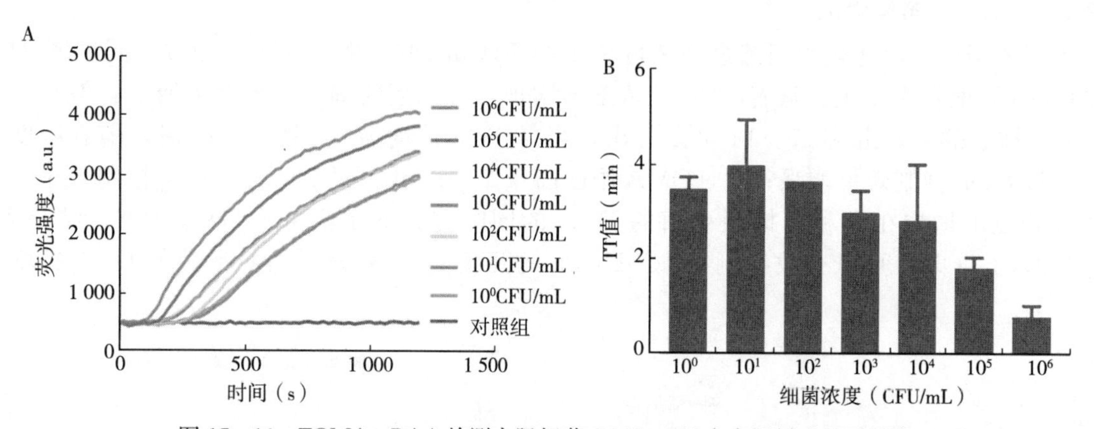


图 17－16　TOMA－RAA 检测大肠杆菌 O157：H7 在实际样中的灵敏度

(2) TOMA－RAA 方法在大肠杆菌 O157：H7 纯菌液检测中的灵敏度。在确定了本实验最佳的 TOMA 浓度和曝光时间后，我们进一步探索了 TOMA－RAA 方法检测大肠杆菌 O157：H7 的灵敏度。具体步骤如下：先用 PBS 缓冲液配制 10 倍梯度稀释的菌悬液。大肠杆菌 O157：H7 菌的浓度范围为 $10^1$～$10^6$ CFU/mL。TOMA 预处理后，所有操作按前述所示。如图 17－17 所示，在大肠杆菌 O157：H7 菌纯培养中的检测限为 $5.2\times10^0$ CFU/mL。

#### 17.3.3.4　加标样本中 TOMA－RAA 方法的特异性

根据图 17－18 可知，在加入杂菌干扰之后，大肠杆 O157：H7 的扩增曲线和时间阈值与纯大肠杆菌 O157：H7 纯菌液相比没有明显变化。因此，本研究开发的 TOMA－RAA 方法可用于牛奶样品中大肠杆菌 O157：H7 菌液的特异性检测。

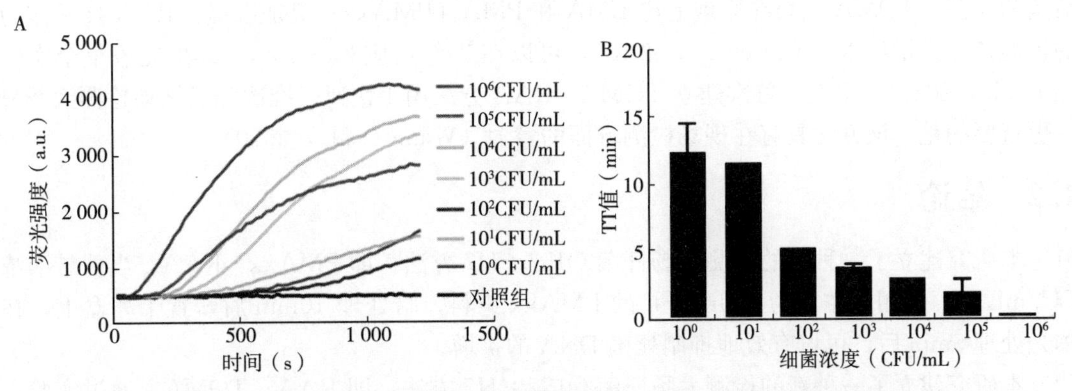


图 17-17 TOMA-RAA 检测大肠杆菌 O157：H7 在纯菌液中的灵敏度

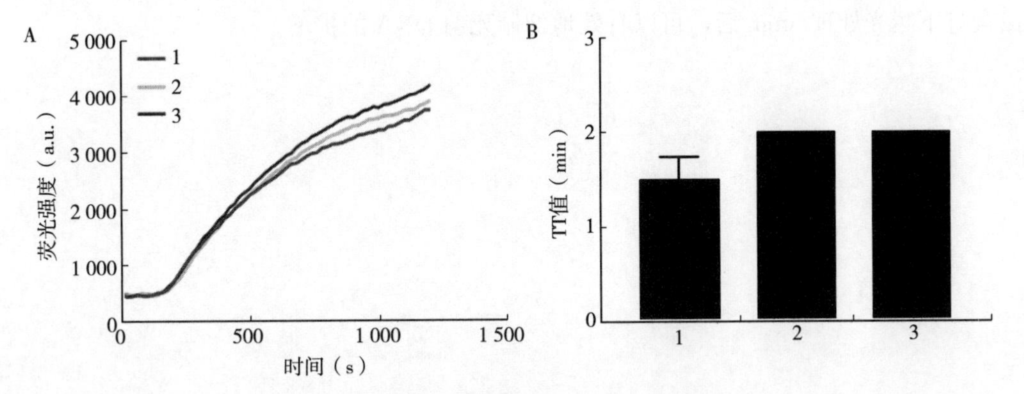


图 17-18 $10^5$CFU/mL 的两种非靶标细菌存在条件下对应的 $10^6$CFU/mL 的大肠杆菌 O157：H7 荧光值和 TT 值

# 17.4 讨论与结论

## 17.4.1 讨论

改良单叠氮丙锭（PMAxx），是一种核酸染料，它可以通过受损的细胞膜，在暴露于强可见光后共价插入细菌基因组，形成不可逆结合而干扰 DNA 扩增；利用 PMAxx 对受损与未受损的细菌进行预处理并联合荧光定量 RAA 检测，实现对活菌的检测。RAA 技术作为一种新型的等温核酸扩增技术，可以在 39℃反应 20～40min 即可完成整个扩增过程，达到可检测的信号水平。本实验首次建立 PMAxx-RAA 方法用于快速、准确和灵敏检测大肠杆菌 O157：H7。更重要的是，该方法具有在现场检测方面的潜力（Wang et al.，2019）。结果显示，当菌悬液浓度为 $10^6$CFU/mL 时，使用终浓度为 40μmol/L 的 PMAxx 染料，暗处理 10min 后，置于冰盒上，在卤素灯下曝光处理 5min 后，可以有效地抑制死菌 DNA 的扩增。

叠氮噻唑橙染料（简称 TOMA），是一种对细菌生物代谢活性敏感的新型，它主要由 3 个功能基团构成：一是噻唑橙基团（使分子可以自由穿透细胞），二是叠氮基团（在光照下与核酸共价结合后抑制核酸扩增），三是连接两个基团并含有一个酯键的柔性碳链（酯键对生物酯酶活性敏感，可被酯酶水解断裂）。TOMA 选取了具有细胞穿透性的菁染料作为叠氮基团的结合基团，故可进入所有细胞。利用带有酯键的碳链，将染料基团与叠氮基团连接起来，在酯酶水解作用下，两个基团可相互分离。在活性细胞内，TOMA 分子中的碳链被酶解断裂，叠氮基团从分子上脱落；反之，在无活性的细胞内，叠氮基团不会脱落，在可见光的作用下与 DNA 共价交联形成共价化合物，抑制 DNA 后续扩增。而游离的 TOMA 分子，其叠氮基团因在可见光作用下与水反应生成羟胺而被钝化。从而实现区分活菌和死菌。TOMA染料在原理上比EMA和PMA（PMAxx）更加准确。RAA技术作为一种新型的等温核酸扩增技术（Yan et al.，2018），可以在39℃反应20～40min即可完成整个实验过程（Wang et al.，2020）。本实验首次建立TOMA-RAA方法用于快速、准确和灵敏地检测大肠杆菌菌活菌。更重要的是，该方法具有在现场检测方面的潜力（Wang et al.，2020）。

### 17.4.2 结论

（1）本研究建立了一种新的检测大肠杆菌O157：H7方法，即PMAxx-RAA。当菌悬液浓度为$10^6$CFU/mL时，使用终浓度为40μmol/L的PMAxx染料，暗处理10min后，置于冰盒上，在卤素灯下曝光处理5min后，可以有效地抑制死菌DNA的扩增。

（2）本研究建立了一种新的检测大肠杆菌O157：H7方法，即RAA-TOMA。通过实验，当菌悬液浓度为$10^6$CFU/mL时，使用终浓度为5μg/mL的TOMA染料，暗处理10min后，置于冰盒上，在卤素灯下曝光处理5min后，可以有效地抑制死菌DNA的扩增。

# 下篇　真菌和细菌溯源方法研究

# 18 真菌和细菌遗传多态性分析与溯源

在《现代汉语词典》中"溯"是指追求根源或回想，"源"是指事物的根由、来路，"溯源"是指往上游寻找发源地，比喻寻求历史根源。溯源目的主要分为3个方面，一是寻找来源地，二是寻找发生时间，三是寻找源头的寄主或宿主；其中讨论较多的主要是对来源地溯源。"微生物溯源"（microbial source tracking，MST）一词较早先于1999年由Hagedorn等提出，是指通过比较污染样品和可能污染源中微生物的差异或其他生物标记的有无来确定两者的联系，从而确定污染来源。生活在不同地区或不同宿主的微生物群，在自然环境选择压力下，逐渐适应环境，产生特异基因，并将这些特性整合到基因组中遗传给后代，从而使这一地区的微生物都带有其生存环境的特异性基因，如特异性的遗传特征、代谢产物等，通过分析这些呈现出多样性的表型或基因型特征（指纹图谱），可追溯其原产地（Hagedorn，1999）。

尽管国内外已经研发出针对各类致病性微生物的快速、灵敏检测技术，但缺乏准确有效的微生物溯源技术，目前微生物溯源依旧是困扰着世界的难题，例如新型冠状病毒溯源。微生物溯源技术可以有效比较致病菌株是否一致、追踪其原产地以及调查传播途径，为致病性微生物的流行学研究提供重要数据，如对进口产品携带的微生物开展溯源可以明确该微生物的来源，便于防控危险性微生物的传入以及贸易争端的解决（Meays et al.，2004）。微生物溯源技术随着遗传学和分子生物学的发展而不断提高和完善。分子方法是以遗传物质为研究对象的，通过分析菌株特定的基因位点或染色体组的多态性差异鉴定菌株种类。目前用于微生物遗传多态性及溯源研究的分子技术主要包括：扩增片段长度多态性（AFLP）、多态性可变串联重复序列（MLVA）、多位点序列分析（MLST）、单核苷酸多态性（SNP）分析等（赵处敏等，2020）。通过研究遗传多态性及溯源技术，可为各类重要危险性病原真菌与细菌的溯源提供参考。

## 18.1 表型分析方法

### 18.1.1 生物化学分型法

生物化学分型方法主要以微生物的生理生化特性为依据，如对微生物的各种代谢产物、培养特征、对温度和pH等的适应性、酶的活性等进行测定，由于代谢产物、形态学特征、酶等都依赖于基因的表达，具有相对稳定性，可通过对微生物的生理生化特征比较来分析其遗传多样性。如任建国等（2007）对柑橘溃疡病菌株A菌系的35项生理指标、16项生化指标进行聚类分析，将来自广西不同地区的13株菌聚成4类，揭示了A菌系存在普遍分化现象；郭青云等（2016）对赣南菌株进行生理生化实验，也得到该地区溃疡病菌存在普遍分化的结论。生物化学分型法需要使用VITECK、Biolog等设备，成本偏高且工作烦琐，需耗费大量时间。

### 18.1.2 噬菌体分型法

噬菌体有严格的宿主特异性，故可利用噬菌体对待检菌体进行裂解实验来进行病原菌的流行病学鉴定与分型，以追查传染源（Zheng et al.，2014）。噬菌体方法最早基于对由噬菌体特异感染引起的细菌菌落中形成噬菌斑的观察，应用于伤寒沙门氏菌的分型研究中，后随着先进的技术、设备和噬菌体发展，该方法已广泛应用各种细菌分型研究中，目前已相当成熟（Ripp，2010）。如周璐等（2015）通过使用噬菌体分型方法探讨江苏省大肠杆菌O157：H7菌株的噬菌体型分布及菌株之间的同源性。与传统的分析方法相比，噬菌体分型法更具有特异性，可将同一血清型的病原菌分成若干个噬菌体型，所需的时间更短，但在实际应用中，使用该方法要求较高，实验室必须有一套分型所用的噬菌体，而分型噬菌体侵染的宿主范围是有限的，所以很难大范围使用（Sheng - Bing et al.，2011）。

### 18.1.3 多位点酶电泳（MLEE）法

MLEE（multilocus enzyme electrophoresis）是基于同工酶的多态性进行微生物分型的一种方法。该方法根据看家基因酶电荷性质的差异，通过电泳将由不同遗传位点编码或由同一位点不同等位基因编码的酶分开，从而达到鉴别基因型的目的。由于这些同型性基因可以遗传给下一代，所以通过比较足够多的这类酶，便可探究菌株之间的系统发育关系（徐伟文，1995）。长久以来 MLEE 一直被用作研究微生物等群体遗传学和分类学的标准方法。如宋春花等（2003）采用多位点酶电泳（MLEE）法对江西铜鼓县及郑州分离的 59 株志贺菌散发株进行多位点酶基因分类和群体遗传学研究，研究结果表明每个酶基因位点都有一个优势等位基因，在志贺菌进化演变过程中以自然选择为主，不同年代的宋内氏志贺氏菌聚在一个亚克隆系内，推测它们染色体基因是同源的 。MLEE 的主要优点在于所需设备较简单，成本较低。但当核酸的变化不引起蛋白质改变或有些氨基酸组成改变但是电泳图谱不发生变化的基因型会被漏检，同时等位基因的选择也会影响微生物溯源的效果（Taylor et al.，1999）。另一方面，MLEE 分析至少需要 10 个及以上看家基因酶以分析菌株之间的差异性，存在分析周期长、工作量大的问题。

## 18.2 分子分析方法

### 18.2.1 简单重复序列（SSR）分析法

简单重复序列（SSR）也称作微卫星序列（Microsatellite Sequence，MS），是基因组中一段长为几十个核苷酸的序列，一般由少数几个核苷酸（ 1～6 个）多次串联重复组成，不同的个体间核苷酸的重复次数存在多态性，但其两侧的序列通常较为保守。SSR 技术的原理就是在其两侧设计特异性引物，PCR 扩增得到中间的 SSR，电泳后可以根据长度的多态性进行分析。SSR 技术在柑橘溃疡病菌遗传多样性分析中应用非常广泛，如卢小林（2013）选用 5 个 SSR 对来自中国的 52 株 *X. citri* subsp. *citri* 遗传多样性进行分析，经过聚类分析将这些菌株划分为 6 个类群，并发现类群划分与其地理位置具有相关性，而与柑橘品种不具相关性；彭耀武（2014）从菌株 *X. citri* subsp. *citri* 全基因组序列中筛选出 3 个 SSR 分子标记，对我国 5 个省份收集到的 162 份病样进行多样性分析，结果显示不同产地之间的柑橘溃疡病菌通过聚类表现出多态性。近年来测序技术的发展也极大地推动了新的 SSR 分型技术的开发，如 lob - STR、AMP - SSR 软件等（Fungtammasan et al.，2015；Gymrek et al.，2012）。SSR 通过设计特异性引物，可将分辨率提升至种内水平，但该方法对引物的要求很高，且 PCR 扩增条件严格，操作烦琐，在推广应用中较为受限。

### 18.2.2 多位点可变串联重复序列（MLVA）分析法

MLVA 是通过基因组中可变数量串联重复序列（Variable Number of Tandem Repeats，VNTR）的特征来实现分型的分子分型技术。VNTR 是由短的 DNA 序列首尾相接重复形成的 DNA 片段，不同个体之间 VNTR 重复的次数存在差异，因此测定不同个体的多个 VNTR 位点可对生物进行特异识别（Gevers et al.，2005）。如李兆娜（2009）从中国 8 个省（自治区、直辖市）2 800 余株结核分枝杆菌临床分离菌株中以简单数字表法随机抽取 140 株，采用多位点数目可变串联重复序列分析方法（MLVA）对 27 个数目可变 VNTR 位点进行基因多态性检测，采用 BioNumerics 数据库软件进行单位点和不同位点组合的分辨率分析，通过 MLVA 分析结果显示不同位点在不同菌株群存在明显的多态性，不同的 VNTR 位点和不同 VNTR 位点组合在中国 8 省份结核分枝杆菌中的 HGI 均存在明显差异。MLVA是通过一组通用引物对所有原核生物实现分级分类，分辨率较高，重复性好，但该方法需要设计探针对VNTR进行杂交检测，操作比较烦琐，效率不高（Young et al.，2008）。

## 18.2.3 多位点序列分析（MLST）法

多位点序列分型（Multilocus Sequence Typing，MLST）是针对持家基因设计引物进行PCR扩增和测序，根据得出的每株病原体各个位点等位基因数目进行序列类型鉴定及聚类分析（Maiden et al.，2013）。如冯建军等（2008）利用7个看家基因，对来自不同地区的西瓜细菌性果斑病菌 *Acidovorax citrulli* 进行多位点序列分型，通过分析可将供试菌株分为CC1和CC2两大克隆复合体型；林凡力（2019）将MLST技术应用于国内烟草野火病菌 *Pseudomonas syringae* pv. *tabaci* 的遗传多样性研究中，结果发现该病菌在我国具备丰富的遗传多态性。MLST技术将高通量测序和生物信息学相结合，简化了多位点酶电泳技术（MLEE）烦琐的操作过程，且具有较高的分辨率。相较于基于电泳图谱的分析技术，MLST技术获得的基因序列信息，数据标准，重复性好，且不需要参考菌株对数据进行标准化，可实现实验室间数据共享及比较。但该方法需要预先知道待测微生物的基因组序列，以便分析看家基因并设计引物；此外，MLST技术需要测序，成本较高，未来随着测序成本的不断降低必将在微生物检测、流行分析、种群结构分析及溯源探究等方面发挥愈来愈重要的作用。

## 18.2.4 单核苷酸多态性（SNP）分析法

基于全基因组测序单核苷酸多态性（whole genome single nucleotide polymorphisms，wgSNP），是在全基因组测序的基础上，检测对比不同物种基因组中的SNP信息，从而达到对同一种内不同物种分型的目的。wgSNP分型方法目前有2种方式：基于标准参考序列的SNPs分析和基于K-mer的SNPs分型。基于标准参考序列的SNPs分析，通过与参考序列比对分型，根据覆盖率和阅读频率选择SNPs位点，获得高质量SNPs，比较不同菌株之间的SNPs揭示菌株之间的种系发生关系。基于K-mer的SNPs分析是通过将测序数据切割成序列长K长度的序列，通过K-mer之间的比对筛选分析SNPs位点，进而确定菌株间分型（Wilson et al.，2016）。SNP作为第三代遗传分子标记，其特点在于在基因组中广泛存在、适于快速筛查、易于基因分型，这也是该技术对微生物进行地域性溯源的优势。目前已发展出多种高效、稳定、经济的SNP分析技术，如限制酶内切和实时荧光定量PCR（Octavia et al.，2010）、高分辨熔解曲线HRM（Sangal et al.，2013）及微列阵分析（Watanabe et al.，2011）等。随着全基因组测序技术（WGS）的发展，基于全基因组的SNP分型（wgSNP）和这种方法在全面了解微生物遗传信息的基础上进行分型又进了一步，它提高了菌株遗传多样性和进化分析的分辨率，有助于精准地分析病害流行和追踪病原菌来源。Fagerlund等（2016）通过wgSNP方法对某食品加工厂的单增李斯特菌 *Listeria monocytogenes* 进行分析，结果表明这些菌株与丹麦和挪威食品污染事件中的菌株高度相似；Frentzel等（2020）对西红柿和甜椒上的苏云金杆菌 *Bacillus thuringiensis* 通过MLST与wgSNP结合分析，发现蔬菜上有生物农药残留。目前wgSNP方法主要用于细菌溯源研究，由于真菌全基因组数量大，测序成本高，数据分析困难，所以目前极少有选择使用wgSNP方法来进行真菌溯源研究。WGS由于测序成本高、时间周期长等原因，目前在推广上还存在难度，但其高精准度、大数据的分析优势，随着测序成本的不断降低必将在微生物溯源探究等方面发挥愈来愈重要的作用。

# 19 苜蓿黄萎病菌遗传多态性分析与溯源

## 19.1 概况

### 19.1.1 基本信息

详见3.1.1。

### 19.1.2 分类地位

详见3.1.2。

### 19.1.3 地理分布

详见3.1.3。

## 19.2 材料与方法

### 19.2.1 序列下载

进入NCBI数据库下载苜蓿黄萎病菌相关序列10 864条，进入BOLD下载序列27条；针对的基因片段有：ITS、GPD、18S、28S、β-tubulin、cytb、EF-1α、NADH、tryptophan。

### 19.2.2 序列校对

使用MEGA软件对下载的序列根据基因分别进行校对，获得排列后文件。

### 19.2.3 序列数据梳理

对核酸序列号、菌株名称、寄主、来源地、文献及作者等信息进行一一确认。

### 19.2.4 方法

应用生物信息学的分析手段筛选有效区分种内差异并且有效归类的基因片段或分子标记，获得这些基因片段或分子标记的核酸序列，应用统计学手段完成核酸序列与来源地、寄主信息的主成分分析，完成不同来源地、寄主个体的群体分子系统进化关系和群体结构分析，构建网络进化图。

## 19.3 结果与分析

### 19.3.1 基因间遗传距离分析

比较序列数据量、有效数据数量、种内遗传距离等参数。对各基因序列排列后，基于K2P-distance，比较种内遗传距离大小。结果如表19-1所示，遗传距离最大值、平均值大小依次为：EF-1α>28SrRNA>ITS>β-tubulin>GPD，结合可以利用的有效数据量等信息，对ITS片段进行进一步分析。图19-1为ITS片段遗传距离分布情况。可见ITS片段在0～0.005和0.035～0.045区间范围内分布。图19-2为ITS片段遗传距离矩阵分布图，可见ITS片段遗传距离并未呈现明显的规律关系。

**表 19-1　候选基因片段遗传距离分析**

| 基因片段 | 数据量 | 有效数据量 | 最大值 | 最小值 | 平均值 |
|---|---|---|---|---|---|
| ITS | 80 | 48 | 0.041 | 0.000 | 0.016 |
| EF-1α | 19 | 9 | 1.228 | 0.000 | 0.682 |
| GPD | 5 | 5 | 0.000 | 0.000 | 0.000 |
| β-tubulin | 3 | 3 | 0.001 | 0.000 | 0.001 |
| 28SrRNA | 9 | 7 | 0.976 | 0.000 | 0.531 |

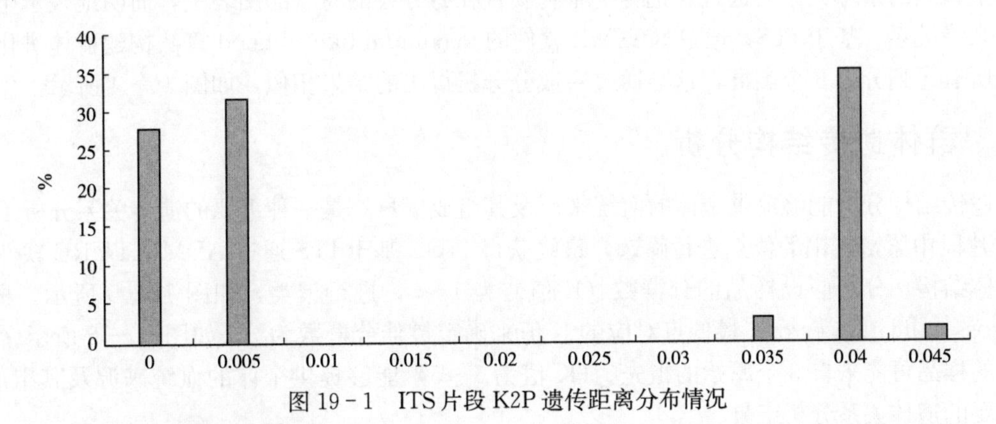


图 19-1　ITS 片段 K2P 遗传距离分布情况

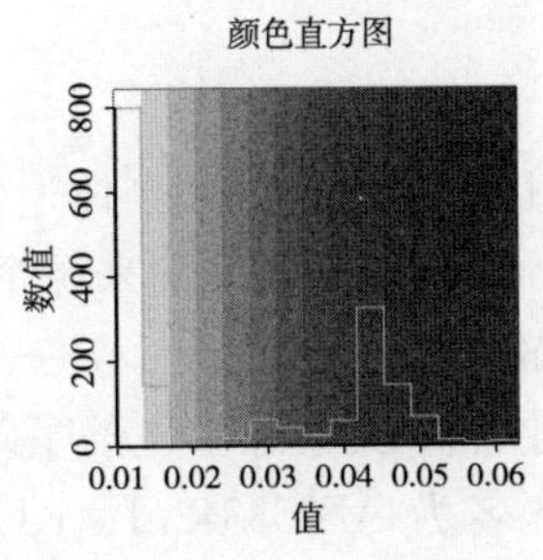


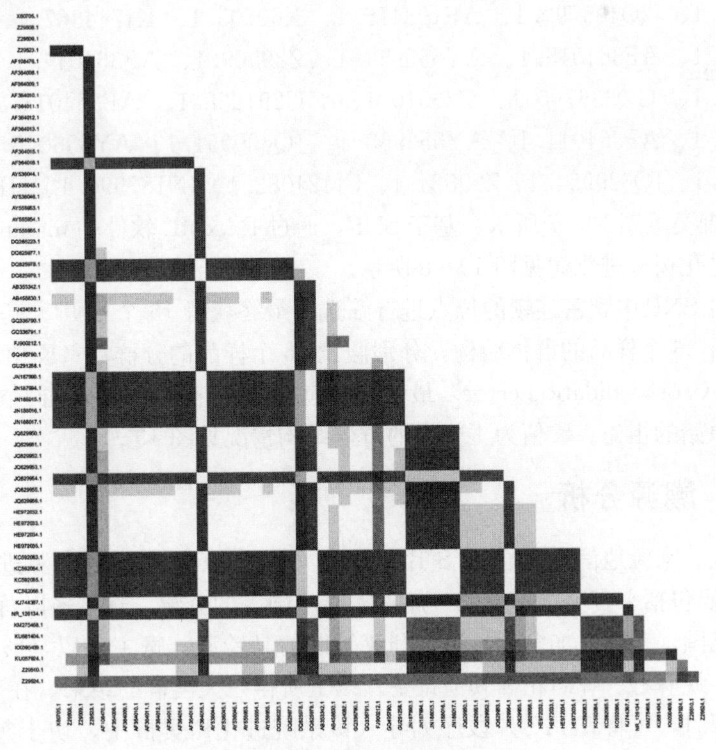

图 19-2　ITS 片段 K2P 遗传距离矩阵图

### 19.3.2 ITS 片段类群分析

主成分分析（PCA）是一种纯数学的运算方法，可以将多个相关变量经过线性转换选出较少个数的重要变量。基于 ITS 片段，通过 PLINK 软件进行主成分分析，得到样品的主成分聚类情况。通过 PCA 分析，能够得知哪些样品相对比较接近，哪些样品相对比较疏远，可以辅助进化分析。分析得出，苜蓿黄萎病菌样品可分为 3 个类群，如图 19－3 所示。进化树用来表示物种之间的进化关系，根据各类生物间的亲缘关系的远近，把各类生物安置在有分枝的树状的图表上，简明地表示生物的进化历程和亲缘关系。基于 ITS，通过 RAxML 软件的 maximum like－lihood 算法构建群体进化树，同样可以将所有序列分为 3 个类群，这与通过主成分分析得出的结果相似，如图 19－4 所示。

### 19.3.3 群体遗传结构分析

群体遗传结构分析能够提供个体的血统来源及其组成信息，是一种重要的遗传关系分析工具。首先对 ITS 片段中紧密连锁的位点进行筛选，最终获得 ITS。基于 ITS 通过 ADMIXTURE 软件，分析样品的群体结构，分别假设样品的分群数（K 值）为 1～5，进行聚类，如图 19－5 所示。根据 CV error（Cross validation error）最低点对应的 K 值来确定最佳分群数为 3，如图 19－6 所示。反映了我们所有的样品可能来自 3 个原始的祖先。（K 值为 1～5）能够提供个体的血统来源及其组成信息，是一种重要的遗传关系分析工具。

### 19.3.4 SNP 群体遗传分析

利用 36 个样本开发 SNP，共得到 16 个 SNP 的位点，并利用上述标记进行了群体遗传学分析，根据提供的 60 条序列，进化树分析发现部分序列一样或相似度极高，由于序列准确来源个体加之地域性等不确定，故在寻找变异位点做群体研究时先删除了完全一致的序列。

以上分析后得到了 40 条序列，分析过程中为了得到更多的 SNP 位点，又剔除了 4 条序列差异较大的序列，得到 36 个样本序列的 SNP 位点以及详细信息。具体样本名为 AB353342.1、KU057924.1、DQ266223.1、GQ495790.1、AF108476.1、X60705.1、KJ744367.1、AB458830.1、JQ629956.1、DQ825977.1、AF364015.1、AY555954.1、Z29509.1、AF364014.1、AY555953.1、FJ900212.1、GQ336791.1、GQ336790.1、Z29510.1、GU291258.1、AF364013.1、AF364010.1、Z29508.1、AY536046.1、AF364011.1、AY555955.1、JQ629951.1、AY536045.1、Z29523.1、KC592083.1、DQ825978.1、JQ629954.1、Z29524.1、FJ424082.1、JN187990.1、HE972035.1。

PCA 聚类见图 19－7 所示。基于 SNP，通过 RAxML 软件的 maximum likelihood 算法构建 36 个样品群体进化树。进化树见图 19－8 所示。

首先对 SNP 中紧密连锁的位点进行筛选，最终获得 16 个 SNP。基于 SNP，通过 ADMIXTURE 软件，分析 36 个样品的群体结构，分别假设 36 个样品的分群数（K 值）为 1～20，进行聚类。根据 CV error（Cross validation error）最低点对应的 K 值来确定最佳分群数为 3。反映了所有的样品可能来自 3 个原始的祖先。K 值为 1～20 的群体结构情况见图 19－9。

### 19.3.5 溯源分析

将寄主、来源地信息整合 ITS 片段序列可得出该病原菌的溯源进化规律，如图 19－10 所示。Group2 主要包括来自美国、伊朗、加拿大、中国等的苜蓿，寄主多以苜蓿为主，Group3 主要包括来自荷兰、英国、美国、加拿大、澳大利亚等国的马铃薯，寄主多以马铃薯为主，Group1 主要包括番茄、芹菜、蛇麻籽、啤酒花等其他寄主。以上所得三大类群的结果，在对某一未知来源地苜蓿黄萎病菌进行溯源时，可将其 ITS 片段序列导入该系统进化树类群中，初步判定其亲缘关系，研究其寄主和来源地信息等。

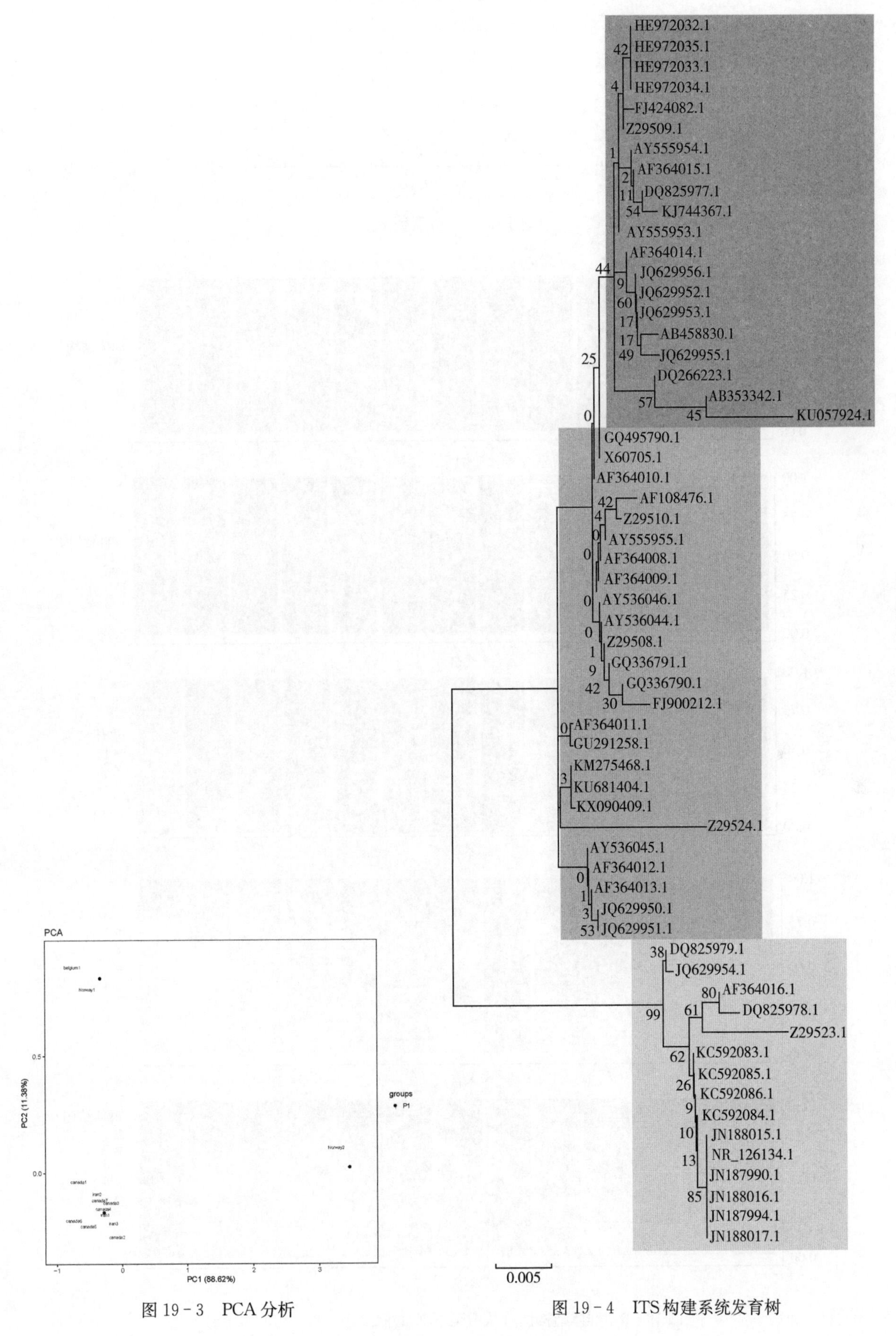


图 19－3　PCA 分析

图 19－4　ITS 构建系统发育树

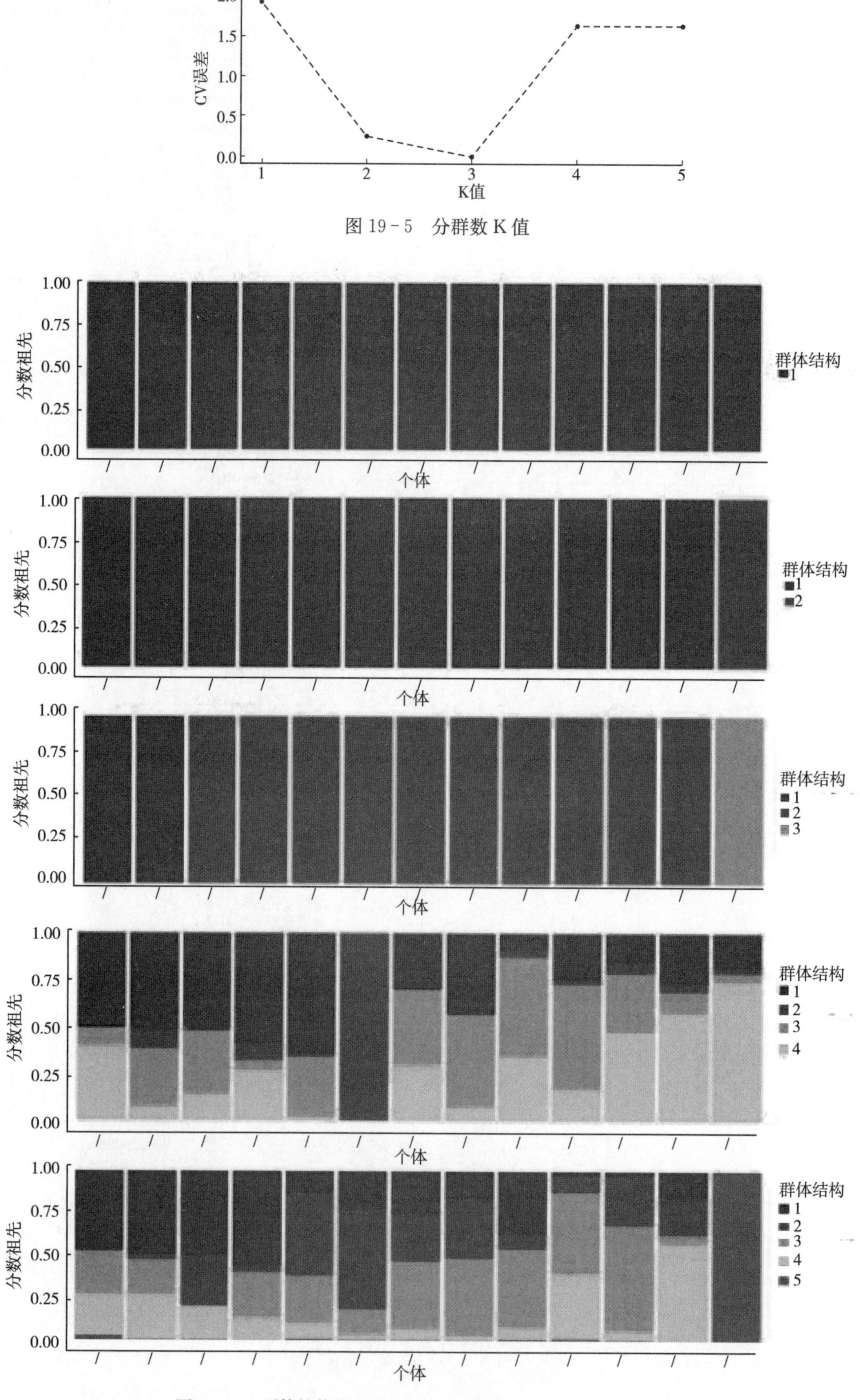


图 19-5 分群数 K 值

图 19-6 群体结构图（从上至下 K 值依次为：1、2、3、4、5）

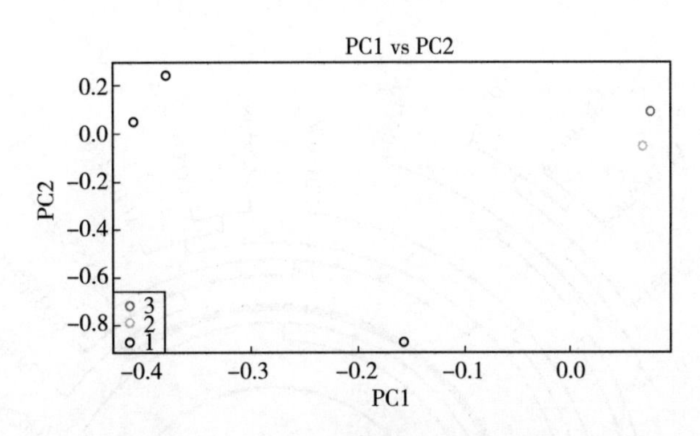


图 19－7 36 个样品 PCA 聚类图

注：图中通过 PCA 分析将样品聚为三维，PC1 代表第一主成分，PC2 代表第二主成分，PC3 代表第三主成分。一个点代表一个样品，一种颜色代表一个分组。一般遗传关系较近的个体会聚集在一起

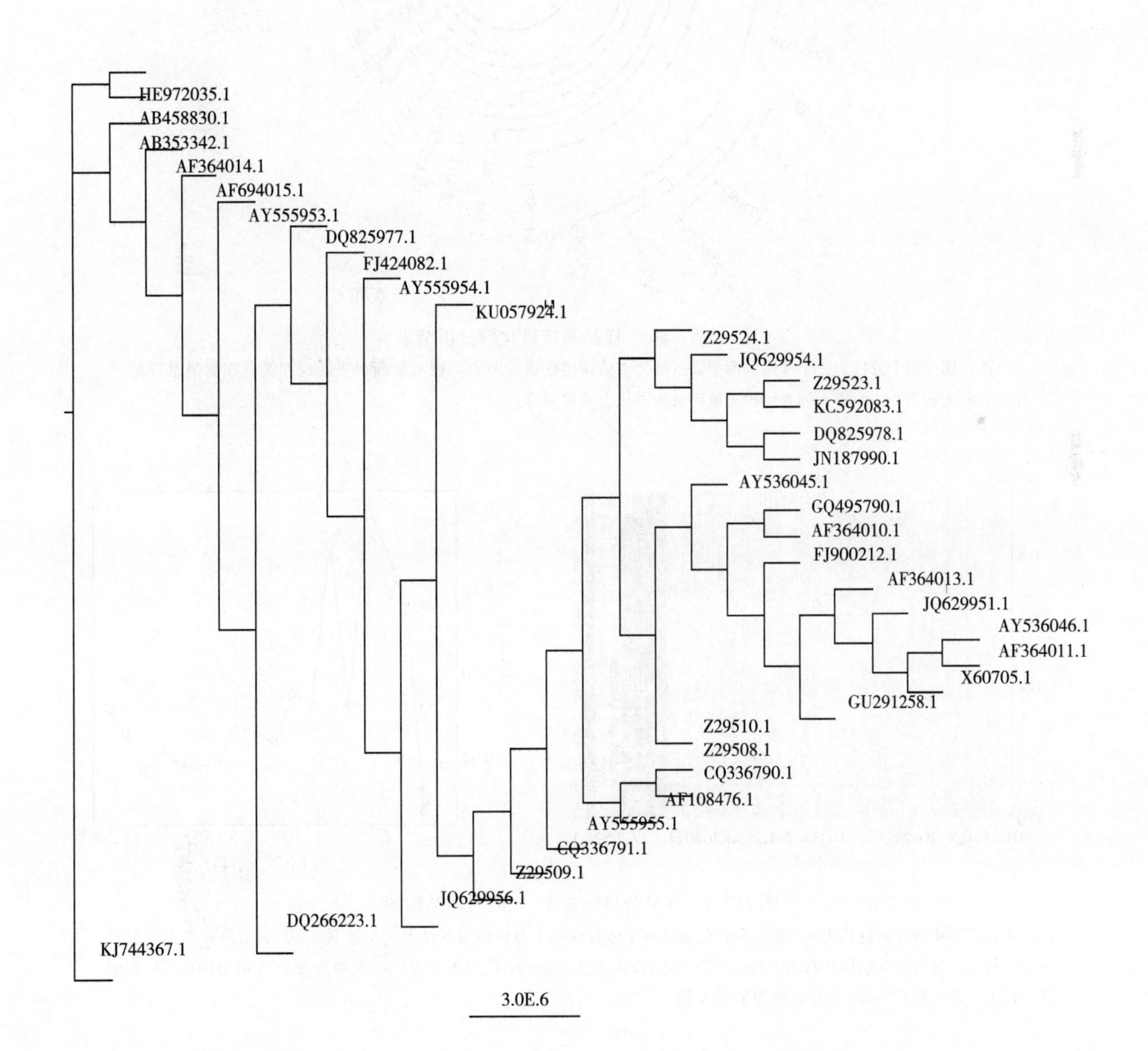

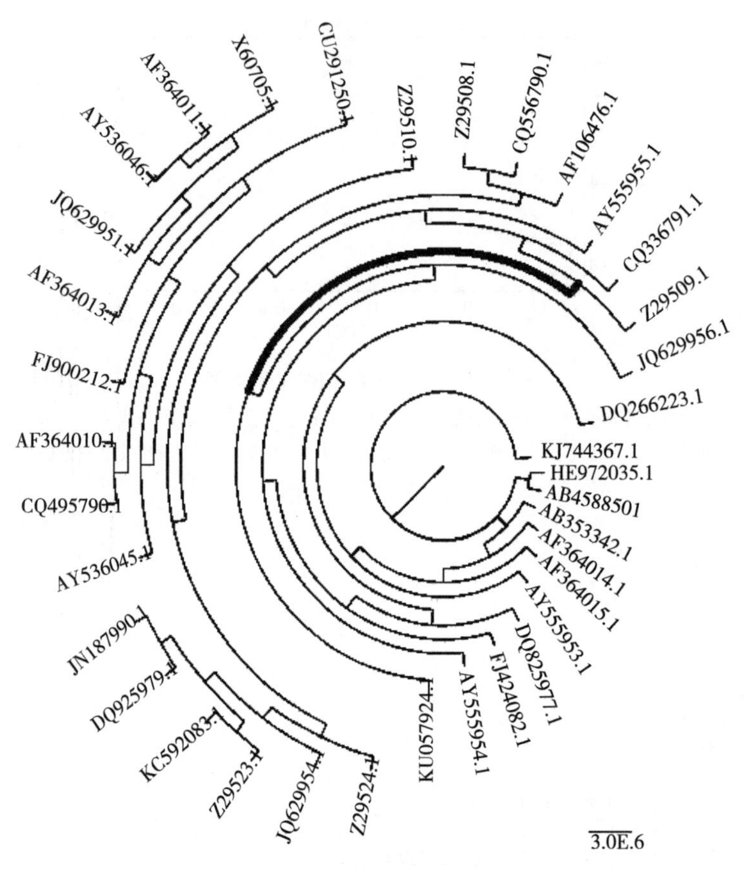


图 19－8　36 个样品系统进化树分析结果

注：图中每个分枝为一个样品，两个临近的分支的连接处成为节点，表示推断祖先的现存类群在树最基部的分支点称为根节，一个单一的共同祖先被定义为进化支或单源群

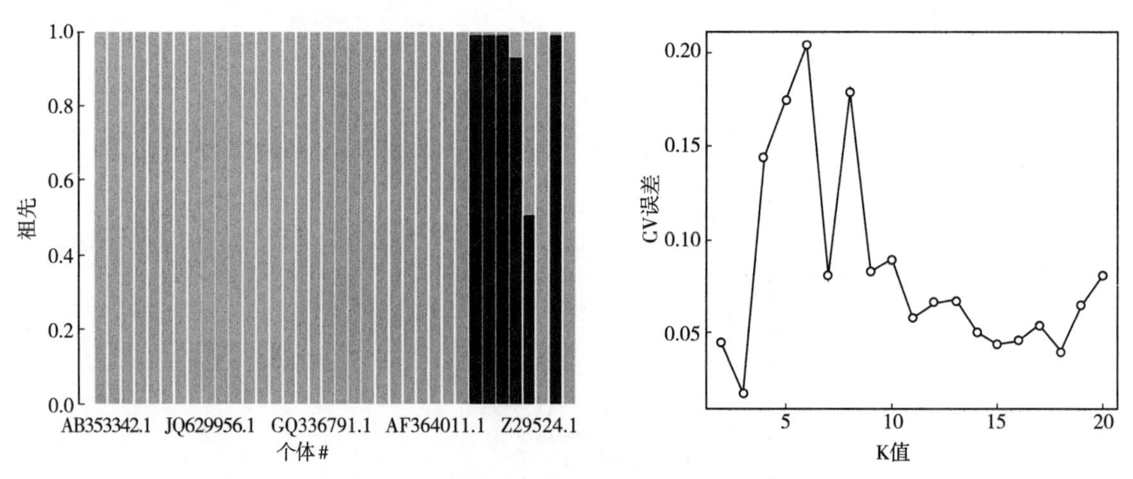


图 19－9　样品分群数为 1－3 的群体结构图

注：左图中每种颜色代表一个群，每行代表所有个体对应一个分群值时的情况，例如 K＝2 是表示所有样品在分成两种遗传成分时的群体结构；右图中展示了 36 个样品分群值从 1～20 的聚类情况。下图中为每个 K 值对应的 CV 误差值，K 为 3 的时候 CV 误差最小，即为最佳 K 值

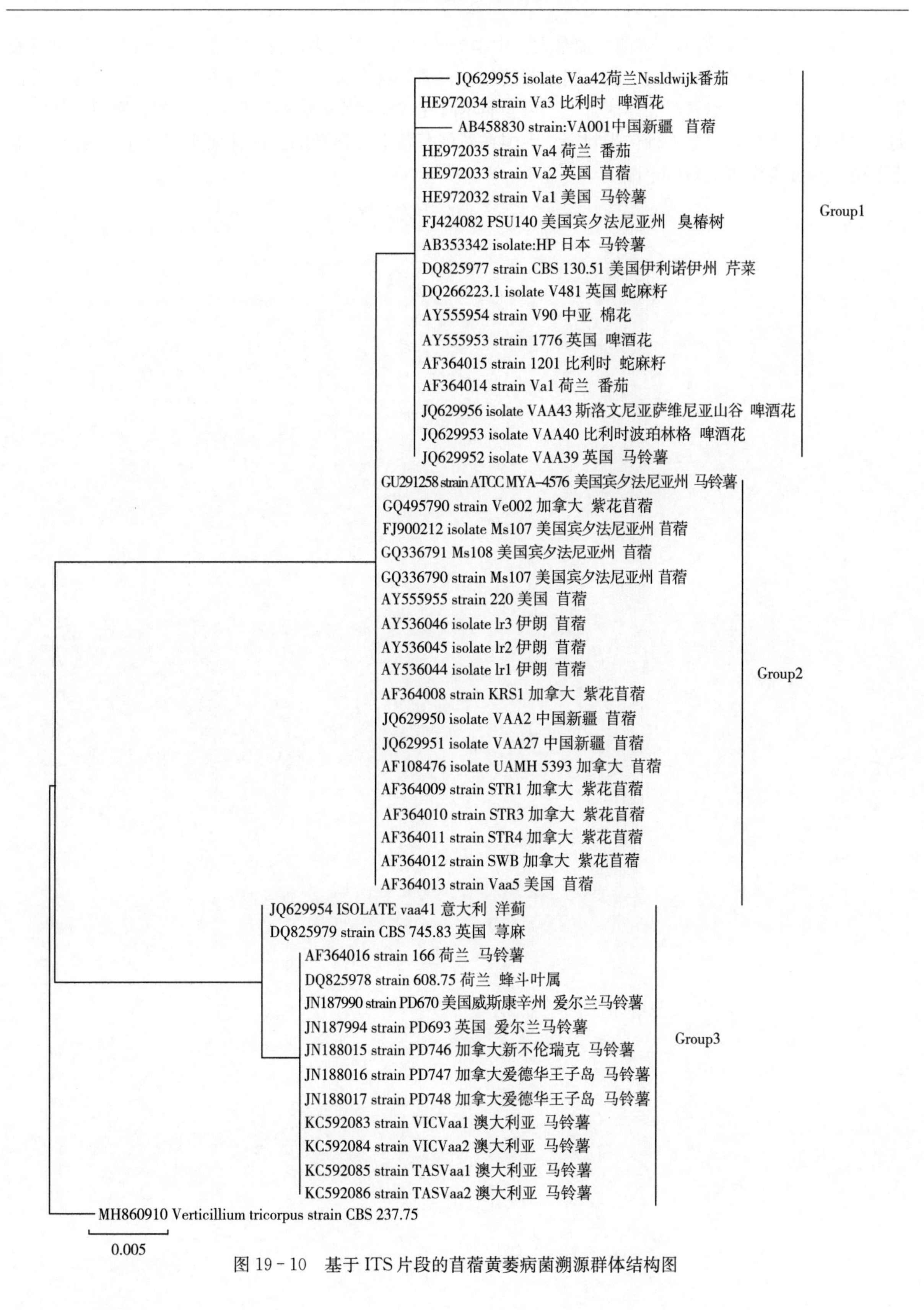


图 19-10　基于 ITS 片段的苜蓿黄萎病菌溯源群体结构图

## 19.4　结论

根据群体遗传和系统进化分析结果，来自不同国家和寄主的苜蓿黄萎病菌分为三个类群，其中

Group2 主要包括来自美国、伊朗、加拿大、中国等的苜蓿，寄主多以苜蓿为主，Group3 主要包括来自荷兰、英国、美国、加拿大、澳大利亚等国的马铃薯，寄主多以马铃薯为主，Group1 主要包括番茄、芹菜、蛇麻籽、啤酒花等其他寄主。可参照本研究结果对苜蓿黄萎病菌进行分类、溯源，借鉴同类群中相关分离株的信息进行初步判定。中国在新疆苜蓿上分离到的分离株属于 Group2，在新疆棉花上得到的分离株属于 Group1。

# 20 大豆疫霉病菌遗传多态性分析与溯源

## 20.1 概况

### 20.1.1 基本信息

详见 8.1.1。

### 20.1.2 分类地位

详见 8.1.2。

### 20.1.3 地理分布

详见 8.1.3。

## 20.2 材料与方法

### 20.2.1 序列下载

下载 NCBI 数据库中大豆病菌相关序列 232 条，下载 BOLD 中序列 32 条；涉及的基因片段包括 ITS、COX1、COX2、β-tubulin、Atp9。

### 20.2.2 序列校对

使用 MEGA 软件对下载的序列根据基因分别进行校对，获得排列后文件。

### 20.2.3 序列数据整理

将核酸序列号、菌株名称、寄主、来源地、文献及作者等信息进一步整理确认。

### 20.2.4 方法

应用生物信息学的分析手段筛选有效区分种内差异并且能有效归类的基因片段或分子标记，获得这些基因片段或分子标记的核酸序列，应用统计学方法探究核酸序列与来源地、寄主信息的主成分分析，开发不同来源地、寄主个体的群体分子系统进化关系和群体结构分析，构建网络进化图，进行溯源分析。

## 20.3 结果与分析

### 20.3.1 基因间遗传距离分析

比较序列数据量、有效数据数量、种内遗传距离等参数。对各基因序列排列后，基于 K2P-distance，比较种内遗传距离大小。结果如表 20-1 所示，遗传距离最大值、平均值大小依次为：COX2>ITS>β-tubulin=COX1=Atp9，结合可以利用的有效数据量等信息，对 ITS 片段先进行分析。通过各基因片段之间的 Wilcoxon 秩和检验，评估各基因片段对种间种内遗传距离的区分鉴定效率，得出规律为：COX2>ITS>COX1=β-tubulin，如表 20-2 所示。基于 COX2 数据量非常有限，选择 ITS 片段作为大豆疫病菌溯源分析的目的片段。图 20－1 为 ITS 片段遗传距离分布情况，可见 ITS 片段在 0～0.016 区间范围内分布。图 20－2 为 ITS 片段遗传距离矩阵分布图，可见 ITS 片段并未呈现明显的规律关系。

**表 20－1　候选基因片段遗传距离分析**

| 基因片段 | 数据量 | 有效数据量 | 最大值 | 最小值 | 平均值 |
|---|---|---|---|---|---|
| ITS | 208 | 168 | 0.016 | 0.000 | 0.001 |
| COX1 | 29 | 28 | 0.002 | 0.000 | 0.000 |
| COX2 | 12 | 11 | 0.062 | 0.000 | 0.012 |
| β－tubulin | 9 | 8 | 0.002 | 0.000 | 0.000 |
| Atp9 | 6 | 6 | 0.000 | 0.000 | 0.000 |

**表 20－2　候选基因片段遗传距离 Wilcoxon 秩和检验**

| 正向秩 W＋ | 负向秩 W－ | 正秩和、负秩和、显著性概率 | 结果 |
|---|---|---|---|
| ITS | COX1 | W＋＝19.02，W－＝52.94，0.668 | ITS > COX1 |
| ITS | COX2 | W＋＝43，W－＝0，0.000 | ITS < COX2 |
| ITS | β－tubulin | W＋＝4，W－＝0，0.008 | β－tubulin > ITS |
| COX1 | COX2 | W＋＝21.87，W－＝10.0，0.000 | COX2>COX1 |
| COX1 | β－tubulin | W＋＝6，W－＝6，1.000 | β－tubulin＝COX1 |
| COX2 | β－tubulin | W＋＝3，W－＝19，0.000 | COX2>β－tubulin |

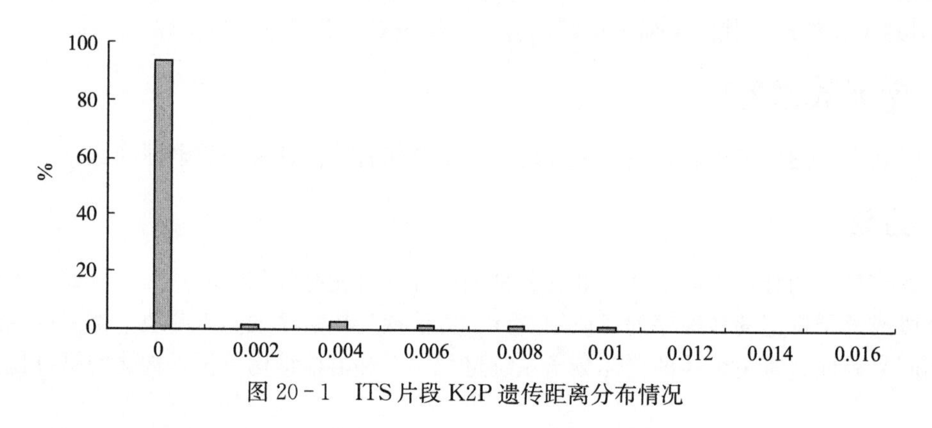


图 20－1　ITS 片段 K2P 遗传距离分布情况

## 20.3.2　ITS 片段类群分析

使用 MEGA 软件基于 NJ 进行系统发育树的构建，通过具有共同祖先的各物种间演化关系的表示方法，构建系统发育树可得出大豆疫病菌可分为 5 个大的分支类群。进化树可以直观地发现不同物种之间的进化关系，而群体遗传结构分析则能够提供这些种的血统来源及其组成信息。利用序列的 SNP 和 InDel 遗传信息，通过 admixture 软件，对序列的群体结构进行研究，得出的类群分析结果与系统进化相似，具有高度的一致性。

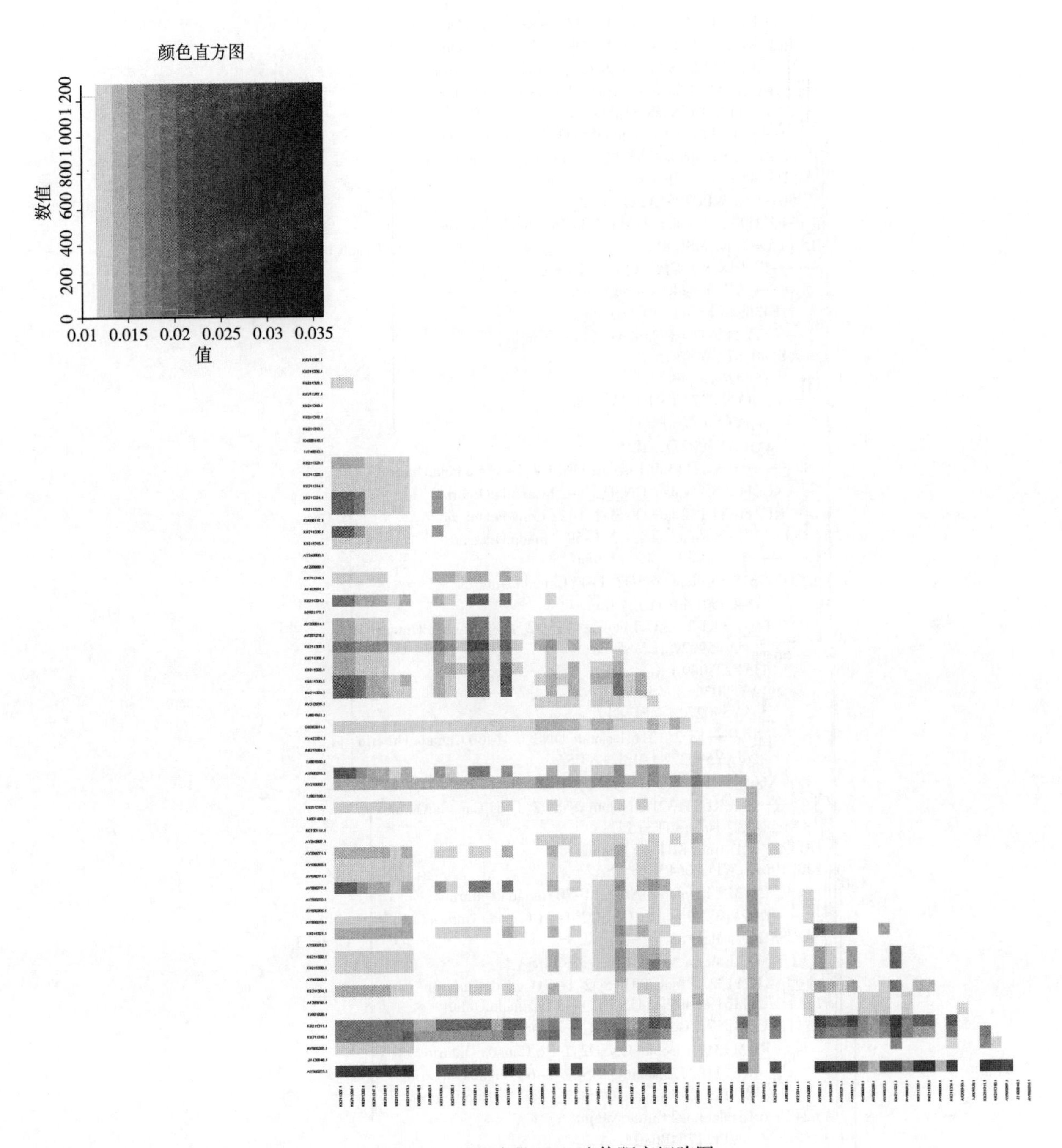


图 20－2　ITS 片段 K2P 遗传距离矩阵图

## 20.3.3　溯源分析

将来源地信息整合 ITS 片段序列可得出该病原菌的溯源进化规律，如图 20－3 所示。以上所得五大类群的结果，在对某一未知来源地大豆疫病菌进行溯源时，可将其 ITS 片段序列导入该系统进化树类群中，初步判定其亲缘关系，研究其来源地信息等。

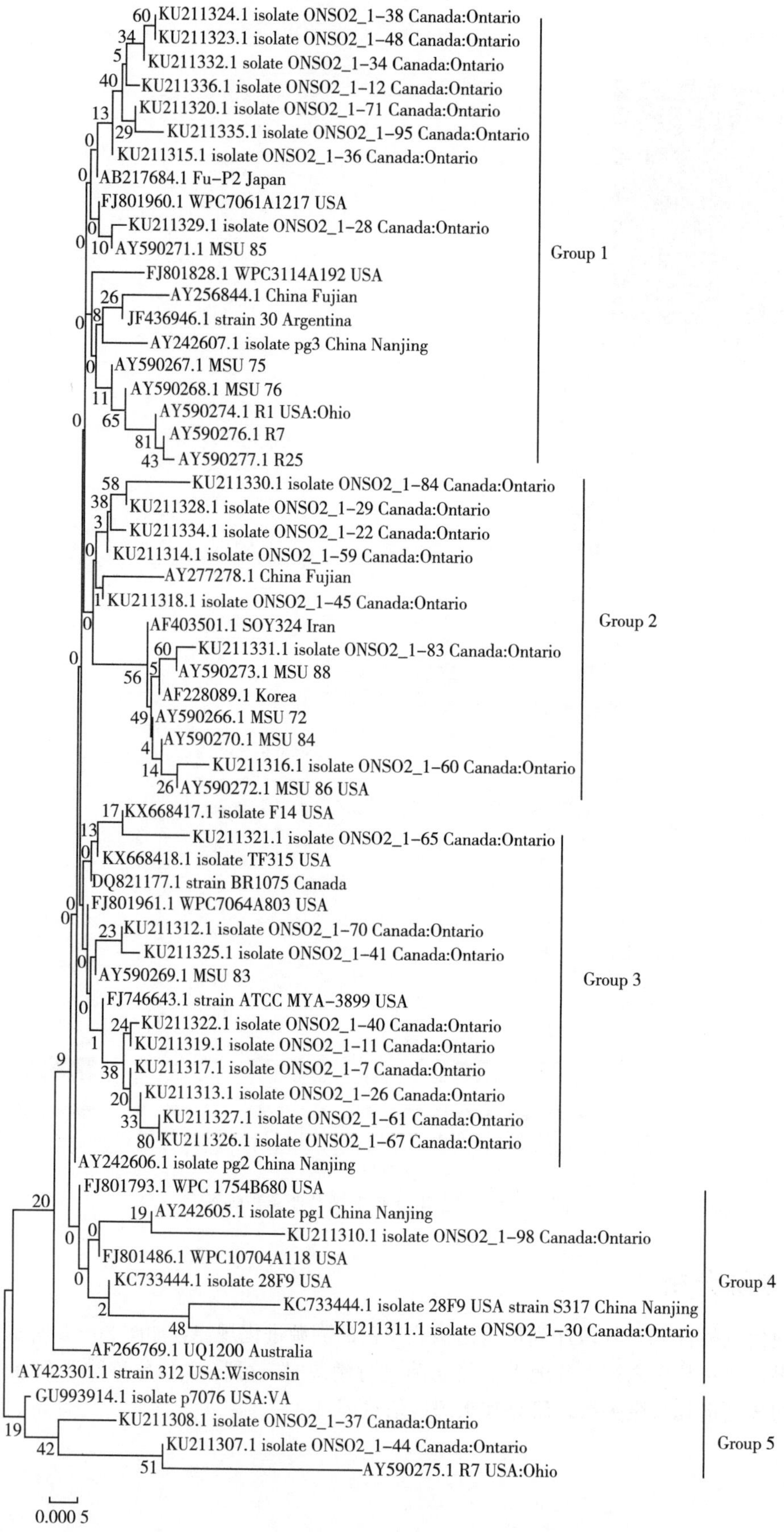

KU211324.1 isolate ONSO2_1-38 Canada:Ontario
KU211323.1 isolate ONSO2_1-48 Canada:Ontario
KU211332.1 solate ONSO2_1-34 Canada:Ontario
KU211336.1 isolate ONSO2_1-12 Canada:Ontario
KU211320.1 isolate ONSO2_1-71 Canada:Ontario
KU211335.1 isolate ONSO2_1-95 Canada:Ontario
KU211315.1 isolate ONSO2_1-36 Canada:Ontario
AB217684.1 Fu-P2 Japan
FJ801960.1 WPC7061A1217 USA
KU211329.1 isolate ONSO2_1-28 Canada:Ontario
AY590271.1 MSU 85
FJ801828.1 WPC3114A192 USA
AY256844.1 China Fujian
JF436946.1 strain 30 Argentina
AY242607.1 isolate pg3 China Nanjing
AY590267.1 MSU 75
AY590268.1 MSU 76
AY590274.1 R1 USA:Ohio
AY590276.1 R7
AY590277.1 R25
Group 1

KU211330.1 isolate ONSO2_1-84 Canada:Ontario
KU211328.1 isolate ONSO2_1-29 Canada:Ontario
KU211334.1 isolate ONSO2_1-22 Canada:Ontario
KU211314.1 isolate ONSO2_1-59 Canada:Ontario
AY277278.1 China Fujian
KU211318.1 isolate ONSO2_1-45 Canada:Ontario
AF403501.1 SOY324 Iran
KU211331.1 isolate ONSO2_1-83 Canada:Ontario
AY590273.1 MSU 88
AF228089.1 Korea
AY590266.1 MSU 72
AY590270.1 MSU 84
KU211316.1 isolate ONSO2_1-60 Canada:Ontario
AY590272.1 MSU 86 USA
Group 2

KX668417.1 isolate F14 USA
KU211321.1 isolate ONSO2_1-65 Canada:Ontario
KX668418.1 isolate TF315 USA
DQ821177.1 strain BR1075 Canada
FJ801961.1 WPC7064A803 USA
KU211312.1 isolate ONSO2_1-70 Canada:Ontario
KU211325.1 isolate ONSO2_1-41 Canada:Ontario
AY590269.1 MSU 83
FJ746643.1 strain ATCC MYA-3899 USA
KU211322.1 isolate ONSO2_1-40 Canada:Ontario
KU211319.1 isolate ONSO2_1-11 Canada:Ontario
KU211317.1 isolate ONSO2_1-7 Canada:Ontario
KU211313.1 isolate ONSO2_1-26 Canada:Ontario
KU211327.1 isolate ONSO2_1-61 Canada:Ontario
KU211326.1 isolate ONSO2_1-67 Canada:Ontario
AY242606.1 isolate pg2 China Nanjing
Group 3

FJ801793.1 WPC 1754B680 USA
AY242605.1 isolate pg1 China Nanjing
KU211310.1 isolate ONSO2_1-98 Canada:Ontario
FJ801486.1 WPC10704A118 USA
KC733444.1 isolate 28F9 USA
KC733444.1 isolate 28F9 USA strain S317 China Nanjing
KU211311.1 isolate ONSO2_1-30 Canada:Ontario
AF266769.1 UQ1200 Australia
AY423301.1 strain 312 USA:Wisconsin
Group 4

GU993914.1 isolate p7076 USA:VA
KU211308.1 isolate ONSO2_1-37 Canada:Ontario
KU211307.1 isolate ONSO2_1-44 Canada:Ontario
AY590275.1 R7 USA:Ohio
Group 5

0.000 5

图 20-3 基于 ITS 片段的大豆疫病菌溯源群体结构

## 20.4　结论

根据群体遗传和系统进化分析结果，来自不同国家和寄主的大豆疫病菌分为五个类群，加拿大渥太华的分离株较多，其分布于5个不同的类群，没有规律性。亚洲分离株，包含日本、中国（福建、南京）等的分离株主要在Group1，伊朗、韩国、中国（福建）分离株主要在Group2，Group3、Group5主要是加拿大和美国的分离株，Group4包含美国和中国（南京）分离株。

# 21 美澳型核果褐腐病菌遗传多态性分析与溯源

## 21.1 概况

### 21.1.1 基本信息

详见2.1.1。

### 21.1.2 分类地位

详见2.1.2。

### 21.1.3 地理分布

详见2.1.3。

## 21.2 材料与方法

### 21.2.1 序列下载

下载NCBI数据库中美澳型核果褐腐病菌相关序列1 062条，下载BOLD序列44条；基因片段包括ITS、COX1、RPB2、18 SrRNA、CYP51、TEF。

### 21.2.2 序列校对

使用MEGA软件对下载的序列根据基因分别进行校对，获得排列后文件。

### 21.2.3 序列数据整理

将核酸序列号、菌株名称、寄主、来源地、文献及作者等信息进行核实。

### 21.2.4 方法

应用生物信息学的分析手段筛选有效区分种内差异并且有效归类的基因片段或分子标记，获得这些基因片段或分子标记的核酸序列，应用统计学手段完成核酸序列与来源地、寄主信息的主成分分析，完成不同来源地、寄主个体的群体分子系统进化关系和群体结构分析，构建网络进化图，并进行溯源分析。

## 21.3 结果与分析

### 21.3.1 基因间遗传距离分析

比较序列数据量、有效数据数量、种内遗传距离等参数。对各基因序列排列后，基于K2P-distance，比较种内遗传距离大小。结果如表21-1所示，遗传距离最大值、平均值大小依次为ITS>18SrRNA>CYP51>TEF1=EF-1α>Laccase2=β-tubulin>SCAR>G3PDH，结合可以利用的有效数据量等信息，对ITS片段先进行分析。通过各基因片段之间的Wilcoxon秩和检验，评估各基因片段对中间种内遗传距离的区分鉴定效率，得出规律为RPB2<ITS<18SrRNA <β-tubulin <

CYP51＜TEF1，如表 21-2 所示。综合有效数据量、分辨率等，选择 ITS 片段作为美澳型核果褐腐病菌溯源分析的目的片段。图 21-1 为 ITS 片段遗传距离分布情况，可见 ITS 片段在 0～0.020 区间范围内分布。图 21-2 为 ITS 片段遗传距离矩阵分布图，可见 ITS 片段并未呈现明显的规律关系。

**表 21-1　候选基因片段遗传距离分析**

| 基因片段 | 数据量 | 有效数据量 | 最大值 | 最小值 | 平均值 |
| --- | --- | --- | --- | --- | --- |
| ITS | 253 | 82 | 0.738 | 0.000 | 0.020 |
| RPB2 | 71 | 70 | 0.002 | 0.000 | 0.000 |
| TEF1 | 71 | 71 | 0.031 | 0.000 | 0.004 |
| β-tubulin | 48 | 33 | 0.007 | 0.000 | 0.003 |
| 18SrRNA | 14 | 10 | 0.023 | 0.000 | 0.011 |
| CPN | 3 | 3 | 0.000 | 0.000 | 0.000 |
| CYP51 | 60 | 27 | 0.012 | 0.000 | 0.006 |
| EF-1α | 4 | 4 | 0.008 | 0.000 | 0.004 |
| G3PDH | 4 | 4 | 0.003 | 0.000 | 0.001 |
| Laccase 2 | 10 | 10 | 0.009 | 0.000 | 0.003 |
| polymorphic region | 3 | 3 | 0.000 | 0.000 | 0.000 |
| SCAR | 13 | 12 | 0.006 | 0.000 | 0.002 |

**表 21-2　候选基因片段遗传距离 Wilcoxon 秩和检验**

| 正向秩 W＋ | 负向秩 W－ | 正秩和、负秩和、显著性概率 | 结果 |
| --- | --- | --- | --- |
| 18SrRNA-β-tubulin | 891 | 527 | 18SrRNA＜β-tubulin |
| 18SrRNA-CYP51 | 921 | 446 | 18SrRNA＜CYP51 |
| β-tubulin-CYP51 | 624 | 557 | β-tubulin＜CYP51 |
| CYP51-ITS | 51 | 287 | CYP51＞ITS |
| CYP51-RPB2 | 316 | 710 | CYP51＞RPB2 |
| ITS-18SrRNA | 35 | 6 | ITS＜18SrRNA |
| 18SrRNA-β-tubulin | 891 | 527 | 18SrRNA＜β-tubulin |

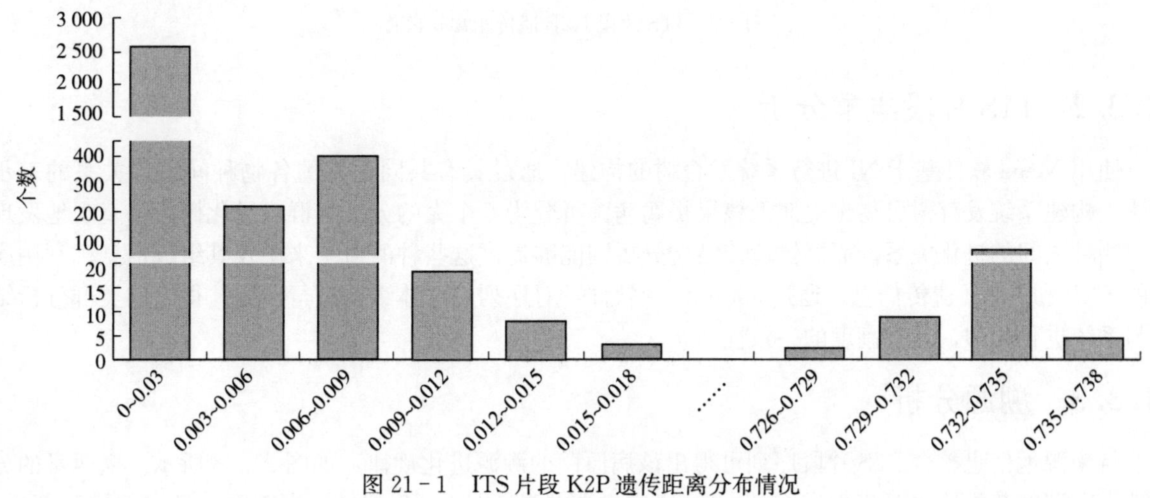


图 21-1　ITS 片段 K2P 遗传距离分布情况

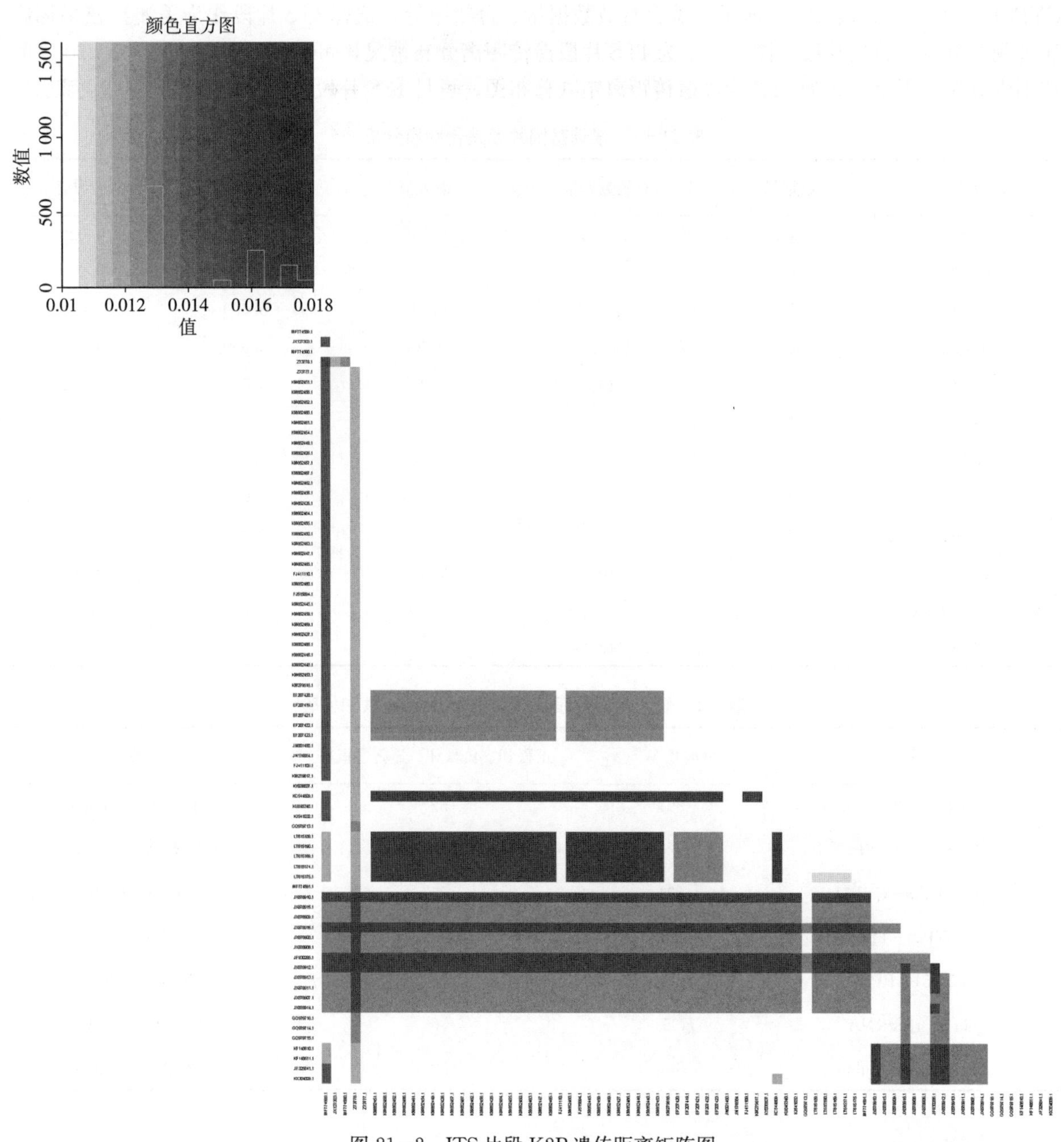


图 21-2 ITS 片段 K2P 遗传距离矩阵图

## 21.3.2 ITS 片段类群分析

使用 Mega 软件基于 NJ 进行系统发育树的构建，通过具有共同祖先的各物种间演化关系的表示方法，构建系统发育树可得出美澳型核果褐腐病菌可分为 5 个大的分支类群。进化树可以直观地发现不同物种之间的进化关系，而群体遗传结构分析则能够提供这些种的血统来源及其组成信息。利用序列的 SNP 和 InDel 遗传信息，通过 admixture 软件，对序列的群体结构进行研究，得出的类群分析结果与系统进化相似，具有高度的一致性。

## 21.3.3 溯源分析

将来源地信息整合 ITS 片段序列可得出该病原菌的溯源进化规律，如图 21-3 所示。墨西哥的分离株、欧洲的苹果等主要集中在 Group1，寄主主要是梨。Group2 较少，为美国、日本的桃和苹果。

Group3 主要是寄主李属。寄主为中国桃、梨等的单独为 Group4，Group5 主要为厄瓜多尔高地的梨和杏。以上所得五大类群的结果，在对某一未知来源地美澳型核果褐腐病菌进行溯源时，可将其 ITS 片段序列导入该系统进化树类群中，初步判定其亲缘关系，研究其来源地信息等。

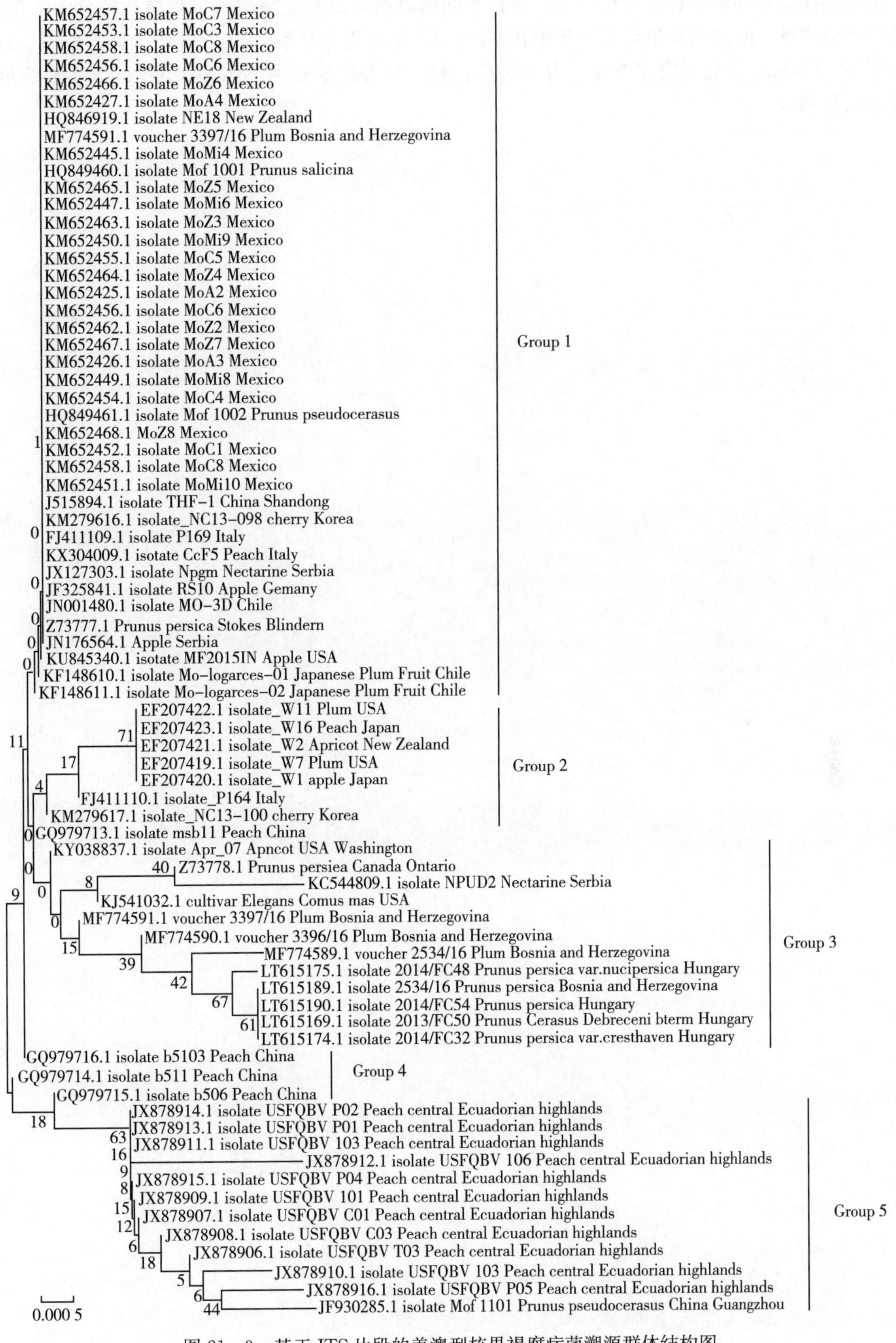

图 21-3　基于 ITS 片段的美澳型核果褐腐病菌溯源群体结构图

## 21.4 结论

根据群体遗传和系统进化分析结果，来自不同国家和寄主的美澳型核果褐腐病菌分为5个类群。墨西哥的分离株、欧洲的苹果等主要集中在Group1，主要寄主是梨。Group2较少，为美国、日本的桃和苹果。Group3主要是寄主李属。寄主为中国桃、梨等的单独为Group4，Group5主要为厄瓜多尔高地的梨和杏。

# 22 柑橘溃疡病菌遗传多态性分析与溯源

## 22.1 概况

### 22.1.1 基本信息

中文名：柑橘溃疡病菌（柑橘黄单胞柑橘亚种），英文名：Citrus Canker Disease（Citrus canker；Bacterial canker of citrus；Citrus bacterial canker），学名：*Xanthomonas axonopodis* pv. *citri* (Hasse) Vauterin et al.。

### 22.1.2 分类地位

黄单胞菌目 Xanthomonadales，黄单胞杆菌科 Xanthomonadaceae，黄单胞菌属 *Xanthomonas*，被我国列为检疫性有害生物。

### 22.1.3 地理分布

阿富汗、孟加拉国、柬埔寨、圣诞岛、科科斯群岛、格鲁吉亚、印度、印度尼西亚、伊朗、伊拉克、以色列、日本、韩国、朝鲜、老挝、马来西亚、马尔代夫、缅甸、尼泊尔、阿曼、巴基斯坦、菲律宾、沙特阿拉伯、新加坡、斯里兰卡、泰国、土耳其、阿拉伯联合酋长国、越南、也门、阿尔及利亚、贝宁、布基纳法索、科摩罗、刚果（金）、科特迪瓦、埃及、埃塞俄比亚、加蓬、冈比亚、加纳、几内亚、肯尼亚、利比亚、马达加斯加岛、马里、毛里求斯、马约特岛、莫桑比克、留尼汪岛、罗德里格斯岛、塞内加尔、塞舌尔、索马里、苏丹、斯威士兰、坦桑尼亚、突尼斯、津巴布韦、墨西哥、美国、巴哈马群岛、伯利兹、英属维尔京群岛、美属维尔京群岛、哥斯达黎加、古巴、多米尼克、萨尔瓦多、法国、海地、洪都拉斯、牙买加、马提尼克、荷属安德烈斯群岛、尼加拉瓜、波多黎各、圣卢西亚岛、特立尼达拉和多巴哥、阿根廷、玻利维亚、巴西、智利、哥伦比亚、厄瓜多尔、巴拉圭、秘鲁、苏里南、乌拉圭、委内瑞拉、阿尔巴尼亚、克罗地亚、塞浦路斯、马耳他、荷兰、美属萨摩亚、斐济、关岛、马绍尔群岛、密克罗尼西亚群岛、北马里亚纳群岛、帕劳、新几内亚岛、所罗门群岛、中国等国家和地区。

## 22.2 材料与方法

### 22.2.1 供试菌株

2018—2019 年从我国 8 个省份采集疑似柑橘溃疡的组织样品，共采集了 62 份，采集的地区包括广西南宁、广西靖西、广西来宾、福建三明、江西赣州、湖南郴州、云南新平、浙江温州、广东肇庆、四川眉山。从柑橘园内疑似患病的树上采集产生明显病斑的材料，如病叶、病果和病枝。经分离鉴定用于后续研究。

本实验室前期保存的国内外柑橘溃疡病菌 20 株，如表 22－1 所示。

**表 22－1 实验室保存的 20 株国内外产区的柑橘溃疡病菌**

| 菌株编号 | 来源[a] | 分离地 | 寄主品种 | 时间 |
|---|---|---|---|---|
| 470679 | 1 | 中国香港 | 柚 | 1963 年 |
| 470680 | 1 | 印度 | 柠檬 | 1988 年 |

（续）

| 菌株编号 | 来源[a] | 分离地 | 寄主品种 | 时间 |
|---|---|---|---|---|
| 470681 | 1 | 印度 | NA[b] | 1948年 |
| 470682 | 1 | 印度 | 枳 | 1988年 |
| 470683 | 1 | 印度 | 来檬 | 1989年 |
| 470686 | 1 | 巴西 | 柠檬 | 1980年 |
| 470687 | 1 | 巴西 | 柠檬（塔西提柠檬） | 1980年 |
| 470689 | 1 | 巴西 | 来檬 | 1982年 |
| 470690 | 1 | 新西兰 | NA | 1949年 |
| 470691 | 1 | 新西兰 | 柑橘 | 1957年 |
| 470692 | 1 | 新西兰 | 柠檬 | 1957年 |
| 470693 | 1 | 新西兰 | 甜橙 | 1957年 |
| 470694 | 1 | 泰国 | 来檬 | 1992年 |
| 470695 | 1 | 津巴布韦 | 甜橙 | 1992年 |
| 470696 | 1 | 日本 | NA | 1982年 |
| QB-2003 | 2 | 江西 | NA | 2003年 |
| QB-2004 | 2 | 江西 | NA | 2004年 |
| QB-2005 | 2 | 浙江 | NA | 2005年 |
| QB-2006 | 2 | 广东 | NA | 2006年 |
| QB-2007 | 2 | 广西 | NA | 2007年 |

注：[a]来源代表菌株提供单位。1. 英国国家植物病原菌菌种保藏中心（National Collection of Plant Pathogenic Bacteria，NCPPB）；2. 中国检验检疫科学研究院动植物检疫研究所。[b]NA代表菌株相关信息未知。

## 22.2.2 参考菌株

从NCBI（https：//www.ncbi.nlm.nih.gov/）数据库中下载31条已发表的柑橘溃疡病菌菌株全基因组序列。详细信息如表22-2所示。本研究以柑橘溃疡病菌菌株*X.citri* pv.*citri* str.306（NC_003919.1）为参考。

**表22-2 31株已登录全基因组序列的柑橘溃疡病菌菌株信息**

| 菌株编号 | 分离地 | 寄主品种 | 时间 | GenBank编号 |
|---|---|---|---|---|
| 306 | 巴西 | NA[a] | NA | NC_003919.1 |
| xcc49 | 中国重庆 | NA | 2010年 | NZ_CP023662.1 |
| xcc29-1 | 中国江西 | NA | 2010年 | NZ_CP023661.1 |
| TX160149 | 美国得克萨斯州 | 来檬 | 2015年 | NZ_CP020885.1 |
| LH201 | 留尼汪岛 | 箭叶橙 | 2010年 | NZ_CP018858.1 |
| LH276 | 留尼汪岛 | 箭叶橙 | 2010年 | NZ_CP018854.1 |
| LJ207-7 | 留尼汪岛 | 箭叶橙 | 2012年 | NZ_CP018850.1 |
| LL074-4 | 马提尼克 | 葡萄柚 | 2014年 | NZ_CP018847.1 |
| jx4 | 中国江西 | NA | 2011年 | NZ_CP009013.1 |
| jx5 | 中国江西 | NA | 2011年 | NZ_CP009010.1 |
| jx-6 | 中国江西 | 甜橙 | 2014年 | NZ_CP011827.2 |
| UI6 | 中国广西 | NA | 2011年 | NZ_CP008992.1 |

（续）

| 菌株编号 | 分离地 | 寄主品种 | 时间 | GenBank 编号 |
|---|---|---|---|---|
| UI7 | 中国广西 | NA | 2011 年 | NZ_CP008989.1 |
| MN10 | 美国佛罗里达州 | NA | 2005 年 | NZ_CP009004.1 |
| MN11 | 美国佛罗里达州 | 来檬 | NA | NZ_CP009001.1 |
| MN12 | 美国佛罗里达州 | NA | 1997 年 | NZ_CP008998.1 |
| 03-1638-1 | 阿根廷 | 柚 | 2003 年 | NZ_CP023285.1 |
| TX160197 | 美国得克萨斯州 | 来檬 | 2015 年 | NZ_CP020891.1 |
| TX160042 | 美国得克萨斯州 | 来檬 | 2015 年 | NZ_CP020882.1 |
| NT17 | 美国佛罗里达州 | 甜橙 | 2011 年 | NZ_CP008995.1 |
| GD2 | 中国广东 | NA | 2011 年 | NZ_CP009019.1 |
| GD3 | 中国广东 | NA | 2011 年 | NZ_CP009016.1 |
| FB19 | 美国佛罗里达州 | 甜橙 | 2011 年 | NZ_CP009022.1 |
| mf20 | 美国佛罗里达州 | 甜橙 | 2011 年 | NZ_CP009007.1 |
| BL18 | 美国佛罗里达州 | 甜橙 | 2011 年 | NZ_CP009025.1 |
| 5208 | 美国佛罗里达州 | NA | 2002 年 | NZ_CP009028.1 |
| AW13 | 美国佛罗里达州 | 来檬 | 2003 年 | NZ_CP009031.1 |
| AW14 | 美国佛罗里达州 | 柠檬 | 2005 年 | NZ_CP009034.1 |
| AW15 | 美国佛罗里达州 | NA | 2005 年 | NZ_CP009037.1 |
| AW16 | 美国佛罗里达州 | NA | 2005 年 | NZ_CP009040.1 |
| AW12879 | 美国佛罗里达州 | 墨西哥来檬 | NA | NC_020815.1 |

注：[a]NA 代表菌株相关信息未知。

### 22.2.3 试剂

试剂：琼脂粉、蛋白胨、酵母浸粉、氯化钠；Marker Ⅱ DNA Ladder；DL1000 DNA Marker、PrimeSTAR Max DNA Polymerase；PCR 引物；细菌 DNA 提取试剂盒（DP302）；$ddH_2O$。

50×TAE（pH8.5）：Tris Base 54g，$Na_2EDTA \cdot 2H_2O$ 37.2g，醋酸 57.1mL，用 $ddH_2O$ 定容至 1 000mL，保存在室温下，使用时加 $ddH_2O$ 稀释至 1 倍。

### 22.2.4 主要仪器设备

主要仪器设备如表 22-3 所示。

表 22-3 主要仪器列表

| 仪器名称 | 型号 | 生产厂商 |
|---|---|---|
| PCR 仪 | C1000 Touch Thermal Cycler | 伯乐生命医学产品（上海）有限公司 |
| 高压灭菌锅 | SQ510C | 重庆雅马拓科技有限公司 |
| 电子天平 | MP5002 | 上海恒平科学仪器有限公司 |
| 超声波清洗仪 | KQ-250DE | 昆山市超声仪器有限公司 |
| 水浴锅 | DK-8D | 上海精宏实验设备有限公司 |
| 恒温培养箱 | DHP-9272 | 上海一恒科学仪器有限公司 |
| 恒温摇床 | SHKE436HP | 美国 Thermo forma 公司 |

（续）

| 仪器名称 | 型号 | 生产厂商 |
| --- | --- | --- |
| 金属浴 | K30 | 杭州奥盛仪器有限公司 |
| 微量紫外分光度计 | NanoDrop 2000 | 赛默飞世尔科技（中国）有限公司 |
| 台式微量离心机 | Microfuge®18 | 美国贝克曼库尔特有限公司 |
| 电泳仪 | DYY-11，DYY-12 | 北京市六一仪器厂 |
| 凝胶成像仪 | ChampGel 5000 | 北京赛智创业科技有限公司 |

## 22.2.5 培养基

LB 液体培养基：1 000mL dd$H_2O$ 中，加入胰蛋白胨 10g、酵母浸粉 5g、氯化钠 5g，搅拌至完全溶解后，每份 10mL 分装到玻璃试管中，121℃高压灭菌 20min，备用。

LB 固体培养基：1 000mL LB 液体培养基中，加入 16g 琼脂粉，分装至三角瓶中，121℃高压灭菌 20min，备用。

## 22.2.6 MLST 分析软件

各基因引物合成及测序交与深圳华大基因股份有限公司完成；全基因组重测序委托生工生物工程（上海）股份有限公司进行。本研究数据处理所用分析软件如表 22-4 所示。

**表 22-4　主要分析软件列表**

| 软件名称 | 软件版本 | 软件用途 |
| --- | --- | --- |
| ART | 2.5.8 | 序列数据生成 |
| Bwa | 0.7.17 | 序列比对 |
| Samtools | 1.9 | 格式转换 |
| Chromas | 2.6.6 | 测序峰图查看 |
| Bioedit | 7.0.5.3 | 序列整理 |
| DNAMAN | 7.0.2.176 | 序列整理 |
| DNAstar | 6.1 | 序列整理 |
| PHYLOViZ | 2.0 | 数据分析 |
| MEGA | 10.0.1 | 序列整理 |
| DnaSP | 5.0 | 数据处理 |
| Primer Primier | 5.0 | 引物设计 |

## 22.2.7 实验方法

### 22.2.7.1 柑橘溃疡病菌分离、鉴定及保存

（1）病原菌分离纯化：通过平板划线的方法。选择新鲜发病材料的单个病斑 2～3 个，剪下约 2mm 见方的病健交界处组织，在 75%酒精中静置 30s 消毒，然后在无菌水中漂洗 3 次洗去多余酒精，接下来移入 1.5mL 灭菌的 EP 管中，用灭菌枪头将组织捣碎后静置 20min。在 LB 固体培养基上采用平板划线法分离，于 28℃恒温培养箱中倒置培养 2～3 天，定期观察并记录菌落的生长情况，查看细菌分离结果。

挑取淡黄色、光滑、圆形隆起的疑似单菌落，在LB培养基上用划线法纯化3次。

（2）分子生物学鉴定。参考Coletta－Filho（2006）报道的柑橘溃疡病菌特异性引物序列Xac01（5－CGCCATCCCCACCACCACCACGAC－3）Xac02（5′－AACCGCTCAATGCCATCCAC TTCA－3′）。

分别以实验室保存 *X. citri* subsp. *citri* 菌株470679为阳性对照，*X. fuscans* subsp. *aurantifolii* 菌株470685为阴性对照，按以下体系PCR扩增供试菌株的DNA，预计产物大小581bp。25μL反应体系如表22－5所示。

PCR产物检测：在加入GelRed™的1.5%琼脂糖凝胶（1×TAE Buffer）上进行电泳，检测PCR扩增产物，经紫外光凝胶成像系统拍照，验证扩增条带与目标条带大小是否一致。

测序比对：将PCR的扩增产物送到测序公司进行序列测定，并将测得的序列提交到NCBI的BLAST工具栏（https：//blast. ncbi. nlm. nih. gov/Blast. cgi）进行比对，验证分离得到的菌株是否是 *Xanthomonas citri* subsp. *citri*。

**表22－5　*X. citri* subsp. *citri* 菌株鉴定所用25μL反应体系**

| 体系组分 | 体积/μL |
|---|---|
| 10×*Taq* reaction buffer | 2.50 |
| dNTPs（2.5mmol/L each） | 2.40 |
| Forward primer（10μmol/L） | 1.00 |
| Reverse primer（10μmol/L） | 1.00 |
| *Taq* DNA polymerase（5U/μL） | 0.25 |
| Template | 1.00 |
| $ddH_2O$ | 16.85 |
| Total volume | 25.00 |

PCR反应条件如下：

95℃　10min

95℃　30s
60℃　30s　}35 cycles
72℃　1min

72℃　10min

10℃　∞

（3）菌株保存。

短期保存：纯培养的平板通过保鲜膜密封，置于4℃冰箱中暂存，可保存30天左右；

长期保存：吸取200μL甘油加入2mL冻存管中，灭菌备用。挑纯化后的单菌落置入5mL LB液体培养基，28℃、120r/min摇培20h。每个冻存管中加入800μL菌液涡旋混匀、液氮速冻，置于－80℃冰箱中备用。

#### 22.2.7.2　菌株活化与DNA提取

（1）菌株活化：在LB培养基上，将保存的菌株采用平板划线法活化，于28℃恒温培养箱中倒置培养2～3d备用。

（2）菌株DNA提取：按照细菌DNA提取试剂盒的说明进行柑橘溃疡病菌基因组DNA的提取，通过NanoDrop 2000对提取到的DNA进行浓度测定后，置于－20℃冰箱中保存备用。

#### 22.2.7.3　看家基因的选取及引物设计

通过ART（Huang et al.，2012）软件组合模拟数据并比对 *Xanthomoans* 属以及 *X. citri* subsp. *citri* 的全基因组序列的单核苷酸多态性，结合文献中已报道的革兰氏阴性菌 MLST 分析体系，筛选相对保守、但在一定程度上存在局部变异的看家基因。

利用 Primer 5 结合 Oligo 7 以菌株 306 全基因组序列为参考，设计各基因的扩增引物，开始对每条序列都设计多对扩增引物，随机选取 15 株 *X. citri* subsp. *citri* 进行扩增预实验，筛选出扩增效率最高的那对引物，同时通过梯度 PCR 选出引物最相近、扩增结果相对最好的一个退火温度。设计好的引物提交给公司合成。

#### 22.2.7.4 看家基因的扩增和测序

将 22.2.7.2 中提取的菌株 DNA 浓度稀释至 100 ng/μL 左右，作为 PCR 扩增模板。利用 PrimeSTAR Max Premix（2×）高保真聚合酶体系对所有菌株的 7 个基因片段进行 PCR 扩增并测序。本部分所用 PCR 反应体系如表 22－6 所示。

**表 22－6　7 个基因 PCR 扩增反应体系**

| 体系组分 | 体积/μL |
| --- | --- |
| PrimeSTAR Max Premix（2×） | 12.50 |
| Forward primer（10μmol/L） | 0.50 |
| Reverse primer（10μmol/L） | 0.50 |
| Template | 1.00 |
| $ddH_2O$ | 10.50 |
| Total volume | 25.00 |

PCR 反应条件如下：

98℃　5min
98℃　10s ⎫
62℃　5s ⎬35 cycles
72℃　3s ⎭
72℃　5min
10℃　∞

PCR 产物检测及测序：对扩增成功的每一条序列进行双向测序。

#### 22.2.7.5 序列比对分析

（1）多位点序列分型。通过 DNAstar 的 SeqMan 插件进行人工校对，检测每个基因的正反测序结果，去除掉两端测序效果不好的序列。利用 Chromas 查看序列峰图，对测序错误位点进行修正。然后通过 Bioedit 软件将正向和反向序列进行比对，以保证获得单一高质量的数据。若正反向测序结果有差异，则进行重复测序，选取正反向一致的结果进行分析。通过 SeqMan 将双向序列进行拼接，得到单向准确的序列。将下载的 31 条全基因组序列分别就这 7 个基因截取相应的片段。将整理后的序列导入 MLST 在线分析网站（https://pubmlst.org/）的 NRDB（Non－redundant database）模块，分析确认其等位基因并编号，获得每个看家基因的等位基因编号（Allelic Profile）。将 7 个基因等位基因号按照 XAC_RS07 980－XAC_RS21 550－*copB*－*egl*－*fliL*－*hrpA*－*pliY* 的顺序串联，得到每株菌的序列型（Sequence Type，ST）。

（2）种群结构分析。通过 PHYLOViZ 软件（Francisco et al.，2012）分别基于 eBURST 和 UPGMA 算法对菌株序列进行分组聚类，以明确它们的遗传进化关系。将包含 2 个及以上 ST 型的分型组看作是 1 个克隆复合体（Clonal complex，CC）。eBURST 聚类时，在 CC 中定义了一个 Founder

（祖先 ST 型），将它作为其他 ST 型进化的基础。它们之间通过一条直线相连，并利用直线的长短表现同源关系的远近。ST 之间只存在 1 个等位基因编号差异的称作单位点变异（Single - locus variant，SLV）；存在 2 个等位基因编号差异的称作双位点变异（Double - locus variant，DLV）。不划分在任何 1 个克隆复合体内的 ST 型定义为单体（Singleton）。

（3）等位基因多样性分析。利用 DnaSP 和 START 软件来计算 7 个基因的 G+C 含量（%）、多态性位点数（polymorphic sites）、两两序列之间的差异平均数（π，average pairwise nucleotide differences/site）、非同义替换与同义替换之比（$dN/dS$）等。其中（G+C）%可反映基因在进化过程中的稳定性。π 值可以反映每个基因位点的多态性水平，π 的取值范围在 0～1，该值越大，基因的多态性就越高，变异度越大。$dN/dS$ 比值可反映基因是否受外界选择压力，$dN/dS>1$ 说明该基因受正向选择压力作用，也称为自然选择压力；$dN/dS=1$ 说明该基因存在中性选择；$dN/dS<1$ 说明该基因受负向选择压力作用，也称为纯化选择。

将 7 个基因的序列按 XAC _ RS07980 - XAC _ RS21550 - *copB* - *egl* - *fliL* - *hrpA* - *pliY* 的顺序拼接，通过 MEGA X 软件（Kumar et al.，2018）进行 Clustal W 比对，然后分别采用最大似然法（Maximum Likelihood，ML）和邻接法（Neighour - jioning，N - J）两种方法构建系统发育树，自展重复抽样次数 1 000 次，采用 Kimura two - parameter 模型，分析 ST 间的发育关系。

#### 22.2.7.6　50 株柑橘溃疡病菌 wgSNP 聚类分析

选取 49 株柑橘溃疡病菌菌株，提取 DNA，并检测浓度，测序需将 DNA 浓度控制在 50 ng/μL 以上，提供的 DNA 总量应大于 2μg。将柑橘溃疡病菌 DNA 送至上海生工公司，以菌株 306 全基因组序列为参考基因组，采用全基因组鸟枪法（WGS），利用 Illumina HiseqXten 测序平台对构建的 PE（Paired - End）文库进行 2×150bp 测序。步骤如下：

（1）数据评估质控：对测序的原始数据（raw reads）通过 FastQC 进行质量评估。然后通过 Trimmomatic（Bolger et al.，2014）进行质量剪切，确保得到的数据有效、准确。

（2）序列比对：参考 GATK 最佳实践（Best Practise）所建议的设计流程，先通过 BWA 将样本有效数据比对到参考基因组 REF（菌株 306）上。再使用 SAMtools 转换比对结果的格式转换，并对其排序，然后统计比对结果。最后使用 GATK Mc（Mckenna et al.，2010）的 MarkDuplicates 进行重复序列的标注。

根据比对结果进行冗余序列（duplicate reads）分析、插入片段长度（insert size）的分布等分析。利用 BEDTools（Quinlan et al.，2010）进行深度覆盖率统计分析。

（3）SNP 检测：利用 GATK 的 HaplotypeCaller 算法分析每个样品和参考基因组之间的基因型差异，将不同样品的分析进行合并和整合，得到样品的变异信息并统计。

（4）系统发育分析：使用 TreeBest 软件中的邻接 NJ 算法基于各样品的 SNP 构建系统发育树，对 50 株 *X. citri* subsp. *citri*（含参考菌株 306）进行种群结构研究。

## 22.3　结果与分析

### 22.3.1　柑橘溃疡病菌分离与鉴定

2018—2019 年度采集自广西（17 份）、福建（4 份）、江西（12 份）、湖南（2 份）、云南（3 份）、浙江（12 份）、广东（10 份）、四川（2 份）8 个主要柑橘产区不同柑橘类品种的 62 份柑橘溃疡病疑似病样，经培养基分离和典型菌落观察，初步分离得到 43 株疑似分离物；通过特异性引物对分离到的 43 株疑似物进行 PCR 扩增并测序鉴定。将测得序列与 NCBI 上已登录的 *Xanthomonas citri* subsp. *citri* 序列比对，一致性达 99%或更高。以上结果表明，实验中分离得到的 43 株疑似物均为柑橘溃疡病菌（图 22 - 1、图 22 - 2、表 22 - 7）。

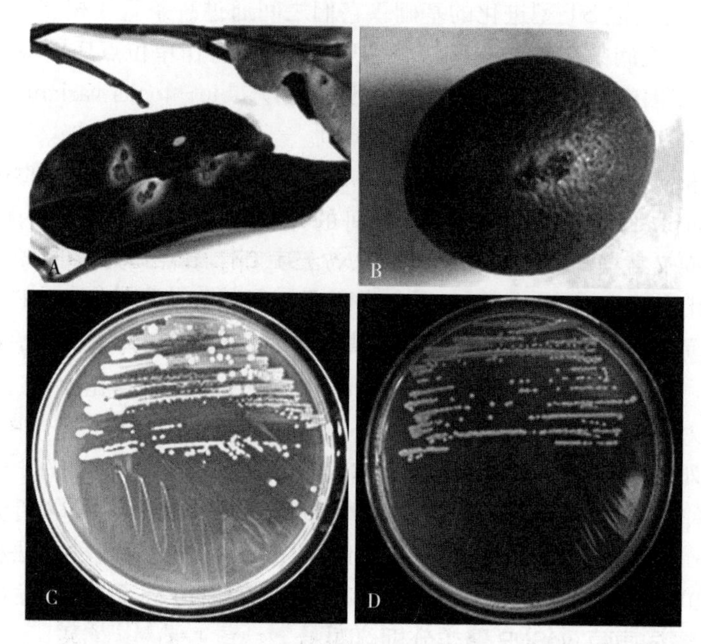


图 22-1 柑橘溃疡病样品的采集与病原菌分离

注：图 A、B 分别为甜橙叶片及果实疑似病样；图 C 为初次分离的柑橘溃疡病菌疑似物菌落形态；图 D 为纯化的柑橘溃疡病菌典型菌落形态

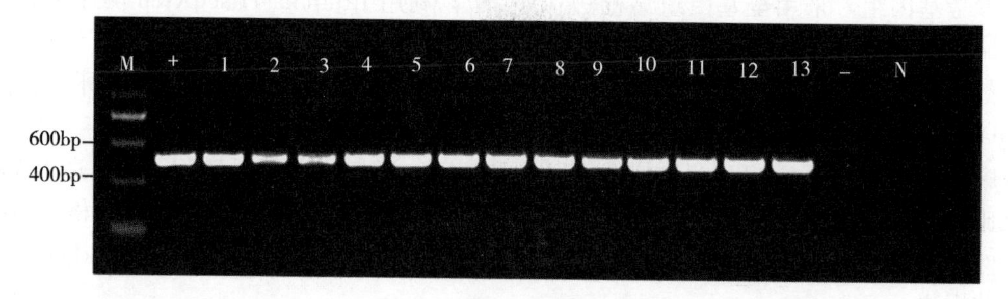


图 22-2 异物 Xac-01/Xac-02 对部分疑似柑橘溃疡病菌的扩增产物电泳图

注：泳道 M 为 MarkerⅡ，+为阳性对照，-为阴性对照，N 为空白对照

**表 22-7 分离鉴定所得的 43 株柑橘溃疡病菌**

| 菌株编号 | 分离产地 | 寄主品种 | 采集时间 |
| --- | --- | --- | --- |
| GXnn | 广西壮族自治区南宁市武鸣区 | 杂柑（沃柑） | 2018.5 |
| GXnn-2 | 广西壮族自治区南宁市武鸣区 | 杂柑（沃柑） | 2018.11 |
| GXjx-1 | 广西壮族自治区百色市靖西市 | 杂柑（沃柑） | 2018.5 |
| GXjx-2 | 广西壮族自治区百色市靖西市 | 杂柑（沃柑） | 2018.6 |
| GXlb-1 | 广西壮族自治区来宾市兴宾区 | 甜橙（脐橙） | 2018.5 |
| GXlb-2 | 广西壮族自治区来宾市兴宾区 | 甜橙（脐橙） | 2018.5 |
| GXlb-3 | 广西壮族自治区来宾市兴宾区 | 甜橙（脐橙） | 2018.5 |
| GXlb-4 | 广西壮族自治区来宾市兴宾区 | 甜橙（脐橙） | 2018.5 |
| GXlb-5 | 广西壮族自治区来宾市兴宾区 | 甜橙（脐橙） | 2018.5 |
| GXlb-6 | 广西壮族自治区来宾市兴宾区 | 甜橙（脐橙） | 2018.5 |
| GXlb-7 | 广西壮族自治区来宾市兴宾区 | 甜橙（脐橙） | 2018.5 |
| GXlb-8 | 广西壮族自治区来宾市兴宾区 | 甜橙（脐橙） | 2018.5 |
| GXlb-9 | 广西壮族自治区来宾市兴宾区 | 甜橙（脐橙） | 2018.5 |

（续）

| 菌株编号 | 分离产地 | 寄主品种 | 采集时间 |
| --- | --- | --- | --- |
| GXlb-10 | 广西壮族自治区来宾市兴宾区 | 甜橙（脐橙） | 2018.5 |
| GXgl | 广西壮族自治区桂林市 | 杂柑（沃柑） | 2019.10 |
| FJsm | 福建三明市尤溪县 | 甜橙（脐橙） | 2018.6 |
| HNcz | 湖南省郴州市 | 甜橙（冰糖橙） | 2018.8 |
| YNxp | 云南省玉溪市新平县 | 甜橙（褚橙） | 2018.8 |
| ZJwz-a1 | 浙江省温州市瓯海区 | 甜橙（红橙） | 2018.8 |
| ZJwz-a2 | 浙江省温州市瓯海区 | 甜橙（红橙） | 2018.8 |
| ZJwz-a3 | 浙江省温州市瓯海区 | 甜橙（红橙） | 2018.8 |
| ZJwz-a5 | 浙江省温州市瓯海区 | 甜橙（红橙） | 2018.8 |
| ZJwz-b1 | 浙江省温州市瓯海区 | 杂柑（红美人） | 2018.8 |
| ZJwz-b2 | 浙江省温州市瓯海区 | 杂柑（红美人） | 2018.8 |
| ZJwz-b3 | 浙江省温州市瓯海区 | 杂柑（红美人） | 2018.8 |
| ZJwz-c | 浙江省温州市瓯海区 | 柚（黄金柚） | 2018.8 |
| ZJwz-d | 浙江省温州市瓯海区 | 柚（红心柚） | 2018.8 |
| ZJwz-e | 浙江省温州市瓯海区 | 柠檬 | 2018.8 |
| JXjs | 江西省吉安市吉水县 | 柚（脆柚） | 2018.8 |
| JXgz | 江西省赣州市兴国县 | 甜橙（脐橙） | 2019.5 |
| JXgz-2 | 江西省赣州市上犹县 | 甜橙（脐橙） | 2019.7 |
| JXgz-4 | 江西省赣州市上犹县 | 甜橙（脐橙） | 2019.7 |
| JXgz-5 | 江西省赣州市上犹县 | 甜橙（脐橙） | 2019.7 |
| JXgz-6 | 江西省赣州市上犹县 | 甜橙（脐橙） | 2019.7 |
| JXgz-7 | 江西省赣州市上犹县 | 甜橙（脐橙） | 2019.7 |
| JXgz-8 | 江西省赣州市上犹县 | 甜橙（脐橙） | 2019.7 |
| JXgz-9 | 江西省赣州市上犹县 | 甜橙（脐橙） | 2019.7 |
| GD-2 | 广东省肇庆市怀集县 | 柚（沙田柚） | 2019.8 |
| GD-3 | 广东省肇庆市怀集县 | 沙糖橘 | 2019.8 |
| GD-5 | 广东省肇庆市怀集县 | 杂柑（贡柑） | 2019.8 |
| GD-6 | 广东省肇庆市怀集县 | 杂柑（贡柑） | 2019.8 |
| SC-1 | 四川省眉山市东坡区 | 杂柑（沃柑） | 2019.8 |
| SC-2 | 四川省眉山市东坡区 | 杂柑（沃柑） | 2019.8 |

共采集柑橘溃疡病疑似病样62份，分离鉴定到43株柑橘溃疡病菌，分离率为69.35%。实验中发现，一般在新鲜的病斑分离得到疑似病菌的可能性较高，而发病后期病斑木栓化程度大、衰老或采集时间较久的病叶上分离率较低；此外，病原菌分离过程中，前两天生长速率比部分杂菌慢，一般在培养2～3d后，才会观察到典型的疑似菌落，此后疑似菌落生长较快，在培养后第4～5d扩展为直径2～3mm的菌落。

本研究采样地点分布范围大，涉及我国8个主要柑橘产区；采集品种多样，包括甜橙、柚、柠檬、杂柑、沙糖橘等5种柑橘类水果的13个不同的品种。分离到的菌株具有代表性，可作为后续*X. citri* subsp. *citri*遗传多样性的研究材料。

## 22.3.2 7个基因的扩增和测序

依据 MLST 基因选取的原则，通过比对 *Xanthomonas citri* subsp. *citri* 全基因组多态性位点结合文献报道，实验中初步筛选 14 个具有一定保守性的基因并选取不同来源的菌株进行测序。其中，部分基因的保守性过高，不适用于柑橘溃疡病菌的种内分型，将其舍弃。最终确定 7 个分辨率相对较高的基因位点（共 4 123bp），用于代表柑橘溃疡病菌全基因组的序列进行 MLST 分析。对候选基因设计多对引物，通过 PCR 反应进行筛选，同时优化反应条件，确定了 7 个保守基因的引物，可对所有供试菌株进行扩增且产物量较高，将退火温度设置为 62℃，扩增 35 个循环。XAC _ RS07980、XAC _ RS21550、*copB*、*egl*、*fliL*、*hrpA*、*pliY* 的扩增产物分别为 714bp、431bp、648bp、514bp、475bp、668bp、673bp，并用于后续双向测序，部分菌株的扩增结果如图 22-3 所示。7 个保守基因和引物的详细信息见表 22-8 所示。本研究中 7 个基因片段的序列信息均已上传至 GenBank。

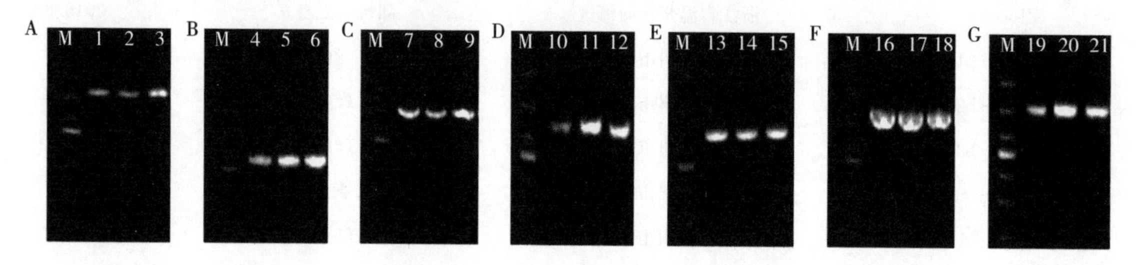


图 22-3 部分菌株 7 个看家基因的 PCR 产物电泳结果

注：A 为 XAC _ RS07980、B 为 XAC _ RS21550、C 为 *copB*、D 为 *egl*、E 为 *fliL*、F 为 *hrpA*、G 为 *pliY*；泳道 1、4、7、10、13、16、19 为供试菌株 470679；泳道 2、5、8、11、14、17、20 为供试菌株 ZJwz-a1；泳道 3、6、9、12、15、18、21 为供试菌株 QB2003；泳道 M 为 DL1000 DNA Marker，自上而下依次为 1 000、700、500、400、300、200、100bp

**表 22-8 多位点序列分析体系中 7 个基因在菌株 306 的位置、功能和引物序列**

| 基因 | 功能 | 引物序列（5′-3′） | 产物长度（bp） |
|---|---|---|---|
| XAC _ RS07980 | GGDEF domain-containing protein | CTGCGTACCGAACTTAAGACCCTCA<br>ACGCTCGAACACGTCGGACT | 714 |
| XAC _ RS21550 | TonB-dependent receptor | GCAGCATTGACGCCACACCCT<br>GGTTTCCAGCGCCAACTGTTC | 458 |
| XAC _ RS18360（*copB*） | copper resistance protein B | TCTCAGGCCGCACCCATCGAC<br>CGGTTGGTCAGCAGTACCTCGTA | 509 |
| XAC _ RS00145（*egl*） | glycoside hydrolase family 5 protein | CCAATGGTGCTGCTGACACAGGT<br>TCCGCCTGCCGATCCTGTGGGAA | 538 |
| XAC _ RS09915（*fliL*） | flagellar basal body protein FliL | CACTTCTTGCCGGTCTCGCTGGT<br>AGCATTCCCCTGGAGCAGACT | 530 |
| XAC _ RS15830（*hrpA*） | ATP-dependent RNA helicase HrpA | GCAAGATCACCCCGGACAACGAGGA<br>TTGCTGCACAAGCGCTCCGAT | 708 |
| XAC _ RS13540（*pliY*） | pilus assembly protein | CGGACACAAAGCTTGCCTGAAA<br>GGTGCGAACAACAATAAGACGATT | 673 |

## 22.3.3 多位点序列分型分析

### 22.3.3.1 多位点序列分型结果

MLST 分型中所使用的柑橘溃疡病菌共 94 株，菌株来源分布如图 22-4 所示，包括中国、美国、印度、新西兰、巴西、津巴布韦、留尼汪岛、马提尼克、泰国、日本、阿根廷在内共 11 个国家或地区，其中中国菌株居多，共 58 株，约占总菌株量的 61.70%。国内菌株来源地覆盖了广西、江西、广东、浙江、四川、湖南、重庆、福建、香港、云南共 10 个地区。

将所有菌株的 7 个基因片段经 PCR 扩增并测序，通过 DNAstar 等软件进行校对修正后，整理得到每个菌株 7 个基因单一正向的 fasta 格式序列。将整理好的序列导入 NRDB，以全基因组测序菌株 306 的相应序列为参考，将 31 株参考菌株和 63 株待测菌株进行等位基因编号和 ST 型确定。结果表明：所有供试菌株的 7 个基因 XAC _ RS07980、XAC _ RS21550、*copB*、*egl*、*fliL*、*hrpA*、*pliY* 分别存在 4、3、4、7、3、5、5 个等位基因（表 22-9）。

经统计，94 株柑橘溃疡病菌共被划分为 19 个序列型，如图 22-4 所示，其中菌株量最大的 ST 型为 ST-8（28 株菌），包含了美国、中国、日本的部分菌株，占总菌株量的 29.8%；其次为 ST-3（13 株菌）和 ST-16（11 株菌），分别占 13.8%、11.7%，均分离自中国。分离自中国的 58 株菌株分为 9 个 STs，优势序列型为 ST-8，包含来自浙江、广东和部分广西的菌株共 24 株；此外，ST-16 中大部分是来自江西和福建的菌株，以及 ST-3 中包括云南、四川及另一部分广西菌株。所有来自巴西的菌株均被划分到 ST-1 中，且分离自新西兰的菌株被单独划分到 ST-6 中。分离自印度的 4 株菌株分为 4 个不同的序列型，分别是 ST-7（470682）、ST-13（470681）、ST-14（479680）、ST-17（470683）。另分离自美国的 $A^w$ 型菌株（AW13、AW14、AW15、AW16、AW12879、TX160197、TX160042）被单独分在序列型 ST-4 中。根据分离来源分析，分离自不同国家的菌株 ST 型大部分是不同的。综上所述，来自不同地区的菌株间序列型丰富，而部分相同分离源的菌株间也存在着差异 ST 型。

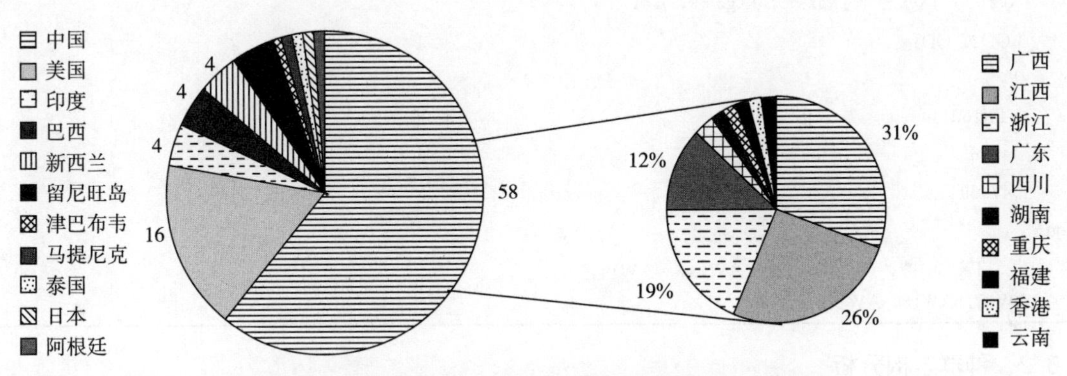


图 22-4　用于 MLST 分析的 94 株柑橘溃疡病菌来源分布

注：左图为所有供试菌株的不同国家或地区来源，右图为中国菌株的不同地区来源

**表 22-9　94 株柑橘溃疡病菌的序列型和等位基因编号分布**

| 序列型（STs） | 菌株 | 同源复合体（CCs） | 等位基因编号 | | | | | | |
|---|---|---|---|---|---|---|---|---|---|
| | | | XAC _ RS 07980 | XAC _ RS 21550 | *copB* | *egl* | *fliL* | *hrpA* | *pliY* |
| Group1 | | | | | | | | | |
| 1 | 306，479686，479687，479689，479695，NT17，FB19，mf20，BL18，5208 | 2 | 1 | 1 | 1 | 1 | 1 | 1 | 1 |
| 2 | 03-1638-1 | 2 | 1 | 1 | 1 | 1 | 1 | 1 | 2 |
| 3 | YNxp，JXjs，GXjx-1，GXjx-2，GXlb-1，GXlb-5，GXlb-6，GXlb-7，GXlb-8，GXnn，SC-1，SC-2，GXgl | 1 | 1 | 1 | 1 | 2 | 1 | 2 | 2 |
| 4 | QB - 2007，LH201，LH276，LJ207 - 7，LL074-4 | 1 | 2 | 1 | 1 | 2 | 1 | 2 | 2 |

（续）

| 序列型（STs） | 菌株 | 同源复合体（CCs） | 等位基因编号 | | | | | | |
|---|---|---|---|---|---|---|---|---|---|
| | | | XAC _ RS 07980 | XAC _ RS 21550 | *copB* | *egl* | *fliL* | *hrpA* | *pliY* |
| 5 | 479690，479691，479692，479693 | 1 | 2 | 1 | 1 | 2 | 2 | 2 | 2 |
| 6 | 479682 | / | 2 | 1 | 1 | 7 | 1 | 4 | 2 |
| 7 | 479679，479696，ZJwz - a1，ZJwz - a2，ZJwz - a3，ZJwz - b1，ZJwz - b2，ZJwz - b3，ZJwz - c，ZJwz - d，ZJwz - e，QB - 2003，GDzq - 2，GDzq - 3，GDzq - 5，GDzq - 6，GXlb - 3，GXlb - 4，GXlb - 9，GXlb - 10，GXnn - 2，xcc29 - 1，jx6，UI6，UI7，MN10，MN11，MN12 | 1 | 2 | 1 | 2 | 2 | 1 | 2 | 2 |
| 8 | QB - 2005，QB - 2006，HNcz，xcc49 | 1 | 2 | 1 | 2 | 2 | 3 | 2 | 2 |
| 9 | ZJwz - a5 | 1 | 2 | 1 | 2 | 5 | 1 | 2 | 2 |
| 10 | GXlb - 2 | 1 | 2 | 1 | 2 | 6 | 1 | 2 | 2 |
| 11 | QB - 2004 | 1 | 2 | 1 | 4 | 2 | 3 | 2 | 2 |
| 12 | 479681 | 1 | 2 | 2 | 1 | 2 | 1 | 2 | 2 |
| 13 | 479680 | / | 2 | 2 | 3 | 2 | 1 | 3 | 2 |
| 14 | FJsm，JXgz，JXgz - 2，JXgz - 4，JXgz - 5，JXgz - 6，JXgz - 7，JXgz - 8，JXgz - 9，jx4，jx5 | 1 | 2 | 3 | 2 | 2 | 3 | 2 | 2 |
| 15 | GD2，GD3 | 1 | 4 | 1 | 2 | 2 | 1 | 2 | 2 |
| Group2 | | | | | | | | | |
| 16 | TX160149 | / | 2 | 2 | 3 | 3 | 1 | 2 | 5 |
| 17 | 479683 | / | 3 | 2 | 3 | 3 | 1 | 2 | 3 |
| 18 | 479694 | / | 3 | 2 | 3 | 4 | 1 | 2 | 4 |
| Singleton | | | | | | | | | |
| 19 | TX160197，TX160042，AW13，AW14，AW15，AW16，AW12879 | / | 1 | 2 | 3 | 3 | 1 | 5 | 2 |

#### 22.3.3.2 种群结构分析

根据共享 5/7 基因标准，通过 PHYLOViZ 软件基于 eBURST 和 UPGMA 算法对菌株序列按不同基因型进行分组和聚类，结果如图 22 - 5 和图 22 - 6 所示：全部供试菌株被划分为 2 个 Groups 和 1 个 Singleton，Group1 包含大部分供试菌株共 15 个 ST 型；Group2 中包含 ST - 15、ST - 17、ST - 18 共 3 个 ST 型，其中 ST - 15 来自美国为 A$^{w}$型、ST - 17 为分离自印度的 A$^{*}$ 型菌株、ST - 18 为分离自泰国的 A 型菌株；Singleton 包含一个序列型 ST - 4，为来自美国的 A$^{w}$型菌株。在 Group 中通过线段相连接的不同 ST 定义为一个 CCs。如图 22 - 5 所示，在 Group1 中，除 2 个独立的 ST（ST - 7、ST - 14），其余参试菌株共形成了 2 个 CCs，CC1 和 CC2：CC1 由 11 个 STs 组成，包含了分离自中国、新西兰、日本的菌株；CC2 由 2 个 STs 组成，包含分离自美国、巴西、阿根廷、津巴布韦等地区的菌株。在 CCs 中，Founder 也称作核心型 ST，认为是其他相连 ST 的发展起源，CC1 的核心型是 ST - 8。中国柑橘溃疡病菌虽具有多个 STs，地理分布范围极广，但种群聚类分析中全部分布在 CC1 中，因此或许是同一 ST 型发展来。

从寄主品种分析，本研究所用的柑橘溃疡病菌菌株分别分离自甜橙、柚、柠檬、杂柑、沙糖橘等 5 种柑橘类水果的 13 个不同的品种，根据图 22 - 8 所示的聚类结果，CC1 核心型 ST - 8 中的菌株分别分离自 10 个不同的品种，CC2 中的 11 株柑橘溃疡病菌菌株也分离自 5 种不同的寄主。ST 的分型结果表示，相同寄主上分离到的菌株，它们的 ST 型不一定相同，而来自不同寄主品种的菌株，却可以被划分到同一 ST 型下，且 ST 型与寄主品种之间并不能找到清晰的规律。因此，柑橘溃疡病菌的

ST 分型与寄主品种无明显关系。

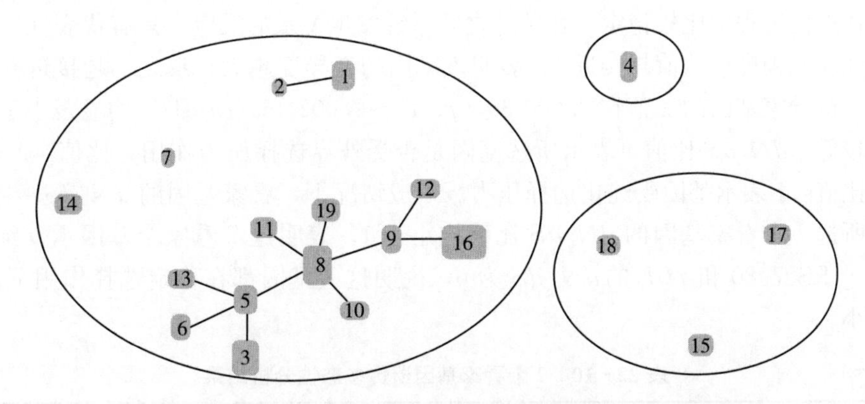


图 22-5 共享 5/7 基因标准下柑橘溃疡病菌的种群遗传关系图

注：每个方形代表一个 ST，亮绿色代表核心型 ST，草绿色代表次级核心型 ST。图中数字大小与菌株量成正相关

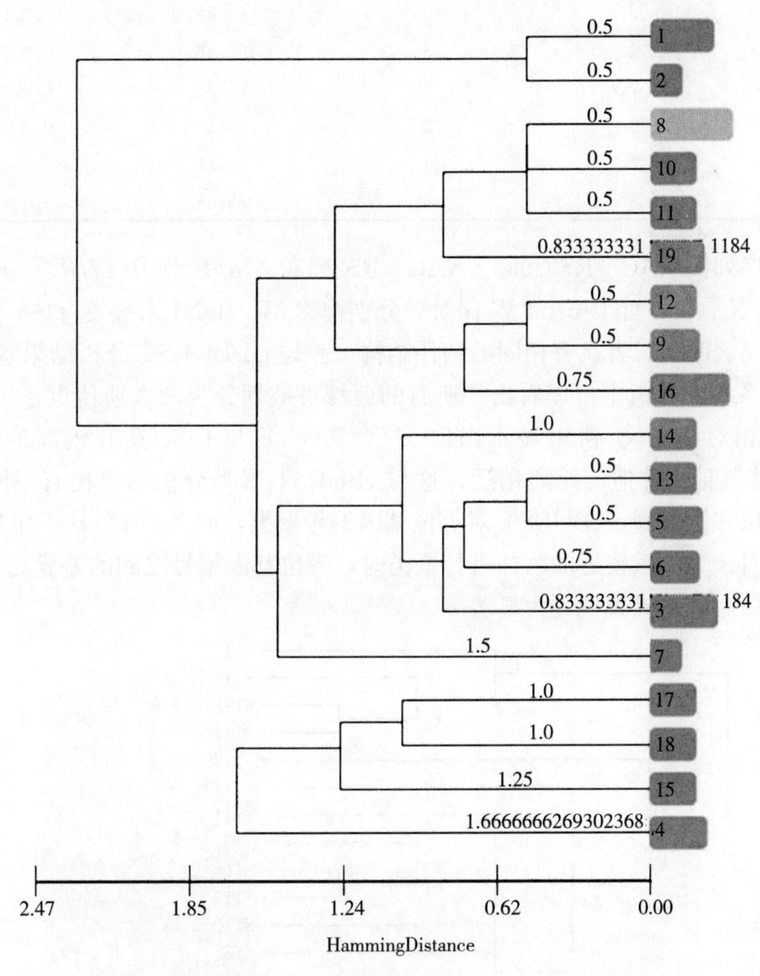


图 22-6 94 株柑橘溃疡病菌的 UPGMA 聚类系统发育树

注：浅色代表核心型 ST，色块长度与菌株量成正相关

#### 22.3.3.3 等位基因多样性分析

利用 DnaSP 和 START 软件对 94 株 *X. citri* subsp. *citri* 的 7 个看家基因的 G+C 含量（%）、多态性位点数、两两序列之间的差异平均数 π 值、非同义替换与同义替换的比值 *dN*/*dS* 验证所选基因的分辨率，结果如表 22－10 所示。由表可知，7 个看家基因的（G+C）%在 61.34%（*egl*）～

66.67%（XAC _ RS07980），与菌株 306 全基因组序列的 G+C 含量 64.6%相近，表明这 7 个基因的保守性较高，在进化过程中比较稳定，在菌株之间系统发生关系的反应中具有代表性。π 值反映了基因位点的多态性变异程度，该值越接近 1，表明该基因的变异度越大；反之，越接近 0，该基因越保守。本研究的 7 个看家基因的 π 值在 0.000 39（*pliY*）~0.002 46（*copB*），均显著小于 1，表明等位基因的突变率较低。*dN*/*dS* 比值可表示所选基因是否受外界选择压力作用，比值>1 表明基因受自然选择压力；比值<1 表示基因受纯化选择压力。一般情况下，看家基因的 *dN*/*dS*<1，处于纯化选择下。实验中所选 7 个看家基因的 *dN*/*dS* 比值均小于 1，表明这 7 看家个基因承受纯化选择压力，尤其基因 XAC _ RS07980 和 *fliL* 的 *dN*/*dS* 为 0，说明这些基因都在稳定选择作用下，受外界选择压力的影响较小。

**表 22-10　7 个看家基因遗传多态性分析结果**

| 基因 | 等位基因数量 | 多态位点数量 | G+C 含量（%） | 核苷酸多态性（π） | *dN*/*dS* |
|---|---|---|---|---|---|
| XAC _ RS07980 | 4 | 3 | 66.67 | 0.000 74 | 0 |
| XAC _ RS21550 | 3 | 2 | 62.22 | 0.001 01 | 0.300 9 |
| XAC _ RS18360（*copB*） | 4 | 8 | 62.56 | 0.002 46 | 0.128 2 |
| XAC _ RS00145（*egl*） | 7 | 6 | 61.34 | 0.000 95 | 0.129 0 |
| XAC _ RS09915（*fliL*） | 3 | 2 | 64.34 | 0.000 77 | 0 |
| XAC _ RS15830（*hrpA*） | 5 | 4 | 62.21 | 0.000 59 | 0.357 1 |
| XAC _ RS13540（*pliY*） | 5 | 4 | 63.58 | 0.000 39 | 0.244 9 |

将 7 个基因的序列按 XAC _ RS07980 - XAC _ RS21550 - *copB* - *egl* - *fliL* - *hrpA* - *pliY* 的顺序拼接，通过 MEGA X 软件，经 Clustal W 比对后分别构建 ML 和 NJ 系统发育树，分析 ST 型之间的系统发育关系。结果表明，二者具有相同的拓扑结构，并与 goeBURST 分析结果基本吻合，NJ 树如图 22-7 所示。从系统发育树中可以看出，所有的菌株可被划分为两大遗传世系，分别与 MLST 中 Group1 和 Group2 相对应。NJ 树中显示 ST-7（470682）与 CC1 具有较高的同源性，ST-13（479681）与 CC1 中其他菌株遗传距离稍远，这与 eBURST 聚类分析结果稍有不同，分析原因可能是我们选择的基因保守性较高，eBURST 对等位基因编号聚类，而 NJ 树是基于序列比对的原理进行系统发育分析，在对亲缘关系较近的菌株进行聚类时，等位基因编号之间的差异比 4 123bp 的序列中较少多态性位点所引起的差异表现更为显著。

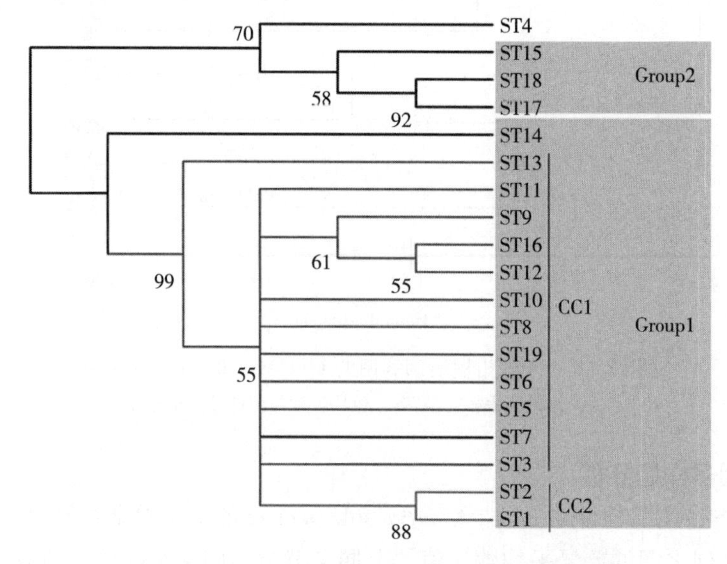


图 22-7　基于 7 个基因串联序列的 NJ 系统发育树

### 22.3.4　50 株柑橘溃疡病菌 wgSNP 聚类分析

以菌株 306 全基因组序列为参考基因组，采用 WGS 方法，利用 Illumina HiseqXten 测序平台，筛选 49 株在地理来源上具有代表性的菌株，对它们进行重测序，并比对筛选 SNP 位点。结果表明，49 株柑橘溃疡病菌测序深度达 200×共发掘到 6 655 个 SNP 位点，各位点的其中转换型位点（C←→T，G←→A）为 4 361 个，颠换型位点（C←→A，G←→T，C←→G，A←→T）为 2 294 个，二者之比约为 1∶0.53。将每一个菌株的这些 SNP 位点按相同顺序串联起来，得到一条 fasta 序列。将这些等长的 fasta 序列输入到 TreeBeST 软件，通过 NJ 法基于全基因组 SNP 位点（wgSNP）构建系统发育树，对柑橘溃疡病菌的遗传多样性进行分析。根据 wgSNP 聚类结果可将 50 株菌（包括参考菌株 306）根据亲缘关系远近分为 8 个分支（Branch）：Branch1 包括 2 株菌株（470681、470682），均分离自印度，是最大的根系分支，与其他菌株亲缘关系较远；Branch2 中包括 3 株印度菌株（470680、CF80、470683）和 1 株泰国菌株（470694）；Branch3 的 4 株菌株均分离自新西兰；Branch4 包括 4 株巴西菌株（REF、470686、470687、470689）和 1 株津巴布韦菌株（470695）；分离自中国的菌株共划分为 4 个 Branches：Branch5 包括部分广西菌株、1 株来自江西吉水菌株（JXjs）、1 株云南菌株（YNxp）和 1 株四川菌株（SC-1）；Branch6 包括来自浙江、广东、广西、湖南、福建、江西等多个产地的 7 个菌株；Branch7 包括 4 株广西菌株（GXlb-2、GXlb-3、GXlb-4、GXlb-10）和 1 株香港菌株（470679），Branch8 包括所有浙江菌株以及 2 株江西菌株（QB2003、JXgz）、1 株广东菌株（GD-2）和 1 株日本菌株（470696）。从结果中可以看出，分离自印度、泰国等地的菌株聚集在树图的根部，这与当前研究得出的该病发源地结果一致。同样地，实验结果证实，中国的柑橘溃疡病菌具备遗传多态性，分离自同一产地的菌株可能因采集园区不同而存在差异（如广西菌株），而分离自不同产地的菌株也可能具有较高的相似性聚集到一起，如 Branch6。

本研究所选用的 49 株柑橘溃疡病菌共分离自 12 个寄主品种，wgSNP 聚类结果显示不同的寄主品种上的菌株可划分到同一个 Branch 中，而同一寄主品种的菌株也未表现出有规律的聚集现象，这进一步表明柑橘溃疡病菌的遗传多样性与其寄主的品种无明显相关性。

### 22.3.5　MLST 分型和 wgSNP 方法对比分析

MLST 和 wgSNP 都是依赖于建库的分型技术，已知信息的菌株资源越丰富，其分析结果的准确性就越高。图 22-8 中 49 株柑橘溃疡病菌菌株的 wgSNP 及 MLST 分型结果表明，两种方法的分型结果具有相似性，柑橘溃疡病菌在不同国家和地区之间存在丰富的遗传多样性，且二者都表现出按地理来源聚集的特点，但聚类结果未表现出明显的寄主专化性。MLST 将 50 株菌株划分为 14 个 STs，wgSNP 获得了 8 个 Bran-ches，ST 型和 Branch 基本是相对应的关系，说明 XAC_RS07980、XAC_RS21550、*copB*、*egl*、*fliL*、*hrpA*、*pliY* 7 个基因基本可以反映出整个基因组的遗传变异情况。在两种方法中，分离自印度的菌株均位于系统进化树根部，说明其他地区的菌株可能是由这些菌株进化而来，这与目前普遍认为 *X. citri* subsp. *citri* 起源于东南亚印度地区的观点吻合。

wgSNP 将所有变异位点组合后，通过序列比对的原理划分 Group，在分析种群结构、地理来源中更具优势。另一方面，MLST 中所含多态性位点较少，菌株个体差异对分型结果的影响较大，而 wgSNP 覆盖了整个基因组中差异位点，所获得的数据量大，准确性更高，例如 MLST 中部分只包含一个菌株的 ST 型，即 ST-5（QB2007）、ST-10（ZJwz-a5）、ST-16（JXgz），经 wgSNP 分析后，可将其与地理位置相近的菌株划分到同一 Branch 中，明确地呈现出依照地理来源聚集的规律。MLST 将分离自印度的菌株划分为 ST-7、ST-13、ST-14、ST-17 4 个不同的 ST 型，且通过 eBURST 聚类分析未能反映出它们之间的进化关系，经 wgSNP 分析，将其划分为 Branch1（ST-7、ST-13）和 Branch2（ST-14、ST-17）；将 ST-8 中的菌株进一步划分为 Branch7 和 Branch8，将分离自广西的菌株 GXlb-2（ST-11）、GXlb-3（ST-8）、GXlb-4（ST-9）、GXlb-10（ST-8）

划分到 Branch7 中，而 Branch8 中主要是分离自浙江的菌株，因此 wgSNP 技术具有更高的分辨率。而 MLST 中所使用的 eBURST 算法更加关注菌株各 ST 型之间的进化关系，将互为 SLV 的 ST 型划分为同一 CC，并定义出祖先 ST 型，以预测病原菌的遗传进化情况。与 wgSNP 相比，该方案仅对 7 个基因位点进行测序，实验周期短且成本更低，易于在生产中推广。

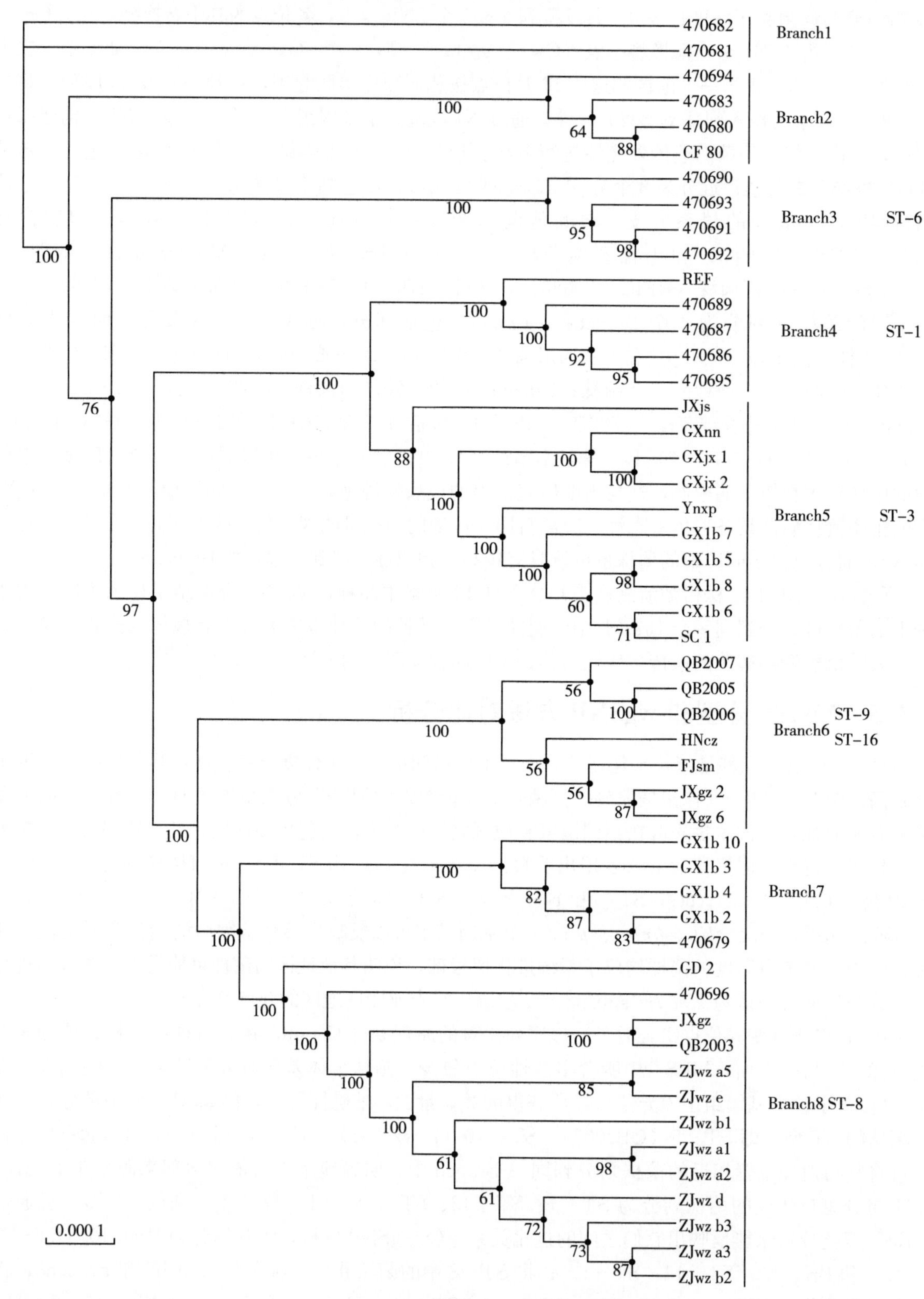


图 22-8　49 株柑橘溃疡病菌 wgSNP 系统发育树

## 22.4　结论

本研究采集国内各产区柑橘、橙、柚、柠檬等不同寄主的柑橘溃疡病样品，分离得到柑橘溃疡病菌，并结合国内外其他来源地的柑橘溃疡病菌为研究对象，筛选了可用于柑橘溃疡病菌 MLST 分型的看家基因，建立了 *X. citri* subsp. *citri* 的 MLST 分型方案，对供试柑橘溃疡病菌进行了聚类分型，探讨了不同来源的菌株的群体遗传关系。同时利用全基因组重测序技术发掘柑橘溃疡病菌全基因组 SNP 位点信息，通过 wgSNP 方法分析国内外柑橘溃疡病菌进化关系，并分析对比两种方法的分型结果，为精确评估柑橘溃疡病菌的来源和传播风险、有区别地制定检疫处理措施，提高监测能力、从源头上防控柑橘溃疡病，指导柑橘安全生产等提供了数据参考和理论支持。本研究得出以下结论。

（1）本研究对 2018—2019 年度采集自广西、福建、江西、湖南、云南、浙江、广东、四川 8 个主要柑橘产区 13 个不同柑橘类品种的 62 份柑橘溃疡病疑似病样进行分离鉴定。分离病原菌后，通过典型菌落观察、特异性引物扩增测序，比对后确定分离得到 43 株柑橘溃疡病菌。

（2）本研究通过细菌 MLST 方法筛选得到 7 个适于柑橘溃疡病菌 MLST 分析的持家基因：XAC_RS07980、XAC_RS21550、*copB*、*egl*、*fliL*、*hrpA*、*pliY*，这些基因处于稳定选择下，具有一定的基因多样性，可用于 MLST 分析。

（3）本研究建立的 MLST 方案具备较高的分辨率，94 株国内外柑橘溃疡病菌共分成了 19 个 ST 型，归为 2 个 Groups 和 1 个 Singleton，分别是 A 型、$A^{w}$和 $A^{*}$ 型、$A^{w}$型。Group1 中定义了 2 个克隆复合体，2 个 CCs 中均包含国外菌株，CC1 菌株来源于亚洲、大洋洲，CC2 菌株来源于美洲、非洲，我们收集到国外的柑橘溃疡病菌菌株，可能具有不同的起源；来自中国的 9 个 STs 均分布在 CC1 中，中国柑橘溃疡病菌虽具有多个 STs，地理分布范围极广，但或许是由相同的 ST 型发展而来。

（4）49 株柑橘溃疡病菌重测序后筛选得到 6 655 个 SNP 位点，聚类分析将 50 株菌株划分为 8 个与地理来源密切相关的 Branches，与 MLST 分型结果基本一致，但 wgSNP 聚类可将中国菌株划分为 4 个与产区相关密切的 Branches，结果更为精准。

（5）在 MLST 分型和 wgSNP 聚类分析中，地理来源相同的菌株大多可以聚在一起，地理位置相近的菌株，聚类后它们亲缘关系也比较近，说明柑橘溃疡病菌的进化变异与其地理来源可能存在关系；而分离自不同寄主品种的菌株可划分到一类，说明柑橘溃疡病菌的基因型未表现出明显的寄主专化性。

# 23 瓜类果斑病菌溯源方法

## 23.1 概况

### 23.1.1 基本信息

详见 10.1.1。

### 23.1.2 分类地位

详见 10.1.2。

### 23.1.3 地理分布

详见 10.1.3。

## 23.2 材料与方法

### 23.2.1 供试菌株

供试菌株来自深圳海关动植物检验检疫技术中心菌种保藏室（表 23－1），表 23－2 是从 NCBI 下载的全基因组测序原始信息菌株。

**表 23－1 实验室保存的 7 株国内外产区的瓜类果斑病菌**

| 实验室编号 | 菌株保藏 ID | 菌株名称 | 国家 | 寄主 |
|---|---|---|---|---|
| 470127 | FC380 | *Acidovorax citruLlli* | USA | — |
| 470131 | XJ－1 | *A. citrulli* | Xinjiang，China | 甜瓜 |
| 470140 | LS－10 | *A. citrulli* | Hainan，China | 西瓜 |
| 470141 | SY－1 | *A. citrulli* | Hainan，China | — |
| 470142 | SY－3 | *A. citrulli* | Hainan，China | 西瓜 |
| 470143 | SY－4 | *A. citrulli* | Hainan，China | 西瓜 |
| 470146 | Pslb－29 | *A. citrulli* | Inner Mongolian，China | 甜瓜 |

**表 23－2 网上下载序列表**

| 实验室编号 | 菌株保藏 ID | 菌株名称 | 国家 | 寄主 |
|---|---|---|---|---|
| PCACM6 | strain：M6 | *A. citrulli* | Isral | 甜瓜 |
| AOOYA | DSM17060 | *A. citrulli* | USA | 甜瓜 |
| CCWAB | AAC00－1＃5596 | *A. citrulli* | USA | 西瓜 |
| CCWAC | AAC00－1＃5684 | *A. citrulli* | USA | 西瓜 |
| CCWAA | AAC00－1＃5593 | *A. citrulli* | USA | 西瓜 |
| REF | AAC00－1 | *A. citrulli* | USA | 西瓜 |

### 23.2.2　试剂

琼脂粉、蛋白胨、酵母浸粉、氯化钠；细菌 DNA 提取试剂盒（DP302）。

### 23.2.3　主要仪器设备

PCR 仪（C1000 Touch Thermal Cycler）、高压灭菌锅（SQ510C）、电子天平（MP5002）超声波清洗仪（KQ－250DE）、水浴锅（DK－8D）、恒温培养箱（DHP－9272）、恒温摇床（SHKE436HP）、金属浴（K30）、微量紫外分光度计（NanoDrop 2000）、台式微量离心机（Microfuge®18）、电泳仪（DYY－11，DYY－12）、凝胶成像仪（ChampGel 5000）。

### 23.2.4　培养基

LB 液体培养基：1 000ml $ddH_2O$ 中，加入胰蛋白胨 10g、酵母浸粉 5g、氯化钠 5g，搅拌至完全溶解后，每份 10mL 分装到玻璃试管中，121℃高压灭菌 20min，备用。

LB 固体培养基：1 000ml LB 液体培养基中，加入 16g 琼脂粉，分装至三角形瓶中，121℃高压灭菌 20min，备用。

### 23.2.5　实验方法

#### 23.2.5.1　菌株活化

在 LB 培养基上，将保存的菌株采用平板划线法活化，于 28℃恒温培养箱中倒置培养 2～3d 备用。

#### 23.2.5.2　菌株 DNA 提取

按照细菌 DNA 提取试剂盒的说明进行瓜类果斑病菌基因组 DNA 的提取，通过 NanoDrop 2000 对提取到的 DNA 进行浓度测定后，置于－20℃冰箱中保存备用。

#### 23.2.5.3　瓜类果斑病菌 wgSNP 聚类分析

将瓜类果斑病菌菌株进行全基因组测序，以菌株 AAC00－1 全基因组序列为参考基因组，采用全基因组鸟枪法（WGS），利用 Illumina HiseqXten 测序平台对构建的 PE（Paired－End）文库进行 2×150bp 测序。步骤如下：

（1）数据评估质控：对测序的原始数据（raw reads）通过 FastQC 进行质量评估。然后通过 Trimmomatic 进行质量剪切，确保得到的数据有效、准确。

（2）序列比对：参考 GATK 最佳实践（Best Practise）所建议的设计流程，先通过 BWA 将样本有效数据比对到参考基因组 REF（菌株 AAC00－1）上。再使用 SAMtools 转换比对结果的格式转换，并对其排序，然后统计比对结果。最后使用 GATK 的 MarkDuplicates 进行重复序列的标注。

根据比对结果进行冗余序列（duplicate reads）分析、插入片段长度（insert size）的分布等分析。利用 BEDTools 进行深度覆盖率统计分析。

（3）SNP 检测：利用 GATK 的 HaplotypeCaller 算法分析每个样品和参考基因组之间的基因型差异，将不同样品的分析进行合并和整合，得到样品的变异信息并统计。

（4）系统发育分析：将筛选到的 SNP 位点串联起来，使用 TreeBest 软件中的邻接 NJ 算法基于各样品的 SNP 构建系统发育树，对西瓜果斑病菌（含参考菌株 AAC00－1）进行种群结构分析。

## 23.3　结果与分析

从 wgSNP 聚类结果可以将 15 株瓜类果斑病菌按照亲缘关系远近分为 4 个分支（Branch），如图 23－1 所示。Branch1 中菌株 470131、470140、470141、470142、470143、470146 均来源于中国；

Branch2 中菌株 AOOYA 来源于美国；Branch 3 中菌株 PCACM6 来源于以色列；Branch 4 中菌株 470127、CCWAA、CCWAB、CCWAC 以及参考菌株 AAC00－1 均分离自美国。从结果来看，基于全基因组 SNP 的分析可以大致将国内外菌株以及不同国家菌株明显区别开来。

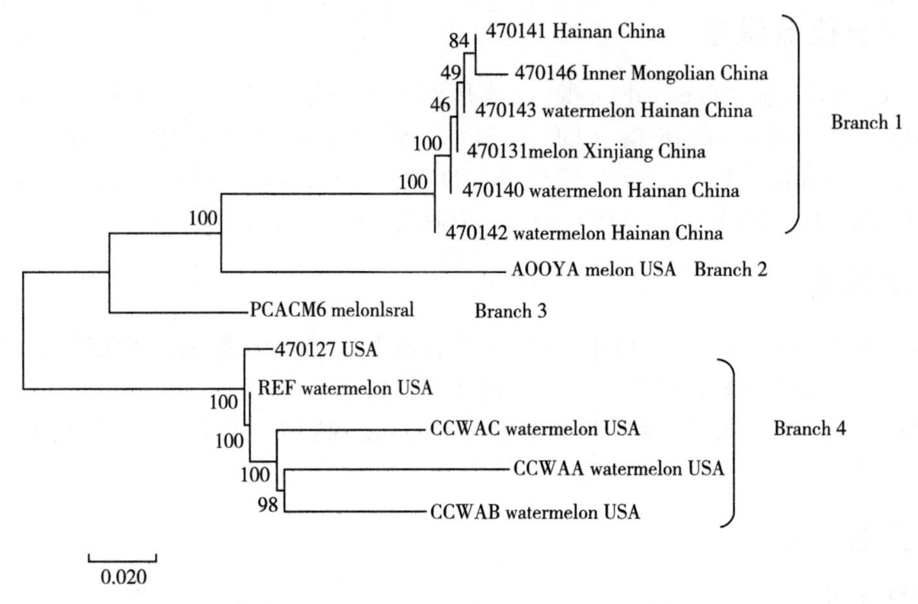


图 23－1　瓜类果斑病菌 wgSNP 系统发育树

## 23.4　结论

本研究通过对瓜类果斑病菌发生的主要国家菌株进行全基因组重测序，发掘其 SNP 位点，分析其遗传进化关系，发现不同菌株在地理来源上呈现一定的规律，可以将 13 株瓜类果斑病菌按照亲缘关系远近可以分为 4 个分支（Branch），从结果来看，基于全基因组 SNP 的分析可以大致将国内外菌株以及不同国家菌株明显区别开来。

# 附录 1　油菜茎基溃疡病菌分生孢子活性检测方法

## 1　范围

本标准规定了应用普通荧光显微镜或激光扫描共聚焦显微镜对油菜茎基溃疡病菌（*Leptosphaeria maculans*（Desm.）Ces. et De Not.）分生孢子进行活性检测的方法。

本标准适用于油菜茎基溃疡病菌相关寄主中携带的油菜茎基溃疡病菌分生孢子的活性检测鉴定。

## 2　规范性引用文件

下列文件对于本文件的应用是必不可少的。凡是注日期的引用文件，仅注日期的版本适用于本文件。凡是不注日期的引用文件，其最新版本（包括所有的修改单）适用于本文件。

GB/T 31793 油菜茎基溃疡病菌检疫鉴定方法

## 3　原理

应用荧光染料对油菜茎基溃疡病菌分生孢子进行染色处理，根据碘化丙啶（Propidium Iodide，PI）能够穿透正在死亡或者已经死亡的细胞膜，不能透过具有活力的细胞膜，使不具活性的孢子发出红色荧光、具有活性的孢子不发出荧光的特点，运用普通荧光显微镜或激光扫描共聚焦显微镜对荧光染料处理的分生孢子进行检测，分析其活性情况。

## 4　仪器和试剂

### 4.1　仪器用具

激光扫描共聚焦显微镜或普通荧光显微镜、高压灭菌锅、生物安全柜、生化培养箱、冰箱、离心机。

### 4.2　试剂

碘化丙啶（Propidium Iodide，PI）（分析纯）

碘化丙啶溶液配置方法：称取 0.01g PI 粉末，加入 10mL 无菌水，配制成浓度为 1mg/mL 的母液，置于棕色瓶 4℃避光保存，使用前配置所需浓度。

### 4.3　培养基

马铃薯葡萄糖琼脂培养基（PDA）：200g 去皮马铃薯切成小方块，加入 1 000mL 自来水，煮沸 15min，4 层纱布过滤得到滤液，滤液中加入 18g 葡萄糖、18g 琼脂粉，加热溶解后将溶液定容至 1 000mL，分装到三角瓶中，121℃ 高压蒸汽灭菌 20min。

## 5　活性检测方法

### 5.1　检测样品制备

在超净工作台中，用解剖针将油菜茎基溃疡病菌分生孢子挑到灭菌水中，充分震荡 3min，在显微镜下检测样品浓度，确定稀释比例，配制成终浓度为 10～100 个/μL 的孢子悬浮液，镜检，备用。

### 5.2　孢子染色

取 199μL 孢子悬浮液，加入 1μL 质量浓度为 0.1mg/mL 的碘化丙啶染料，混匀，室温下避光染色 4min，染色完成后，16 000g 离心 1min 去上清液终止染色，加入灭菌去离子水洗涤一次，重新悬浮。避光放置备用。

### 5.3 普通荧光显微镜或激光扫描共聚焦显微镜活性检测

5.3.1 普通荧光显微镜检测

5.3.1.1 制片

吸取 5μL 活性染料处理之后的样品制备玻片，封片，放置于普通荧光显微镜载物台上，低倍镜下找到孢子，转到 100 倍油镜下观察，微调至视野内图像清晰。

5.3.1.2 检测

至少检测 30 个孢子，观察染色情况。

PI 染色检测：将荧光光路打开，设置荧光通道的激发波长为 534nm，收集荧光信号的发射波长为 617nm，收集荧光信号。微调至视野内图像清晰。

注：为了保证图像能够反映出孢子最真实的荧光染色情况，特别需要观察明场通道下所得到孢子图像是否清晰。

5.3.2 激光扫描共聚焦显微镜活性检测

5.3.2.1 制片

吸取 5μL 活性染料处理之后的样品制备玻片，封片，置于激光扫描共聚焦显微镜载物台上，低倍镜下找到孢子，转到 100 倍油镜下观察，微调至视野内图像清晰。

5.3.2.2 激光设置

选择相应的激光管（氩离子激光器）激发荧光信号，FDA 检测设置荧光通道的激发波长为 488nm，收集荧光信号的发射波长为 530nm，并设置一个明场通道作为对照。PI 检测设置荧光通道的激发波长为 534nm，收集荧光信号的发射波长为 617nm，并设置一个明场通道作为对照。

5.3.2.3 扫描设置

选择低像素扫描模式扫描（xy：512×512），重复扫描次数为 1 次，扫描速度为 9，根据成像效果调整探测针孔、光电倍增管增益和激光扫描强度等参数，将图像调整至质量较好的效果。再用精确扫描方式（xy：2 048×2 048）然后根据信噪比调整扫描模式，选择精确像素的平面扫描方式进行粗略扫描（xy：2 048×2 048），重复扫描次数为 2 次，扫描速度为 6，获取最终图像。

5.3.2.4 检测

扫描至少 30 个孢子，观察染色结果。

注：为了保证图像能够反映出孢子最真实的荧光染色情况，特别需要观察明场通道下所得到孢子图像是否清晰。

### 5.4 萌发实验

取孢子悬浮液 100μL，均匀涂布于 PDA 培养基上，用封口膜封口，置于 25℃培养 9h 以上，观察孢子萌发情况，以芽管长度大于孢子本身长度视为萌发。

## 6 结果判断与表述

结果判断与表述如下：

孢子染色后通过普通荧光显微镜或激光扫描共聚焦显微镜随机扫描至少 30 个孢子，所扫描的孢子中，检测到没有荧光的孢子，判定油菜茎基溃疡病菌孢子具有活性，参见附录 B；

孢子染色后通过普通荧光显微镜或激光扫描共聚焦显微镜随机扫描至少 30 个孢子，所扫描的孢子中，所有孢子均呈红色荧光，判定油菜茎基溃疡病菌孢子不具活性，参见附录 B；

激光扫描共聚焦显微镜或普通荧光显微镜扫描结果未呈现荧光且无法判断孢子活性的，对未染色的孢子进行萌发实验，根据萌发情况判定。

## 7　样品与原始数据保存

### 7.1　样品保存

存查样品应视样品的状态采用相应的保存方式，妥善保存 6 个月。如发现具有活性的油菜茎基溃疡病菌孢子的，该样品应保存 1 年，以备复验，如涉及贸易纠纷则应保存到纠纷解决完毕。保存期满后，需经灭菌处理。

### 7.2　原始数据保存

样品检测结束后，其原始记录单和检验结果或证书应归档，妥善保管，以备复验、谈判和仲裁。

# 附录 A
# （资料性附录）
# 油菜茎基溃疡病菌相关信息

### A.1　基本信息

英文名：Crucifers stem canker，Crucifers black leg，Phoma leaf spot，Crucifers canker，Crucifers dry rot，Blackleg of cabbage

学名：*Leptosphaeria maculans*（Fuckel）Ces. et De Not.

无性态：*Phoma lingam*（Tode）Desm.

分类地位：真菌界（Fungi），子囊菌门（Ascomycota），座囊菌纲（Dothideomycetes），格孢腔菌目（Pleosporales），小球腔菌科（Leptosphaeriaceae），小球腔菌属（*Leptosphaeria*）

传播途径：病菌以子囊壳和菌丝体在病残体中越夏和越冬。菌丝体在土中可存活 2 年到 3 年，在种子内可存活 3 年，子囊壳在残株中可存活 5 年以上。病菌分生孢子可借风雨作短距离传播，病残体和带菌种子是远距离传播的主要方式。

### A.2　寄主范围

主要寄主是油菜以及其他十字花科蔬菜，包括芸薹属（*Brassica*）的一些种，例如油菜（*B. campestris*）、大白菜（*B. rapa* subsp. *pekinensis*）、榨菜（*B. juncea* var. *tumida*）、芜菁甘蓝（*B. napus* var. *napus*）、黑芥（*B. nigra*）、甘蓝（*B. oleracea*）、花椰菜（*B. oleracea* var. *botrytis*）、结球甘蓝（*B. oleracea* var. *capitata*）、芜菁（*B. campestris*）；野生寄主有葱芥（*Alliaria petiolata*）、菊科（Asteraceae）、龙胆目（Gentianales）、屈曲花属（*Iberis*），香雪球（*Lobularia maritima*）、紫罗兰属（*Matthiola*）、柳叶菜科（Onagraceae）、萝卜属（*Raphanus*）、野芥（*Sinapis arvensis*）和菥蓂（*Thlaspi arvense*）。

### A.3　症状

病菌在寄主花期、收获后和生长期侵染植株叶片、根部、茎部和整个植株。幼嫩的组织更易受到侵染。主要危害症状是叶部损坏、变色，茎部溃疡，严重的整个植株死亡。幼苗的茎、叶上有灰色斑点，成株的茎基部有凹陷的溃疡斑，上有黑色小点。重病株易折断，根部病斑长条形，易腐朽。病菌子囊孢子在适宜条件下沉降于叶片表面，侵入定殖，在叶片组织中扩展，导致茎部系统性的潜在侵染，最终发展为茎溃疡。

# 附录 B
（资料性附录）
# 油菜茎基溃疡病菌孢子染色结果图

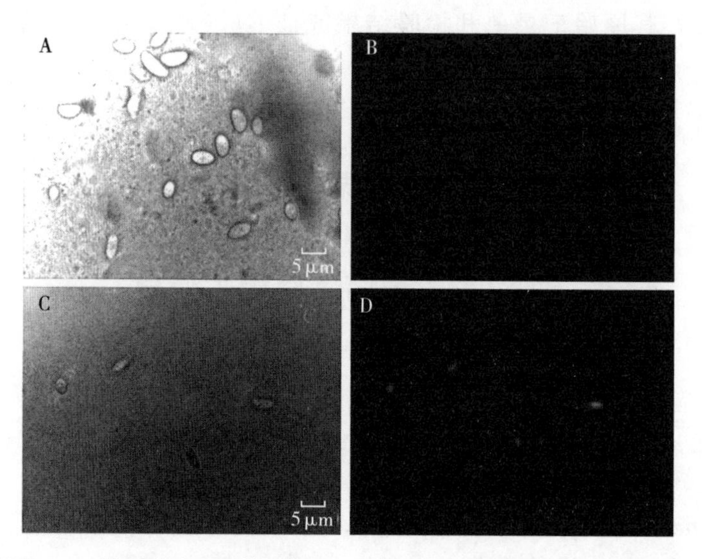


附图 1－1　普通荧光显微镜观察 PI 对油菜茎基溃疡病菌孢子染色效果图
（A、B 均为活孢子染色结果，A 为明场，B 为荧光通道；C、D 均为死孢子染色结果，C 为明场，D 为荧光通道）

# 附录 2　美澳型核果褐腐病菌活性检测方法

## 1　范围

本文件描述了应用普通荧光显微镜或激光扫描共聚焦显微镜对美澳型核果褐腐病菌 *Monilinia fruticola*（G. Winter Honey）进行活性检测的方法。

本文件适用于美澳型核果褐腐病菌相关寄主中携带美澳型核果褐腐病菌的分生孢子活性检测。

## 2　规范性引用文件

下列文件中的内容通过文中的规范性引用而构成本文件必不可少的条款。其中，注日期的引用文件，仅该日期对应的版本适用于本文件；不注日期的引用文件，其最新版本（包括所有的修改单）适用于本文件。

SN/T 2589 植物病原真菌检测规范

## 3　术语和定义

### 3.1　活性

具有生命力的一种性质。

### 3.2　分生孢子活性

分生孢子具有生命力的一种性质。

注：分生孢子具有活性，说明分生孢子是活的；分生孢子不具有活性，说明分生孢子是死的。

## 4　基本信息

中文名：美澳型核果褐腐病菌

英文名：pathogen of American brown rot of stone fruit

学名：*Monilinia fructicola*（Winter）Honey

曾用名：*Sclerotinia fructicola*（Winter）Rehm.

无性态：*Monilia fructicola* Batra

分类地位：属真菌界（Fungi），子囊菌门（Ascomycota）子囊菌纲（Ascomycetes），柔膜菌目（Helotiales），核盘菌科（Sclerotiniaceae），链核盘菌属（*Monilinia*）。

美澳型核果褐腐病菌寄主、症状、菌落特征及分生孢子形态学特征见附录 A。（引自 SN/T 1871—2007）

## 5　原理

分别应用二乙酸荧光素（Flourescein Diacetate，FDA）和碘化丙啶（Propidium Iodide，PI）荧光染料对美澳型核果褐腐病菌孢子进行染色处理，根据 FDA 可通过细胞代谢留在活菌内，使具有活性的孢子发出绿色荧光，如果细胞膜损伤，则荧光素流失，因而使不具有活性的孢子不发出荧光；PI 能够穿透正在死亡或者已经死亡的细胞膜，使不具活性的孢子发出红色荧光，PI 不能透过具有活力的细胞膜，使具有活性的孢子不发出荧光。根据上述特点并运用普通荧光显微镜或激光扫描共聚焦显微镜对病菌分生孢子进行活性检测，分析分生孢子的死活。

## 6 仪器和试剂

### 6.1 仪器用具

普通荧光显微镜或激光扫描共聚焦显微镜、超净级工作台、天平、高压灭菌锅、生化培养箱、冰箱、离心机。

### 6.2 试剂

二乙酸荧光素（Flourescein Diacetate，FDA）：称取 0.1g FDA 粉末，加入 10mL 丙酮，配制成浓度为 10mg/mL 的母液，置于棕色瓶 4℃避光保存。使用前用丙酮稀释，配置成 0.5mg/mL 的工作液。

碘化丙啶（Propidium Iodide，PI）：称取 0.01g PI 粉末，加入 10mL 无菌水，配制成浓度为 1mg/mL 的母液，置于棕色瓶 4℃避光保存，使用前用无菌水稀释，配置成 0.05mg/mL 的工作液。

### 6.3 主要培养基

马铃薯葡萄糖琼脂培养基（PDA）：200g 去皮马铃薯切成小方块，加入 1 000mL 自来水，煮沸 15min，用 4 层纱布过滤得到滤液，滤液中加入 18g 葡萄糖、18g 琼脂粉，加热溶解后将溶液定容至 1 000mL，分装到三角瓶中，121℃ 高压蒸汽灭菌 20min。

## 7 活性检测方法

### 7.1 检测样品制备

刮取寄主症状病症的分生孢子装入到有无菌水的离心管中，配制成终浓度为 10～100 个/μL 的孢子悬浮液，镜检，备用。

### 7.2 孢子染色

7.2.1 FDA 染色

取 199μL 孢子悬浮液，加入 1μL 质量浓度为 0.5mg/mL 的 FDA，混匀，于室温下避光染色 15min，16 000g 离心 1min 弃上清液终止染色，加入灭菌去离子水洗涤一次，重新悬浮。现配现用，避光放置。

7.2.2 PI 染色

取 199μL 孢子悬浮液，加入 1μL 质量浓度为 0.05mg.$mL^{-1}$ 的 PI，混匀，于室温下避光染色 4min，16 000g 离心 1min 弃上清液终止染色，加灭菌去离子水洗涤一次，重新悬浮。现配现用，避光放置。

### 7.3 普通荧光显微镜或激光扫描共聚焦显微镜活性检测

7.3.1 普通荧光显微镜检测

7.3.1.1 制片

吸取 5μL 活性染料处理之后的样品制备玻片，封片。

7.3.1.2 检测

将制好的玻片立即放置于普通荧光显微镜载物台上，在低倍镜下找到孢子，然后转至 40 倍镜下观察，微调至视野内图像清晰下观察并计数。至少检测 30 个孢子，观察染色情况。

FDA 染色检测：将荧光光路打开，设置荧光通道的激发波长 488nm，收集荧光信号的发射波长 530nm，收集荧光信号。微调至视野内图像清晰。（见附录 B）

PI 染色检测：将荧光光路打开，设置荧光通道的激发波长 534nm，收集荧光信号的发射波长 617nm，收集荧光信号。微调至视野内图像清晰。（见附录 B）

注：为了保证图像能够反映出孢子最真实的荧光染色情况，特别需要观察明场通道下所得到孢子图像是否清晰。

7.3.2 激光扫描共聚焦显微镜活性检测

7.3.2.1 制片

吸取 5μL 活性染料处理之后的样品制备玻片，封片。

7.3.2.2　激光设置

选择相应的激光管（氩离子激光器）激发荧光信号，FDA 检测设置荧光通道的激发波长(488nm)，收集荧光信号的发射波长（530nm)，并设置一个明场通道作为对照。PI 检测设置荧光通道的激发波长（534nm)，收集荧光信号的发射波长（617nm)，并设置一个明场通道作为对照。

7.3.2.3　扫描设置

选择低像素扫描模式扫描（xy：512×512)，重复扫描次数为 1 次，扫描速度为 9，根据成像效果调整探测针孔 Pinhole、光电倍增管增益和激光扫描强度等参数，将图像调整至质量较好的效果。再用精确扫描方式（xy：2 048×2 048）然后根据信噪比调整扫描模式，选择精确像素的平面扫描方式进行粗略扫描（xy：2 048×2 048)，重复扫描次数为 2 次，扫描速度为 6，获取最终图像。

7.3.2.4　检测

将制好的玻片立即放置于激光扫描共聚焦显微镜载物台上，低倍镜下找到孢子，转到 40 倍镜下观察，微调至视野内图像清晰，扫描至少 30 个孢子，观察染色结果。(见附录 C)

注：为了保证图像能够反映出孢子最真实的荧光染色情况，特别需要观察明场通道下所得到孢子图像是否清晰。

## 8　结果判断与表述

结果判断与表述如下：

通过普通荧光显微镜或激光共聚焦显微镜扫描检测分别经 FDA 和 PI 处理至少 30 个分生孢子。

如经 FDA 处理检测到分生孢子发绿色荧光，以及经 PI 处理检测到分生孢子不发荧光，则判定该分生孢子具有活性；

如经 PI 处理检测到分生孢子发红色荧光，以及经 FDA 处理检测到分生孢子不发荧光，则判定该分生孢子不具有活性。

## 9　样品与原始数据集保存

### 9.1　样品保存

存查样品应视样品的状态采用相应的保存方式，妥善保存 6 个月。如发现具有活性的美澳型核果褐腐病菌孢子的，进行斜面保存，如涉及贸易纠纷则应保存到纠纷解决完毕。保存期满后，需经灭菌处理。样品保存方法符合 SN/T 2589 的规定。

### 9.2　原始数据保存

样品检测结束后，其原始记录单和检验结果或证书应归档，妥善保管，以备复验、谈判和仲裁。

# 附录 A
(资料性)
# 美澳型核果褐腐病菌寄主、症状、菌落特征及分生孢子形态学特征

## A.1　主要寄主

主要寄主有苹果（*Malus domestica*)、番木瓜（*Carica papaya*)、欧李（*Cerasus Humilis*)、樱桃（*Cerasus pseudocerasus*)、欧洲山茱萸（*Cornus mas*)、杏（*Prunus armeniaca*)、欧洲甜樱桃(*Prunus avium*)、欧洲酸樱桃（*Prunus Cerasus*)、欧洲李（*Prunus domestica*)、扁桃（*Prunus dulcis*)、桃（*Prunus persica*)、李（*Prunus salicina*)、杏李（*Prunus simonii*)、葡萄（*Vitis vinifera*)、枇杷(*Eriobotrya Japonica*)，病菌还可在木瓜属（*Chaenomeles*)、山楂属（*Crataegus*)、榅桲属（*Cydonia*)、

枇杷属（*Eriobotrya*）、刚竹属（*Phyllostachys*）、李属（*Prunus*）、梨属（*Pyrus*）等寄主上为害。

## A.2 为害症状

该病害主要为害果实，病害发生初期果实表面上形成灰褐色圆形病斑，随后病斑迅速蔓延扩展至全果，并使果肉变褐软腐，病部表面产生散生的灰褐色绒球状霉层，最后病果大部分或完全腐烂脱落，或干缩成僵果悬挂枝条上经久不落。若在低湿度条件下，整个果实皱缩，干瘪。受侵染的花和叶变褐，枯萎，形成一个典型的枯萎状，在茎上造成褐色的凹陷区域（溃疡斑），通常其表面聚集着树胶。潮湿条件下，在这些受侵染的组织上产生分生孢子梗束。

## A.3 美澳型核果褐腐病菌为害症状图

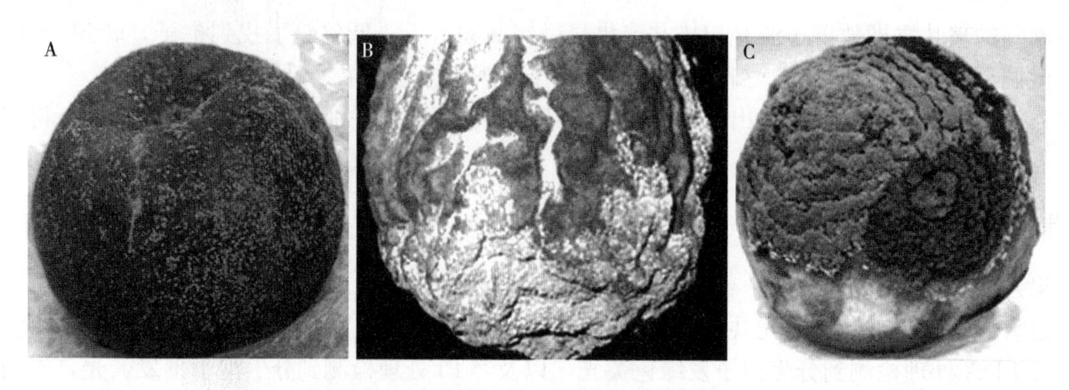


附图 2-1 美澳型核果褐腐病菌为害症状

标引序号说明：A——美澳型核果褐腐病在苹果上症状；B——美澳型核果褐腐病在李上症状；C——美澳型核果褐腐病在桃上症状

## A.4 菌落特征

菌落生长速度快，在 PDA 培养基上 22℃培养 8d 左右，菌落可布满整个培养皿，呈同心轮纹状，菌落边缘完整，质地均匀，气生菌丝中等发达、呈绒球状，菌落颜色初期灰白，后期呈灰黄色或灰褐色。孢量丰富、菌落表面的分生孢子堆呈同心轮纹圆环。

## A.5 菌株在 PDA 培养基上生长菌落形态图

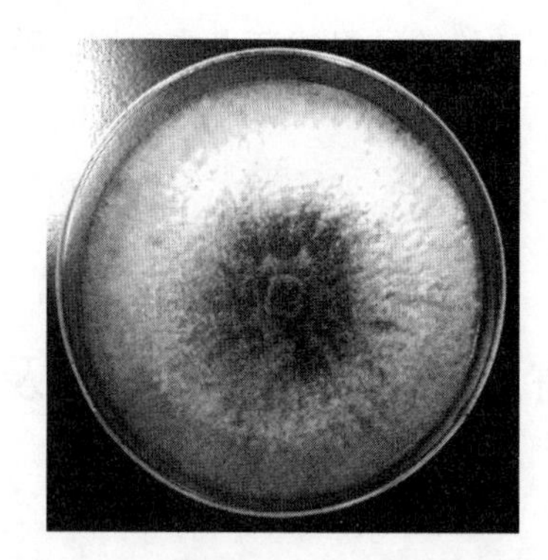

附图 2-2 菌株在 PDA 上生长菌落形态

## A.6 分生孢子形态学特征

危害链呈念珠状，柠檬形至椭圆形，有时顶部平截，大小为（8～28）μm×（5～19）μm，无色透明，聚集时为灰黄色。分生孢子梗较短，分枝或不分枝，顶端串生分生孢子。

# 附录 B
## （资料性）
## 美澳型核果褐腐病菌孢子染色结果图

### B.1　普通荧光显微镜观察 FDA 对美澳型核果褐腐病菌孢子染色效果图

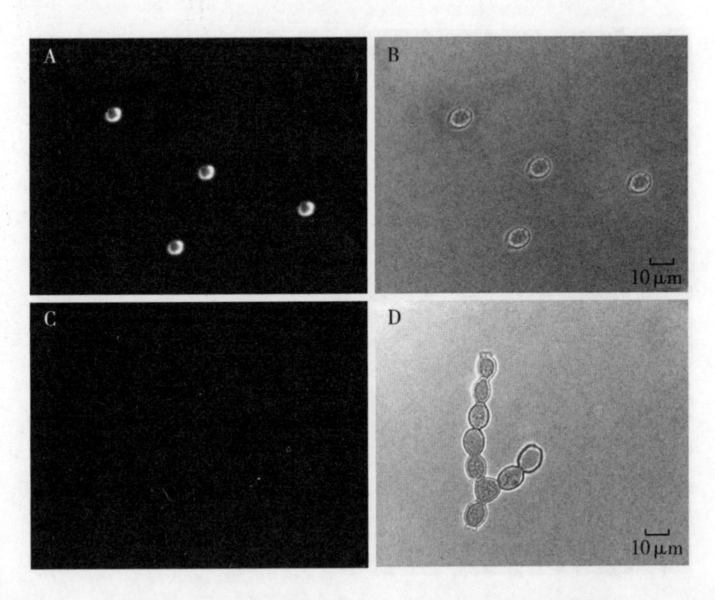


附图 2-3　普通荧光显微镜观察 FDA 对美澳型核果褐腐病菌孢子染色效果

标引序号说明：A，B——活孢子染色结果，A 为荧光通道，B 为明场；C，D——死孢子染色结果，C 为荧光通道，D 为明场

### B.2　普通荧光显微镜观察 PI 对美澳型核果褐腐病菌孢子染色效果图

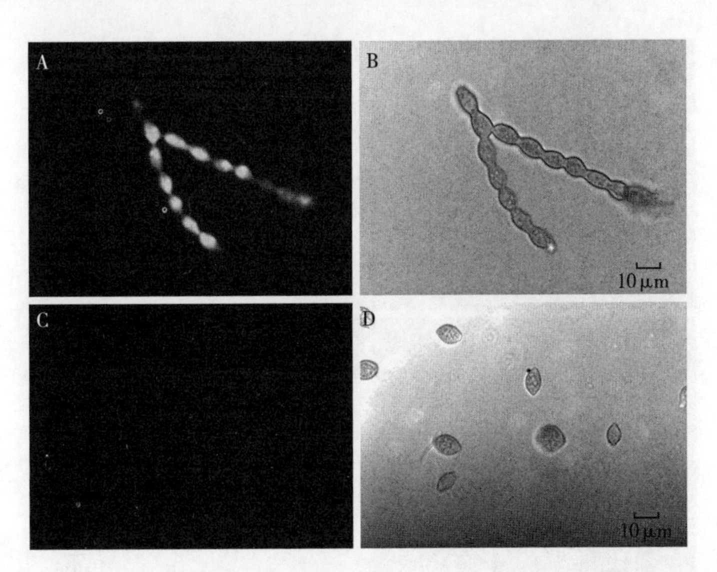


附图 2-4　普通荧光显微镜观察 PI 对美澳型核果褐腐病菌孢子染色效果

标引序号说明：A，B——死孢子染色结果，A 为荧光通道，B 为明场；C，D——活孢子染色结果，C 为荧光通道，D 为明场

# 附录C
（资料性）
美澳型核果褐腐病菌孢子染色结果图

## C.1 激光共聚焦显微镜观察FDA对美澳型核果褐腐病菌孢子染色效果图

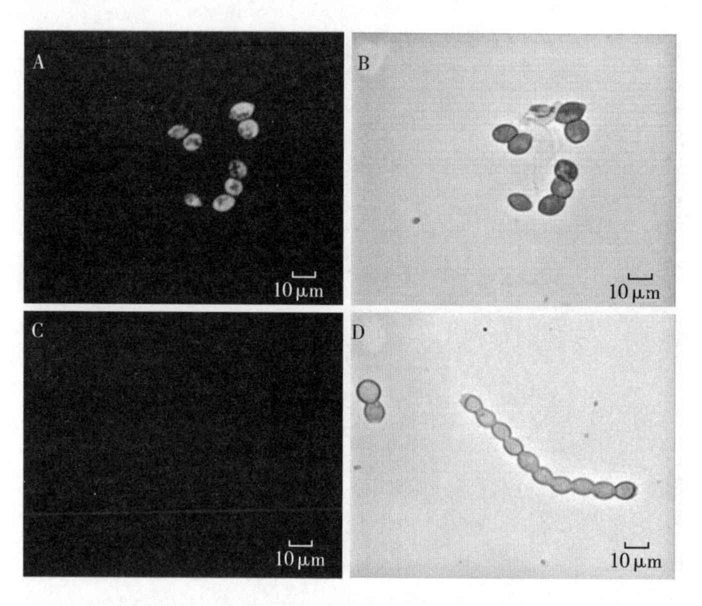


附图2-5 激光共聚焦显微镜观察FDA对美澳型核果褐腐病菌孢子染色效果

标引序号说明：A，B——活孢子染色结果，A为荧光通道，B为明场；C，D——死孢子染色结果，C为荧光通道，D为明场

## C.2 激光共聚焦显微镜观察PI对美澳型核果褐腐病菌孢子染色效果图

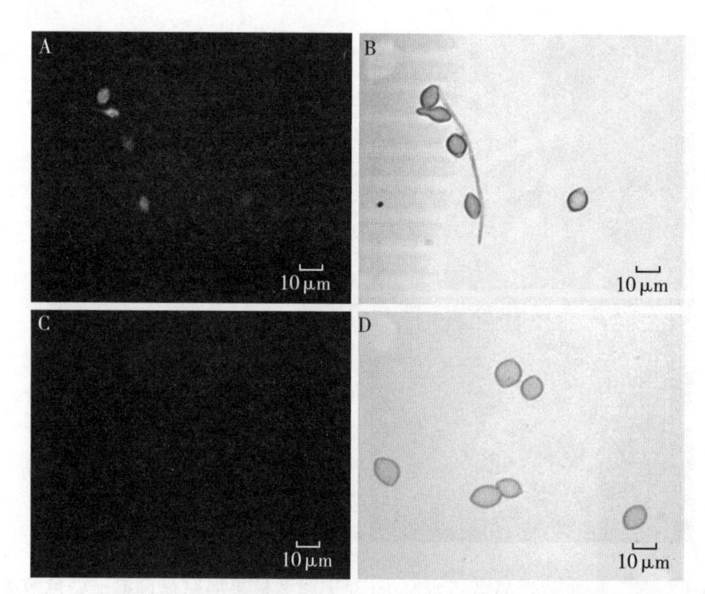


附图2-6 激光共聚焦显微镜观察PI对美澳型核果褐腐病菌孢子染色效果

标引序号说明：A，B——死孢子染色结果，A为荧光通道，B为明场；C，D——活孢子染色结果，C为荧光通道，D为明场

# 附录 3　瓜类果斑病菌溯源检测方法

## 1　范围

本标准规定了应用全基因组 SNP 分型（wgSNP）方法对燕麦嗜酸菌西瓜亚种进行溯源检测的方法。

本标准适用于燕麦嗜酸菌西瓜亚种的分子溯源检测。

## 2　规范性引用文件

下列文件中的内容通过文中的规范性引用而构成本文件必不可少的条款。其中，注日期的引用文件，仅该日期对应的版本适用于本文件；不注日期的引用文件，其最新版本（包括所有的修改单）适用于本文件。

## 3　术语和定义

### 3.1　溯源（Traceability）

溯源是利用对物种有进化和溯源价值的基因片段将核酸序列信息与来源地、寄主等来源信息进行相关性归类。

### 3.2　系统发育树（Phylogenetic tree）

系统发育树又称为进化树（Evolutionary tree），是表明被认为具有共同祖先的各物种间进化关系的树，是一种亲缘分支分类方法（Cladogram）。在树中，每个节点代表其各分支的最近共同祖先，而节点间的线段长度对应演化距离。

### 3.3　单核苷酸多态性（SNP，single nucleotide polymorphism）

单核苷酸多态性是指在基因组水平上由单个核苷酸的变异所引起的 DNA 序列多态性。

### 3.4　全基因组单核苷酸多态性（wgSNP，Whole Genome Single Nucleotide Polymorphi－sm）

全基因组单核苷酸多态性是指在全基因组水平上由单个核苷酸的变异所引起的 DNA 序列多态性。

## 4　病菌的基本信息

中文名称：瓜类果斑病菌、西瓜细菌性果斑病菌、西瓜细菌性果腐病菌

学名：*Acidovorax citrulli*（Schaad et al.）Schaad et al.，2008

异名：*Acidovorax avenae* subsp. *citrulli*（Schaad et al.，1978）Willems et al.，1992

*Pseudomonas avenae* subsp. *citrulli*（Schaad et al.，1978）Hu et al.，1991

*Pseudomonas pseudoalcaligenes* subsp. *citrulli* Schaad et al.，1978

分类地位：原核生物界（Procaryotae），变形菌门（Proteobacteria），β-变形菌纲（Betaproteobacteria），从毛单胞菌科（Comamonadaceae），噬酸菌属（*Acidovorax*），西瓜种 *Acidovorax citrulli*.

该病菌的其他相关资料参见附录 A。

## 5　方法原理

溯源检测的原理是通过全基因组测序技术发掘物种的 wgSNP 位点，基于得到的 SNP 位点信息

构建系统发育树进行聚类分析而对物种进行溯源归类。

## 6 仪器和器具

恒温培养箱、恒温摇床、超净工作台、高压灭菌锅、PCR扩增仪、冷冻离心机、核酸蛋白分析仪、电泳仪、凝胶成像系统、−20℃冰箱、PCR仪、水浴锅、解剖剪刀、离心管、镊子、移液器、冻存管、培养皿、酒精灯、接种针。

## 7 试剂和培养基

试剂：4%次氯酸钠、70%酒精、CTAB、PCR *Taq* 酶、PCR *Taq* 缓冲液、dNTP、无菌超纯水。

LB液体培养基：1L $ddH_2O$ 中，加入胰蛋白胨10.00g，酵母浸粉5.00g，氯化钠5.00g，搅拌至完全溶解后，每份10mL分装到玻璃试管中。

LB固体培养基：1L LB液体培养基中，加入16.00g琼脂粉，分装至锥形瓶中。

以上培养基均121℃高压灭菌20min，备用。

## 8 溯源检测方法

### 8.1 菌株活化

在LB固体培养基上，将保存的菌株采用平板划线法活化，于28℃恒温培养箱中倒置培养2～3d备用。

### 8.2 DNA提取与纯化

使用CTAB法对基因组DNA的提取方法详见附录B，测定DNA浓度及纯度后，保存于−20℃冰箱备用。

### 8.3 全基因组测序

以模式菌株REF的全基因组序列为参考基因组，采用全基因组鸟枪法（WGS），利用Illumina HiseqXten测序平台对构建的PE（Paired-End）文库进行2×150bp测序，测序深度达200×。

注：也可采用其他测序平台。

### 8.4 数据评估质控

对测序的原始数据（raw reads）通过FastQC软件进行质量评估。然后通过Trimmomatic软件进行质量剪切，确保得到的数据有效、准确。

### 8.5 序列比对

按照GATK软件最佳实践（Best Practise）所建议的设计流程，先通过BWA软件将样本有效数据比对到参考基因组REF上。再使用SAMtools软件转换比对结果的格式，并对其排序，然后统计比对结果。最后使用GATK软件的MarkDuplicates进行重复序列的标注。根据比对结果进行冗余序列（duplicate reads）分析、插入片段长度（insert size）的分布等分析。利用BEDTools软件进行深度覆盖率统计分析。

### 8.6 SNP检测

利用GATK软件的HaplotypeCaller算法分析每个样品和参考基因组之间的基因型差异，将不同样品的分析进行合并和整合，得到样品的变异信息并统计各个菌株变异位点。

### 8.7 系统发育分析

将每一个菌株的这些SNP位点按相同顺序串联起来，得到一条fasta序列。将这些等长的fasta序列输入到TreeBeST软件或mege7软件，通过NJ法基于全基因组SNP位点（wgSNP）构建系统发育树，对菌株（含参考菌株）进行种群结构分析。

## 9 结果判断

根据待分析序列在系统进化树上与已溯源燕麦嗜酸菌西瓜亚种的分支聚集结果进行判定。

果序列与已溯源菌株序列聚为一支，即可判定该物种序列与已知溯源信息序列具有相同的来源地。

果序列与已溯源菌株序列未与任一物种序列聚为一支，则判定该物种与已知的物种不是同一来源地。

## 10 样品与原始数据及保存

### 10.1 样品保存

分离得到的菌种转移到LB液体培养基中，28℃培养36h，加入20%灭菌甘油，置于−0℃条件下保存至少12个月或采用无菌水保存法，严格防止扩散，保存期满后，经高温高压灭菌处理。

### 10.2 结果记录与资料保存

完整的实验记录包括：样品的来源、种类、时间，实验的时间、地点、方法和结果等，并要有实验人员和审核人员签字。PCR产物凝胶电泳检测需有电泳结果照片，测序全基因组序列需要保存电子文件。

# 附录A
# （资料性附录）
# 基本信息

### A.1 分布

亚洲：中国、印度尼西亚、伊朗、以色列、日本、马来西亚、韩国、泰国、土耳其，以及中国台湾；

欧洲：希腊、匈牙利、意大利、荷兰、塞尔维亚；

北美洲：加拿大、哥斯达黎加、瓜德罗普岛、尼加拉瓜、特立尼达和多巴哥、美国；

大洋洲：澳大利亚、关岛、北马里亚纳群岛；

南美洲：巴西。

### A.2 寄主范围

辣椒 *Capsicum annuum*、西瓜 *Citrullus lanatus*、甜瓜 *Cucumis melo*、罗马甜瓜 *C. melo* var. *canatalupensis*、香瓜 *C. melo* var. *makuwa*、网纹甜瓜 *C. melo* var. *reticulatus*、哈密瓜 *C. melo* var. *saccharinus*、黄瓜 *C. sativus*、南瓜属 *Cucurbita*、南瓜 *C. moschata*、西葫芦 *C. pepo*、葫芦科 Cucurbitaceae、番茄 *Lycopersicon Esculentum*、胡椒 *Piper nigrum*、茄 *Solanum melongena*。

### A.3 为害症状

该病害主要侵染植株的子叶、真叶和果实。子叶张开时，病叶背面出现水浸状，沿叶脉逐渐发展呈黑褐色坏死斑，随后侵染真叶，初为水浸状斑，浓绿色小点，周围逐渐形成黄色晕圈，病斑沿叶脉发展成暗棕色角斑或不规则大斑；植株生长中期，田间湿度大时，叶背面病斑处可见水浸状，严重时叶正面也会出现不明显的褐色小病斑，对整株直接影响不大，却是果实重要的感染来源，果实感病后，最初果皮上出现直径仅几毫米的水浸状凹陷斑点，随后迅速扩展呈暗绿色或褐色不规则边缘的病斑。病原菌可透过果皮进入果肉，有时呈孔洞状，果实腐烂；有的病斑表皮龟裂，常溢出黏稠、透明、琥珀色菌脓。

# 附录 B
## （资料性附录）
## 基因组 DNA 制备

### B.1　DNA 制备

使用下列 CTAB 方法提取病菌 DNA，或使用商业化试剂盒提取 DNA。

1. 将菌株接种于装有 LB 液体培养基试管中，28℃摇培 28h。

2. 在试管中加入 0.1mol/L 磷酸钠缓冲液 10mL 洗下菌体。

3. 将细菌悬浮液转移至灭菌的离心管中，12 000*g* 离心 15min，弃去上清液。

4. 在沉淀中加入 TE 缓冲液 5mL、10% SDS 溶液 300μL，20mg/mL 蛋白酶 K 30μL，混匀 37℃水浴 1h。

5. 加入等体积的三氯甲烷/异戊醇（24∶1），混匀，10 000*g* 离心 5min，将上清液转移至新的灭菌离心管中。

6. 加入等体积的酚/氯仿/异戊醇（25∶24∶1）混匀，10 000*g* 离心 5min，将上清液转移至新的灭菌离心管中。

7. 加入 0.6 倍体积的异丙醇，轻轻混合至 DNA 沉淀下来，10 000*g* 离心 5min，弃去上清液。

8. 沉淀用 1mL 的 70%乙醇洗涤后，离心弃乙醇，在洁净工作台中晾干，加入 50μL TE 缓冲液溶解 DNA 沉淀，−20℃可长期保存。

### B.2　DNA 浓度及纯度测定

用核酸蛋白分析仪测定 DNA 的纯度与浓度，分别取得 260nm 和 280nm 处的吸收值，计算核酸的纯度和浓度，计算公式如下：

DNA 纯度＝OD 260/OD 280；

DNA 浓度＝50×OD 260g/mL；

PCR 级 DNA 溶液的 OD 260/OD 280 比值为 1.7～1.9。

# 附录 C
## （资料性附录）

### C.1　菌株信息表

| 实验室编号 | 菌株名称 | 来源地 |
| --- | --- | --- |
| 470127 | FC380 | 美国 |
| 470131 | XJ－1 | 中国新疆 |
| 470140 | LS－10 | 中国海南 |
| 470141 | SY－1 | 中国海南 |
| 470142 | SY－3 | 中国海南 |
| 470143 | SY－4 | 中国海南 |
| 470146 | Pslb－29 | 中国内蒙古 |
| PCACM6 | strain：M6 | 以色列 |
| AOOYA | DSM17060 | 美国 |
| CCWAB | AAC00－1＃5596 | 美国 |

（续）

| 实验室编号 | 菌株名称 | 来源地 |
|---|---|---|
| CCWAC | AAC00－1＃5684 | 美国 |
| CCWAA | AAC00－1＃5593 | 美国 |
| REF | AAC00－1 | 美国 |

## C.2　燕麦嗜酸菌西瓜亚种全基因组SNP位点溯源序列系统进化关系图

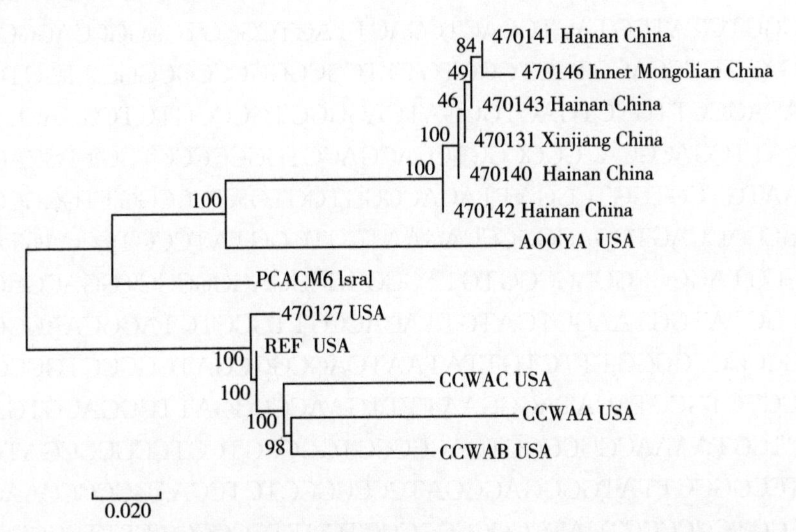


附图3－1　燕麦嗜酸菌西瓜亚种全基因组SNP位点溯源序列系统进化关系

根据wgSNP聚类结果可以将13株燕麦嗜酸菌西瓜亚种按照亲缘关系远近可以分为4个分支(Branch)。Branch1中菌株470131、470140、470141、470142、470143，4701466支菌株均来自中国；Branch 2中菌株AOOYA，来自美国；Branch 3中菌株PCACM6，来自以色列；Branch 4中菌株470127、CCWAA、CCWAB、CCWAC以及参考基因组REF都来自美国。从结果来看，基于全基因组SNP的分析可以将国内外菌株以及不同国家菌株明显区别开来。

# 附录D
（资料性附录）

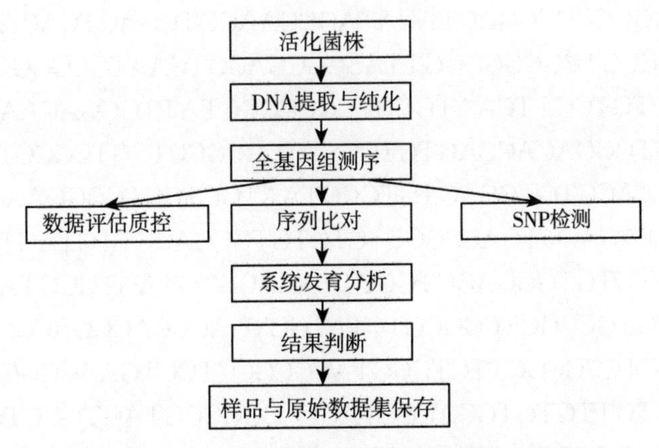


附图3－2　燕麦嗜酸菌西瓜亚种溯源检测流程

# 附录 E
## （资料性附录）

### E.1 标准菌株 wgSNP 位点序列

>REF

CTTTTAGTGATTCAACTGGGACCGTCAGGCCTCGCCGATCGTTCCGGTGGTGAAACTTCATGC
GTGGGTATCCGGCTCTATCGTACTCCACTCGACTTAGTCGGGTCGGGCCAGGCCTCACGTTCCT
TAGCGATGTTGAATCTCCACGTGCTGGGTGTTTCGCGGGCCCGCGGCATGGTCTGTGCTCTAA
CGGCGTCACGACAGCCTTGTCTGACTGGGATCAGGGGTGCCGGTCTCGGACCTACTCACGTGG
CCGTCGGCCACATTCGACGCACGGGCGCTCCACGACCTGGCCCCCTGCTTGCAGTCTCAATTAT
CGGCCTGGGGAATGTCGTGGTCGGATTACACGGGTGGTGATCCCGGTTGGGCCACGATTTGGC
ACCATTTTAAGCCACCAGTCGAGGGCCCAGAATCGTGGGTATCCGTCCCAGTAGCCTATGCAC
GCACTTTGTGCCGTAGGGCGGGGCGGTGTTGCGGGCGGAGGGCGCTGGACGGGTGGCACGCGG
GTGCATACTTCGCTATGGTAAGCTGATGTTACACCGTTGCCTGTAGGCAAGGGTGCCGGAGTC
TGCCGGACGAGCGCCCGGGGTTTCTGTTATAATCAGCGGCGATCGCCCTGCCGTCGCACTGGA
GTGCTAGTAGGGTCTGCCTACATAGGGAATTTTGAACGCGGATTCGGACGTGACCAGCTGGTC
TCCCATACCGCTCGTAAAACGGCGGCTGAGCCCGTGGCCGTCCTCCGCGCGATCCGGCCCGTCG
CCTCGTCGTATCCGGCCTTATGGGGAGGGATCCCCGCCTCTCCAAGGCGCCAAGTGGTCACCAC
TGTCCCTGCTCGGTCCCCCCTCATCGGCCGGGCCTGCTTGCGCCCTTTTCCGCATTGGGATAGC
GGGTGAGGTTTCCTTCCGTGCGGCGCTTGCACAGGAAGGGGTGGAGTCTTGTTATCGGACTAG
TGAATAGTGCCCGATCCTGGATCGATTGCACCAGCTTATGAGCTTGGGATCGTGAGAGGCGAG
GACGGTCCACCCTCAGGGCCGCAAGTTTGTATATGTCTGGGAGCTCACGCAGCGCTACGAACG
GCGGTAAGTAAGGAGGGGCACCCTGACCTGAGTGTTCGTGCCGGATGCCCACTACCCTTTCCA
CCAGCTTCCCCCCAGATGTGGCAGAGACTCTGTTGCTTTACTGTGTTTTCCTAAGGAAGTCAT
CGGGAATAACGAGATGAGACCATGTCTCGTCCACGATCGGCCGCACGCTCCCCAGTGCGACGG
GTGCCGCGTGGGAGCTGCGAGAACAAGGCGTTCTGGTAAAGACCGACTAGCTGGCCGGCGTTC
TGGCGCGCCGGCTCCGACACAGCCGGTCGCACGCTGATCGACAACGTTGCCTATTTTCCAGCCT
GCCTGACACCAGGCAGGATTGCACTTTGGGTGCGGCGCATCTGGCCCCCTCCCCTGATCTCGAT
GATCATACCAGCTTTGCACATCGCACGCGTAAAGGCTAAACCGTAAGCGGGCTTTGGTCCCCG
CTGTGGCCAGCCCCAGATCGAAGCGCCGGTGTACGCTATCAAGGGCGTTTTCACATGTCTGCC
AGAGGTGCTCGGCTGGCGGCCCGACTACATAGCCAACGTCGACTCAGACATTGGCAGTGCCTC
TCGGCGCTGCCCCGGCCGTCGCGGGGGTTAGGGCGAGGTCAATGCGGGGGCCCCTGTAGTCGCC
TGAGGCGTAGTTTCTTGTCGTTCAATGGCTCGCCCGCTATTGGGACAACCTGCGGTCAGTTGT
TCTAGCGGCTGCAAGTCGGACACCAGTGTGCGGTCGCGCCTCGTCGCCTGACACCGATGTCACG
CGTTTTCCCGGAGGCAACGTGTGGTGTGTGCGTAATGCTCCTCGGGAATGGAAGTGGGGGCTG
CGGACCGCCCCGCACTAGACGTGACCGGCTCTGTGTGCGACCTTGTAGTGAGGTGCACCCAGTG
AGTTGGCTGGGTCTCTGTGTGGGAGCTGCTTTAAACGTGTAGTGCGTACACGCCAGATCCATC
AAACCCCCAGATGCTGTGCCGCTCGGCGTCTATGGTGAGCCAGGGACGCCGGGCGTGGGCCGCT
CCGGTGCGAGTCTGGCTCCGCGCTTCTCGGTATGCGCCTCCTGAACGGCTGGGCCCGACGATCG
AACACCGACGCGGAGTGTTGTGTGCACCCTAGCCCGGCCGTAGTGCCTCGAGCCTTGAAGGCG
CCTTGGTTAAGGCACAGCTCTGAGCCCTGTCCTGTTTCTGTGTGCGTCCGGCCACGATCCGAAA

CACCGGGGCGCGTGATCCGCCGGGGTCCTTCGCGCCGCGCGTCCTATCAGCATCACTTGGACGC
GGAACGTGCATCGCTCACACTGATTCACAGGTTGCCGCACTGGAGCCCCCGACGACCGCCGGGC
AAGAGGTCAGCATAATCGCCCAGGACGGCCCGTCTGCTATCGGCGGCTGTGGTGTTGTTCTTT
TTCCTTGCCGCCCTCGGAGCACTCCCGAGGCATGGCAAGATGTAGTACTCTCGAAATAGCAGC
TCTACTACGATTACGACGGTTTCTCCCCCCGTGGAGCGGAGGCAAGCGAGGTTCTGGACGGCT
GCTCTTCGGAGGCGCCCCGGGTTACTCCGTCGTGAGGCGTAGACAGCCACTATGGCTTATCGA
CAACTTCCTTAATTTTCCTCCATAGCCGTCCGAAGTTCTAATACAACTGCTATAAATCCCAAC
CTACCGGGTACACATGTTTCGGGGCGGACGGTCGTGTTGTAACTTAGGCGATAGTTCGTTTGA
TGTAGTATTCACACTTTTCGTCAACCCCGACGGGCCCGCGTGGGCGACCGGGGGCGCCTCGGCG
CCGCCACAGAAGCGTCCGGGGGGTCCCGGGCTTGCTTAAGCCATACGGGGTGTAGTTCTCCCT
ACGAAGCTACAGGCTTTTCCAGCCACTGTTGCATAGTTACCAGATTAAGCCTTCACAAACGCC
GTGCTCGCGACGCGGGCCACTGCGTCGGACTATCACTACCTTGTTATATCCGAGACGCAACGA
AGCCCGCACGCCGTTAGGCAATGGTTTTCCGCAACGCCCCGTAAGGCCGTACCATAGTCCGCGC
CTTCCGCCGCCGCATCAGAGAGGGCGATCCGCCTGCGAGGTGAGATTGGGGGGCAGGGCGATG
CCCCGGGTGCGTACTTGGCACCGCAGATACTTCACATTTGTTGTGCGGCAGCCCTTAGTCACCA
GGTTGTCGACGCGGTCATGAAGCCGTGCGCCACCTGGGCCCACCCGCACGCCGGTCACATGCGC
GAAGGTGGTTGCCGAGCGCCCTTGGCGGGCAACATACTTCCGCCCTCCCGGCTCGTGCGTGTCG
CCCCTCAAGACGCACTCACAAGAGAGTCCGCCCCTAATCTTCCCTGTCATTATACCCCTATGGT
CACCCCTAGCAGCGTATTGAACAGTGGTCACCGAGGAGGCCGCGTGTCCGGCGCGGACCCCGCT
ATACTTTCCACCTCCTTTGGTTGGGATGGATGGCCTTTATACATTCGCGGTTACAACATCGTT
AGGTGCGTCGTCCTCGAAGCAGGACTGTGGACCGTATCCTGGCGAGCTCACCGGCTTGGCCAC
TCTCGGTCGGCTACTCAAATTAATCACCGCCCGACCACGACTCTCTGGGCCAACCCGGCTGTGG
GCTTTGGTCATAAACATCGAGGTGCACACTAAGGCTATAGGACCGCAATTGAGGCAATCAGTC
TGACTTACCGCTCTCGACCGTAGCCATCATTTACCCTGGGTACTTTTGTCATGTGAACCCCCCG
TCCTCCACCCGGAGGATTTGGCGGAACTGTCACACCCTATTCACACTCGGCTCCGCCGCGGGCA
ATCCCAGTGAGAGCGCGGCCTGCATCCCCTTGGCAATTCAAATCTGTGAGCTCATCCCATCACA
GCCGACGGATGGTGCCCTTTTGCTGTTTGCACGGCCTGTCACCTGGCGTCATTTCCATCACATC
TAGTACTCCGCCAGGGCGGATAAGAGCGAACTCCTTAAGAACTGCCCCCGGGGCTCATCCCCA
GGTGGCAGGTCCTATAGTGGCTCAGCGGGATATAGCAGGAGCCACTGCTAGATAAAGTTGTTG
AGGCTCTGACGCTTACCGCCGGCGCGGTGTGGTGTCGACGCGGCGCTTGTGCTCCCCGGTGCCC
TCTCGTCGCGTCCCCGCCGTTCGGCAATGGGAGGCACGGGAGCGCTGGTCCGCCCAGTTCGGGA
GTTGCGTTTGCCGGGGGATGATACGGCCACCACGGACCCATTTGGCTAATATGAGCGGCCAAA
TCTGGGGTGCTCGTTTGACTGTTCAAGTGTCTTCGTCCTATGCCTGCCTGGTGGTGCGATGTA
CCGACGCTTCCTGCACTTGACTGAGATATGCAGCCGTTAGCCCGCGTGGCCCACGTCCTTTTCA
CTGTATCTGCCGAATCGCGTCATCTACGACAGTAATTGTCGACGAAGTGGGACAGTACATATA
GCCCTTTTACAGGAGAGTCCAATGACTACACTCTTCCCAGGACCGGAGATGGCTTCTTGTGGG
GCCTCCTACCCCTGGCCCCCTCACACCGCGCCGAAGTTTGGTTAGATTGATCTAAGGCCTCGCC
CCACGCCGCGCTGGTCGAGTTGAGGGACCCATCCCGTCGGTCGGCAACATGAGACATTCGACG
TTCTGCCTTCATGGCTACAAAGGCGGTTCTTCAGTCAATCCAACCTTCGCCCAGGACCCAGGT
GCAATAAGTAAGCTGGCGGTGAAGCCGCCCACGTGCCCGGATCCGCCGCCCGGCGGTCCCAGCA
CGTAATTGAGGAGACGTGTCCCGCGAGCGTGATCGGTCTGGCCTACCTCGGAGCCCTCCTTCGT
ATCACAATGCAAGTAACTGCTCGACTTGTGCCCGAGCTCAGGTATTCGCGCACCCCCACGGGA
GTACAAGGCGAAGGCTGCCCTTACCTCGAGAGCGCTGATTTGCACCGTGCGGTGGCGACAGTC

TTTGTTAGTAGGGGCGCCAACATCGGCACCTACTGGTCATGTTTCCACCGCGCGAGAACACAG
TGCGGGTTATCACTGGTTCCGCGCTAACGCCGCTAACATTCTCCGCAATGACCCGTTGGCTTTA
AAACGCGCGAACAAGGTGGCACGTGTAACAGGTAATACGTGATTGCCGATCTTCCGCGCGTTG
CCATGTCTGCGTAGCGGCTGTTATTCGTTGTCTAGCGCGAGAGCGGGCCCATTGGCATGATTT
CCCCGGTCCGCCTGGGAGGGGCGGCTGGGCGCCGGGCGTTCCCGCTCCCAGGCTACACCGGACG
CCAAACGACATTCTGCGCGCCGCCGTCCACCCCATTGCTTACTCCGTCCGAGCGCCAGGGCCGC
GAGGCATGCGGAGCTCAGGTAGATATCAACTCTCAGGGGCTCCCCGCGGGCACTCGCGATCAA
AACCTATCTGCGCTCCGACGGGGTCCTCACGCACGGGGATGTCAAACCGCGCACGGCTGTCACC
TCGTCGCCCCACACGAGTGCAAATCGTAGGTAGGGGCCCTATACATACGGCGCGGTTACTACT
CCCCCCGGGGCGCTACGCCCTCCCCTGGTCCGCGTCCAGCTTTTCGCTCAAGGAGGCCGCAGGG
GGACCGTGCGCGGCGGAGCGAGCAATATGTCATGTCGGATCCCAAGGGAATAACACCGGGTGC
GGACCTCGGAATAGGGGAGATCGGGGGACGTAGATCACCGAGAGGCCTGCACGTGCTCGAAGG
ACGCTTAGGACGACGAGGGTGGTTGCAAGGTCGCGGGTGGTTACCCCGCCGCCTCCGACAGCG
CGCGATGGGGCTCAACTCCCCCCCCTGGGCACGCGACCACACGGGGATGCATTTATTAACTTGC
GTGCTGGATAGAGACCAGTTATTCAGCCCTAAACTACTCTTAATTAAGTTTTGTAGGCTATCG
GAGAATCCTTGATAAGAGTCCGCCCGAGGATTCGAGTGGAAGCTCGGATACTAATTCTGGGAG
CTCGTCGACTCATGGAACATATATCCAGCATACGTCGGCTACCGTGAGAAACTGTCGATGGCG
TGCATTCACTGGCTGGGAGCCGGTCGCGACCTGTAGGGGTACGGAGCGCTGGGGATAACAGGG
AGATACCTCGAGGGCCCTCGCCCCTGTTGCTGGGCCCTCCCGTACTCACACGCGAAGGTTGCGA
CCGCGGCGACAGACAACGCGATAAACGAATTCCATGCGTGACACACTGGGGGTACCCGAACTG
TTAGTGGGCGCTGTGCTGGGTGCGGGTGGGGCTGGCAAACGGCACGCCTCCCTCTCCTCAGTA
CGTCTGCGCACGGCGCGGCCGCGGAGCTCCGCCGGCGCCGCAGCTGCTCGTCGGGACCCAGCTC
CGACGGTGCTCGTCCCACTATGCACTGCGTCGACCAAGGTGGTCCCCGGGGTGTTGGCTCCGGT
TGGTCGCCAACTCAGTGTTTCGGCCGTCACTCGTCAGCCGTCTAACCCAGCATACACTTAGCCG
GAGAACCAACCACTTACCACCGCGTAATGCGGCGGCCGCAGAGCAGGGGGTGGTTTTTCGGGG
GCATCCCGGTGCCCAGGGAGGGAGGCGGCTACGCATACATCGCCCGTGGCTACCGTATAATGA
ATGGCTGCTAAAGAAGAGGAACGTTTGTGCACTTCGTTACTGGGGGTAGGTCCTATATTTGGT
TGGCTGCCCGAGCGTTCTTCCAACTGTTGCCCCTCGATGTCGGACAGGCTGGATCGAACCGTCC
ATAGCAACTACTTCGCCTTGTGGCCAGGGCCTATGCCCGCCGTGCCCAAAAACCGCCCGTTTAT
CCAACTGACTGACGTTGCCCGTCGTCGTGCTTCGCAGCCCTGACAGGCCCACGGCCACAGCCAC
CGGCAACCTCGTGTCGGTTGGTATAAGTGGGAGCGTGGTGAGCTAGACAACGTAACGTTAGT
TGTTTGCCGTGACGCCACCAGAACCTTGGGGGACGTTCCTCCGTCGGAGTCGCCTCTAACGGA
CCTCCAACGTGAGCCCGTGTGGTAGAGCACGCAGAGTGCCTCCCATATCACAGGAGTCCCCGCC
GTTGCGGTTGGCCGGCACCCCGCGACACGGCCCGGACACCGTGCCCAAAGCGTTGACGAGTTGC
ATGCACCGTGTCCGCCCACTTTCCCGCCAACCTAGCCACCCTGCACTACGTTCCGGATACGCCC
GTGTTCCTGCCTTCATTCTAGTTTCCTCCTGCATGCTGTTGCGGATTCTCCTTTAAGGTTTTGG
TAACGCGCCCTCCTCCGTAAACCTAGGGGCGTCTTAACCGAAGATAAGAGCGGACGTCGTTCT
AATAGCGAGGGCGCGGACCGCAGCAATAGGACAGATGCTACTCATGTATACAGACCTCTGCCT
TCAAAGGGACTCGGACGTCATAATCCCATGCTCAGATAATAGTAAACGGGAACTAGAACAAAA
AGATTTAGTTTACGTGGACTGTTGGTCAGCAATAAACACATCAACCTAGAACCCAAGGACTGC
CAAAAGCATGTAAGCAAATCCTAGTCAGGTAGGGTGGAGAGCCACCACGCAACGGCGGGCCCC
CCCTGTGGCGCAAGCTGAAGGCAAACTAGCCCAGCGGAGCGCCTAGCAAGGCTGGTCACCATA
CGTCACTGCTGCAGGGGAGCTGCCGAGGGCGTTTAAGACGCGGACCGTCACGCTACCGAGGT

TGTCGCTCTTGGATGGAACCAGAGTACGGACCAGCAGCAAACCAAGAGAAAGAGTAAAGCTG
GGATGTTCTCTGAAGCGGACCAAAGAGAACATCGAGCGACGTCCTTGGACGGTTGGGACGGG
GCAATAGCGCGCTCTACAATGACCGCCCCTTTTAATGTGGCATGGTCGGGCGTCTCCTGAGGC
CTCTCTGTATGTAGACGATGCCTGCCAGGGACTCAGTGATTACCTGGATGACATCGTGTCTCC
ATCTGCCGATCAGTCCGAGGAGCCGCGAGCCCGTTGGCAGTCTTCCACGCACGATTCTCGACCG
AGCGCCGATCCCCCGTTCCCGCGCGGTGGCCGCCGAGATGGCACACGCGAACTACCATCGCGCT
AGACGCACTGGGGCCGACCGGAGTTCATGGAACGGACAAGGCAGCAGGAACCGTTGCATGATC
AGCCGCGGAGGTCCGCTAAGGAGCCAGGATGGCGCACACCGGTCTTGACCGACGAGCGATTAT
GCACAAGCCCATGATGGTTAAGCGGCTCATTATCGAACGGTCTCATGCAAACTGCATAACCTG
CCCAGACCCCCTCACTGAAGTCGACCTAGCCTTACTTCTTAAGTCGCGCCCACCCATAGGCAAC
AGGGCAAAGACTCCCATTGCATCGTCGGCAGCGCGGGCGGTACTGGGTAGCTGCAACCGCGCA
TCAGTCCGAGGATTGGATAGGGAGGTTCGCTCGGTCATACCGGTAGATGAGCACCCAAAGCAT
CATAAGAACGTAGACAAATTCTGTTTCTCCTCAGAATGGATGCTTAACCTATAACCGTACCTT
TTTAGATCCTGGAGCCTTTTAGTCGGGGGGGGCGTTACAATGGGGCCAGGTTGGGAGTAGGGC
GGCAGAGCCGCGGGGCGCGGAGAGTCGACGGCGCTGTCCATTGTCATTAAATACTAACTAGTT
CCGGCCAGTCGGGACCAAGGGGACACCGCGGACAGAGGCAGGACTGAACGGATCGCCGAGCAG
TAGCATTAGCACCCTTGGGCTCGGTCGAAGAGTAATGTTCTAAACACATCCCTCCGTCCAAGG
TATTTGCGTCGGCGGCCCACGCGAGGTCTATTTGCGGCTATCTGTTCCGCACCCAGCCTCCTAA
GTAGTCCTAGTGACACCTCCCGGACCCGAATCAACTCGGTAGGCAAGTGAGTTGGCTGGCGTA
GATACCCTGGATTATAGGCCGTGGAGGGATGCGATGTCGTTTATGCCCCCCAAGGATCTCGGC
ACGTGGGATCGGAAGAGGTCGCATCCCTCGCTGGACCCGCTTAAGCGGACTTAAGGGGTGGGT
CCACTGCCGTCCTCGCGTCATGTGCCGGCTGGTCCGTGTGACTCACCGCCACCCCCGTCGACCA
GCTGATGGGTCGCGTTATTGTGGCCGCAGCCCACTATCATGGGCGATGACACCACAGGCGGCG
TAAGTGCGTGTTGCAAAGCGCGTCATTGGACCTTTTCTCCTACACCTTAGTGTCGTCGAATAC
GGGGCTTCTCACCGTGTAGGCCTCCGACGGGAACCTTCGTCGCCTCCGGGTTTGCGACTCATGG
TCGCGTCCGGAAGCGCCTCATAACTTGTACCTATACAACACTACACCGCCTCCGCCTATCCTCT
TGTTTAGAAAGCCAAGTCATCGTACCGCGCCTCACCGCATCCATGGCGGATAGCCTGTCAAGA
TTGGCTACGCGGGAACAAGGTTGTGTCCCATCCTAGGTTGTAGCTCGGACGGCTCTTGAGATC
GCCGTTGCACTGGACGCGGGCCGTCGTCGCCGCTAGCGTCCAGTGATCCAGCCGCCGGGCGAAG
CAGGTAGGTCTCGGCCACACGCACATCCTCGCCGAGCGTACGGCCCCGAGAGGCCAGTAGCGTG
CCGGTCTCATGGAACAACGTGCCTCCGCACGGCGTCACCGGTCTGCTAGTCAGTACGAATCCCG
TCACGATTTGACTCCTCGGGCCGTACGTACCGCCAGGACGTGGGATTCACGGGGCGAGGGAGT
AGGGGACGCACGAAGAGTCAGCCTCTGGCGTTGGGGGCGGTAGAGGTAGACGACCATCAGTGG
CTGGCCATCGCATGATTGCCGGTCGCGCACCACGTCCGGCAGCCGGGTACCCCGCGACCCGGGA
CGGTCAGACTCGGGCTCCGAGAGAACACGTTTACGCGGCAGCCCTCCGTCGAGTTACTCACCCC
CGCGGGTGCGTCGACGGGGCGGAGCGAGCGTGACGTGCCGGTGCGTCCGCGTCCATCTGGTCTT
CACAGGGGTTGGAGATTGGTATCGTACCCACGAACTCGAACAAGGCGTAAATATTTCTAGAAA
ACTCCTAGCAGAGTTCGAAAAAATACGCCCCTAGCGCGATCCCGCCCAAAAGCGGTGAAACAC
GCTCCTGCTAGTAGCCCACTTCTTAATCGTATTGAATCTACACTGACAGTGACCACGAGAAAG
TTCACTGACCGAGCTCGAGTCGCCAGCGCCTTCTTGGACTAGGGGCGATTGTAAAGTTCCCTA
AAAACCCAAAACGCCGCGCGTGGTGTCGACCGGGAATCGTCGGGATACGTGCGTTTTGTGGCA
CATGACGGATCCCTTAGGCCCATGACCTTGCGAAGCTGTTCACCACGAAGTATGGGCGCTGCC
TCGGTAGAGACTTAGCCAGCCGTGCCTGCCGGATTGCAGCCCATTAAGCAACAACCGCCCGGG

GCCGATCGGCAAGTATACCCCTCGGCGAGTGGGAGCGGGAGTCCAAGTCAACCAGTGTAGCCT
CGAGTGGGGCGGGTCCGTGTGCGTTCGCCCGGCTACATCAACTTGGAACTCGAAGTGGATCCA
GTGTGGCGCAATGAACGTAGCGCGGAGCCGTCGCCGTGAGGCGCACAAGTAGACGGCCTTGAG
CGTAGCGGGGAGCGAATCTAATTGACCTGTAATGTTAAGCTTCCAGAACCGTGATAGTCTCCG
TGTAGCTGCTCGATGAGCGGGCAAAGTTGCGGGCGGGGGCTTTACTAGGCAAGACCGATACC
AGCCTCTAATGCGAGAGGGCCATAACCCAACAAGGCACCCACTAATCTGACTTCATGCGGGCG
TACCGAGTTGGATCCGGCTTCCCCGAATCACACACTGTTGCATACCCGACGCATCAGTACGCCC
CGGCGAGTTGGGCGATCCGGCTTCCCCACTACACTGTTGCAGAGGCAGCCTTAGTAACTGGCG
GAGTCGTAGGAGACTATAGGTACAACCCCAGTGGAGGGGCCCTATTCGACCATAAGAGGCTTT
GTGCAGCCGCGCCGGCGCTCGGTGAGACCAGTCGGCATTAACCCTTCTATAGGCCGCGGCGAA
TACGTCGCGCCGAATGCGTCCGTAAATAGTGTGTGTAGGACCCGGGTCAGGCATTGCTAGAGA
GCCAGCAACAACCCGCGCTCCGGAGTGTTCTTACCTCCATACGCAAGCCGTTTGCATCCCTCAT
GAGTCCAGTCCTACTGTCTGCGCGCGGGGAGCACGGCGCATCCCGCGGTGCCGCCACGGCGAGG
GCAAGAAGTACCTTCGGCTATGAACCTAGTGACGGGACGGGTGGGCCGGCGGCGCCCCCGGTA
GACCGCGAGTAAGCCTTATTCGGGCCGCCTGTCCCCGCTGGGCGAACGATGGACGTCCTCGATC
CAAGTGCCCTGTTTGCGCCGACAGGCTCACGGAGCAAGCAATTGCTAACGCAGAGCGGAGGGC
GTTCAGGAGTCAGGCCTATTCACCCATCCGAGAGCATAGGGGCTCGAGACGATTGGTGTAAGC
CTTGCGAAAGGGGGCCGCACCTTGCGTGCATCGACGAGAGTGTAACACAGCTCGCGCTTTTCA
GCACGACAAGAGCACTGAGGTACCGACGACTCCGGGCCCTCGCGGTCCCCAGAGGGAAACACC
ATTGCCGTGTTGTCCCCCCACCCGCGTGCGACTCCCTAGGCAAAGAAGGGATTCAAGGCACGG
GGCACCGGGCATTGATAGTTGACGCGACGTGAAAGAGTCACCGCCACGGTACACCCCGCAGTG
AGCGTGCGTCTGATGCGGGCTCTGGAGCAGACTGGGCCTTGCGAGAAGGCGCCGAGGACTAGA
GGCGCCCCCATCCCGGGCCGTGGGCCGCCGAGTTGCACCATGCTAGCGCCCAGACTGGGCCATC
GAAACCTTATATTGCACCTGTAAAATCCTGATTGAGCTCGTCGGATGGGTCACTATAGAATCA
TGATCGGTCGATCCGCACGATAGGCTGCGACGTGCCGACGGCGGCTCTATCGTTTCCGCTGTG
CTGAGACGTGCAGCGGTTAGAACCCTAACTGATCAGGAAAGACTATCCCGTCCCATACCGCCC
CAGCGTCCCTATACCAGGCATGAGCAACGGGCGGGAACAGAGCTTGAGACCACCCGACTATGA
CGGTGGCACAGACACAATAGAGGGTGCGATTTATACAGCCACTACGGTAAGCCAACCGCCCCA
CGTCCCATTAGCGTAACTTTGGACCTTGTCTCATATCTCTGCAAATATGCGCTTGACCATATT
CGGACCGGGGTCGGCATCGCTTACCACCCTTAACACAGCGTGAGAGAGGAGTTTAGGTCTCGA
AAAGGGCCCGCTTTTTAAGGGACTCCCTAAACAGCATAGCTTACACGTGCGTACACACTGAAC
GCGGGTCACTCCTGTAGTAAACGCGCGTTGTGGACCGAGACAGCCCGCATGCTCCCCTATCACT
AGAATAGCCGGGCGGGCGGTATGGACATAGGCACTGGAAGTGGCGTGTTTTCGCAAACACAGC
ATTGCACGTTTGGAATTGAGCCCCCCAAATTTCGTGGCTGGGTGACAGAGCACGAGAAGGGTA
TCGCGAGATTCAAGGCTGACGCTGGTCGGAAACTTGGTCGCCGGTGCGCGGCCGCCTACTCCT
CCCCCACGGCGCCCCGGGCTTCGCGAAGACACCGGAGGGTAGTCAGACCCCCCCGGTGCCGCTG
CTGGGCGTTGGGATCAATGCGCAGTCGGTCACAACAGATTCGGAACGGCACCGCTATGCGCGA
ACATTGAGCATCACCGTGCTGCCGCGTACCACCTTTGGCGCAAATCGATCCGTCCTATCCTGTG
CGTCGAAAACCATCTAGAGCGTCGGAGGCTTCTCGGTTCCAACATACCTCGGTTTGGCCGTTC
AACACAAGACCATTTCGTCCTCCCGATGAGCGCAGCGGGGCTAGGGAAATGGAATGCGGTTAG
TAGCTAGATGACGTGGGCAGCCGAAACAGCTGTGGCTTATTACGCGATAAGGAGAGTAAGTGC
GGTTTACAGAAATCCAGCACCGAGGTGGATTGTCGTTGGCGTAAGACTAACCTTGCGCCTAGA
TGGTAGTTGCGGAGCCGTAAGCACATGCGAACTCGCCTAGAGGGTGCAACGCCACCGCCAGTC

CAGTCGATGGCCTCGCTCCCCCTGGTGACCGGCGAGGCGCCCCAGCCCCCAACCACCCCCCACG
TCCGGCGGCGGGCGCCCCCGCGGCGCGCAGACCTAGCCTCGGTCGCTGCCGCTGCAGGGTGGGT
ACCAGCCCGTATCTCCGTCTTCGATCGGCACTTACTAACCAACACCCACTCACCCCGCTGGTTG
CGACAAGACGCCCGCGTAACGCGGGAGGGCGCGGATTCAAATGGGGTGTGCTAGGGCGGCTAC
ATCTGTAGGTCTTGGGAAGAGAATGAGGCGACGGTAAACAAATCCCATCTGAGAACCTATCCG
CTCGTCCGCGGTACGCGGGACGGTTTTAGCCTGGGGGCCTGGACCAGGAGGAACAAGCCCCAC
CGAGGATTGTACTACCCCCGGCCCGCCTTCTCACCTCGGATGATTAACGTTCAATCACATCGTA
GAACGGCCGCGGAAGCAGCCCGTGTCGTGCGTTAACGGTCAAAAGGCCGTGGCGCGGGGACAA
GGCATCATCCAAGCCGCGTCATCGAGCGGTAGTAGCGCAAGCTGGCGCGGGCTGCTGGCCGCG
TGATGTAGTACGTTTCCAATGGGCGGGCCCGGACGTTCGGACCGCATTGGGCCGATTAAATAA
GTCTGATTTTGAAGAAAGGGGGCGCGCTCAGGCAAGATCACAAGGAGGTTAGCGCCGTTTTGT
GAGCAACACAAGCCCGCAGATAGTGTGCTTAGAGCAATGGCTCAGGACACCTCCCTCCACCTG
TTCAGCATCGGTCCCCATCGGATAACGGCTCGCTGATGGGTAAGCACCTGACCCGCGCGCATT
TTCACTCGTTCGATGATCAGCCTAGACAACGTTAAATCGAGGGAGTGACCCCAGCGCCGATCC
CGGCGTTGCACTTTCGGTCTCGTTTCGATCGTGGGTTCGCGGGCGGTACCCCCACATCCTAACG
CGGCTGCAGACTAATGACTGGAGAGACTAGCGCGGTGGGTGCGACCTTACTTGCCCACCAAGC
CGCTGAACACATTCACAAAATCAAGTAGCCCACCCCTCCCGGTCCTACACACCTGTTTCCCTCG
CCGTACCTGCCTGGGGGTGTTCTGGCATACGTGGAGCCGACTGTGACTTCGTAGCTGAGGCTT
GGGGAACGGTCCGCTTAAGCAGTTCGCACATTTCATAGATATACGGCCCGATATTCAGGTCGC
GGTGTTGGACCTGGCAGCTTGGGTCGTGTACAGGTTCACGCAGGCCCTGCCCGAAGGCGGGGA
GGGCCAGTTGCTGATCGGCTCTGCAGGGGGGATCACAACCATCGTGGAACACAACGGCGAGCG
AGAACGCCAACGGGAAGACGATAACCAGGCGAACCAACCGACCAGAATGACTTATAGACAGTA
GGGTAAGTCGCGCGAGAGTGGTTACCGACGCCGGGCCGTACTGGTGGGTAAGGACGTACTTAT
CTTGGTCCGAGCGCGCTAACGCCTCCACCGCATGGTCCAATTAAGGGCAAATCCAAGTGCCGA
ATGCGGGCAGTTCATGCAGCCCGGCGCACTCCCAATTAGAATGCACGGGTCCAAGCCGAGATA
GTCCTAGACTAAGCCCGGTCGTAAGCGCGAAAACTATCACGCAAAAGCGACAGAGCCATTTCA
TTTTTTGCGGCATTAGCCAGCGGAGTCACCCTGATAATGGAGACGCAGGTGCTCCCGCCCCGG
GCAGAGAGGCAACCTACAGGGTAGATGGGGGCAGCAACAAAATTCGTCCCGGTCATTTGCGTA
GGGCGCCAAATCCCCTTCAACTGGTCACCCGCAGGCTTGCGGGGGGACAGCCGTGCACTAAGA
TCCAAGCACTGGGAGGCTCTGGGAGATAGGACATGTAAACGGTTGTACGATACCGACGGCGAC
AGGACAGTGGAGCACCCGCGGCGTAGCCAGCGGCTAGATTATAGCCGGGCCAGTGGCTTTTGC
CAACTCGTGCGGAGACCTGACGAGTCGGTACGCTAGCCATTGCGGTTATACGGAGCAAACTCA
CGTCAGGGGGCGGTAGTCCTGGCGTCATGGCGCGGGCCGCCCGGCGCAGCTCACGGAGGGGTG
GGACCAGGCTGGAGACGGTTTGATGAAGTGGCAGGGCTTAACGAAGCCGTGCGGGATTCCGCT
GCGAGGGGTGGGTCACCCGAGCCCCCCCAATGTCCTGCTCCGAAAACTCCCGGCCCGGGGTCCA
ACTCCCCCGGTGCAAGCCACAGCGCGGGCTAACGTTCAAAGCGCCGTTGCATCCTCTGTGACAT
GAAGCCCATGAACTGGCGGTGGCATCCCGCGGGAGGACTGAACATCTTCGGTAATAACCGGGC
GTGATCAGGTTTAGTGGCTCACTTTAGAGTAGTGAGCCTAAACCACTCTGGCGTGTAGGGCGT
GTCCCGTACGCCAGCTACTGAGCCCTATACGACCCCAGCACCGAATCACCTTTTAGCGGCAAAC
TAAAAACTTCTACACAGATTCGGTCTAACTCACGCCGACTCCTGCGCTGGAACGACCTGGGGA
AGTTGAGTCTCGGAGGATTAGTCAATACTCGAGACGCAAAACGAATGTTCGCGAAGGATCGGT
GTGATGATGCCCGGTCTGTGCAAGCAATGGAGAGGTGGAACGTAAATTGGGTCTCTACGTTAC
GTTTTCGGCGCACCGCGACGGTAGCCACCTCGCTAGCCACAACACCTGCTAACCGCGCCCAAAA

TGCGCTACCGGGTTCATTACCACCTGGTAAAATCCGCAGCACTCCGACGACGGCTTTTGATAC
AGACGCTGAGAAAAACCCGGGATGGACCCTTTCTTTAAAGTCTCTACTAAAAGACCGCAAATG
GTGCGAACAGGGCGACCCCTCCGCATAGGGAAACGCCCGCACAGGGGCTGAGGCGGTAAGCAT
GGCGGGGCCCCCTCAGACTAGCTTAAGTCGATGCCGCTCAGAGAGCCGGGGGCACCACGTATT
CATTCCCCACACGCACGGGCTCACCGGCTCGTCGCGGATTCAGTTCGCAGACCAGAGAGCATGT
CGCATTTGGCCCCCCCCGATTCCACTATATTCATCCGGAGCGCAAGGGGTCAAGTTTTGACCA
GGGAGCGCGAGCGGAGGGTGCGAAGGGGGATGTGCCTCGGGGAAACATCATGGCCGTCGGCCG
CACGGCGTGCGATGGGACACGGCAAGCTGGGAATTATGGGCCGCCCAGTGGACGCAGACACGT
TCTCTTCCGACGGCACGTGGGGCGGTGCAAGCTCGCCCCGATCTGACTGGGCCCGCCTGGTAGG
GCGCATTGGTAACTACCAGAAGCCGTA

# 参 考 文 献


柴阿丽，韩云，武军，等，2015. 基于 FDA - PI 双荧光复染法的茄病镰刀菌孢子活性检测 [J]. 中国农业科学，48（14）：2757 - 2766.

陈盟，祁建城，杜耀华，等，2018. 活/死菌检测方法的研究进展 [J]. 军事医学，42（9），715 - 720.

谌丽斌，梁文艳，曲久辉，等，2005. FDA - PI 双色荧光法检测蓝藻细胞活性的研究 [J]. 环境化学，24（5）：554 - 557.

代洪亮，严人，王普，黄金，2013. 实时定量 RT - PCR 在微生物分子特性研究中的应用 [J]. 生物学通报，48（6），1 - 4.

段弘扬，班海群，张流波，2014. RT - PCR 技术快速检测水消毒效果的研究 [J]. 中国消毒学杂，31（6）：585 - 588.

方曙光，黄立，储炬，等，2006. 流式细胞仪检测重组毕赤酵母发酵过程中的细胞活性 [J]. 华东理工大学学报（自然科学版），32（9）：1046 - 1049.

冯建军，E. L. Schuenzel，李健强，等. 多位点序列分型法分析西瓜细菌性果斑病菌遗传多样性 [C]. 中国植物病理学会 2008 年学术年会.

葛志强，元英进，李景川，2001. 一种研究和鉴别悬浮培养红豆杉细胞凋亡与坏死的新方法. 植物生理学报，7（3）：231 - 234.

郭青云，李坊贞，凌凤萍，2016. 中草药提取液对柑橘溃疡病菌体外抑制活性 [J]. 赣南师范学院学报，37：61 - 63.

郝中娜，文景芝，李永刚，等，2005. 影响大豆疫霉根腐病菌卵孢子生活力的因素 [J]. 东北农业大学学报.

黄纯农，1988. 用 FDA - PI 双色荧光法鉴定大麦原生质体活性 [J]. 细胞生物学杂志，10（3）：133 - 135.

黄林，赵杰文，2014. 陈全胜冷却猪肉优势腐败菌原位荧光染色检测方法研究 [J]. 中国食品学报，14（3）：145 - 150.

黄跃才，章桂明，刘作易，等，2009. 大豆猝死综合症病菌枝状镰孢的活性检测研究 [J]. 菌物学报，28（2）：236 - 243.

孔晓雪，韩衍青，付勇，等，2018. 流式细胞术在超高压诱导大肠杆菌 0157：H7 亚致死研究中的应用 [J]. 食品科学，39（3）：135 - 141.

李剑明，杨和平，刘松青，2002. 采用形态学实验研究双脱甲氧基姜黄素对人血管内皮细胞的诱导凋亡作用 [J]. 重庆医学，31（9）：784 - 785.

李金萍，2013. 十字花科蔬菜根肿病菌检测技术及畜禽粪便传播病原菌研究 [D]. 中国农业科学院.

李兆娜，刘梅，吕冰，等，2009. 不同串联重复序列位点组合用于中国结核分枝杆菌基因分型的能力比较分析 [J]. 中华预防医学杂志，43（3）：215 - 222.

林凡力，2019. 中国 5 省市烟草野火病菌遗传多样性研究 [D]. 西南大学.

刘瑛琪，李天德，楮晓雯，等，2002. 利用荧光探针 JC - 1 检测心肌细胞线粒体膜电位的改变 [J]. 解放军医学杂志，27（8）：716 - 718.

卢小林，2013. 基于 SSR 的中国柑橘溃疡病菌遗传多样性研究 [D]. 重庆大学.

罗加凤，黄国明，2001. 大豆疫病卵孢子萌发的显微观察 [J]. 植物检疫，15（1）：28 - 29.

吕蓓，程海荣，严庆丰，等，2010. 用重组酶介导扩增技术快速扩增核酸 [J]. 中国科学：生命科学，40（10）：983 - 988.

吕冰峰，裴新荣，崔生辉，等，2015. 磺酰罗丹明 B 法和噻唑蓝法检测皮肤来源细胞活力比较 [J]. 卫生研究，44（3）：494 - 497.

毛建平，2006. 一种基于毛细管进样的无鞘液流式细胞分析技术 [J]. 生命科学仪器（4）：47 - 50.

毛映丹，2009. ATP 生物发光法检测水中细菌数的研究 [D]. 华东师范大学.

彭耀武，2014. 中国柑橘溃疡病病原菌多态性研究 [D]. 西南大学.

任建国，黄思良，李杨瑞，等，2007. 广西柑橘溃疡病菌菌系分化研究 [J]. 微生物学通报，34：216 - 220.

宋春花，段广才，郗园林，等，2003. 志贺菌多位点酶电泳分析［J］. 郑州大学学报：医学版，38（6）：886－890.
宋玉林，郑启新，郑剑锋，等，2008. 两亲性肽自组装凝胶与神经干细胞相容性研究［J］. 组织工程与重建外科杂志，4（4）：192－195.
唐倩倩，叶尊忠，王剑平，等，2008. ATP 生物发光法在微生物检验中的应用［J］. 食品科学，29（6）：460－465.
仝铁铮，2010. PMA－qPCR 选择性检测水中活性菌方法的研究与应用［J］. 清华大学.
王莉，李素云，彭田红，等，2017. 7－二氟亚甲基－5,4′－二甲氧基染料木黄酮通过下调 Caspase－3 的表达拮抗 $H_2O_2$ 诱导的血管内皮细胞凋亡［J］. 中国动脉硬化杂志，25（12）：1219－1224.
王良华，丁国云，吴翠萍，等，2008. 大豆疫霉卵孢子致死温度的测定［J］. 植物检疫，22（6）：153，253，353.
王娜，何苗，施汉昌，2007. 水环境中大肠杆菌多特征抗原及抗体的配制研究［J］. 环境科学，28（5）：1142－1146.
文景芝，杨明秀，郝中娜，等，2007. 影响大豆疫霉菌 *Phytophthora sojae* 卵孢子生活力和萌发的因素［J］. 中国油料作物学报，29（3）：322－327.
熊书，2013. 基于 EMA－PCR/qPCR 的检疫性有害生物传病风险评估新技术的建立［D］. 重庆大学.
徐伟文，1995. 多位点酶电泳法在分子流行病学中的应用［J］. 国外医学（流行病学传染病学分册）（6）：267－270.
闫冰，姜毓君，曲妍妍，等，2008. 实时 RT－PCR 检测存活于乳中的单核细胞增多性李斯特菌［J］. 食品科学，29（2）：292－296.
颜汝平，王剑松，李翀，等，2006. 中华眼镜蛇毒膜毒素诱导膀胱癌细胞凋亡的检测［J］. 现代泌尿外科杂志，11（5）：256－258.
杨怀德，张才军，李秀义，等，2006. 流式细胞术在微生物学中的应用［J］. 医学综述，12（13）：825－827.
杨万，2008. 免疫磁珠分离联合实时定量 PCR 检测水中轮状病毒［D］. 北京：清华大学.
易琳，2019. 微生物检测中 ATP 生物发光法的应用研究现状［J］. 生物化工，5（1）：124－126.
于力方，廖杰，王珊，等，2008. 激光扫描共聚焦显微术在人外周血淋巴细胞线粒体膜电位检测中的应用［J］. 感染、炎症、修复杂志，9（3）：162－164.
于璇，王卫芳，李献锋，等，2021. PMA－qPCR 检测十字花科黑斑病菌活菌方法的建立［J］. 植物检疫，35（4）：49－54.
曾爱松，高兵，宋立晓，等，2014. 结球甘蓝小孢子胚胎发生的细胞学研究［J］. 南京农业大学学报，37（5）：47－54.
曾伟成，黄颖，樊希承，等，2007. FDA－EB 双色荧光分析法检测细胞活性的变化［J］. 海峡药学，19（1）：19－20.
张姿，刘佳佳，姚富丽，等，2007. ONO－AE－248 诱导的中性粒细胞非凋亡性程序化细胞死亡的形态学变化［J］. 细胞与分子免疫学杂志，23（5）：413－415.
章正，李怡珍，戚龙君，等，1996. 贮藏期烟草霜霉病病原的活性检测研究［J］. 中国烟草学报（1）：7.
赵处敏，王骁，杜婷，等，2020. 食源性致病微生物分型溯源技术及研究进展［J］. 食品安全质量检测学报，11（22）：8448－8454.
赵国婧，谢国阳，肖芳斌，等，2020. 乳制品中食源性致病菌检测技术研究进展分析［J］. 江西科学，38（6）：830－834.
赵云，王中康，彭国雄，等，2006. 绿僵菌孢子活性的 MTT 比色法快速检测技术研究［J］. 菌物学报，25（4）：651－655.
郑耘，杨善民，颜江华，等，1995. MTT 比色法在测定细胞活性中的影响因素［J］. 福建医学院学报，29（2）：195－198.
周大祥，殷幼平，王中康，等，2017. 利用 EMA－qPCR 建立快速检猕猴桃溃疡病菌活菌的方法［J］. 植物保护，43（3），143－148.
周璐，董晨，杨华富，等，2015. 大肠杆菌 O157：H7 的噬菌体分型［J］. 中国卫生检验杂，25（9）：1403－1406.
周思朗，屈艳妮，张健，等，2005. 一种新的细胞计数方法——磺基罗丹明 B 染色法［J］. 细胞与分子免疫学杂志，21（5）：663－664.
周肇蕙，严进，2001. 大豆疫病种子带菌和传病研究［J］. 粮食储藏，30（6）：3－6.
左豫虎，臧忠婧，韩文革，等，2001. 大豆疫霉菌的土壤诱集分离检测技术研究［J］. 黑龙江八一农垦大学学报，13（2）：7－13.
A A N，B C Y C，C A K C A. 2006. Comparison of propidium monoazide with ethidium monoazide for differentiation of live vs. dead bacteria by selective removal of DNA from dead cells［J］. Journal of Microbiological Methods，67（2）：310－320.

Abe K, Matsuki N. 2000. Measurement of cellular 3 - (4,5 - dimethylthiazol - 2 - yl) - 2,5 - diphenyltetraz - olium bromide (MTT) reduction activity and lactate dehydrogenase release using MTT [J]. Neuroscience Research, 38 (4): 325 - 329.

Assuncao P, Diaz R, Comas J et al. 2005. Evaluation of Mycoplasma hyopneumoniae growth by flow cytometry. Journal of Applied Microbiology, 98 (5): 1047 - 1054.

Alarcón B, Vicedo B, Aznar R. 2010. PCR - based procedures for detection and quantification of Staphylococcus aureus and their application in food [J]. Journal of Applied Microbiology, 100 (2): 352 - 364.

Burman W J, Stone B L, Reves R R, et al. 1997. The incidence of false - positive cultures for Mycobacterium tuberculosis. [J]. American Journal of Respiratory & Critical Care Medicine, 155 (1): 321 - 326.

Cao Y, Zhou D, Li R, et al. 2019. Molecular monitoring of disinfection efficacy of E. coli O157 : H7 in bottled purified drinking water by quantitative PCR with a novel dye [J]. Journal of Food Processing and Preservation, 43 (2): e13875.

Chen C, Li X N, Li G X, et al. 2018. Use of a rapid reverse - transcription recombinase aided amplification assay for respiratory syncytial virus detection [J]. Diagnostic Microbiology and Infectious Disease, S0732889317303164.

Chen J, Liu X, Chen J, et al. 2019. Development of a Rapid Test Method for Salmonella enterica Detection Based on Fluorescence Probe - Based Recombinase Polymerase Amplification [J]. Food Analytical Methods, 12 (8) .

Coppens J, Van Heirstraeten L, Ruzin A, et al. 2019. Comparison of GeneXpert MRSA/SA ETA assay with semi - quantitative and quantitative cultures and nuc gene - based qPCR for detection of Staphylococcus aureus in endotracheal aspirate samples [J]. Antimicrobial Resistance & Infection Control, 8 (1) .

Davis E G, Wilkerson MJ, Rush BR. 2002. Flow Cytometry: Clinical Applications in Equine Medicine [J]. Journal of Veterinary Internal Medicine, 16 (4): 404 - 410.

Ding T, Suo Y, Zhang Z, et al. 2017. A multiplex RT - PCR assay for S. aureus, L. monocytogenes, and Salmonella spp. detection in raw milk with Pre - enrichment [J]. Frontiers in microbiology, 8: 989.

Drobniewski F, Rusch - Gerdes S, Hoffner S. 2007. Antimicrobial susceptibility testing of mycobacterium tuberculosis (EUCAST document E. DEF 8. 1) report of the subcommittee on antimicrobial susceptibility testing of Mycobacterium tuberculosis of the European Committee for Antimicrobial Susceptibility Testing (EUCAST) of the European Society of Clinical Microbiology and Infectious Diseases (ESCMID) [J]. Clinical Microbiology and Infection, 13 (12): 1144 - 1156.

Duan S, Li G, Li X, et al. 2018. A probe directed recombinase amplification assay for detection of MTHFR A1 298C polymorphism associated with congenital heart disease [J]. Biotechniques, 64 (5): 211.

Fagerlund A, Langsrud S, Schirmer B, et al. 2016. Genome analysis of Listeria monocytogenes Sequence Type 8 strains persisting in salmon and poultry processing environments and comparison with related strains [J]. Plos One 11 (3): e0151117.

Francisco A P, Vaz C, Monteiro P T, et al. 2012. PHYLOViZ: phylogenetic inference and data visualization for sequence based typing methods [J]. BMC bioinformatics, 13 (1): 1 - 10.

Frentzel H, Juraschek K, Pauly N, et al. 2020. Indications of biopesticidal Bacillus thuringiensis strains in bell pepper and tomato [J]. International Journal of Food Microbiology, 321: 108542.

Fungtammasan A, Ananda G, Hile S E, et al. 2015. Accurate typing of short tandem repeats from genome - wide sequencing data and its applications [J]. Genome Research, 25 (5): 736.

Gevers D, Cohan F M, Lawrence J G, et al. 2005. Re - evaluating prokaryotic species [J]. Nature Reviews Microbiology, 3 (9): 733 - 739.

Gymrek M, Golan D, Rosset S, et al. 2012. lobSTR: A short tandem repeat profiler for personal genomes. [J]. Genome Research, 22 (6): 1154.

Hagedorn C, Robinson SL, Filtz JR, et al. 1999. Determining sources of fecal pollution in a rural Virginia watershed with antibiotic resistance patterns in fecal streptococci [J]. Applied and Environmental Microbiology, 65: 5522 - 5531.

Holm - Hansen O. 1970. ATP levels in algal cells as influenced by environmental conditions [J]. Plant and Cell Physiology, 11 (5): 689 - 700.

Hsueh Y H, Tsai P H, Lin K S, et al. 2017. Antimicrobial effects of zero - valent iron nanoparticles on gram - positive Bacillus, strains and gram - negative Escherichia coli, strains [J]. Journal of Nanobiotechnology, 15 (1): 77.

Hu Q, Zhang T, Yi L, et al. 2017. Dihydromyricetin inhibits palmitic acid - induced pyroptosis in vascμLar endothelial cells [J]. Journal of Third Military Medical University, 39 (5): 448 - 454.

Huang W, Li L, Myers, J R. 2012. ART: a next - generation sequencing read simulator [J]. Bioinformatics, 28: 593 - 594.

Huang Z, Peng J, Han J, et al. 2018. A Novel Method Based on Fluorescent Magnetic Nanobeads for Rapid Detection of Escherichia coli O157 : H7 [J]. Food Chemistry, 276: 333 - 341.

Ivanov A V, Safenkova I V, Zherdev A V, et al. 2019. Recombinase polymerase amplification combined with a magnetic nanoparticle - based immunoassay for fluorometric determination of troponin T [J]. Microchimica Acta, 186 (8) .

Khazani N A, Noor N, Chan Y Y, et al. 2017. A Thermostabilized, One - Step PCR Assay for Simultaneous Detection of Klebsiella pneumoniae and Haemophilus influenzae [J]. Journal of Tropical Medicine, 2017: 1 - 8.

Kissenkötter J, Hansen S, B0Hlken - Fascher S, et al. 2018. Development of a pan - rickettsial molecular diagnostic test based on recombinase polymerase amplification assay [J]. Analytical biochemistry, 544: 29.

Kober C, Niessner R, Seidel M. 2017. Quantification of viable and non - viable Legionella spp. by heterogeneous asymmetric recombinase polymerase amplification (haRPA) on a flow - based chemiluminescence microarray [J]. Biosensors & Bioelectronics, 100: 49 - 55.

Kumar A, Misra P, Dube A. 2013. Amplified fragment length polymorphism: an adept technique for genome mapping, genetic differentiation, and intraspecific variation in protozoan parasites [J]. Parasitology Research, 112 (2): 457 - 466.

Kwizera R, Akampurira A, Kandole T K, et al. 2017. Evaluation of trypan blue stain in a haemocytometer for rapid detection of cerebrospinal fluid sterility in HIV patients with cryptococcal meningitis [J]. Bmc Microbiology, 17 (1): 182.

Lei D, Huimin Liu, Lu M, et al. 2018. Quantitative PCR coupled with sodium dodecyl sulfate and propidium monoazide for detection of viable Staphylococcus aureus in milk [J]. Journal of Dairy Science, 101 (6): 4936 - 4943.

Li J, Liu Q, Wan Y, et al. 2019. Rapid detection of trace Salmonella in milk and chicken by immunomagnetic separation in combination with a chemiluminescence microparticle immunoassay [J]. Analytical and Bioanalytical Chemistry, 411 (23): 6067 - 6080.

Li Wang, Qingping Zhong, Yue Li. 2012. Ethidium Monoazide - Loop Mediated Isothermal Amplification for Rapid Detection of Vibrio parahaemolyticus in Viable but non - culturable State [J]. Energy Procedia, 17: 1858 - 1863.

Liang T P, Zhou B. , Zhou Q, et al. 2019. Simultaneous quantitative detection of viable Escherichia coli O157 : H7, Cronobacter spp. , and Salmonella spp. using sodium deoxycholate - propidium monoazide with multiplex real - time PCR [J]. Journal of dairy science, 102 (4): 2954 - 2965.

Liu J H, He D, Yang Y Q, et al. 2007. Application of Multilocus Sequence Typing method on Pathogenic Microorganisms Typing and Identification (in Chinese) [J]. Microbiology China, 34 (6): 1188 - 1191.

Liu L L, Wang Y L, Xiong D G, et al. 2017. Genetic transformation system of Cytospora chrysosperma, the causal agent of poplar canker [J]. Microbiology China, 441: 2487 - 2497.

Liu Y B, Peterson D A, Kimura H, Schubert D. 1997. Mechanism of cellar 3 - (4,5 - Dimeth - ylthiazol - 2 - yl) - 2,5 - Diphenyltetrazolium Bromide (MTT) Reduction [J]. Journal of Neurochemistry, 69 (2): 581 - 593.

Løvdal T, Hovda M B, Bjrkblom B, et al. 2011. Propidium monoazide combined with real - time quantitative PCR underestimates heat - killed Listeria innocua [J]. J Microbiol Methods, 85 (2): 164 - 169.

Løvdal, T. , M. B. Hovda, B. Björkblom and S. G. Møller. 2011. Propidium monoazide combined with real - time quantitative PCR underestimates heat - killed Listeria innocua [J]. Journal of Microbiological Methods, 85 (2): 164 - 169.

Lu X L. 2013. Genetic Diversity of Xanthomonas citri subsp. citri Isolates from China on the Basis of Simple Sequence Repeat (SSR) (in Chinese) [D]. Chongqing University.

Lukasz R, Janczuk R M, Niedziółka J J, et al. 2018. Recent advances in bacteriophage - based methods for bacteria detection [J]. Drug Discovery Today, 23 (2): 448 - 455.

Lv X, Wang L, J Zhang, et al. 2020. Rapid and sensitive detection of VBNC Escherichia coli O157 : H7 in beef by

PMAxx and real - time LAMP [J]. Food Control, 115: 107292.

Lv X C, Li Y, Qiu W W, et al. 2016. Development of propidium monoazide combined with real - time quantitative PCR (PMA - qPCR) assays to quantify viable dominant microorganisms responsible for the traditional brewing of Hong Qu glutinous rice wine [J]. Food Control, 66: 69 - 78.

Maiden M, Rensburg M, Bray J E, et al. 2013. MLST revisited: the gene - by - gene approach to bacterial genomics [J]. Nature Review Microbiology, 11 (10): 728 - 736.

McKenna A, Hanna M, Banks E, et al. 2010. The Genome Analysis Toolkit: a MapReduce framework for analyzing next - generation DNA sequencing data [J]. Genome research, 20 (9): 1297 - 1303.

Meays C L, Broersma K, Nordin R, et al. 2004. Source tracking fecal bacteria in water: a critical review of current methods [J]. Journal of Environmental Management, 73: 71 - 79.

Meyer S, Cartelat A, Moya I, et al. 2003. UV - induced blue - green and far - red fluorescence along wheat leaves: A potential signature of leaf ageing [J]. Journal of Experimental Botany, 54 (383): 757.

Milner M G, Saunders J R, Mccarthy A J. 2001. Relationship between nucleic acid ratios and growth in Listeria monocytogenes [J]. Microbiology, 147 (10): 2689 - 2696.

Mutonga D M, Mureithi M W, Ngugi N N, et al. 2019. Bacterial isolation and antibiotic susceptibility from diabetic foot ulcers in Kenya using microbiological tests and comparison with RT - PCR in detection of S. aureus and MRSA [J]. BMC Research Notes, 12 (1): 1 - 6.

Nocker A, Cheung C Y, Camper A K. 2006. Comparison of propidium monoazide with ethidium monoazide for differentiation of live vs. dead bacteria by selective removal of DNA from dead cells [J]. Journal of Microbiological Methods, 67 (2): 310 - 320.

Nocker A, Camper A K. 2006. Selective removal of DNA from dead cells of mixed bacterial communities by use of ethidium monoazide [J]. Appl. Environ. Microbiol, 72: 1997 - 2004.

Octavia S, Lan R. 2010. Single nucleotide polymorphism typing of global Salmonella enterica serovar Typhi isolates by use of a hairpin primer real - time PCR assay. [J]. Journal of Clinical Microbiology, 48 (10): 3504.

Odinsen O, Nilson T, Humber D P. 1986. Viability of Mycobacterium leprae: a comparison of morphological index and fluorescent staining techniques in slit - skin smears and M. leprae suspensions [J]. International Journal of Leprosy & Other Mycobacterial Diseases, 54 (3): 403 - 408.

Qi J, Li X, Zhang Y, et al. 2019. Development of a duplex reverse transcription recombinase - aided amplification assay for respiratory syncytial virus incorporating an internal control. [J]. Archives of virology, 164 (7): 1843 - 1850.

Qi Y X, Zhang H, Pu J J, et al. 2017. Genetic diversities of Xanthomanas campestris pv. mangiferaeindicae by rep - PCR (in Chinese) [J]. Jiangsu Agricultural Sciences, 45 (6): 88 - 91.

Qin H, Shi X, Yu L, et al. 2020. Multiplex real - time PCR coupled with sodium dodecyl sulphate and propidium monoazide for the simultaneous detection of viable Listeria monocytogenes, Cronobacter sakazakii, Staphylococcus aureus and Salmonella spp. in milk [J]. International Dairy Journal, 108: 104739.

Quinlan A R, Hall I M. 2010. BEDTools: a flexible suite of utilities for comparing genomic features [J]. Bioinformatics, 26 (6): 841 - 842.

Randazzo W, Khezri M, Ollivier J, et al. 2018. Optimization of PMAxx pretreatment to distinguish between human norovirus with intact and altered capsids in shellfish and sewage samples [J]. International Journal of Food Microbiology, 266: 1 - 7.

Ripp S. 2010. Bacteriophage - based pathogen detection. [J]. Adv Biochem Eng Biotechnol, 118 (118): 65 - 83.

Roth B L, Poot M, Yue S T, et al. 1997. Bacterial viability and antibiotic susceptibility testing with SYTOX green nucleic acid stain. [J]. Applied & Environmental Microbiology, 63 (6): 2421 - 2431.

Sandison D R, Williams R M, Wells K S, et al. 1995. Quantitative Fluorescence Confocal Laser Scanning Microscopy (CLSM) [M]. //Handbook of biological confocal microscopy. Springer Boston, MA, 39 - 53.

Sangal V, Holt K E, Yuan J, et al. 2013. Global phylogeny of Shigella sonnei strains from limited single nucleotide polymorphisms (SNPs) and development of a rapid and cost - effective SNP - typing scheme for strain identification by high - resolution melting analysis. [J]. Journal of Clinical Microbiology, 51 (1): 303 - 305.

Schulz A. 1992. Living sieve cells of conifers as visualized by confocal, laser - scanning fluorescence microscopy [J]. Protoplasma, 166 (3): 153 - 164.

Shen Xin - Xin, Qiu Fang - Zhou, Shen Li - Ping, et al. 2019. A rapid and sensitive recombinase aided amplification assay to detect hepatitis B virus without DNA extraction. [J]. BMC infectious diseases, 19 (1): 229.

Sheng - Bing S U, Hong - Xia M A, Feng - Yu X U. 2011. Review of application of bacteriophage in the diagnosis and therapy for bacteria infection [J]. Chinese Veterinary Science, (5): 546 - 550.

Shuang Yu, Tang Y, Yan M, et al. 2019. A fluorescent cascade amplification method for sensitive detection of Salmonella based on magnetic $Fe_3O_4$ nanoparticles and hybridization chain reaction [J]. Sensors and Actuators B: Chemical, 279: 31 - 37.

Skehan P, Storeng R, Scudiero D, et al. 1990. New colorimetric cytotoxicity assay for anticancer - drug screening [J]. Journal of the National Cancer Institute, 82 (13): 1107.

Sriencf. 1999. Cytometric data as the basis for rigorous models of cell population dynamics [J]. J Biotechnol, 71: 233 - 238.

Sun M K, Zhang M, Tian J, et al. 2017. Construction of an overexpression vector containing LZ - 8gene and transformation of Ganoderma lingzhi protoplasts [J]. Mycosystema, 36 (12): 1625 - 1631.

Sutherland E. D. and Cohen S. D. 1983. Evalution of Tetrazolium Bromide as a Vital Stain for Fungal Oospores [J]. Phytopathology, 73: 1532 - 1535.

Taobo, Liang, Ping, et al. 2019. Simultaneous quantitative detection of viable Escherichia coli O157 : H7, Cronobacter spp. and Salmonella spp. using sodium deoxycholate - propidium monoazide with multiplex real - time PCR. [J]. Journal of dairy science, 102 (4): 2954 - 2965.

Taylor J W, Geiser D M, Burt A, et al. 1999. The evolutionary biology and population genetics underlying fungal strain typing [J]. Clinical Microbiology Reviews, 12 (1): 126.

Thompson A W, Ger V D E. 2016. A mμLti - laser flow cytometry method to measure single cell and popμLation - level relative fluorescence action spectra for the targeted study and isolation of phytoplankton in complex assemblages [J]. Limnology & Oceanography Methods, 14 (1): 39 - 49.

Truchado P, Gil M I, Kostic T, et al. 2016. Optimization and validation of a PMA qPCR method for Escherichia coli quantification in primary production [J]. Food Control, 62: 150 - 156.

Wang H, Turechek W W. 2020. Detection of Viable Xanthomonas fragariae Cells in Strawberry Using Propidium Monoazide and Long - Amplicon Quantitative PCR [J]. Plant Disease, 104 (4): 1105 - 1112.

Wang Rui - huan Zhan, Hong g, Zhan Yi g, Li Xin - na, et al. 2019. Development and evaluation of recombinase - aided amplification assays incorporating competitive internal controls for detection of human adenovirus serotypes 3 and 7 [J]. Virology Journal, 16 (1): 86.

Wang S, Li Y, Jiang N, et al. 2020. Reverse - transcription recombinase - aided amplification assay for H5 subtype avian influenza virus [J]. Transboundary and emerging diseases, 67 (2): 877 - 883.

Wang W, Wang C, Bai Y, et al. 2020. Establishment of reverse transcription recombinaseaided amplification - lateral - flow dipstick and real - time fluorescence - based reverse transcription recombinase - aided amplification methods for detection of the Newcastle disease virus in chickens [J]. Poultry Science, 99 (7): 3393 - 3401.

Watanabe K, Ikegaya H, Hirayama K, et al. 2011. A novel method for ABO genotyping using a DNA chip [J]. Journal of Forensic Sciences, 56: 183 - 187.

Wei C, Zhong J, Hu T, et al. 2018. Simultaneous detection of Escherichia coli O157 : H7, Staphylococcus aureus and Salmonella by multiplex PCR in milk [J]. Biotech, 8 (1): 76.

Wei C D, Ding D, Ye G, et al. 2014. Genetic diversities of Xanthomonas citri subsp. citri in Guangdong and Jiangxi Provinces (in Chinese) [J]. Journal of South China Agricultural University, (4): 71 - 76.

Wilson M R, Brown E, Keys C, et al. 2016. Whole Genome DNA Sequence Analysis of Salmonella subspecies enterica serotype Tennessee obtained from related peanut butter foodborne outbreaks. [J]. PLoS ONE, 11 (6): e 0146929.

Xie G, Hu L, Liu R, et al. 2019. Quantitative detection of viable Escherichia coli O157 : H7 using a photoreactive DNA - binding dye propidium monoazide in irrigation water [J]. Biochemical Engineering Journal, 151: 107354.

Yan T F, Li X N, Wang L, et al. 2018. Development of a reverse transcription recombinase - aided amplification assay for the detection of coxsackievirus A10 and coxsackievirus A6 RNA [J]. Archives of Virology, 163 (6): 1455 - 1461.

Yang X, Badoni M, Gill C O. 2011. Use of propidium monoazide and quantitative PCR for differentiation of viable Escherichia coli from E. coli killed by mild or pasteurizing heat treatments [J]. Food Microbiology, 28 (8): 1478 - 1482.

Young J M, Park D C, Shearman H M, et al. 2008. A multilocus sequence analysis of the genus Xanthomonas [J]. Syst. appl. microbiol, 31 (5): 366 - 377.

Yuan Y, Zheng G, Lin M, et al. 2018. Detection of viable Escherichia coli in environmental water using combined propidium monoazide staining and quantitative PCR [J]. Water Research, 145: 398 - 407.

Zhang X, Guo L, Ma R, et al. 2017. Rapid detection of Salmonella with Recombinase Aided Amplification [J]. Journal of Microbiological Methods, 139: 202 - 204.

Zhao H, Zhao H B, Qu P, et al. 2013. A Review of Escherichia coli Traceability Technology (in Chinese) [J]. Food Research and Development, (11): 123 - 127.

Zhao L, Lv X, Cao X, et al. 2020. Improved quantitative detection of VBNC Vibrio parahaemolyticus using immunomagnetic separation and PMAxx - qPCR [J]. Food Control, 110: 106962.

Zhao Y, Chen H, Liu H, et al. 2019. Quantitative Polymerase Chain Reaction Coupled With Sodium Dodecyl Sulfate and Propidium Monoazide for Detection of Viable Streptococcus agalactiae in Milk [J]. Frontiers in Microbiology, 10: 661.

Zheng J, Pettengill J, Strain E, et al. 2014. Genetic diversity and evolution of Salmonella enterica serovar Enteriti - dis strains with different phage types [J]. Journal of Clinical Microbiology, 52 (5): 1490 - 1500.

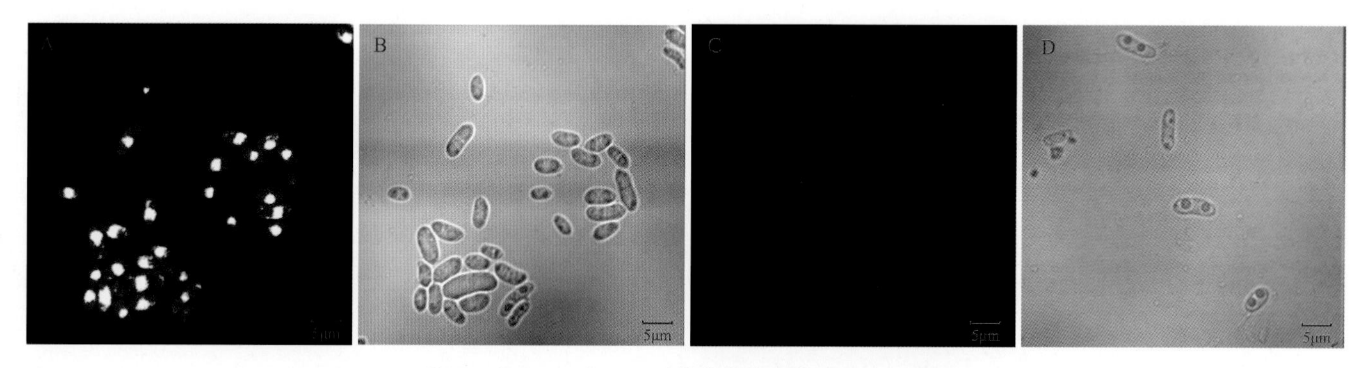


彩图 1（图 3-3） PI 对苜蓿黄萎病菌孢子染色结果

注：PI 浓度为 40 倍稀释液，染色时间为 5min；A、B 均为死孢子染色结果，C 为荧光通道，B 为明场；C、D 均为活孢子染色结果，C 为荧光通道，D 为明场

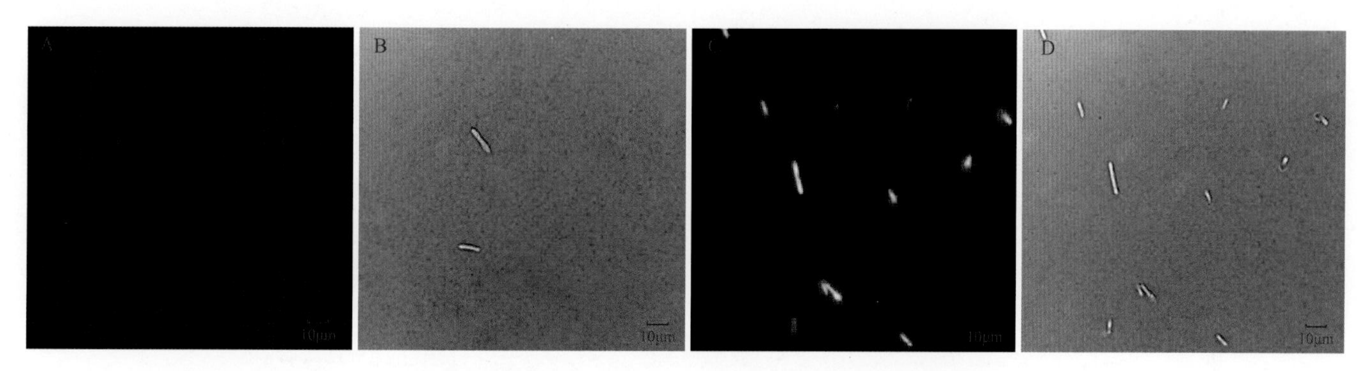


彩图 2（图 5-2） PI 对 *N.vagabunda* 孢子染色结果

注：PI 浓度为 0 ~ 05mg/mL，染色时间为 5min；A、B 均为活孢子染色结果，A 为荧光通道，B 为明场；C、D 均为死孢子染色结果，C 为荧光通道，D 为明场

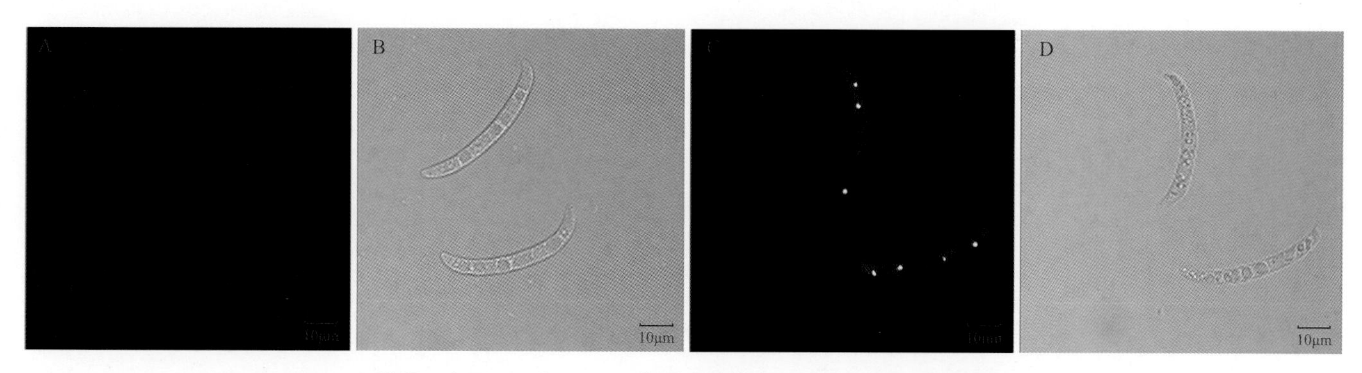


彩图 3（图 6-7） PI 40 倍稀释液染色 15 min 结果复合视野

注：A、B 均为活孢子染色结果，A 为荧光通道，B 为明场；C、D 均为死孢子染色结果，C 为荧光通道，D 为明场

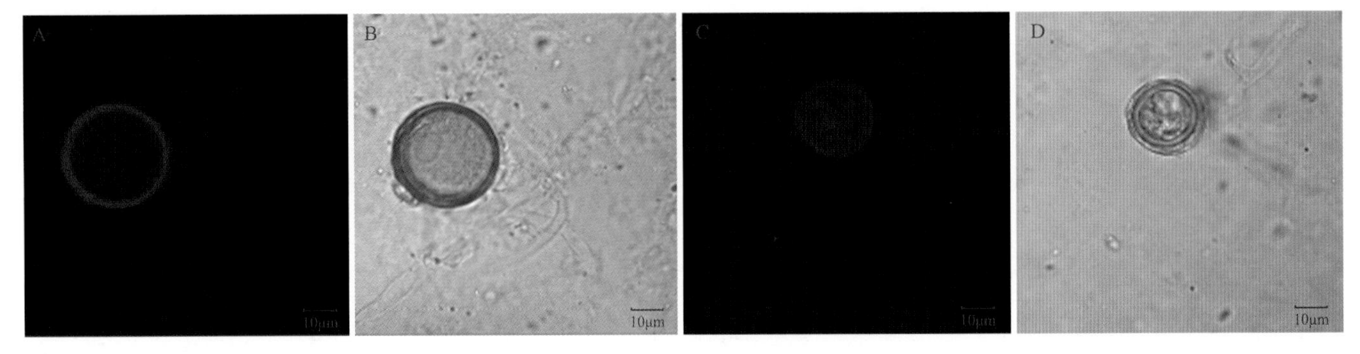

彩图 4（图 8-1） PI 对大豆疫病菌孢子染色结果

注：PI 浓度为 0 ～ 5mm，染色时间为 15min；A、B 均为活孢子染色结果，A 为荧光通道，B 为明场；C、D 均为死孢子染色结果，C 为荧光通道，D 为明场

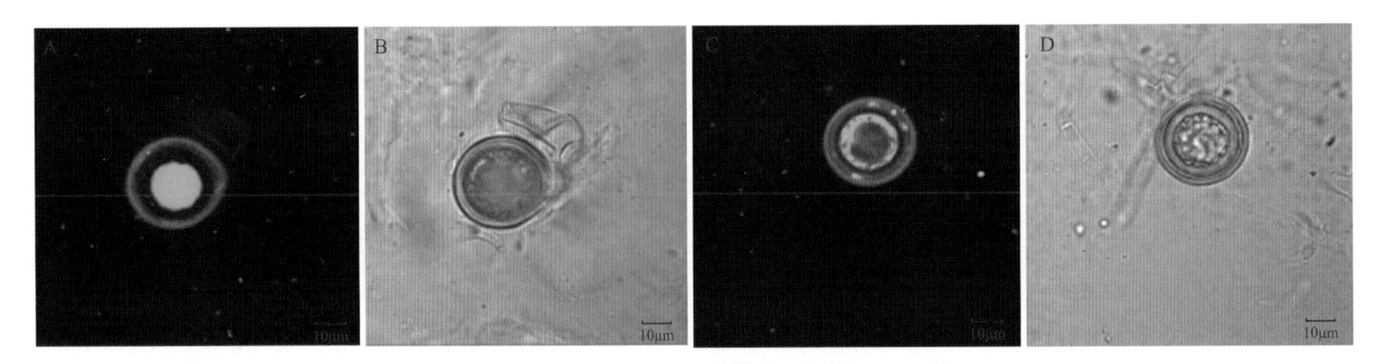

彩图 5（图 8-2） 吖啶橙染色大豆疫病菌孢子结果

注：吖啶橙浓度为 100 μg/mL，染色时间为 15min；A、B 均为活孢子染色结果，A 为荧光通道，B 为明场；C、D 均为死孢子染色结果，C 为荧光通道，D 为明场

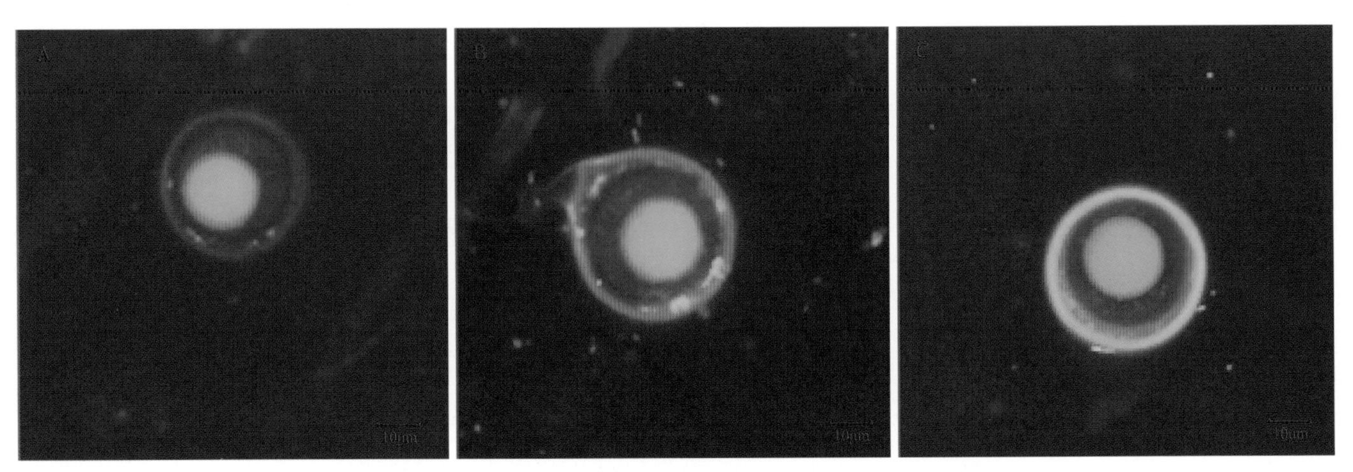

彩图 6（图 8-11） 50 ℃水浴不同时间后的卵孢子吖啶橙染色结果

注：A 为 50℃水浴 10min，B 为 50℃水浴 20min，C 为 50℃水浴 30min

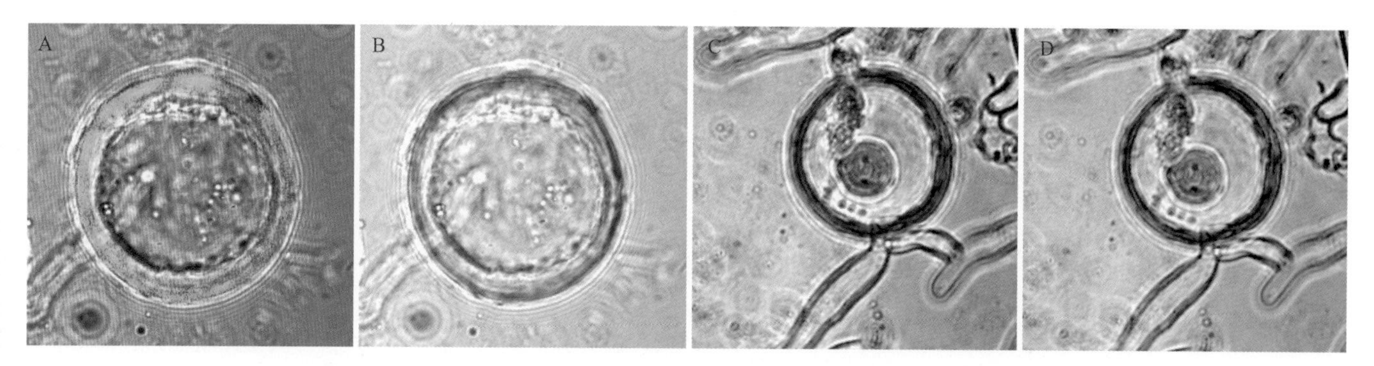


彩图 7（图 9-1） 吖啶橙（AO）对栎树猝死疫霉病菌卵孢子染色结果

注：AO 浓度为 100μg/mL，染色时间为 15min；A、B 均为活孢子染色结果，A 为荧光通道，B 为明场；C、D 均为死孢子染色结果，C 为荧光通道，D 为明场

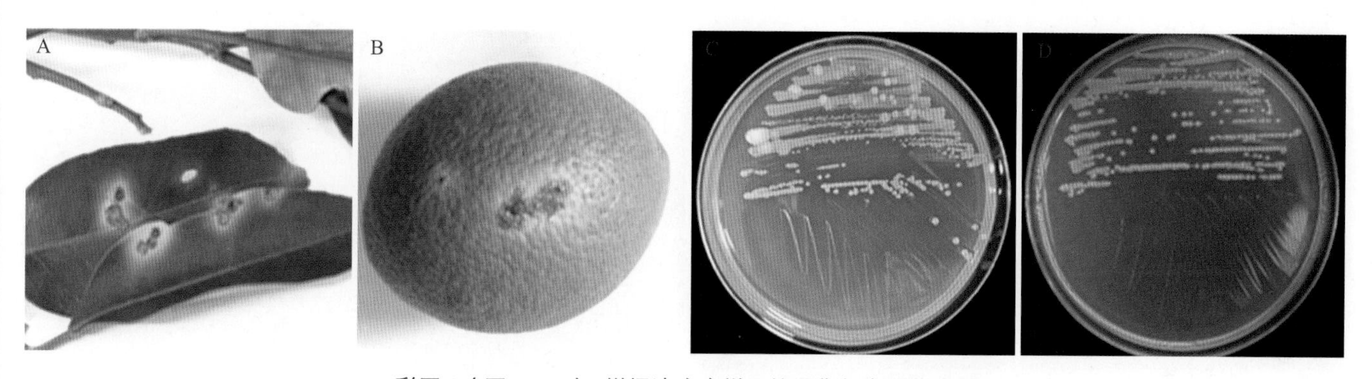


彩图 8（图 22-1） 柑橘溃疡病样品的采集与病原菌分离

注：图 A、B 分别为甜橙叶片及果实疑似病样；图 C 为初次分离的柑橘溃疡病菌疑似物菌落形态；图 D 为纯化的柑橘溃疡病菌典型菌落形态

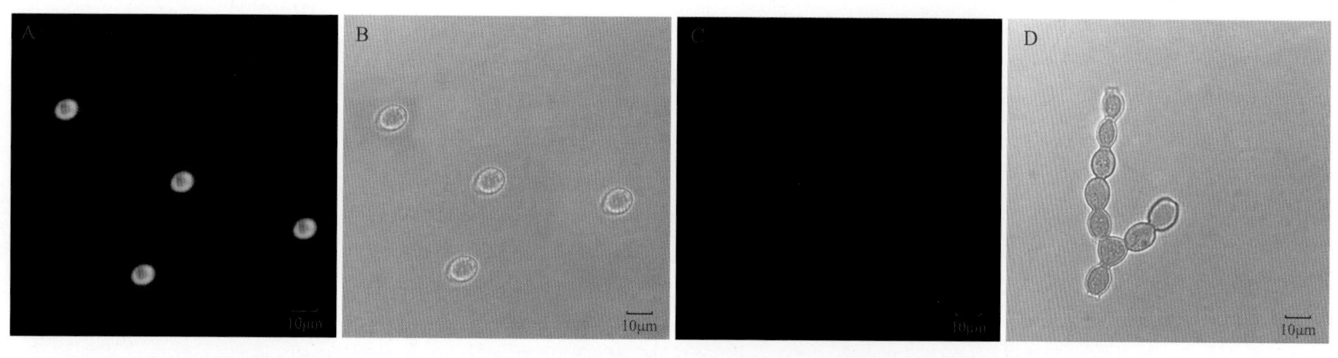


彩图 9（附图 2-3） 普通荧光显微镜观察 FDA 对美澳型核果褐腐病菌孢子染色效果

标引序号说明：A，B——活孢子染色结果，A 为荧光通道，B 为明场；C，D——死孢子染色结果，C 为荧光通道，D 为明场

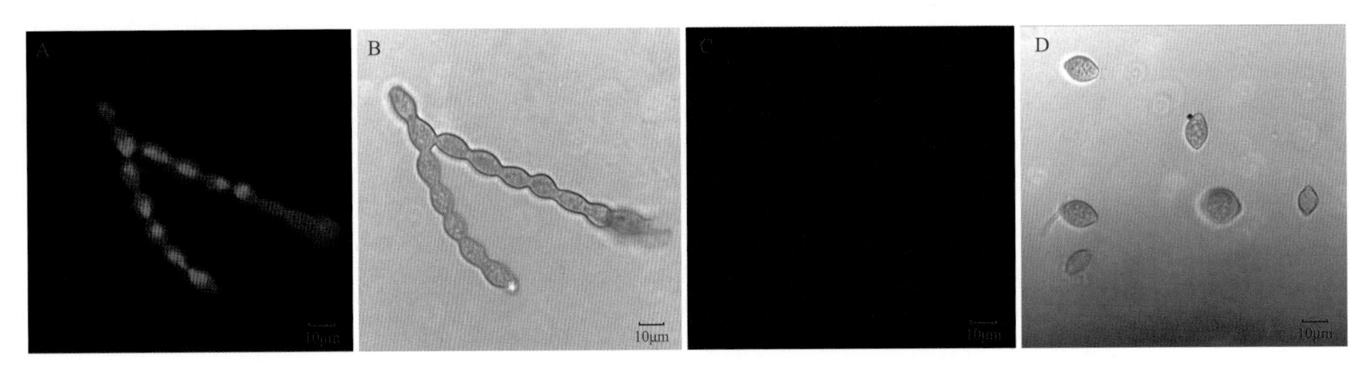


彩图 10（附图 2-4） 普通荧光显微镜观察 PI 对美澳型核果褐腐病菌孢子染色效果

标引序号说明：A，B——死孢子染色结果，A 为荧光通道，B 为明场；C，D——活孢子染色结果，C 为荧光通道，D 为明场

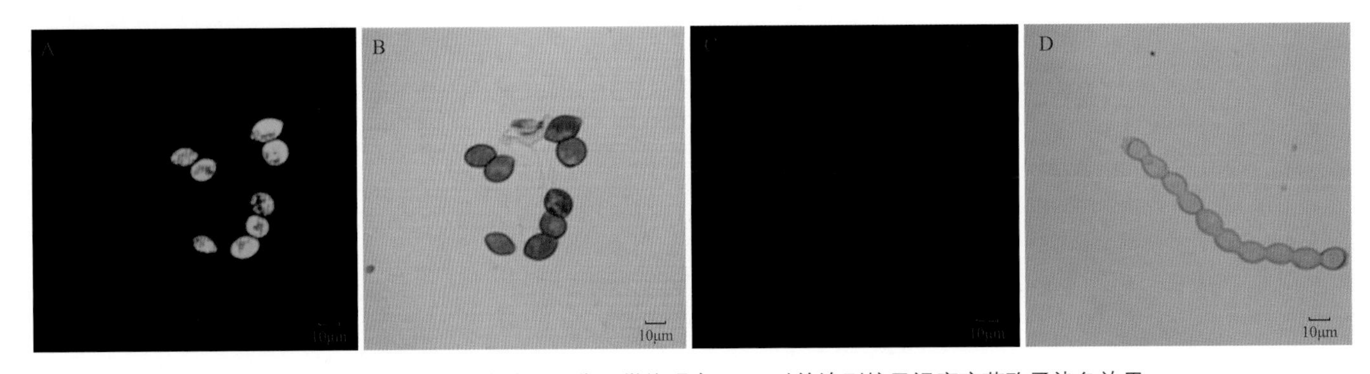


彩图 11（附图 2-5 ） 激光共聚焦显微镜观察 FDA 对美澳型核果褐腐病菌孢子染色效果

标引序号说明：A，B——活孢子染色结果，A 为荧光通道，B 为明场；C，D——死孢子染色结果，C 为荧光通道，D 为明场

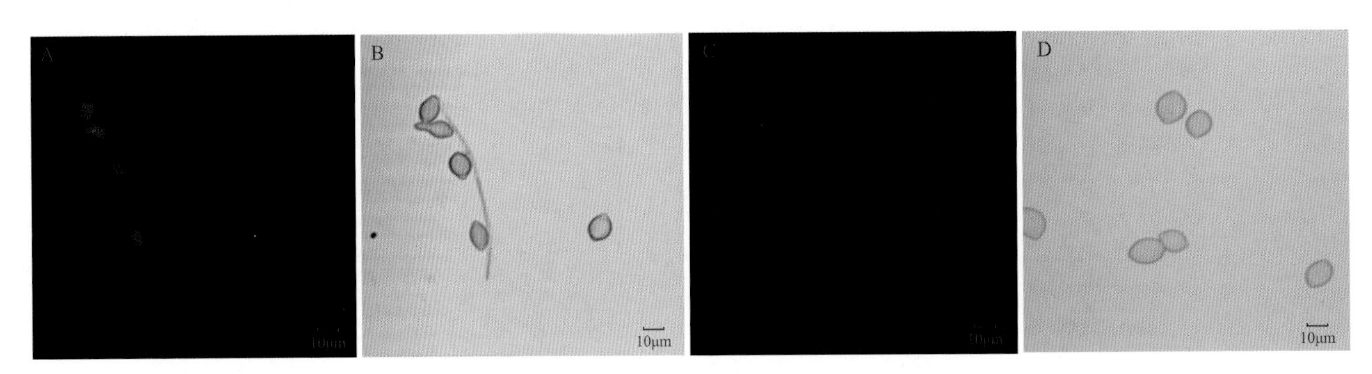


彩图 12（附图 2-6） 激光共聚焦显微镜观察 PI 对美澳型核果褐腐病菌孢子染色效果

标引序号说明：A，B——死孢子染色结果，A 为荧光通道，B 为明场；C，D——活孢子染色结果，C 为荧光通道，D 为明场